WOLF-DIETER STORL

Von Heilkräutern und Pflanzengottheiten

GOLDMANN

Buch

Das Wissen um die heilende Kraft von Pflanzen und Kräutern ist so alt wie die Menschheit selbst. »Von Heilkräutern und Pflanzengottheiten« basiert zu einem großen Teil auf den persönlichen Erfahrungen von Wolf-Dieter Storl mit Kräuterkundigen in den verschiedenen Kulturen. Pflanzen sind nicht nur Heiler, sie dienen auch als Nahrungsmittel, liefern Duft- und Farbstoffe, enthalten aber auch gefährliche Gifte. Pflanzen als Heiler, als Ernährer, als Wohltäter, als Götter und als Dämonen. Nachdem wir all diese Aspekte kennen- und respektieren gelernt haben, werden wir leichter anerkennen können, dass Pflanzen eine Seele haben, einen eigenen Charakter, eine Persönlichkeit, die uns sehr viel mehr beeinflussen kann, als wir es vielleicht wahrhaben möchten. Wolf-Dieter Storl zeigt, wie wir mit den Pflanzenseelen in Kontakt kommen und wieder lernen können, die Heilkraft oder Zaubermacht einer Pflanze intuitiv zu erfassen.

Autor

Dr. Wolf-Dieter Storl, geboren 1942, ist Kulturanthropologe und Ethnobotaniker. Er wanderte 1954 mit seinen Eltern in die USA (Ohio) aus, wo er die meiste Zeit in der Waldwildnis verbrachte. Nach dem Studium der Botanik und Völkerkunde an der Ohio State University lehrte er als Dozent für Soziologie und Anthropologie an der Kent State University. 1974 promovierte er als Doktor der Ethnologie in Bern. Seine zahlreichen Reisen und Feldforschungen prägten sein Denken und fanden ihren Niederschlag in vielen erfolgreichen Büchern. Wolf-Dieter Storl lebt seit 1988 mit seiner Familie auf einem Einsiedlerhof im Allgäu.

Wolf-Dieter Storl

Von Heilkräutern und Pflanzengottheiten

Mit Zeichnungen von Martin Tiefenthaler

GOLDMANN

FSC www.fsc.org MIX Papier | Fördert gute Waldnutzung FSC® C014496

Penguin Random House Verlagsgruppe FSC® N001967

1. Auflage
Vollständige Taschenbuchausgabe Juli 2025

Neumarkter Straße 28, 81673 München
produktsicherheit@penguinrandomhouse.de
(Vorstehende Angaben sind zugleich
Pflichtinformationen nach GPSR.)

Umschlag: UNO Werbeagentur, München
Umschlagmotiv: Rafael Dols/GettyImages
Autorenfoto: © Rolf Brenner
Satz: Sabine Schiche, ad department
Druck und Bindung: GGP Media GmbH, Pößneck
Printed in Germany
LG · Herstellung: CB

ISBN 978-3-442-22424-1

www.goldmann-verlag.de

Inhalt

Erster Teil

Von weisen Frauen und Wurzelkundigen

Wir gehen durch den Wiesentau,
Wir gehen zu der Kräuterfrau,
Die wohnt im dichten Wald.

Richard Schaukal: Die Hexe

Einführung

Fast nirgendwo auf unserem Planeten hat die Homöopathie Samuel Hahnemanns so viele begeisterte Anhänger gefunden wie in Indien. Das mag wohl teilweise daher kommen, dass für den einfachen Inder Hahnemann gleich Hanuman ist. Eine beliebte Ikone zeigt den Affengott Hanuman, wie er durch die Lüfte fliegt, eine Keule in der Hand, einen ganzen Berg mit Heilkräutern in der anderen.

Hanuman

Im großen indischen Epos, dem Ramayana, erfahren wir seine Geschichte und die der schrecklichen Schlacht zwischen den Rakshasas des Südens und dem Affenheer, geführt von den göttlichen Helden Rama und Lakshmana. Die dämonischen Rakshasas hatten nicht nur ihre Macht fast über die ganze Erde ausgedehnt, sondern auch die Königin Sita, die Gemahlin Ramas, geraubt und nach Sri Lanka verschleppt. Die ganze Schöpfung stöhnte unter der Last dieser ungerechten Herrschaft. Als Rama und Lakshmana sich aufmachen, um Sita zu befreien und die Gewaltherrschaft zu beenden, zieht das ganze Affenheer mit und baut eine Brücke nach Sri Lanka.

Bald tobt die Entscheidungsschlacht – zum Nachteil der Dämonen. Plötzlich aber fällt Lakshmana, tödlich getroffen von einem unsichtbaren, mit Zauberworten besprochenen Pfeil. Blutend, seiner Sinne beraubt, sinkt der holde Bruder Ramas zu Boden, und mit ihm die Hoffnung auf Sieg und Befreiung der geraubten Königin. Keine gewöhnliche Arznei würde helfen können. Niemand wusste Rat, außer dem weisesten und ältesten Affen, Sushena: »Das Leben hat den Helden noch nicht verlassen«, sagte der Weise. »Sofort würde der Gefallene genesen, wenn er den Duft der Heilpflanze Vishalya Karani noch vor Sonnenaufgang einatmen könnte. Aber diese Schlingpflanze mit goldenen Blättern und blauen Blüten wächst nur auf einem bestimmten Berg im Himalaya, dem Gandhamadana-Berg!«

Und somit war auch die letzte Hoffnung verflogen, denn in jenen Zeiten dauerte eine Reise vom Südrand der Erde bis zu den Bergen in der Mitte der Welt nicht Tage, sondern mehrere Jahre – achtzehn Jahre, um genau zu sein! Da meldete sich Hanuman, der Sita und Rama über alles liebte. Seine Stunde war gekommen, denn als Affengott und Sohn des Windes konnte er mit der Schnelligkeit des Gedankens jede Entfernung überbrücken. Der Weise beschrieb ihm genau die Eigenschaften der Pflanze, er verschwand im Nu hinter den Wolken. Sogleich fand er den Berg mit der Kräuterwiese. Aber da er, trotz seiner wunderbaren Fähigkeiten, doch letzten Endes bloß ein Affe war, konnte er sich nicht mehr genau erinnern, welches dieser vielen Heilkräuter nun das richtige war. Grübeln war nicht seine Sache! Mit seiner Riesenkraft riss er einfach den ganzen Berg heraus und trug ihn flugs nach Sri Lanka. Schon als er herannahte, sprangen die Pfeile aus den Wunden der vielen Verwundeten. Lakshmana sog den Blütenduft in die Lungen und stand geheilt auf. Nun konnte er erneut dem Dämonenfürsten, dessen Zauberwaffe verbraucht war, nachsetzen. Schließlich wurde die Königin – die ja niemand anderes als die Menschen- und

Seelengöttin ist – befreit und die Willkürherrschaft der Dämonen beendet.

Diese Episode aus alter indischer Erzählung soll uns in das Abenteuer dieses Buches geleiten. Unter anderem will damit gesagt werden, dass nicht nur die Vernunft – sei sie auch so weise wie der alte Sushena – die Heilkräuterkunde fruchten lässt. Es bedarf auch des »göttlichen Affen« in uns – das heißt des magischen, instinktiven, tiefer gelagerten Bewusstseins, dessen Höhenflug uns erst die Heilkräfte zugänglich machen kann. Ist das Handhaben der Heilkräuter nicht immer mit einem kühnen Flug der Imagination verbunden? Schwebende Schamanen, Kräuterhexen auf Besenstielen, Engelwesen, die den Heilsgral aus höheren Regionen herunterbringen, der beschwingte Heilgott Hermes/Merkur, der ebenfalls in Blitzesschnelle die heilende Idee im stoffgewordenen Mittel entdeckt, die geflügelten Schlangen des Äskulap: Immer wieder stoßen wir auf das Flugmotiv; und ebenso wie Hanuman bringen sie nicht Dürftiges, mühselig Erarbeitetes, sondern ganze Heilberge – Gutes in Hülle und Fülle – mit.

Für den Leser sei dies ein Reiseführer, eine Einladung, diesen Flug selber zu unternehmen: zum Heil der Welt, zur Ehre des göttlichen Menschen in uns.

Isny im Allgäu, Dezember 2013

I. Wurzelkunde

Wort und Wurz, Kunst und Kunde

Als Wurzelkundige wurden in grauer Vorzeit die weisen Frauen und Heiler verehrt. *Wortcunners* wurden sie bei den Angelsachsen genannt. Unter »Wurzel« oder »Wurz« verstand man damals nicht das, was unser heutiger, naturwissenschaftlich geschulter Botaniker damit meint: das Faserngewebe, das die Pflanze zugfest im Erdboden verankert, das Wasser und die darin gelösten mineralischen Nahrungsstoffe aufnimmt und sie in die oberirdischen Organe leitet. Nein, eine Wurzel war weder Rhizom oder Knolle noch Stolon, sondern sie war vor allem das heilkräftige Pflanzenwesen. Die Bezeichnung »Wurz« klingt in vielen alten Heilkräuternamen nach: Magenwurz, Meisterwurz, Engelwurz, Schwalbenwurz, Goldwurz (Schöllkraut), Haselwurz, Wallwurz (Beinwell) usw. Die Kräuterkundige war oft die runzelige Alte, die halb träumend am Herdfeuer saß. Viele Sonnenwenden hatte sie hinter sich gebracht. Kinder hatte sie geboren, die Erde umgegraben, gesät, gepflanzt, das duftende Heu gerecht, sich über Wiesenblumen und Waldesbeeren gefreut. Nun sitzt sie still, der Nachtseite des Lebens zugewandt. Ihre Seele tastet die dunklen Gründe ab, wie das Wurzelwerk die stille Erde. Dort, wo niemand etwas sieht, höchstens ahnt, dort weilt ihr Sinn. Wo Keime sich entfalten, wo der Wurm sich windet, wo Alben und Wurzelmännlein wesen, wo der böse Zauber wirkt und wo der Segen seinen Anfang nimmt – da hinein sieht ihr Geist. Das sind die Früchte eines langen Lebens. Sie kennt die Wurzelkräfte und besitzt die Wortkraft, mit der sie diese ansprechen kann. Sie weiß den Zauber zu beheben und die Krankheit, die im Dunkeln wurmt. In den Tiefen der Welt liegen die Ursprünge der vielen Dinge. In keltisch-germanischer Sage sitzen die drei Mütter an den drei Wurzeln des Weltenbaumes. Dort spinnen die Urgöttinnen das Schicksal der Welt – der Menschen und Tiere und gleichermaßen der Götter. Also verkündet die Wölva, die Seherin der Edda:

Eine Esche weiß ich, sie heißt Yggdrasil,
die hohe, umhüllt von hellem Nebel;
von dort kommt der Tau, der in Täler fällt,
immergrün steht sie am Urdbrunnen.
Von dort kommen Frauen, vielkundige,
drei, aus dem Born, der beim Baume liegt:
Urd hieß man eine, die andre Werdandi –
sie schnitten ins Scheit –, Skuld die dritte:
Lose lenkten sie, Leben koren sie
Menschenkindern, Männergeschick.

Die Philologen, die Sprachliebhaber, versichern uns, dass der Name der Norne *Urd* mit der Vorsilbe *Ur*, wie in *Ur*sprung, *Ur*stand oder *Ur*wald, zu tun hat. Er deutet auf die Anfänge, die wirkende Vergangenheit. Es ist die Sphäre der ältesten Götter, des *Uranos*, der jenseits von Zeit und Raum (jenseits der Sphäre seines Sohns Chronos-Saturn) waltet. Im vedischen Indien erscheint *Uranos* als der über alle Erden- oder Himmelsgeschehnisse erhabene *Varuna*, der Hüter des allgültigen *Rtam*: des Rechts, des kosmischen Schicksalsgesetzes – des Sitten- sowie Naturgesetzes. Dieses *Rtam* des Urgottes ist verwandt mit Wortgruppen wie Recht, richtig, aufrecht, Richter, Reich, Raja und lat. *ritus, ritualis, rex* (König, als

Hüter der Gesetze). Solche Zusammenhänge besagen, dass das karmische Gesetz in den Ursprüngen selber mit veranlagt ist. Dieses *Rtam* hat seinen Keim in der Weltenwurzel und entspringt ihr wie eine Rute. Sprachlich ist *Rtam* ebenfalls verwandt mit *Wurz* (engl. *root*; altengl. *wyrt*; altnord. *urt* – ein (Heil-)Kraut; lat. *radix*; griech. *rhadix* – der Zweig oder *rhiza* – die Wurzel).

Aus dem *Ur* steigt das Licht auf. Aus dem *Or*-ient erscheint uns die Sonne (lat. *oriens, orientis* = aufsteigen). An diesem Ursprung, an dem Orient, *orientieren* wir uns. Nach dem strahlenden, lebensbringenden Licht richten sich die Gezeiten und die Geschöpfe, die Menschen, Tiere und Pflanzen. Die römischen Auguren sahen es als günstiges Zeichen, wenn die Vögel in einem ausgesparten Beobachtungsbezirk *(templum)* nach Osten flogen, dagegen als ungünstig, wenn sie nach Westen flogen. Die Christen begruben ihre Toten mit dem Kopf nach Westen, damit sie zur Auferstehung dem Heiland, der aus dem Osten aufsteigt, ins Angesicht schauen können. Die Indianer orientieren sich beim Wurzelgraben sowie bei anderen Zeremonien immer zuerst nach Osten.

Die zweite Norne, die die Seherin erwähnt, ist Werdandi (*Wyrd* im Angelsächsischen). Sie deutet auf das im *Werden* Begriffene, auf das Gegen*wärt*ige.

Die dritte Schicksalsschwester ist Skuld (verwandt mit dem deutschen »Schuld« und dem englischen »should«). Sie bereitet die Zukunft und zeigt an, was wir dem Leben, dem *Rtam*, schuldig geblieben sind. Daraus ergibt sich das zukünftige, gerechte Schicksal für die nächste Runde des ewigen Seinskreislaufs.

Am Urdbrunnen, aus dem die Nornen aufsteigen, um den Göttern ihr Schicksal zu verkünden, schläft der Lindwurm, die Weltenschlange. *Wurm* gehört mit zu dem indogermanischen Wortkomplex *(uert)*, zu dem auch Wurzel, Wort, Würde, Werk, Wirbel, Wirtel, werfen usw. gehören. Der Wurm (lat. *vermis*) würgt und windet sich in der tiefen Erde, ebenso wie das Wort sich aus dem

Dunkeln der Seele entwindet, der Wurf der Würfel das Los offenbart, die Wirtel durch Windungen die einzelnen Fasern zu neuen Fäden verspinnt, das Werken den Gegenstand entstehen lässt oder der Wirbelwind der Steppe wie aus dem Nichts vernichtend und unberechenbar seine Bahn zieht. Der Grundbegriff des indogermanischen Stammwortes *uert* bedeutet also winden, drehen, herausdrehen, werken, entpuppen oder herausspinnen aus einem dunklen, unsichtbaren Urgrund und daraufhin in Erscheinung treten.[1]* Dieses Entwinden wird oft in religiöser Kunst, wie in den komplizierten Schnörkeln und Windungen keltisch-germanischer Schnitzkunst, dargestellt (siehe Abb.). Man sieht das Motiv ebenfalls in den Weinranken, die die Manuskripte der Mönche zieren, oder in den schraubenden Säulen des Baldachins von Bernini am Hochaltar im Petersdom.

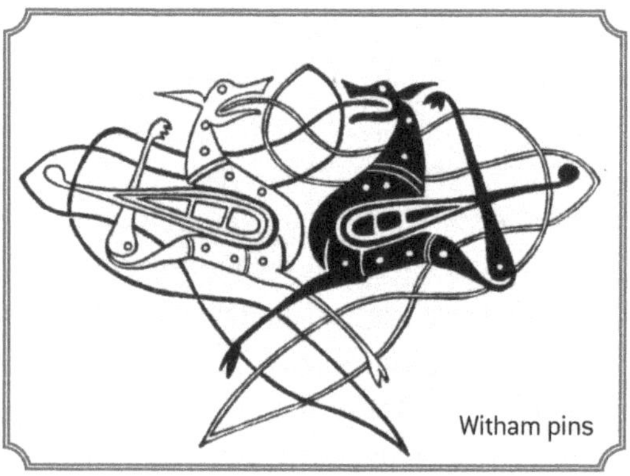

Witham pins

Der wahre Wurzelkundige ist also nicht nur ein Botaniker oder Pharmakologe, der die Pflanzen von außen her kennt und einige Anwendungen aus Büchern auswendig gelernt hat, sondern er ist ein Okkultist (lat. *occultus* = verborgen, versteckt), der hinter den Schein, unter die Oberfläche unserer Erscheinungswelt, blicken kann. Er kann nicht nur Verborgenes erblicken, sondern er hat ein Können, das es ihm erlaubt, die verborgenen Wesen beim Namen zu rufen und zu bewegen. Er kennt die Zauberworte, die in die Tiefen wirken – deswegen sind die Kräuterweiber und Schamanen

* Die hochgestellten Ziffern beziehen sich auf die Anmerkungen am Schluss des Buches, die dort kapitelweise zusammengefasst sind.

oft ebenso gefürchtet wie geachtet: Ihr Wort kann in die Seelentiefen als Segen oder Fluch hineinwirken, ihre Kunde kann heilen oder kränken. Der Wurzelkundige mag den ungezählten Krankheiten, die wie böse Würmer tief im Leib bohren, nachspüren und kann diesen mit Wurzeln, die sich tief in die Erde winden, entgegentreten.

Die »Kunde« von der Wurzel ist ebenfalls nicht ein Wissen im Sinne der Wissenschaft. »Kunde« ist verwandt mit tatkräftigem »Können«, mit dem »König« als demjenigen, der »kann« – eben weil er Erkennen besitzt. In früheren Zeiten glaubte man, dass die mächtige Hand des Gekrönten heilkräftig ist.[2]

»Kunde« ist verwandt mit dem »Kunden«, dessen eigentliche Bedeutung, ehe der Kommerz sich das Wort aneignete, Bekannter, Einheimischer oder Freund war. Im Englischen erscheint das Wort als *kin* (Blutsverwandtschaft) und *kind* (freundlich, gut gesinnt). Daneben hat das gemeingermanische Wort *kuntha* auch den Sinn des Kündens, des Bekanntmachens, des Aufzeigens, Zeugens oder des Ablegens eines Zeugnisses. Es ist ferner verwandt mit »Kunst«. Die noch weiter zurückliegende indogermanische Wurzel *gen* (gebären, hervorbringen, kennen) gibt unserer Sprache das Wort »Kind«, dem Englischen *kindle* (entzünden, anfachen), dem Lateinischen *generare* (hervorbringen, zeugen) und dazu Neologismen wie Genius, Generator, Gene, Genetik usw. Die Kunde erweist sich als heroische Tat, als Erkennen, als das ins Licht des Bewusstseins Heben dessen, was sonst unerkannt im Dunklen west.

Dieses Durchstöbern alter Wortverwandtschaften verrät uns den wahren Sinn der Wurzelkunde: Der Wurzelkundige weiß nicht nur um die unsichtbaren, im Geheimen wirkenden Mächte, sondern er begegnet diesen mit Können und Kunst, mit Wort und Wurz. Er weiß sie anzusprechen, und mit den Wurzeln hat er ein verwandtschaftliches Verhältnis *(kinship)*. Das vermögen nur die wenigsten zu tun, wie die alte Muhme, die wir am Herdfeuer sitzen sahen, oder der einsame Hirte oder der asketische Sadhu-Baba, der die Schluchten des hohen Himalaya durchwandert. Es vermögen nur diejenigen, die dem Schrecken der chthonischen Wesen, den Tiefen der Erde, der Schwärze der Nacht und dem Abgrund der Seele standhalten können. Das sind die wenigen, die am Lindwurm vorbei ihre Schritte lenken und uns aus den Tiefen die Edelsteine des Zaubers und der Heilkunst mitbringen können.

Die Anfänge der Kräuterkunde

Unsere Forscher glauben, dass dickschädelige, stumpfsinnige Frühmenschen, von Hunger und Schmerz getrieben, nach und nach in blinden Versuchen lernten, welche Pflanzen sie essen konnten, welche ihnen Bauchkneifen und welche ihnen Wohlbehagen bereiteten. In zahllosen mühseligen Versuchen haben sich dabei etliche tödlich vergiftet – so fabuliert die fortschrittsgläubige Wissenschaft –, aber schließlich sammelten sich die Kenntnisse an, die zum Teil bis in die Neuzeit überliefert sind.

Solch ein experimentierender Vorgang charakterisiert aber eher unsere heutige wissenschaftliche Methode, mit der wir unseren Wissenskreis erweitern wollen. Eine solche Methode gab es damals nicht! Die ältesten Schriftzeugnisse und die Feldforschungsberichte der Ethnologen über die »Wilden« deuten auf eine andere Art der Erlangung von Kenntnissen. Die ältesten Texte der Hindus besagen, dass das Wissen von den Rishis, den Weisen der Urzeit, unmittelbar wahrgenommen *(shruti)* und erst in viel späteren Zeiten als das Hören und Sagen der Tradition *(smriti)* weitergegeben wurde. Diese Rishis waren nicht dem oberflächlichen Schein verhaftet. Hinter den Phänomenen nahmen sie die übersinnlichen, geistigen Wesensqualitäten wahr. Diese Art der Wahrnehmung bezog sich natürlich auch auf die Pflanzen, mit denen sie im stillen Innern ihrer Seele Zwiesprache pflegen durften. Ihr Seelenauge konnte die Pflanzenseelen wahrnehmen, weil sie durch heiligen und züchtigen Lebenswandel den Schleier der Illusion (Maya) mit ihrem Geist durchbrechen konnten. Wie scheue Rehe im Waldtümpel konnten die Pflanzendevas, Geister und Götter sich getreu in ihren Seelentiefen spiegeln.

In der Sprache der modernen Psychologie könnten wir sagen, dass sie die Fähigkeit hatten, zu »dissoziieren«, in Trance zu fallen, und dabei die erlernten, rigiden Strukturen unseres alltäglichen, funktionsorientierten, nach außen gerichteten Bewusstseins zurückzustellen, damit die Inhalte der Psyche ins Bewusstsein aufsteigen konnten. Sie hatten demnach das Vermögen, die tieferen Schichten des Unterbewusstseins, die Ebene der Instinkte, anzuzapfen. Das ist aber unsere Interpretation, mit der wir zu erklären versuchen, was wir kaum mehr verstehen. Es handelt sich nicht, wie unsere Psychologen glauben, um ein bloßes Versenken in die Subjektivität der eigenen Psyche mittels besonderer Techniken, sondern um ein Wahrnehmen des »Inneren« des Universums, um einen Zustand des höheren – oder auch tiefer gehenden – Bewusstseins, wo die Unterscheidung »subjektiv/objektiv« sinnlos wird. Wahrscheinlich handelte es sich auch gar nicht um einen Sonderzustand, sondern es war das Bewusstsein der damaligen Menschen schlechthin. Es waren die Zeiten, deren man sich als des »goldenen Zeitalters« erinnert, in dem der Mensch, wie einst im Garten Eden, mit den Tieren (Seelen) und mit »Gott« reden konnte.

Diese Fähigkeit hat sich immer mehr verdunkelt – die Studien Mircea Eliades zeigen dies – mit zunehmendem zivilisatorischem Fortschritt, mit dem Erscheinen der Spezialisierung, der Ausbeutung von Mensch und Tier, der Entfremdung von der Natur und der Entwicklung des sich abgrenzenden »Ich-Bewusstseins«. Mit diesem Sich-Ablösen vom Makrokosmos geht der Zugang zur übersinnlichen Welt verloren; das Tor zu den Göttern wird verriegelt, der Cherub steht davor mit flammendem Schwert; Atlantis versinkt aus der Welt des menschlichen Bewusstseins. In den nachfolgenden Zeiten sind es nur wenige, oft unscheinbare Gestalten, die den Weg noch finden: Schamanen, einsame Hirten oder alte Kräuterweiber. Aber oft können sie es nicht mehr aus eigener Kraft, sondern benötigen die Hilfe von Zauberkräutern oder Liedern, Trommeln und Tänzen. Damit schieben sie die überwältigenden Gebilde und Eindrücke der Zivilisation vorübergehend beiseite, um wieder einmal dem Raunen der Geister lauschen zu können oder die Lichtelfen, Zwerge oder Nachtalben zu schauen.

Aus jenen Zeiten, als es noch einfach war, als man die Pflanzenseelen noch befragen konnte, stammen auch viele Namen der Heilkräuter. Es sind Namen, mit denen die Pflanzen sich den Menschen offenbarten. In diesen oft seltsamen Benennungen klingen die geheimen Eigenschaften der Pflanzen nach.

Dem aufgeklärten Großstadtmenschen kommt dieses sicherlich recht eigenartig, wenn nicht fragwürdig vor. Aber so eigenartig ist das nun auch wieder nicht! Kinder scheinen manchmal ganz von allein über Pflanzen Bescheid zu wissen. Schrammt sich einer aus der kleinen Rasselbande das Knie oder kriegt eins an die Birne beim Steinwerfen, dann wissen sie oft »instinktiv«, dass sie das Blatt eines Wegerichs zerknüllen müssen, um damit die Blutung zu stillen. Woher bekommen sie diese Idee? Vielleicht gehört es mit zur Kinderkultur, wie Hüpfspiele, Pfeil und Bogen, Kreisel, Steckenpferd, Reime, Rätsel und Reigen, die unter Kindern seit Jahrtausenden von einer Generation zur anderen überliefert wird.

Auch ich erinnere mich an solche Kindergeheimnisse. Irgendwie kannten wir auch die genießbaren und die giftigen Pflanzen. Oft kletterten wir auf eine Eibe, die am Gehsteig in der Auguststraße in Oldenburg wuchs, und ergötzten uns an den süßen, schleimigen Beeren. Die Erwachsenen, die uns bemerkten, erschraken und versuchten uns wegzuscheuchen: Die Beeren seien tödlich giftig! Wir lachten sie nur aus. Von irgendwoher »wussten« wir, dass die roten Eibenbeeren uns nicht schaden würden. Den inneren Kern zu zerbeißen, der das tödliche Alkaloid *Taxin* enthält, kam uns gar nicht in den Sinn. Ebenso »instinktiv« rieb ich als Neunjähriger ein Stückchen grünen Apfel auf eine eiterige Beule, ohne objektiv wissen zu können, dass es die adstringierende Wirkung des Apfels war, die dieses Ärgernis daraufhin heilte. Auch später kam es ab und zu vor, dass ich irgendwie zur richtigen Heilpflanze griff. In der Folge eines sehr kalten Winters zum Beispiel, in dem wir in einem Berner Bauernhaus wohnten, bekam ich eine Lungenentzündung. Die durch den Holzofen trockene Luft hatte die Lungen angegriffen. Da träumte ich während einer beschwerdevollen Nacht von einer strahlenden, gelben Blume und erwachte mit der Ahnung, dass diese ein Heilmittel für mein Ungemach sein könnte. Am nächsten Tag sah ich eben diese Blümchen – die ersten des Frühlings – an kahlen Böschungen wachsen, wo schon der Schnee geschmolzen war. Es waren Huflattichblüten, deren lateinischer Name *Tussilago* tatsächlich »Hustenvertreiber« bedeutet. Als Tee zubereitet, strahlten die Blüten wie lauter kleine Sonnen in die kalten, verwinterten Luftbälge hinein und heilten die Lungenentzündung.

Geschichtliche wie völkerkundliche Überlieferungen bestätigen, dass man oft auf ähnliche Weise – durch eine Art Eingebung – auf die Heilmittel und Nahrungspflanzen gestoßen ist, nicht durch blindes Herumexperimentieren. Aspasia von Milet, die berühmteste, anmutigste und klügste der griechischen Hetären, die später die Frau des Perikles von Athen (500–429 v. Chr.) wurde, hatte als Mädchen eine arge Geschwulst im Gesicht. Der Arzt, der von ihrem Vater gerufen wurde, verweigerte die Behandlung, da man das verlangte Honorar nicht zahlen konnte. Weinend ging das Kind zu Bett, schlief ein und träumte, eine Taube komme zu ihr. Der hübsche Vogel verwandelte sich in eine schöne Frau, die zu ihr sagte: »Fasse Mut, verachte die Ärzte und ihre Medizin! Nimm die vertrockneten Rosenkränze, mit denen die Venusstatue geschmückt ist. Zerreibe sie zu Pulver und lege es auf die Geschwulst!« Das tat sie und wurde geheilt.

Cicero erzählt die Geschichte von Alexander dem Großen, der traurig und ratlos am Bett seines durch einen Giftpfeil verwundeten Freundes Ptolemäus sitzt und dessen Ende erwartet. Dabei fällt Alexander in einen Schlummer und sieht einen Drachen vor sich, der eine Wurzel im Rachen hält. Das Untier teilt dem Helden mit, wo er diese Wurzel finden könne, die seinem Freund das Leben wiedergeben werde. Ptolemäus – Gründer der letzten ägyptischen Dynastie, die mit der göttlichen Kleopatra ausklingen wird – und andere, durch Giftpfeile verwundete Krieger Alexanders werden mit der Pflanze, die der Drache offenbarte, gerettet.

Der Humanist und Reformator Philipp Melanchthon (1497 bis 1560) litt einst an Triefaugen, gegen die keine Medizin half. Da erschien ihm im Traum ein »Dr. Philo«, der ihm Augentrost *(Euphrasia officinalis)* anriet. Er folgte dem übernatürlichen Rat, indem er sich die Augen mit einem Augentrosttee auswusch. Nach zwei Tagen war die Entzündung verschwunden.

Man könnte solche Geschichten beliebig fortsetzen. Eine Bäuerin im Emmental erzählte mir von einem alten grauen Männlein, das ihr plötzlich im Halbschlaf erschien und sie auf ein Heilmittel aufmerksam machte.[3] Sie wurde von der Tuberkulose geheilt. Der »schlafende Prophet« Edgar Cayce aus Tennessee, der im Schlafzustand seine Patienten untersuchte und ihnen Heilmittel verschrieb, ist auch kein Einzelfall.

In Schreckenszeiten der Seuchen und Kriege erscheinen die übersinnlichen Wesen, die Elfen, Waldmännlein und -weiblein nicht nur im Traum, sondern springen gar direkt in unsere lichte Tageswelt hinein. Unzählige Geschichten werden von solchen Übertritten erzählt. Es wird zum Beispiel gesagt, dass in Langbernsdorf in Westsachsen ein »graues Männl« während der Pest von Haus zu Haus sprang und an die Türen klopfte. Bei jedem Klopflaut starb ein Mensch. Einem Mann und einer Frau, die das Glück hatten, es zu sehen, sagte es: »Trinkt Baldrian, so kommt ihr davon!« An anderen Orten ist es ein Totenkopf, aus dessen Gebiss es zischt:

»Trinkt Baldrian und Bibernell,
sonst sterbt ihr schnell!«

Oder ein Rabe kommt geflogen und krächzt dem verstörten Volk zu:

»Nehmt Pimpernell und Armedill,
wenn sich die Pest nicht geben will!«

Eine weitere Überlieferung berichtet Folgendes: Während die Pest im Breisgau wütete, sank im Wald eine alte Kräutersammlerin vor Erschöpfung zu Boden. Sie hatte Tag und Nacht nach den Kräutern gesucht, mit denen die Freiburger Ärzte vergeblich versuchten, den Schwarzen Tod zu vertreiben. Da erschien ihr ein sonderbarer Vogel und sang:

»Esst Wacholderbeeren und Bibernell,
so sterbet ihr nicht so schnell!«

Es wird behauptet, dass diejenigen, die diesen Rat in vollem Vertrauen befolgten, mit dem Leben davonkamen.

Aber es waren nicht nur Visionen und Träume, die den Menschen Heilmittel offenbarten. In einigen Bauerngemeinschaften gab und gibt es besonders feinfühlige Menschen. Befinden diese sich in der Nähe bestimmter Pflanzen, dann regt sich in diesem oder jenem Organ oder Körperteil eine leise Empfindung. Es ist, als spürten sie – ähnlich wie Wünschelrutengänger die Wasseradern – die subtilen Ausstrahlungen der Pflanze und empfänden die Sympathie, die diese mit den jeweiligen Körperstellen verbindet. Solche Pflanzen eignen sich als Heilmittel für diese Organe. Sie werden entweder eingenommen oder nur auf die Körperstelle aufgetragen.

Über Jahrtausende wurden die unmittelbaren Einsichten der Seher, Träumer und Sensitiven von den Priestern und Gelehrten zu großartigen Systemen zusammengefügt. Priesterliche Schulen der Medizin und Bibliotheken entstanden in Babylonien, Ägypten und Griechenland. In China wurde die Kräuterkunde schon um 3000 v. Chr. vom legendären Kaiser Shen Nung – dem später vergöttlichten Vater der Heilkunde und des Ackerbaus – im *Pen-tsao* fixiert. Die Arzneilehre der Inder wurde ebenfalls von emsigen Pandits (Gelehrten) im *Atharvaveda* (um 1000 v. Chr.) zusammengestellt. Der Übergang von der offenbarten zur tradierten, systematisierten Heilmittellehre war allmählich, ist bis heute noch nicht vollständig vollzogen und wird es auch nie sein. Diese Entwicklung spiegelt den Übergang von naturverbundenen, einfachen Wildbeuter- und Pflanzergesellschaften zu den großen Zivilisationen. Mit zunehmender Spezialisierung, mit Schrifttum und Stadtleben verstummen allmählich die Stimmen der Geister.

Der südasiatische Einfluss

Verbindungen mit den Kulturen des Ostens hat es immer gegeben. Schon zur Zeit der Römer bestand die »Seidenstraße«, die sich über den Kyberpass durch die endlose staubige Karstlandschaft Persiens bis nach Damaskus und von dort nach Alexandrien wand. Auf ihr kamen nicht nur Seide, Zucker und Gewürze, sondern auch kostbare Heilkräuter und barfüßige Pilger mit sonderbaren Ideen und Lehren. Auch zu Schiff bestanden Verbindungen zwischen diesen Welten. Ein Handbuch für griechische Schiffer aus der Zeit Kaiser Neros – *der Periplus des erythräischen Meeres* – gibt die Waren an, die die Römer nach Indien verschifften: Wein, Kupfer, Zink, Blei, Koralle, Topas, Amberbaumharz zur Herstellung von Räucherwerk und Düften, süßer Steinklee, Glasware, Weihrauch und dünngewebte Stoffe. Diese wurden gegen Narde und Nardenöl, Pfeffer, Perlen, Elfenbein, Seide, Musselin, Edelsteine, würziges Kostus-Öl (Sassurea lappa), Myrrhe, Färbemittel und Heilkräuter getauscht.[4]

Auch schon vor den römischen Handelsbeziehungen, sogar ehe Alexander der Große nach Osten stürmte, waren Verbindungen vorhanden. Zu Platons Zeiten erschienen »nackte Weise« – Gymnosophisten wurden sie von den Griechen genannt – auf der Agora, dem Marktplatz, um Einsichten und Gedanken mit den Philosophen auszutauschen. Noch heute wandern solche »Luftgekleidete« durch Indien. Ob nicht doch etwas von ihren Gedanken in den Ausführungen Platons (die Welt als Illusion; die vier Zeitalter und vier Kasten), Pythagoras' und der Orphiker (die Notwendigkeit, dem Kreislauf der Geburten durch Askese und Abstinenz von Fleisch und Alkohol zu entrinnen) hängen geblieben ist? Ob nicht auch die Ansichten der griechischen Ärzte, besonders des späteren Galenus, Gedankengut aus dem Ayurveda enthalten, beispielsweise dass Krankheit aus einer Unausgeglichenheit der Körpersäfte (Humoren) entsteht?

Auch heutzutage noch verlassen *Bhikkhus* (buddhistische Wandermönche), *Sadhus* (Heilige) und *Sannyasins* (hinduistische Mönche) ihre Familien und weltliche Angelegenheiten, um Gottes Erde zu bewandern. Kommt ein solcher »Heiliger« in ein indisches Bauerndorf, versammelt sich Jung und Alt, um Segen und Rat zu empfangen, um Hilfe gegen die Übel, die Leib und Seele plagen, zu erbitten. Aus der uralten Tradition des *Ayurveda* schöpfen die Weltentsager ihre Ratschläge. Mit Sprüchen, Märchen und Geschichten, die von Göttern und Dämonen erzählen, werden die Lehren von gesunder Diät, heilsamem Lebenswandel und heilenden Kräutern vermittelt. Diese Art der Wissensvermittlung liegt dem Hinduismus wie dem Buddhismus zugrunde.

Über die Jahrhunderte hinweg, ehe Nationalstaaten und Ideologien ihre Grenzen abriegelten, wanderten solche Gestalten durch die Alte Welt. Auch buddhistische Mönche, die Seelen erfüllt mit Mitleid für die leidenden Wesen, durchquerten Wüsten und Berge. Etliche gelangten ins Abendland. Sie waren in der Heilkunde und der Kräuterkunde besonders bewandert, denn das hatte ihnen ihr erleuchteter Meister befohlen. Einst fand Buddha einen ruhrkranken Mönch, der sich in seiner Qual auf rauher Lagerstätte im eigenen Kot wälzte. Da wusch der Meister den Kranken mit eigenen Händen und bettete ihn in ein sauberes Bett; zu den anderen sagte er:

»Brüder, ihr habt weder Mutter noch Vater, die für euch sorgen. Wenn ihr nicht einander helft, wer wird euch helfen? Brüder, wer mich liebt, der sorgt für die Kranken.«

Seitdem widmen sich die *Bhikkhus* der Heilkunde. Ähnlich den christlichen Mönchen im Mittelalter wahrten sie das Wissen um Heilpflanzen und Arzneiherstellung. Ihre Meditationstechniken ermöglichten ihnen, ihre Seelen von unnützen, überflüssigen Gedanken und falschen Vorstellungen zu reinigen, um so besser in die verborgenen Seelenschichten des Patienten hineinsehen zu können oder die versteckten Eigenschaften eines Heilkrautes ausfindig zu machen. Was diese Wanderer aus Südasien mitbrachten, vermengte sich mit griechischen, babylonischen und ägyptischen Lehren und drang im Laufe der Jahrhunderte auch in den Schatz der einfachen Volksheilkunde ein.

Im Zweistromland

Auch in den fruchtbaren Tälern und Sümpfen von Tigris und Euphrat verlieren sich die Spuren der Heilkunde in schweigender Vergangenheit. Doch einige Geheimnisse haben die Ausgräber und Altertumsforscher dem Sand und Schlamm entreißen können.

Für die Sumerer, Babylonier, Akkadier, Chaldäer waren die Krankheiten böse Dämonen, die am Menschen fressen. Priesterärzte heilten durch Beschwörungen, Zauberrituale und Kräuter, nachdem sie am Sternenhimmel die Vorzeichen gelesen hatten. Mittels der Leberschau eines geschlachteten Tieres, in dessen Nüstern der Kranke seinen Atem geblasen hatte, identifizierten sie den Dämonen. Die abscheuliche Dreckapotheke – Gebräue aus Kot, Kadavern, Skorpionen und Kerbtieren – diente wohl dazu, die Krankheitsteufel aus dem Leib zu treiben. Assyriologen haben mit viel Mühe und Aufwand die Keilschrift aus dem dritten Jahrtausend v. Chr. entziffert, die ein sumerischer Arzt in Tontafeln ritzte.[5] In diesem »ersten Handbuch der Medizin« werden 250 Heilmittel erwähnt. Salz, Salpeter, Milch, Schlangenhaut und Schildkrötenpanzer werden angegeben. 90% der Heilmittel sind jedoch pflanzlichen Ursprungs. Die Namen der Seuchen und Krankheiten sind die der Dämonen und können daher nicht leicht entziffert werden. Bei Pflanzennamen wie »Rabenfußpflanze« tappen die Forscher ebenfalls im Dunkeln. Bei anderen ist die Bestimmung gesichert.

Man benutzte Cassia, also Senna, und Koloquinten als Abführmittel; die stinkende Asafoetida *(Ferula asafoetida)*, deren widerlich riechender Milchsaft bei Koliken und Krämpfen Verwendung fand; die narkotische Tollkirsche *(Atropa belladonna)*, die beruhigend bei Krämpfen, Asthma und Hustenanfällen wirkt, indischen Hanf *(Cannabis indica)*, ein hervorragendes Beruhigungsmittel, Weißen Germer *(Veratrum album)*, ein giftiges Brechmittel, das eventuell gegen hartnäckige Hautkrankheiten oder als »Schocktherapie« bei Geisteskrankheiten benutzt wurde. Thymian, Weide, der Birnenbaum, Fichte und Dattel werden auch erwähnt. Kümmel, ein windtreibendes, verdauungsförderndes Mittel, und Myrrhe, ein zusammenziehendes Mittel, das man dem Mundwasser oder der Zahnpasta häufig beigibt, haben sogar bis heute ihre akkadischen Namen beibehalten: *kamun und murra*. Myrrhe und auch essigsaure Tonerde wurden wahrscheinlich zur Spülung und Desinfektion verwendet.

Die Kräuter wurden zu Salben, Einläufen, Kataplasmen und Getränken verarbeitet. Viele wurden in Salz oder Alkali (hergestellt aus der Asche von Gänsefußgewächsen) gekocht, abgefiltert und unter Aufsagen langatmiger Beschwörungsformeln eingegeben. Süßholz *(Glycyrrhiza glabra)* wurde mit Baumöl und einem Rauschmittel gegen Husten eingenommen. Andere Rezepte verlangen, dass die Kräuter in Bier oder Milch verabreicht werden.

Was uns jedoch an der mesopotamischen Heilkunde am meisten fasziniert, ist, dass ihre Kräuter und Kuren von astrologischen Gesichtspunkten betrachtet, unter Berücksichtigung der Planetenstellungen und -häuser, angewendet wurden. Am Himmelsgewölbe wurde abgelesen, ob es günstige oder schlechte Einflüsse waren, die an dem Tag den Kranken und das Kraut beherrschten. Diese Vorwegnahme der Idee der Biorhythmen geht ebenso auf die alten Heilpriester des Zweistromlandes zurück wie das Bild des Kosmos als das eines gigantischen, makrokosmischen Menschen (Makroanthropos), dessen Sternenleib in die zwölf Regionen des Tierkreises eingeteilt wird. Durch diesen Leib bewegen sich die sieben sichtbaren Wandelsterne (Mond, Merkur, Venus, Sonne, Mars, Jupiter, Saturn). Jeder einzelne Mensch ist ein Abbild dieses riesigen Urbildes, ein Mikrokosmos. Wie in dem Urbild wirken in ihm die Widderkräfte im Schädel, die Stierkräfte im Nacken, die Zwillingskräfte in Schultern und Armen, die Krebskräfte in der oberen

Brust, die Löwenkräfte in der Herzregion usw. bis zu den Fischkräften in den Füßen. Diese Vision der Hierophanten lebt bis in unsere Tage in der Astrologie und im Kalendermann weiter.

Im Menschenleib wirken die sieben Planetenkräfte in den sieben Hauptorganen. Die Kräfte der Sterne und Planeten durchwirken eben die ganze Schöpfung. Daher suchte man die Heilkräuter für bestimmte Erkrankungen zu Zeiten, in denen sich der Planet, der die Pflanze wie das betroffene Organ beherrscht, in einem günstigen Zeichen, Haus und Aspekt befand. Stand der Planet ungünstig, dann vermochte die Medizin auch nicht viel zu helfen.

Irgendwie mussten diese Priesterärzte ihr Handwerk hervorragend beherrscht haben, denn wir erfahren, dass der Arzt, der einen Patienten fahrlässig tötete, des Mordes bezichtigt wurde. Wenn ein freier Mann durch Pfuscherei sein Augenlicht verlor, wurde dem Arzt zur Strafe die Hand abgeschlagen. Falls so etwas einem Sklaven widerfuhr, musste der Arzt lediglich eine Buße zahlen beziehungsweise den Sklaven ersetzen. Der dahinterliegende Gedanke ist, dass ein Arzt, der keine Heilung bewirken kann, den Segen der Götter verloren hat. Wenn er sich trotzdem an einen Patienten heranwagt, ist er ein Betrüger.

Die astrologisch ausgerichtete Heilkunde Mesopotamiens verbreitete sich in alle Himmelsrichtungen. Noch immer nehmen die ayurvedischen Mediziner Indiens – wie einst die Römer und die Ärzte der Renaissance – Bezug auf das Horoskop ihrer Patienten. Sogar die moderne Medizin kommt nicht ganz daran vorbei. Eine Operationsschwester aus Bremen beobachtete nahezu vier Jahrzehnte lang, dass die Blutungen auf dem Operationstisch viel schwieriger um den Vollmond als bei Neumond sind. Der tschechische Arzt Dr. Eugen Jonas konnte ermitteln, dass 98% der Kinder in der gleichen Mondphase gezeugt werden, in der die Mutter geboren wurde.[6] Wenn eine Reihe von Planeten sich in Konjunktion mit der Sonne befindet, dann übt das einen gravitätischen

Sog auf die Sonnenkorona aus, ähnlich wie der Voll- oder Neumond auf die Meeresoberfläche. Das Resultat erscheint uns als Sonnenflecken; diese wiederum korrelieren mit epidemischen Krankheiten, guten Weinjahren im Bordelais, Hungersnot in den Monsunländern, Erdbeben, Verschiebungen der Blütezeiten einiger Blumenarten und anderen Erscheinungen.[7]

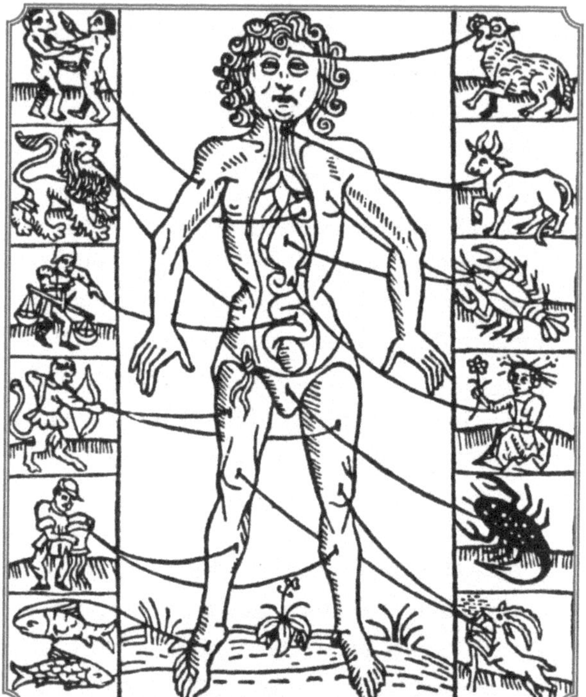

Korrespondenz zwischen Organen und Himmelszeichen. *(Entnommen aus: Martyrologium der Heiligen nach dem Kalender. Straßburg, 1484.)*

Langjährige Anbauversuche der anthroposophischen Konstellationsforscherin Maria Thun zeigen, dass bei besonderen Mondkonstellationen bestimmte Unkrautsamen keimen und das Pflanzenwachstum unterschiedlich angeregt wird.[8] Wer weiß, vielleicht wussten die alten Chaldäer und Babylonier mehr, als wir bereit sind, ihnen zuzugestehen.

Ägyptische Heilkunst

Jede Kultur legt sich ein medizinisch-anthropologisches Modell zurecht, das das gesammelte Wissen um Körper, Krankheit und Heilmittel ordnet und überschaubar verständlich organisiert. Seit René Descartes bedienen wir uns des Modells des Menschen als Maschine mit dem Hirn als informationsspeicherndem Steuerungsmechanismus. Die neueste Variante dieses Modells ist der Mensch als kybernetisches System. Das mesopotamische Modell war das des zwölfgeteilten himmlischen Makroanthropos, mit den Planeten als den sieben Hauptorganen. Das Modell der brahmanischen Medizin Indiens war durch den Wechsel der Jahreszeiten auf dem Subkontinent gegeben: *Vayu* – das kühle, feuchte Frühjahr; *Pitta* – die gereizte, heiß-trockene Vormonsunzeit; *Kapha* – die nasse, beklommene Regenzeit: Sie erscheinen im Menschen als die drei Humoren *(Dosas, Dhatus)*, als Wind, Galle und Schleim.

In Ägypten war es die Nilüberschwemmung, die jährlich, wenn der Hundsstern am Horizont erschien, die Felder verschluckte, sie von Unrat und Ungeziefer säuberte und dann befruchtenden Schlamm hinterließ, die ein brauchbares Modell für das Funktionieren des menschlichen Leibes bot. Der Verdauungskanal, vom Mund bis zum Dickdarm, gleicht dem lebensbringenden Strom, der von den Sümpfen Nubiens hinab zum Delta fließt. Auch der innere Nil bringt Nahrung herunter und spült Unreinheiten aus dem Körper. Krankheit galt demzufolge als Blockierung oder Abänderung dieses Stromes. Daher bestand die ägyptische Arznei hauptsächlich aus Abführmitteln, Brechmitteln, Klistierspritzen und dem Schröpfen. Die Praxis des Aderlasses und Blutzapfens wurde später von dem römischen Superarzt Galenus als eines der wichtigsten therapeutischen Mittel propagiert und von der Medizin bis zum Anfang des 20. Jahrhunderts beibehalten.

Wie anderswo standen auch hier die Kräuter an erster Stelle der Heilmittel. Die Tempel hatten ihre eigenen Kräutergärten. Wir wissen beispielsweise, was im Heilpflanzengarten des Tempelkomplexes zu Edfu in Oberägypten, 2400 Jahre vor unserer Zeitrechnung, angebaut wurde:

- **Wacholder** *(Juniperus communis)*, dessen harzige Beeren ein ausgezeichnetes harntreibendes Mittel sind, das bei Wassersucht – durch Herz- oder Nierenschwäche verursacht – angewendet wird; außerdem sind Wacholderbeeren appetitanregend und windtreibend.
- **Koloquinte** *(Citrullus colocynthis)*, eine bittere Verwandte der Gartengurke, die drastisch purgierend auf den Darm wirkt und zudem Wasser treibt.
- **Granatapfel** *(Punica granatum)*, ein Bäumchen, dessen rote Blüte und saure Früchte adstringierend (zusammenziehend) wirken. Wurzeln und Rinde beruhigen Durchfall und spülen Bandwürmer heraus.
- **Flachs** *(Linum usitatissimum)* hat – ebenso wie der Flohsamenwegerich *(Plantago afra)*, den die alten Ägypter ebenfalls kannten – Samen mit Schleimgehalt, die als mildes Abführmittel dem Bettlägerigen oder alten Menschen das Leben etwas leichter machen. Als Umschlag wirken die Samen erweichend bei Geschwüren und Furunkeln.
- **Fenchel** *(Foeniculum vulgare)* fördert die Verdauung, wirkt wurmtreibend, harntreibend und krampflösend.
- **Ahorn** *(Acer spp.)* gilt als kühlendes Mittel. Ein Blätterbrei wird auf die krankhaft erhitzten Stellen aufgelegt.
- **Kardarmom** *(Elettaria cardamomum)* beseitigt Blähungen und Verdauungsstörungen.
- **Kümmel** *(Cuminum cyminum)* wirkt ebenso wie Kardamomsamen, regt zudem die Drüsen an, reguliert die Menstruation und fördert bei stillenden Müttern die Milchsekretion.

- **Knoblauch** *(Allium sativum)* ist ein tonisches Allheilmittel, das sich besonders zur Senkung des Blutdrucks und zur Stärkung des Immunsystems eignet.
- **Senna** *(Cassia angustifolia)* ist ein darmschonendes, sicheres Abführmittel.
- **Madonnenlilie** *(Lilium candidum)* ist ein Heiler der Frauenleiden. Die schleimhaltige Zwiebel eignet sich für erweichende Umschläge bei Tumoren, Entzündungen und Verbrennungen.
- **Wunderbaum** *(Ricinus communis)*, eine an sich hochgiftige Pflanze, aus deren Samen jedoch ein dünndarmwirksames Abführmittel – das Rizinusöl – gepresst wird.
- **Alraune** *(Mandragora officinarum* oder *Atropa mandragora)* ist eine sagenumwobene Pflanze, deren Wurzeln aphrodisisch, abführend und purgierend, deren Blätter wundheilend und deren Saft schmerzstillend wirkt.
- **Schlafmohn** *(Papaver somniferum)* ist ein bekanntes schmerzlinderndes, einschläferndes Mittel. Bei Ruhr und Diarrhöe wirkt es stopfend.

Viel Schlamm und Wasser ist den freundlichen Fluss heruntergeflossen, Dynastien kamen und gingen, und Götter lösten einander in der Herrschaft ab, seit ein unbekannter Schreiber vor nahezu fünftausend Jahren diese Pflanzenliste auf einen Papyrus (Papyrus Ebers) pinselte. Trotzdem bleiben die erwähnten Pflanzen unübertreffliche Heilmittel.

Im alten Ägypten ließ man die Kranken fasten, badete sie und legte sie im Tiefschlaf in den Tempeln unter das Bildnis der Göttin Isis. Die Große Mutter erschien ihnen im Traum und offenbarte ihnen beides, Heilweg und Heilmittel. Diese Methode des Tempelschlafs wurde später von den Griechen, den Schülern des wundertätigen Äskulap, übernommen.

Wie in allen alten Zivilisationen gehörte der Arzt zur Priesterkaste. Jeder Arzt war nur für jeweils eine bestimmte Krankheit zuständig. So kam es, dass der Pharao Dutzende von Ärzten um sich hatte – jeder zuständig für ein gewisses Organ. Da gab es farbige Titel wie »Königlicher Hüter von des Pharaos linkem Ohr« oder auch »Hirte des königlichen Sphinkters«.

Griechische und römische Medizinkunde

Wie alle indoeuropäischen Volksstämme kannten auch die frühen Griechen die Tradition der wurzelkundigen weisen Frauen. In Homers *Ilias* lesen wir von der gelbhaarigen Agamede, »die so viele Kräuter kannte, wie die weite Erde hervorbringt«.

Rhyzotomi – Wurzelschneider – durchstöberten die hellenischen Pinien- und Eichenwälder und Bergwiesen. Die Kräuter und Wurzeln, die sie gruben, galten als das Blut von Erddämonen, die mit Zaubersprüchen und Opfern beschwichtigt werden mussten.

Auch Äskulap scheint ein Erddämon gewesen zu sein. Irgendwann im 5. Jahrhundert v. Chr. errichteten die Griechen an heiligen Quellen und Grotten Tempel für diesen Heilgott. Hier wurden die Leidenden mit duftenden Kräutern massiert, gebadet und, nachdem ein Hahn geopfert war, in einen magischen dreitägigen Tiefschlaf versetzt. Hunde und Schlangen, die dem Gott geweiht waren, wurden im Tempelhof gefüttert und bewegten sich frei. Wie bei den Hindus, Mesoamerikanern, Ägyptern und Kretern galten Schlangen als heilkräftig. Hunde, die treuen Wächter, galten als dämonenabwehrend.

So erfolgreich scheinen die äskulapischen Heilpriester gewesen zu sein, dass – der Legende nach – Pluton, der Fürst des Totenreiches, sich wütend beim Götterkönig beschwerte, dass sich die Zahl der Schatten im Hades auf ein unerträgliches Maß verringere. Zeus tötete daraufhin Äskulap mit seinem Blitz. Das erzürnte wiederum den Sonnengott Apollon, dessen Pfeile den Menschen sowohl Krankheit als auch Heilung brachten, denn Apollon hatte mit einer Nymphe den großen Heiler gezeugt. Als Sohn des Sonnengottes und einer Waldnymphe erweist sich Äskulap als Kind zweier Welten, der himmlischen und der irdischen. (Sein indischer Gegenpart, der Heilgott *Dhanvantari*, weist ebensolche himmlischen und chthonischen Eigenschaften auf. Er ist Schüler des Sonnenadlers Garuda und Shivas, des Herrn der Schlangen, des Fiebers und der Zauberei.) Der heilkundige Pferdemensch, der Zentaur Cheiron, war der Lehrmeister, der dem Äskulap die Kräfte aller Kräuter verriet. Mit seiner Gattin zeugte der große Heiler zwei anmutige Töchter: Panazee, das Allheilmittel, und Hygieia, die Gesundheitspflege. Sein Zeichen ist der Äskulapstab *(Caduceus)*, ein von zwei geifernden Schlangen umwundener Stab, der Gift und Gegengift versinnbildlicht. Dieser Stab wurde dem Götterboten Hermes/Merkur, dem Gott der Händler, Heiler und Gauner, als Zepter übertragen und gilt bis in unsere Tage als Symbol der Ärzte wie des Geldes (Dollarzeichen) (s. Abbildung).

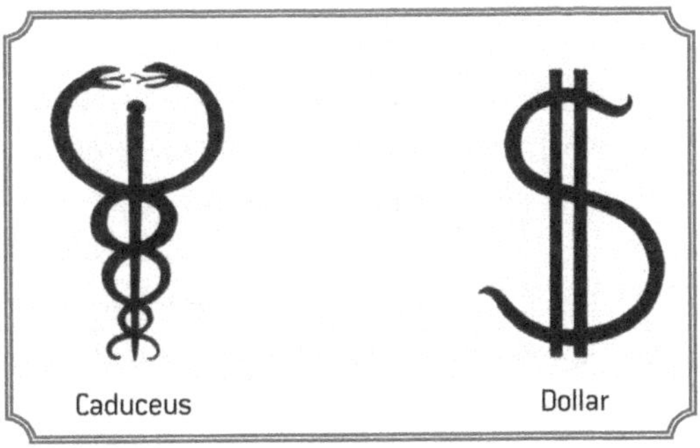

Hippokrates (460–370 v. Chr.) stammt aus einer Familie äskulapischer Heiler, die auf Kos, einer Insel an der Küste Kleinasiens, lebte. Das östliche Ägäische Meer war damals wie heute Berührungspunkt verschiedener Kulturen – Kleinasiens, der Levante und des Abendlandes. In der Natur, an Orten, wo sich verschiedene Biotope überschneiden, kann man mit vielen schöpferischen Neuerungen rechnen. Wo sich Kulturkreise überschneiden, ist es ähnlich. Im Wirrwarr aufeinanderprallender, sich widersprechender Imaginationen und Bilder wählte Hippokrates einen nüchternen, praktischen Standpunkt, der uns heute noch modern erscheint. Es ist kein Wunder, dass die neuzeitliche medizinische Wissenschaft ihn zum Vater der Medizin erkoren hat.

Während seine Vorgänger Zauberei, den bösen Blick oder die Missgunst der Götter für Krankheiten verantwortlich machten, verzichtete dieser Arzt auf übersinnliche Manipulationen. Für ihn war die Krankheit vor allem ein Kampf zwischen den Kräften des Todes und den innewohnenden Fähigkeiten des Leibes, sich selber zu heilen. Der Arzt muss diesen Heilvorgang sachlich unterstützen, egal was die Ursache der Krankheit sein mag, auch wenn sie selbstverschuldet ist.

Seine therapeutischen Maßnahmen waren hauptsächlich von der Vernunft her bestimmt: Man greift der Natur unter die Arme mit frischer Luft, Sonne, Kräutertees, leichter, einfacher Kost, Reinigung des Körpers durch Brechmittel und Aderlass, Massage, Wasserkur und mit einfachen Mitteln wie *Hydromel* (Honigwasser), Gerstenwasser und *Oxymel* (Honig mit Essig). Er bevorzugte den schwarzen Nieswurz *(Helleborus niger)* als Abführmittel und den Weißen Germer *(Veratrum album)* als Brechmittel. Rund fünfhundert verschiedene Heilkräuter machten seine Apotheke aus. Seine Ethik – der Eid des Hippokrates – wird noch heute von promovierenden Medizinstudenten nachgeplappert, und es würde wohl nicht schaden, wenn unsere technologiebesessenen Mediziner sich seinen Inhalt öfter vor Augen hielten.

Im kaiserlichen Rom waren die meisten Ärzte griechischer Herkunft. Das schien Plinius dem Älteren zu missfallen, denn er nörgelt, dass die Römer sechshundert Jahre lang ohne Ärzte, aber mit Beschwörungsformeln, Riten und Kräutern gut ausgekommen seien. Zwei Hellenen treten besonders hervor und werden die Leuchten der medizinischen Wissenschaft in den kommenden

Jahrhunderten. Der eine ist Dioskurides, ein Zeitgenosse des nörgelnden Plinius, der als Wundarzt bei den Heeren Neros und Vespasians seine Dienste leistete und dabei große Teile des Imperium Romanum kennenlernte. Zwischen Feldzügen und Schlachten hatte er Muße, sich mit Heilpflanzen abzugeben und das erste wirklich praktische Kräuterbuch des Abendlandes zu verfassen. In seinem Hauptwerk *(Peri Hyles Iatrikes)* beschreibt er nicht nur sechshundert Pflanzen, sondern auch ihren Nutzen, die richtige Zeit, sie zu sammeln, und wie man sie zubereitet.

Der andere große Arzt, ebenfalls ein Grieche aus Kleinasien, ist Claudius Galenus (131–201), Leibarzt des Kaisers Mark Aurel. Seine Lehre der Säfte und ihrer Mischung im Körper blieb die Leitidee der Ärztezunft bis ins 18. Jahrhundert. Die Urstoffe (Erde, Wasser, Luft, Feuer) erscheinen im Leib als vier Körpersäfte *(Humores)*: schwarze Galle, Schleim, gelbe Galle und Blut. Stehen diese Körpersäfte in einem ausgewogenen Verhältnis zueinander, dann ist der Mensch in »gutem Humor«; eine Unausgeglichenheit dagegen erzeugt »schlechten Humor«. Galenus ersann in seinen über vierhundert Schriften ein kompliziertes System von primären, sekundären und tertiären Qualitäten dieser Säfte. Da hat das Blut die Eigenschaften rot, heiß, feucht und süß und gibt dem Menschen ein sanguinisches Temperament, macht ihn lebhaft und heiter.

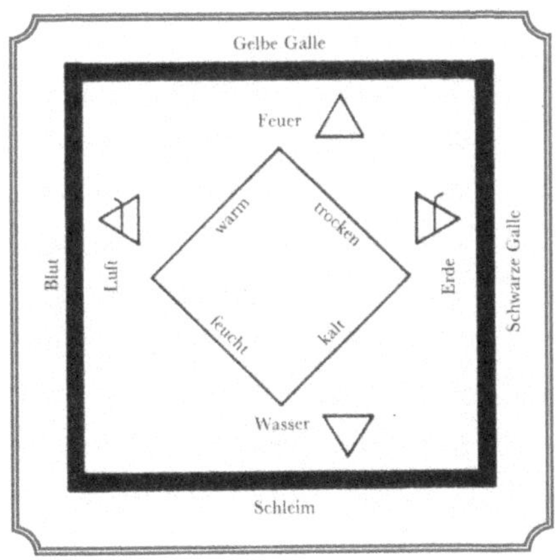

Die 4 Säfte

Galle ist dagegen heiß, trocken, gelb, bitter im Geschmack und macht den Menschen cholerisch, das heißt jähzornig und aufbrausend. Schleim ist kalt, feucht, weißlich und salzig im Geschmack, und ein Überfluss davon gibt dem Menschen ein phlegmatisches Temperament, er wird schwerfällig und träge. Der vierte Saft, die schwarze Galle, ist kalt, trocken, bläulich, sauer und macht melancholisch, das heißt schwermütig oder traurig. Die Aufgabe der Arzneimittel ist es also, diese Körpersäfte in Harmonie zu bringen. Das wird durch Diät erlangt und durch Heilkräuter, die in ganz genau bestimmten Dosierungen eingenommen werden, unterstützt.

Den wohlhabenden und mächtigen römischen Patriziern verschrieb Galenus Rezepte mit über hundert verschiedenen Zutaten. Um die Klienten auch gehörig zu beeindrucken, verzierte er die Rezepte mit magischen ägyptischen Hieroglyphen, denn auf die alten Ägypter schauten die Römer ebenso ehrfurchtsvoll, wie wir auf das klassische Altertum schauen. Das *Uzat*-Auge, das Mond-Auge des Himmelsgottes Horus, war sein beliebtestes Motiv. Seth, der Gott des Todes und der Wüste, riss es einst dem Falkenköpfigen im Kampf aus dem Schädel. Da rief die All-Mutter Isis den ibisköpfigen Thot, den Gott der Weisheit, der Medizin und des Buchstabens an, dass er das Auge wiederherstelle. Er tat es auch, und seither wird das Uzat-Auge als Zeichen der regenerierenden Mondenkräfte, der Heilung und als Abwehr des bösen Blicks auf Amuletten getragen. Es hat sich bis in unsere Tage erhalten – als Symbol für die Rezeptur, die schriftliche Anweisung eines Arztes an den Apotheker: R_X.

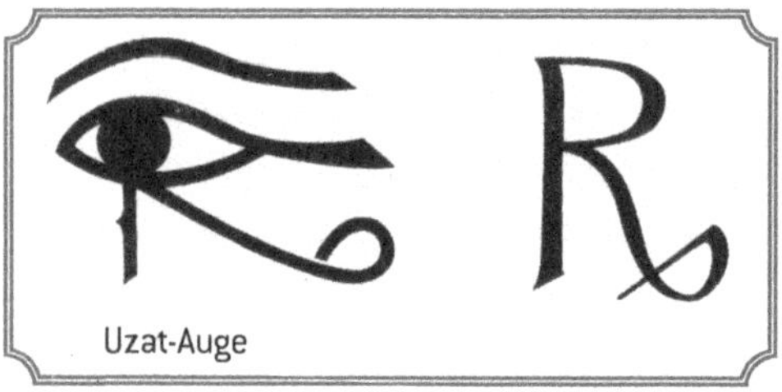

Uzat-Auge

Arzneimittelzusammenstellungen mit Dutzenden von Zutaten blieben bis zur Renaissance beliebt; bis sich Paracelsus darüber aufregte. Er hatte recht, denn die phantasievollen Mischungen aus allen möglichen Kräutern machten es unmöglich festzustellen, was welche Wirkung im Krankheitsverlauf hat. Die paracelsischen Ärzte gaben da lieber das »Simplum«, das einfache Heilkraut, damit sie dessen Wirkung genau beobachten konnten. Es ist deshalb ironisch, dass man im heutigen Sprachgebrauch gerade die einfachen Heilmittel, die Kräuter, »Galenika« nennt. Das kommt daher, dass Paracelsus, dem alles in der Natur als Heilmittel diente, auch nach arabischem Vorbild alchemistisch präparierte Mineralien erfolgreich anwandte. Seine weniger vorsichtigen Nachfolger, die »Paracelsisten«, machten immer ausgiebigeren Gebrauch von Präparaten aus Mineralien und Metallen. Schließlich verachteten sie die einfachen Kräuter als ebenso »galenistisch« wie die Phantasiemischungen des alten Griechen.

Kräutergärten in den Klöstern

Nachdem sich die wilden Germanenstämme durch das Weströmische Reich hindurchgeplündert und -gebrandschatzt hatten, blieb nicht viel von der klassischen Tradition des Galenus und des Dioskurides übrig. Die Priester und Mönche, die nach der Völkerwanderungszeit immer mehr davon besessen waren, ihre Herrschaft zu festigen, schielten mit unfreundlichen Augen auf die Knocheneinrichter und weisen Frauen, die mit Hilfe der »Teufel« ihre Heilungen verrichteten. Nein, lehrten die heiligen Väter, die Leiden der sündigen Menschen seien besser durch Buße und Gebet, mit Paternostern, gesegnetem Wasser, der heiligen Hostie oder durch Wallfahrten zu den Reliquienstätten zu beheben. Es ging sogar so weit, dass man den Bauern – wahrscheinlich um einem Rückfall ins Heidentum entgegenzuwirken – das Anpflanzen von Heilkräutern verbot. Kräuterkundige weise Frauen, Schamaninnen und Lachsner und Lachsnerinnen (Heiler) galten den

Missionaren als Rivalen. Sie wurden bekämpft. Hatte nicht der Kirchenvater Tertullian verkündet, das Kräuterwissen der Frauen sei Luzifers Hurenlohn dafür, dass sie tugendhafte Männer verführten und sogar mit den Engeln Unzucht trieben *(De Anima LVII)*? Verschiedene Kirchensynoden, wie die Synode von Ancyra (314 n. Chr.) oder die Synode von Laodicae (506 n. Chr.) verboten „okkulte" Heilmittel, darunter Kräuter.[9]

Das einfache Volk ließ sich jedoch nicht die bewährten Heilkräuter nehmen. Bei Krankheiten und gesundheitlichen Problemen ging man dennoch heimlich zu den kräuterkundigen Frauen. Die Kirche hatte keine Wahl, als die Heilpflanzen wieder in den kulturellen Kosmos aufzunehmen. Man weihte die Kräuter nun den Heiligen und vor allem der Muttergottes, Maria. Langsam fingen die Mönche und Klausner an, Kräuter bei ihren Einsiedeleien anzubauen, besonders diejenigen, die in der Bibel erwähnt werden, oder diejenigen aus dem Mittelmeergebiet, »wo einst die Apostel wandelten«.

Montecassino, das erste Kloster in Europa, das der heilige Benedikt um 527 n. Chr. gründete, war als eine selbstversorgende Mönchsgemeinschaft konzipiert. Hier konnten die Gottesversessenen ihr Leben dem Gebet und der Arbeit widmen. Zu dieser Arbeit gehörte nicht nur ein Gemüsegarten, sondern auch ein Küchen- und Heilkräutergarten, der bepflanzt und gepflegt werden musste. Montecassino wurde das Vorbild für andere mönchische Gemeinschaften, die sich, besonders durch die Unterstützung des Frankenkaisers Karls des Großen, im Abendland verbreiteten. Der Kaiser hatte sich wahrscheinlich ebenso Sorgen um die medizinische Betreuung seiner Untertanen gemacht wie um ihre Nahrungsmittelversorgung. Daher ließ er von seinen Schreibern und Gelehrten 812 n. Chr. das *Capitulare de Villis Imperialibus* aufstellen mit einer Liste aller Pflanzen, die er sich in seinen Gärten wünschte. Jeder Abt, der etwas auf sich hielt, war dann begierig, diese Kräuter auch in seinem Garten zu haben. Die einheimischen Kräuter wurden dabei oft verachtet. Man stelle sich die braven Mönche vor, die vielleicht ein Pflänzlein von Wald und Wiese mitbrachten; da sie es aber weder in der Bibel noch in irgendwelchen alten Schriften erwähnt fanden, mussten sie es als *ludus daemonium*, als Trick des Teufels, verwerfen.

Wie es in den Klostergärten zu karolingischen Zeiten ausgesehen hat, wissen wir ziemlich genau. Walafrid Strabo, der Abt im Kloster Reichenau (am Bodensee) gibt uns im *Hortulus* (847 n. Chr.) Aufschluss darüber. Die Anlage des Klosters hat sich nach dem Muster der alten römischen Villa entwickelt. Der Innenhof befand sich südlich des Kirchgebäudes. Ein Kreuzgang mit Säulen führte die andächtigen Mönche durch die mit bunten Blumen und duftenden Kräutern säuberlich bepflanzten Beete zu einem Brunnen, einer Statue oder einem Blumenkreis in der Mitte (wie einst das römische Atrium und Peristylum). Die Statuen waren natürlich nicht mehr die des Pan oder der Venus, sondern die eines Heiligen oder der heiligen Jungfrau.

Umhüllt von Blumenduft und Vogelgezwitscher konnten die Mönche ihre müden Geister erfrischen, ihren Meditationen nachgehen und einen gewissen Vorgeschmack der himmlischen Freuden genießen, denn – das wusste man – wo es lieblich duftet, da weilen die Engel, die guten Geister; der Teufel hingegen verrät seine Anwesenheit mit schwefeligem Gestank. Die offenen Stellen an der Seite der Kirche nannten die Mönche »Paradiesfelder«.

Sie wurden mit »Kirchenkräutern« bepflanzt, also Pflanzen, die den Mönchen als Sinn- und Erbauungsbilder zur Versenkung dienten: Zuallererst war da die Rose, die mit ihren fünf roten Blütenblättern und ihren Dornen von den fünf Wunden des Heilands und der Geißelung Zeugnis ablegte. Dann kam die weiße Lilie, die einst Gabriel bei der Verkündigung Mariens in seinen Engelhänden trug. Da wuchsen Veilchen als Sinnbild der Demut oder bittere

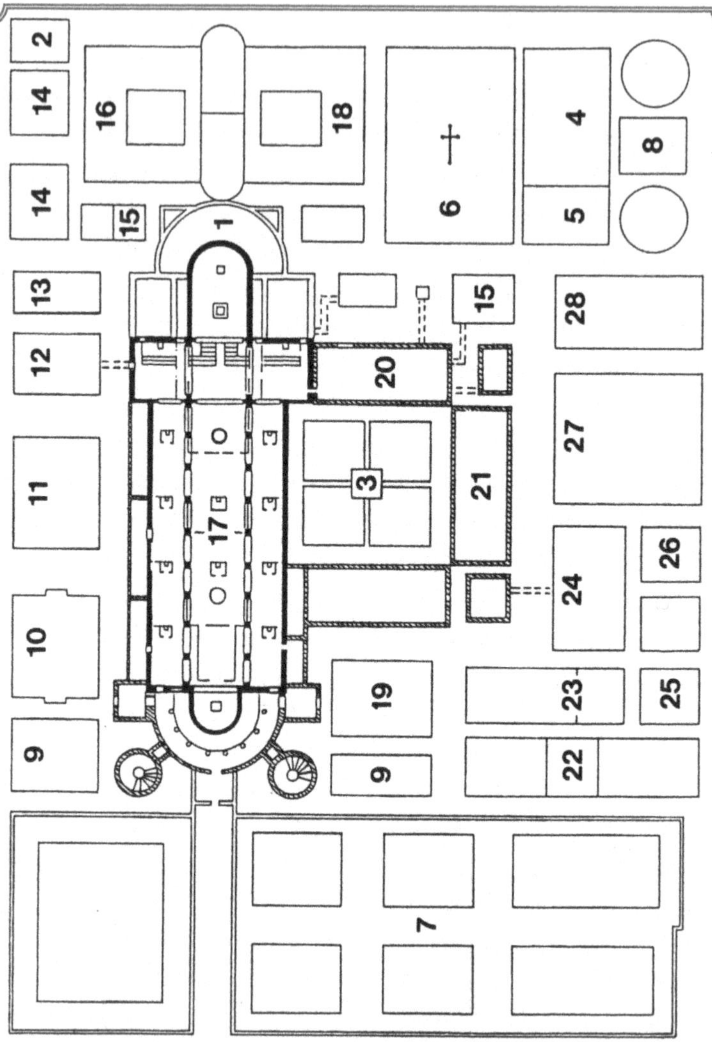

Plan des Klosters zu St. Gallen, 830 n. Chr.
1: Paradiesgarten; 2: Medizinalgarten; 3: Klostergarten; 4: Garten; 5: Gärtner; 6: Friedhof; 7: Landwirtschaft; 8: Geflügel; 9: Küche; 10: Gästehaus; 11: Schule; 12: Abt; 13: Diener; 14: Arzt; 15: Bad; 16: Spital; 17: Kirche; 18: Konvent; 19: Bettler; 20: Schlafsaal; 21: Eßsaal; 22: Stallknechte; 23: Arbeiter; 24: Brauerei, Bäckerei; 25: Töpferei; 26: Mühle; 27: Werkstatt; 28: Scheune

Rauten als Mahnung zur Reue. Ja war nicht die ganze Schöpfung ein Bild der Gnade Gottes für die Seelen, die es in Demut erfassen mochten? Besonders viele Kräuter und Pflanzen wiesen auf die heilige Jungfrau hin: Mariendistel, Rosmarienkraut, Mariengras oder der Frauenmantel. Andere Blumen und Heilkräuter wurden nach den Heiligen benannt: so das Johanniskraut, die Margerite, das Jakobskraut, Veronika oder Barbarakresse. Der Klee wurde zum Zeichen des Mysteriums der göttlichen Dreifaltigkeit. Die symbolische Sprache der Pflanze wurde von den Minnesängern der ritterlichen Hofkultur aufgegriffen und zur Symbolik der geheimen romantischen Liebe gemacht, die der Ritter für seine auserwählte Edeldame empfand. Die Blumensymbolik findet sich auf den Wappen wieder, wo mit Vorliebe Rosen, Lilien, Narzissen, Margeriten, Schwertlilien *(fleur de lys)* oder Ginster (das Haus Plantagenet = *planta ginestra*) vorkommen. In der geheimen Sprache der Minnenden kann zum Beispiel Ampfer Geduld bedeuten, Kerbel bedeutet Lauterkeit, Fingerhut ist Falschheit, Frauenhaarfarn ist die »Jungfernschaft, die ich dir, meinem Ritter, weihe«, Weißdorn steht für die »frisch erwachte Liebe, die nach einer kalten Frühlingsnacht plötzlich Weißdornblüten aufbricht«[10], Rotdorn verspricht Hoffnung und der Blutweiderich das Vergeben von Schuld. Diese Blumenmetaphern haben sich zum Teil bis in unsere Tage erhalten und schwingen noch in Blumensträußen, Kartengrüßen und Tätowierungen mit.

Aber wir wollen noch einen Blick hinter die Klostermauern werfen. Da sehen wir neben dem Klosterspital das »physiatrische« Gärtlein mit den Kräutern, die die Mönche für ihre kranken Brüder brauchen und auch für die Dörfler, die ab und zu um Hilfe bitten: Schminkbohnen, Bohnenkraut, Wasserkresse, Kümmel, Liebstöckl, Fenchel, Rainfarn, Salbei, Raute, gelbe Schwertlilie, Poleiminze und andere Minzarten, Bockshornklee, Rosmarin, Mugwurz, Andorn, Wermut und natürlich auch Lilie und Rose werden da vom

Hortulanus und seinen Assistenten *(famuli)* gepflegt.[11] Zu dem Hofgarten, dem Paradiesgärtlein und dem Kräutergarten kam dann noch der Gemüsegarten mit Feingemüsen und Gewürzen hinzu. Hier wuchsen Zwiebel, Knoblauch, Lauch, Schalotte, Sellerie, Petersilie, Möhre, Kerbel, Koriander, Dill, Pastinaken, Salat, Mohn, Bohnenkraut, Radieschen und Bete.

Ab und zu kamen wohl auch Brüder aus fernen Landen. In ihren Taschen war vielleicht eine Handvoll seltener Samen, Knollen oder Zwiebeln oder gar ein altes Manuskript, das sich mit Heilpflanzen befasste. Auf diese Weise haben die Benediktiner, und später die Zisterzienser, unbekannte Arten aus südlicheren Ländern in den neu bekehrten Norden mitgebracht und die wenigen Funken der klassischen Tradition gehütet und am Leben erhalten.

Im hohen Mittelalter verschmilzt die Tradition der Gottesmänner und -frauen immer mehr mit der Volksheilkunde der weisen Frauen. Mit Hildegard, der wurzelkundigen Äbtissin von Bingen, erscheint im 12. Jahrhundert eine wahrhaft weise Frau im Gewand einer Nonne. Sie kannte nicht nur die welschen Kräuter der Bibel und des Klostergartens, sondern ebenso die einheimischen Heilpflanzen. Hellsichtig nahm sie die Einheit der Schöpfung wahr, zu der die Engel, die Tiere, die Vegetation und das Gestein gehören.[12]

Auch der Mensch in seiner vollen Leiblichkeit, Sinnlichkeit und Geschlechtlichkeit gehört zur heilen Schöpfung Gottes. Da der Mensch, dieser Mikrokosmos, aber seinen Weg verloren hat, ist er schwach, hinfällig und für Krankheiten anfällig geworden. Aber der ganze Makrokosmos, die große Natur, besonders die grüne Lebensfrische (veriditas), dient dazu, ihn wieder zum Heil kommen zu lassen. Dieses Heil(mittel) liegt verborgen in der Natur:

...und so sind denn in allen Geschöpfen Gottes Wunderwerke eingeborgen: in den Tieren und Fischen und Vögeln, in den Kräutern und Blumen und Bäumen, verborgene Geheimnisse Gottes, die kein Mensch wissen kann, es sei ihm von Gott eingegeben.

Die ganze Natur spricht zu ihr von Gottes Liebe – da haben die einheimischen Kräuter genügend Platz! Hildegard, als »prophetissa teutonica« eine geehrte Ratgeberin Kaiser Barbarossas, war keine Akademikerin. Sie wusste noch nichts von der kunstfertigen arabischen Medizin, die die jungen Ärzte wie Fliegen zum Honig zu den Universitäten in Spanien und Süditalien zog. Sie las im Buche der Natur nicht nur mit dem Kopf, sondern mit dem Verstand des Herzens.

Die Araber

Nachdem die Wüstensöhne im Namen Allahs und seines Propheten die halbe zivilisierte Welt unter ihre Herrschaft gebracht hatten, machten sich einige von ihnen daran, die geistigen Schätze Persiens, Mesopotamiens und Ägyptens näher zu betrachten und zu studieren. Unter diesen Schätzen waren die im Abendland wenig bekannten oder verschollenen Schriften der Griechen, darunter das Kräuterbuch des Dioskurides, die Heilkunde des Galenus und die Naturkunde des Aristoteles. Diese wurden aufgearbeitet und bildeten die Grundlage für die hochentwickelte arabische Wissenschaft. Den Arabern verdanken wir auch die Weiterentwicklung der Alchemie – der Kunst der Umwandlung der Stoffe und Läuterung der Substanzen –, die zur Grundlage unserer modernen Pharmakologie und Chemie wurde. Die Bezeichnung »Alchemie« ist arabisch, ebenso wie viele Wörter, die Apotheker tagtäglich benutzen: Kampfer, Natron, Alkohol (*al-kohl* bezeichnete ursprünglich Antimonpulver, das man in Arabien zum Färben der Augenlider zwecks Abwehr des bösen Blicks benutzte), Alembic (Destillierapparat zum Brennen von Alkohol), Alkali, Aldehyde, Amalgam, Antimon, Benzin, Bezoar (Magenstein von Wiederkäuern, der als Gegengift eingesetzt wurde), Borax, Sirup, Soda, Talk,

Wismut und die tägliche Droge Kaffee (*qahwa* =Wein) und den dazugehörigen Kandis (*qand* = Rohzucker). Das Elixier, der Heiltrank und Lebenssaft, ist ebenfalls arabisch (*al-iksir* = der Stein des Weisen); das Wort bedeutet eigentlich »trockene Substanz mit magischen Eigenschaften« und wurde seinerseits vom griechischen *Xerion* (trockenes Heilmittel) abgeleitet. Kreuzritter, Händler und die jungen Ärzte, die sich in Spanien das arabische Wissen eifrig aneigneten, bereicherten die europäischen Sprachen mit weiteren Begriffen: Lack, Marzipan, Karaffe, Asphalt, Limonade, Anilin, Arrak, Jasmin, Mokka, Sofa, Baldachin, Damast, Matratze, Mumie, Algebra und den Namen vieler Sterne und astronomischen Bezeichnungen, denn die Araber waren begabte Astrologen und Astronomen – waren sie doch direkte Erben babylonischer Sterndeute- kunst! Verschiedene Pflanzennamen kamen ebenfalls über das Arabische zu uns, darunter Aprikose, Estragon, Galgant, Harmel(staude) *(Peganum harmala)*, Henna, Ingwer, Jasmin, Kampfer, Kaper, Kattun (Baumwolle, Cotton oder Watte), Kermes(rot), Kiff, Kümmel, Kurkuma, Limone, Luffa, Orange, Saflor (Färberdistel), Salep (Knabenkraut), Sandel(holz), Sesam, Spinat, Sultanine, Sumach, Tamarinde, Zitwer(wurzel) und Zwetschke.

Das arabische Wort *al-kemi* (Alchemie) bedeutet »schwarze Erde« und deutet auf den fruchtbaren schwarzen Humusboden des Nilschwemmlandes. Hier entstand schon in den frühsten pharaonischen Zeiten die geheimnisvolle Scheide- und Verwandlungskunst. Vor fünftausend Jahren schon wurden die aromatischen Öle und Harze den Kräutern, die Nektare und Düfte den Blüten entzogen, konzentriert, destilliert und gemischt – das war die Kunst der Priester des Thot, der in seiner griechischen Umbenennung als Hermes Trismegistos bis heute der Herr und Patron der Alchemisten ist. Da Thot, der Herr der Zeit, Herr des Mondes und Rechner der Jahre, ein Helfer der Toten ist, verwundert es nicht, dass die Heilelixiere, Pomaden, Parfüme und Salben, die die alten ägyptischen Alchemisten herstellten, nicht nur den Kranken zugedacht waren, sondern auch den Toten. Sie dienten zum Einbalsamieren der menschlichen Leichen und der Kadaver der heiligen Stiere, Affen, Krokodile und anderer Tiere, damit ihre Vitalseelen, ihr *Ba* und *Ka*, glücklich im Sarg weiterleben konnten. Herodot (5. Jahrhundert v. Chr.) schreibt, dass die Einbalsamierung der Mumien von Spezialisten vorgenommen wurde: Nachdem sie das Gehirn durch die Nasenlöcher mit einem Draht aus dem Schädel herausgezogen hatten, schnitten sie den Bauch auf, um die Eingeweide zu entfernen. Die Bauchhöhle wurde mit Palmwein und aromatischen Kräuterinfusionen ausgewaschen.

Dann stopften sie die Bauchhöhle mit reiner Myrrhe, zerriebener Kassiarinde (*Cinnamomum cassia*; chin. Zimtöl) und anderen Gewürzen, außer Weihrauchrinde, und nähten sie wieder zu. Nachdem dieses geschehen war, wurde der Körper für siebzig Tage in Natronlauge gelegt.[13]

Schließlich wurde die Leiche nochmals gewaschen, gesalbt und dann mit parfüm- und harzgetränkten Leinstreifen zur Mumie gewickelt. Das technische Wissen, das zur Herstellung von Ölen, Balsamen, Destillaten und Pulvern befähigte, wurde von den Alchemisten sorgsam weitergepflegt. Noch heutzutage werden Touristen von Straßenjungen in Kairo angeschwatzt und in Parfümerien gelockt, wo feine Essenzen, wie einst aus Blumen und Kräutern in Fayum hergestellt, feilgeboten werden. Über das maurische Spanien und auch über die Ärzteschule von Salerno drang die Kunst des Destillierens in die europäische Arzneikunde. Vorläufig blieben die alchemistischen Siedekünste das sorgfältig gehütete Geheimnis der Klöster. Mönche und Nonnen besaßen die Muße und die Mittel, mit Öfen, Kolben und Tiegeln zu experimentieren und arabische Schriftrollen zu übersetzen. So entstanden viele berühmte Liköre und Branntweine, Tinkturen und Essenzen, die ihre Hersteller berühmt und reich machten (zum Beispiel der

Klostergeist der Karmeliternonnen). Im 16. Jahrhundert wurden diese alchemistischen Wundermittel immer häufiger von Ärzten, Apothekern, Wunderdoktoren, Badern, Scherern und anderen, die sich mit medizinischen Angelegenheiten befassten, benutzt. Hinzu kamen Frauen, die sich mit gebranntem Wasser und dem Sieden von Kräutersäften beschäftigten. Diesen Säftesiederinnen und Wasserbrennerinnen wurde das Recht zur Herstellung bestimmter Heilmittel verbürgt.

Im 8. und 9. Jahrhundert entstanden die ersten Apotheken in den Handelsstädten Damaskus und Bagdad. Apotheke (griech. *apo* = von und *theke* = Behältnis) bedeutete ursprünglich Lagerraum, Vorratskammer. Es handelte sich um Magazine, in denen die kostbaren Drogen und Gewürze gelagert wurden, die die Karawanen über Berge und durch Wüsten aus dem Osten mitgebracht hatten. Händler, die mit diesen getrockneten pflanzlichen Stoffen ihr Geschäft machten, hießen *Sandalani*, nach dem indischen Sandelholz, das sich als Räucherwerk, Parfum oder Arznei eignet. Die Drogen der Sandalani fanden ihren Weg auch ins christliche Abendland, wo sie von der Ärzteschaft eifrig aufgegriffen wurden und zum Teil die einheimischen Heilkräuter verdrängten. Die exotischen Drogen vereinfachten nämlich die Arbeit der Ärzte. Ehe es Apotheker gab, bei denen bestimmte Mischungen bestellt werden konnten, mussten die Ärzte immer ihre eigenen Heilmittel zusammenstellen. Die richtige Mischung zu finden, auf jeden einzelnen Patienten nach Art und Dosis abgestimmt, war Bestandteil ihrer Kunst. Aus dem Osten führten die Apotheker das Abführmittel Sennesblätter, das Desinfektionsmittel Kampfer, Sandelholz, die abführende Rhabarberwurzel, Moschus, Myrrhe, Kassia, die abführende Tamarinde, Muskat, Nelken und die bittere, nierenstimulierende Kubebe in unseren Heilmittelschatz ein.

Die heidnische oder altdeutsche Überlieferung

Heil Euch, Asen und Asinnen!
Heil Dir, alles ernährende Erde!
Gebt rechte Rede uns, und Verstand,
Zudem lebenslang heilende Hände.

Edda, »Sigrdrifumal«

Ohne Jakob Grimm und die Werke anderer Romantiker würden wir wahrscheinlich immer noch glauben, dass die Mettrinker im nebeligen Nordeuropa im dunkelsten Aberglauben befangen waren, ehe die Benediktiner, Zisterzienser oder Kartäuser kamen und ehe die klassische Heilkunde wiederentdeckt wurde. Das war bestimmt nicht der Fall. Wesentliches unserer Heilkunde entstammt dem nordischen Heidentum und wurde von einfachen, ungelehrten, aber dafür einsichtigen, wenn nicht gar hellsichtigen Menschen bis an die Schwelle der Neuzeit getragen. Es waren die naturnahen Hirten, Jäger, Beinrichter, aber vor allem die Frauen, die alten Bäuerinnen, Hebammen und Baderinnen, die über einen kostbaren Erfahrungsschatz verfügten, der wirklich tiefe Wurzeln hat. Nordeuropäische Heilkunde geht nicht bloß auf die keltisch-germanisch-slawischen weisen Frauen, Lachenaerinnen (Heilkundigen) oder Druiden zurück. Sie gab es schon in der vor-indogermanischen Megalithkultur. Die neuesten Radiokarbondatierungen bestätigen, dass die Menhire von Karnak und Stonehenge und die Hünengräber mindestens ebenso alt sind wie die Pyramiden Ägyptens oder die Kolossalbauten Kretas, dass sich also schon recht früh etliches im Abendland rührte. Aber auch diese Kulturen beruhen auf noch älteren Schichten – die der altsteinzeitlichen Großwildjäger, die mit Felszeichnungen, Feuersteinklingen und Höhlenmalereien ihre Spuren hinterließen. In den Höhlen der

Pyrenäen haben steinzeitliche Michelangelos mit Ocker, Ruß und Fett die Abbildungen von Büffeln, Elefanten, Pferden, Hirschen und anderen jagbaren Wildtieren an die Wände gezaubert. Die genauen Details verraten, dass diese Jäger scharfe Beobachter der Natur waren – also keinesfalls die träumenden, der Erde enthobenen Wesen, die sich gewisse schöngeistige Esoteriker vorstellen, sondern Menschen, die im damaligen Hier und Jetzt dieser himmlischen Erde vollständig da waren.

Die Malereien bilden auch ab und zu Tänzer mit Hirschgeweihen ab. Jawohl, nicken anerkennend die Kulturanthropologen mit dem Kopf, Schamanismus! Ähnliches kennen wir auch bei neuzeitlichen Großwildjägern – bei den Büffeljägern der Prärie zum Beispiel. Auch sie tanzen als Büffel verkleidet (auch heute noch, obwohl die Büffel sich unter den See und in die heiligen Berge hinein zurückgezogen haben). Ergriffen, miterlebend tanzen sie das Büffelleben: Begattung durch mächtige Büffelstiere, Kalben, Suche nach fetteren Weiden und Tod durch die Jäger. Dabei wird der Mensch eins mit dem Büffelgeist. Es sind magische Rituale, die die Indianer vor über zehntausend Jahren, auf der Fährte des Großwilds, über die Landbrücke an der Beringstraße mit nach Amerika nahmen. Es sind archaische, zu kultischen Handlungen verfestigte Erkenntnisse, die die Indianer mit den ältesten Schichten unserer eigenen Kultur verbinden und die Spuren von den Alpen über Sibirien bis in die äußersten Ecken der Neuen Welt hinterlassen haben. Zu den Gemeinsamkeiten dieser alten Kulturschicht gehören Schamanismus und Schamanentrommel, Bärenkult, Wurfspeere, Plattformbestattung, der Fliegenpilz als Rauschmittel, Schulterblattorakel, Mythen und Erzählungen über die Geheimnisse der Tiergeister und Pflanzenseelen und, was uns in diesem Rahmen besonders interessiert, Elemente der Kräuterkunde.

Ein Cheyenne-Medizinmann namens Tallbull (Großer Büffelstier), den wir später näher kennenlernen werden, zeigte mir, wie sein Volk die Zauber- und Heilpflanzen gräbt. Dabei betonte er, dass es unheilsam sei, ihnen mit metallenen Grabwerkzeugen zu Leibe zu rücken; man benutzt einen angespitzten (angekohlten) Holzgrabstock, nachdem man zuerst die Wurzel »besprochen« und viermal mit der Hand im Uhrzeigersinn (Sonnenrichtung) einen Kreis um sie gezogen hat. Auch muss immer ein Stückchen Wurzel zurückgelassen werden. Wie alt, wie uralt, muss diese Zeremonie sein! Auch in Europa, in ländlichen Gebieten, wo man nichts über Indianer weiß, gibt es Kräutersammler, die sicher sind, dass man der Pflanze und der Erde schadet, wenn man Eisenwerkzeuge zum Wurzelgraben nimmt. Auch sie verwenden einen Holzstock oder wenigstens ein weicheres Metall. Die keltischen Druiden schnitten die heiligen Mistelzweige mit goldenen Sicheln aus den Kronen der Eichen. Auch diese Gepflogenheit scheint auf Bräuche zurückzugehen, die lange vor dem Anbruch der Eisenzeit liegen – also lange vor der Herrschaft des Mars und seiner arischen Krieger, die mit Eisenwaffen und Kriegsrossen ein neues Zeitalter gründeten. Ebenso das Besprechen, das Zurücklassen eines Wurzelteils, das Umwandeln, Umkreisen, Umlaufen und Umtanzen im Einklang mit der Sonnenbewegung (also im Uhrzeigersinn) hat geschichtliche Tiefe, die wir auf Zehntausende, wenn nicht Hunderttausende von Jahren bemessen müssen. Bekanntlich wandeln sich sakrale Handlungen und Vorstellungen, zu denen ja auch Krankheit und Heilung gehören, äußerst langsam. Es besteht die Tendenz, uralte Elemente festzuhalten. Man sieht das im priesterlichen Gebrauch längst ausgestorbener Sprachen (zum Beispiel Sanskrit, Latein, Hebräisch) und dem Beibehalten von Ritualen, die kaum jemand mehr versteht. Die heidnische Kräuterkunde, deren Verwandtschaft zum Schamanismus offenkundig ist, hat ebenfalls uralte Wurzeln, die in unseren Breitengraden bis ans Ende der Eiszeit reichen.

Es war hauptsächlich politisches Kalkül, dass einige Stammesfürsten den Glauben des Petrus und Paulus annahmen und den »Herre Krist« groß auf ihr Heeresbanner schrieben. Die Merowinger konnten sich dadurch als legitime Nachfolger des einst mächtigen römischen Großreiches aufspielen. Dabei wurde den Heiden die »Religion der Liebe« mit Feuer und Schwert nahegebracht. Wer sich nicht mit Wasser taufen ließ, musste mit einer Bluttaufe rechnen. Wie einige Jahrhunderte später bei den Mayas, Inkas und Azteken wurde der Versuch gemacht, die heidnischen Sitten, Gebräuche und Kulturgegenstände zu tilgen.

Instrument für die »Umerziehung« der Heiden wurden die Klöster. Eifrig wurden die alten Götter – Wodan, Donar, Holle, Freya, Balder – in »Teufel« verkehrt. Die Synode von Liftinae, unter Vorsitz des Bonifatius – er ist es, der die heiligen Eichen fällte –, stellte im Jahre 745 den »Indiculum superstitionum et paganiarum« (Anzeiger abergläubischer und heidnischer Gebräuche) auf, um die Neubekehrten zu überwachen. Das Heidentum konnte natürlich nicht ganz ausgemerzt werden, denn die einfachen Bauern machten weiterhin ihre Erfahrungen mit den Alben, Zwergen, Holden und Unholden, die hinter der materiellen Erscheinungswelt ihr Wesen treiben. Auch konnte man den natürlichen Lauf der Gestirne, die Sonnen- und Mondenwenden nicht ändern – also mussten die großen Feste der Heiden »umfunktioniert« und »gleichgeschaltet« werden. So wurde das Wintersonnwendfest zur Christnacht, das Fest der Frühlingsgöttin Ostara mit ihren Hasen zum Passions- und Auferstehungsfest, die Sommersonnenwende zum Johannistag und die alten Faselnächte – Fruchtbarkeitszauberfeste – zu Fastennächten! Sogar die alten Götter erschienen wieder, saubergewaschen im Gewand dieses oder jenes christlichen Heiligen!

Wie man in unserem Jahrhundert die Straßen und Plätze nach jedem politischen Umsturz umbenannte, so wurden damals auch die Heilkräuter und Zauberpflanzen umbenannt, latinisiert und verkirchlicht, so dass wir die alten Benennungen größtenteils gar nicht mehr kennen. Seidelbast hieß einst Tyrs Baum. Der Eisenhut war Tyrs Helm, denn dieses Pfeil- und Wolfsgift war dem Asen Tyr, dem Überwinder des schrecklichen Fenriswolfs, geweiht. Baldrian hieß in heidnischer Zeit Velantsurt (Wielands Wurzel) und hat nichts mit dem Sonnengott Baldur zu tun, sondern erhielt seinen Namen vom römischen Märtyrer Valerianus, der mit Bleiklötzen erschlagen wurde. Die meisten Kräuter waren jedoch nach der Holle oder Freya benannt, die Schutzgöttin der Frauen und der Heilkräuter war. Bis auf einige Ausnahmen, wie der Holunderstrauch, wurden diese Pflanzen in »Marien« oder »Unsere Frauen« umbenannt und blieben auf diese Weise im neuen Gewand den Hebammen und heilkundigen Frauen erhalten. Die magischen Kräuterbündel der Heilerinnen fanden sich in neuen Bündeln, die in der Mariakräuterweihe oder Mariawürzweihe am Mariahimmelfahrtstag Mitte August von den Priestern ganz offiziell gesegnet wurden.

Macht besteht darin, die Grundbedürfnisse der Mitmenschen befriedigen zu können. Regeln zur Nahrungsmittelerzeugung, Gebote für das Geschlechtsleben und Bestimmung der erlaubten Heilmittel und -methoden werden immer von der jeweils dominierenden Macht angeordnet, gerechtfertigt und geheiligt. Da können keine Nebenbuhler zugelassen werden! Das ist auch heutzutage in unserem säkularen Zeitalter nicht anders. Was Lebensnotwendigkeiten betrifft, wird gesetzlich geregelt. In einigen Staaten der USA und etlichen anderen Ländern, wo die Staatsmacht das Gesundheitswesen monopolisiert, ist die Naturheilpraxis – der Schamanismus sowieso – ganz verboten, und Kräuterdoktoren landen im Gefängnis oder werden in einer Nervenheilanstalt auskuriert. Ebenso wird den Bauern mittels staatlicher Lenkung (Steuern, Kontingentierung, Zuschüsse, Propaganda) diktiert, was und wie sie zu produzieren haben, unter Bevorzugung technokratischer und Benachteiligung biologischer Anbaumethoden. Wenn es in den staatssozialistischen Systemen mit der Versorgung haperte, führte man das gerne auf Sabotage durch Agenten feindlicher Ideologien zurück. Ebenso bezichtigte man damals die als Zauberer, Hexen und Teufelsanbeter mit dem Bann belegten früheren Leiter heidnischer Kulte, gerade in den Bereichen der Nahrungsmittelsicherung, der Gesundheit und der Zeugung, einen schädlichen Einfluss auszuüben: Sie verderben die Fruchtbarkeit des Bodens und des Viehs; sie schicken Seuchen und Krankheiten; durch Nesselknüpfen und Beschwörungen verderben sie die Kraft der Männer und schädigen die Frucht des Leibes; ja, sie töten sogar Kinder, um ihre giftigen Salben zu bereiten, mit denen sie zum Hexensabbat fliegen; sie verleiten zu Hurerei und Ehebruch.

Trotz aller Angriffe blieb die Kräuterkunde weitgehend über die Jahrhunderte erhalten. Waren die Mönche mit ihren Gebeten, ihrem Weihwasser und sonstigem »Herumdoktern« nicht erfolgreich, konnte der Bauer immer noch stillschweigend zur Kräuterfrau oder zum Knochensetzer gehen. Im Gegensatz zu den Mönchen mit ihren südländischen, welschen Pflanzen kannten die »Hexen« die Kräuter und Wurzeln, die im Wald, auf Feld und Wiese nahe beim Haus wuchsen. Liebes- und Zaubertränke konnte man von den Pfaffen sowieso nicht erwarten, denn da war die sündige Fleischeslust im Spiel. Aber eine Hexe im Wald kannte das Kräutlein und wusste den Spruch, mit dem man eine begehrte Frau oder einen Mann betören konnte. Als Hebamme wusste sie auch, wie man die Frucht der Liebe über die Schwelle ins irdische Dasein hinüberheben konnte, wie man bei einer schweren Entbindung die Wehen milderte oder wie man mit Kümmelbier oder Möhrensamengebräu die Brüste mit lebensspendender Milch anschwellen ließ. Wer die guten Kräuter kennt, wird wohl auch die bösen kennen müssen. Im Ausnahmefall wird so jemand auch wissen, wie man mit einem Trunk einen Feind unschädlich macht oder wie man notfalls ungewollten Zuwachs vereitelt.

Auch die Knochenrichter hatten Anteil an alter Überlieferung. Sie konnten sich – auch ohne Röntgenstrahlen – in die Knochen hineinversetzen, zerborstene Beine wieder richten und einschienen und mit einem Spruch und verschiedenen Kräutern (Beinwell, Storchenschnabel, Hundezunge usw.) ohne Komplikationen ausheilen. Die Sprüche zum Knochenheilen waren wohl nicht viel anders als die im 10. Jahrhundert von unbekannten Mönchen aufgeschriebenen Merseburger Zaubersprüche. In späteren Varianten werden Fol (Baldur) und Wodan durch Petrus und Christus ersetzt.[14]

Fol und Wodan fuhren zu Holze,
da ward Baldr sein Fuß verrenkt.
Da besangen ihn Sinthgunt und Sunna, ihre Schwester,
da besangen ihn Frija und Folia, ihre Schwester;
da besang ihn Wodan, wie wohl er es konnte:
»Sei's Beinrenkung, sei's Blutrenkung, sei's Gliedrenkung,
Bein zu Bein,
Blut zu Blut,
Glied zu Gliedern,
so seien sie fest gefügt!«

Ein Weiteres wussten die alten Heiden, die Lachsner und Zauberer: Sie konnten mittels Zauberpilzen oder Nachtschattenpflanzen durch den Schleier auf die unsichtbare Seite der Welt blicken, dort wo die Alben und das krankmachende Ungetier hausen. Sie konnten, wie Schamanen überall, die »Würmer« ausfindig machen, die Mark und Blut aussaugen. Sie erkannten die Alben, die einen Menschen wie ein Pferd ritten, dass er sich vor Frost schüttelte und vor Fieber kochte. Dann konnten sie die *ælfadle laecedom* –

die Arznei wider die Albenkrankheit – brauen und mit dem Kraftspruch diese Nachtwesen bannen.

Das war natürlich zu viel für die Kirchenmänner. Aber solange die fanatischen Mauren und Sarazenen in Spanien und Sizilien, ja selbst im Heiligen Land und in Jerusalem saßen und zur selben Zeit wilde Berserker Europas Norden unsicher machten, konnten die Bischöfe nicht viel unternehmen. Erst nach der Jahrtausendwende, als die skandinavischen Fürsten sich aus politischem Kalkül für das Christentum entschieden und die Sarazenengefahr einigermaßen gebannt war, konnte man mit Rad, Pranger und Scheiterhaufen gegen die Hexen vorgehen. Im 15. Jahrhundert fängt die Säuberung dann richtig an. Fromme Dominikaner setzen die Inquisition gegen diejenigen in Gang, die sich mit der Erbsünde und dem einzigen Allmächtigen schwertaten.[15]

Niemand kennt die genaue Zahl, aber man schätzt, dass bis zu zehn Millionen Menschen gefoltert und getötet wurden. Die Protestanten gingen auch nicht weniger zimperlich vor als die Katholiken. Als der Wahn endlich aufhörte, waren von den weisen Frauen und Wurzelkundigen, den Trägern der indigenen schamanischen Tradition, nur wenige übrig. Nur in entlegenen Gegenden, in den Heiden, Bergen und Waldgebieten, wo der Arm der Inquisition nicht richtig hinlangen konnte – in den Alpen, im Schwarzwald, Thüringer-, Wiener- und Böhmerwald, in der Lüneburger Heide, in Siebenbürgen, im wüsten Schottland, in Wales oder in der Gascogne – haben sich heimlich Kräuterkunde und alte Sternenkunde erhalten können. Noch nach Anfang des 20. Jahrhunderts kamen Kräuterweiblein vom Erzgebirge oder dem Thüringer Wald mit würzigen Kräutern, die sie in Weidenkörben auf dem Rücken trugen, in die Städte Sachsens. Auch der berühmte französische Kräuterkenner Maurice Mességué kommt aus einer Hinterwäldlergegend, der rückständigen Gascogne.

Die klassische Wiedergeburt

Die Renaissance war sicher keine »Wiedergeburt« der Kultur, aber eine Zeit tiefgreifender Veränderungen und neuer Möglichkeiten. Kunst und Wissenschaft des klassischen Altertums, darunter auch die botanischen Schriften des Theophrast und des Dioskurides, wurden neu entdeckt und ausgewertet. Diese Heilkräuterkunde wurde mit der Lehre von den Signaturen der Planeten, also der Astrologie, aufs Neue verbunden. Die Erfindung der Druckkunst machte die Buchvervielfältigung zu einem rentablen Unternehmen. Neben der Bibel waren es vor allem die Kräuterbücher, die Interesse erweckten. Dazu brachten die Portugiesen und spanischen Konquistadoren unbekannte neue Pflanzen, Kräuter und Gewürze aus den neuentdeckten Erdteilen mit.

Konstantinopel wurde von den Türken eingenommen – fliehende byzantinische Gelehrte trugen ihre Lehren und Gedanken in den vom Dornröschenschlaf erwachenden Westen. Hervorragende jüdische Ärzte lehrten in Salerno und in Spanien – ehe sie 1492 von dort vertrieben wurden – und brachten nüchterne, rationelle, sogar mechanistische medizinische Theorien zur Geltung. Die Zigeuner – etwas indische Würze in dem brodelnden Brei – tauchten erstmals in Europa auf. Die Seereisen des Vasco da Gama, des Christoph Kolumbus und des Ferdinand Magellan, die Dekadenz der Kirche, der Aufstand der Protestanten und vieles andere brachten die Kultur des hohen Mittelalters zum Siedepunkt: Die Welt wurde aus den Angeln gehoben, das feste Weltgefüge begann zu wanken. Wo konnte man da Gewissheit und Sicherheit finden? Unter den führenden Geistern entbrannte der Kampf um die Richtung, in die zu gehen war. Ein Kirchenlied aus der Zeit gibt die Stimmung wieder:

Ach Gott, es geht gar übel zu,
Auf dieser Erd ist keine Ruh,
Viel Sekten und groß Schwärmerei
auf einen Haufen kommt herbei.
Den stolzen Geistern wehre doch,
Die sich mit Gwalt erheben hoch
Und bringen stehts was Neues her,
Zu fälschen deine rechte Lehr.
Nikolaus Seinecker (1572)

Die Protestanten (Luther, Zwingli und der Ayatollah Chomeini der Reformierten, Jean Calvin) suchten den sicheren Boden im Wort Gottes – in der schriftlichen Offenbarung. »Heiden« wie Paracelsus suchten in dem anderen Buch, in dem sich Gott der Menschheit offenbart: im Buch der Natur. Giordano Bruno suchte in den Sinnen, die Neuplatoniker – Agrippa von Nettesheim, Ficino, Trithemius – in okkulter Hochmagie, andere wiederum in einer kontrollierten Beobachtung und den Zwängen der Logik, was sich zur Experimentalwissenschaft späterer Epochen entwickelte. Es war eine belebte Zeit, voller Widersprüche und Übertreibungen.

Das traf auch auf die Heilkunde zu. Gegen die neuen Schrecken, die über die Europäer hereinbrachen, die Pest und die »Franzosenkrankheit« (Syphilis), war das alte System des Galenus und des Avicenna (ein persischer Verfechter galenischer Ideen) hilflos. Man suchte nach neuen Mitteln und Heilverfahren, ebenso wie man nach neuen Handelsrouten suchte. Der schöpferischste Arzt seiner Zeit, Aureolus Theophrastus Bombastus von Hohenheim (1493 bis 1541), der sich selber Paracelsus nannte, wagte es, diesbezüglich die hehren Autoritäten anzuzweifeln, und scheute sich nicht, den Kräutersammlern in die Körbe zu schauen, Hexen, Zigeuner und Hirten zu belauschen, Bauern zu befragen und in alchemistischen Sudelküchen nach wirksameren Mitteln zu suchen. Zur gleichen

Zeit gab Pietro Andrea Mattioli (1501–1577) das Kräuterbuch des alten Dioskurides mit Erläuterungen heraus. Italienische und iberische Händler führten unbekannte, verheißungsvolle Heildrogen aus Amerika und Asien ein – eigentlich die Volksheilmittel dieser Länder. Die reichen Augsburger Fugger waren an diesem gewinnträchtigen Handel, der die Apotheken und Drogerien füllte, maßgebend beteiligt. Ärzte dieser Zeit fingen auch an, ihre eigenen Physikgärtchen anzulegen, damit sie exotische oder einheimische Heilpflanzen stets zur Hand hatten. Die ersten botanischen Gärten stammen aus dieser Zeit: Salerno 1303, Venedig 1333, Leipzig 1542, Pisa 1543, Padua 1545, Leiden 1577.

Paracelsus

Paracelsus wurde in einem Haus an der Teufelsbrücke, in einer wilden, ländlichen Gegend bei Einsiedeln im Züricher Land, als Sohn einer Leibeigenen des Klosters und eines verarmten, adeligen schwäbischen Landarztes geboren. In »Tannenzapfen statt Seide« ist er aufgewachsen und wurde mit »Käs, Milch und Haferbrot erzogen«. Das empfindet man in seinen Schriften, die frisch wie ein Bergwind von den Schweizer Auen und Wäldern in diese Zeiten hineinwehen, stets nach. Als Wundarzt zog er mit den Landsknechten durch Europa und lernte die Leiden der Menschen aufgrund direkter Erfahrungen kennen. Obwohl er einen Doktorhut der medizinischen Fakultät in Ferrara erwarb, gab er den alten Kräutermütterchen, dem einfachen fahrenden Volk die Ehre, ihn das Wesentliche gelehrt zu haben. An den Universitäten seiner Zeit bekamen die angehenden Mediziner selten einen Siechenden zu Gesicht. Sie wühlten stattdessen in den vergilbten Schriften des Galenus, des Avicenna oder des Rhazes und stopften ihr Gehirn mit *Trivium* (Grammatik, Rhetorik, Dialektik) und

Quadrivium (Arithmetik, Geometrie, Astronomie und Musik) voll. Echte Kenntnis der Heilkräuter wurden ebenso wenig vermittelt wie genaue Sinnesbeobachtung. Die alten Texte verwirren mehr, als sie aufklären: Paracelsus fordert dagegen praktische Erfahrung »im Lichte der Natur«! Er fordert Nächstenliebe und Mitleid als Grundlage des ärztlichen Berufs. Sucht nach Geld, Geltung oder gesellschaftlicher Macht, die ja selber eine Krankheit der Seele sei und der Heilung bedürfe, habe zu schwinden. Der rechte Arzt habe die *philosophia* – die Naturkunde, die Kenntnis der »unteren Welt« der Steine, Pflanzen, Tiere und Körper – und die *astronomia* – die »obere Welt« der Sterne, ihrer Rhythmen, Kreisläufe und Einflüsse im Makrokosmos wie im inneren Mikrokosmos – zu beherrschen. Aber damit hört es noch nicht auf: Die *alchemia*, die Verwandlungs- und Scheidekunst, die Kunst der Stoffesveredlung, müsse der Iatrichus (Arzt) ebenfalls beherrschen. Die vierte Säule, auf der die Heilkunde ruhe, sei die Tugend *(virtus)*, die zusammen mit der *philosophia*, der *astronomia* und der *alchemia* den echten Arzt ausmache.[16] Solch ein Arzt könne dann auch die Ursachen der Krankheit erkennen und behandeln. Krankheit entstehe, wenn der Mensch, dieses leiblich-seelisch-geistige Wesen, aus irgendeinem Grund aus dem harmonischen Gefüge der Natur herausfalle, wenn er sich absondere, sündige. Die Ursachen können folgende sein:

1. Siderische oder astrale Einflüsse überwältigen den Lebensleib.
2. Die Elemente überwältigen den Menschen: Dazu zählen das Einnehmen von Giften und Unreinheiten, falsche Ernährung, schlechte Hygiene, Blockierungen des Kreislaufs oder Stuhlgangs oder das dem Wetter und den Elementen (Hitze, Kälte, Nässe usw.) Ausgesetztsein.
3. Schlechte Angewohnheiten: Überessen, Saufen, Ausschweifungen usw.

4. Zügellosigkeit im Denken und Gefühlsleben: unnötige Sorgen, Angst, Zweifel, Verwirrung, Verzweiflung, falsches Urteilen, Selbstbemitleidung usw.
5. Geistige Ursachen, die mitunter aus früheren Leben stammen können.

Krankheit verselbständigt sich und hängt trotzig und zäh in der Dunkelheit, in die Leib und Seele geraten sind. Wie Parasiten leben die Krankheiten von der Lebenskraft der Kranken. Wie auch in der Volksheilkunde sind bei Paracelsus die Krankheiten wesenhaft und dämonisch. Sie können nicht einfach zerstört werden, denn sie sind wandelbar und treten in neuen Formen und an anderen Stellen auf. Man muss ihnen daher ein Vehikel oder einen Behälter – *Mumia* nennt er diese – geben, in welche sie einfahren und so aus dem Körper gehen können, so wie einst Jesus die Dämonen aus dem Leib eines Besessenen in eine Herde Schweine trieb, die sich daraufhin in einen See stürzte. In der Volksheilkunde wird dies oft praktiziert, indem der Krankheitsdämon, der hellsichtig wahrgenommen wird, besungen und in ein Loch in einem Baum gebannt wird, das anschließend zugepfropft wird. Oder der Kranke wird durch eine Gabelung im Baumstamm gezogen und die Krankheit dabei abgestreift. Nach Paracelsus kann das Leiden durch eine Pflanze, die eine der Krankheit ähnliche Signatur aufweist, nach dem Prinzip Gleiches heilt Gleiches aus dem Körper gezogen werden. Mit Abführ-, Schwitz- oder Brechmitteln kann die Krankheit abgeführt, herausgeschwitzt oder erbrochen werden. Mit Wasser kann sie weggeschwemmt werden. Mit heißem Gurgelwasser kann man die Halsschmerzen aus dem Rachen lösen. Ein Umschlag aus gedämpften Zwiebeln zieht die giftigen Entitäten aus dem Leib. Dass der Zwiebelumschlag bald zu stinken anfängt und nach kurzer Zeit gewechselt werden muss, ist ein Zeichen, dass die Übertragung auch stattfindet.

Das Ur-Licht durchstrahlt die kleine wie die große Welt. Im Menschen erscheint es als leibliche Gesundheit, als Aufrichtigkeit des Gefühls, als Tugend der Seele, als Weisheit des Intellekts und als Wirklichkeitsfähigkeit des Geistes. Sind Glieder und Organe aus der harmonischen Ganzheit herausgefallen, so dass das Ur-Licht ihnen nicht mehr leuchtet, kann der Arzt zu Kraut und Stein – also den Dingen des Makrokosmos – greifen, denn diese vermögen das Licht von neuem zu vermitteln.

Seine gelungenen Kuren brachten Paracelsus Ruhm. Empfehlungen einflussreicher Humanisten wie Frobenius und Erasmus von Rotterdam, dem er seine Nieren- und Leberleiden behandelte, trugen wahrscheinlich dazu bei, dass er vom Basler Stadtrat als Professor angestellt wurde, Collegia über seine Medizin zu lesen, was ihm gleichzeitig das Amt des Stadtarztes eintrug. Der frischgebackene Professor erlaubte sich das Unerhörte: Mit seinen Studenten verbrannte er die Werke des Galen und anderer ehrwürdiger medizinischer Autoritäten im öffentlichen Johannisfeuer. Anstatt im Latein der Gelehrten, wie es sich ziemte, hielt er seine Vorlesungen auf Deutsch, der Sprache des gemeinen Volks. Außerdem ließ er die Studenten menschliche Ausscheidungen – Kot und Harn – diagnostizieren.

Sein größtes Vergehen war jedoch sein Vorgehen gegen die Apotheker und ihr lukratives Geschäft. Basel, die Stadt der heutigen Pharmazeutikagiganten, war damals schon Sammelort der Alchemisten und Apotheker und Umschlagplatz für Heildrogen. Sogar Wappen und Name entspringen der hermetischen Sudelküche: der Basilisk, eine gefährliche, giftspeiende, aus einem Hahnenei entstandene geflügelte Schlange! Mit dieser legte Paracelsus sich an. Als Stadtarzt war die Inspektion der Apotheken eine seiner Pflichten, die er auch ernst zu nehmen bereit war. Da fand er »Diebes- und Beschissgruben«, die dem Kranken mehr schadeten als halfen.

Kaum ein Jahr hielt sich der unbequeme Stadtarzt, der die Reformation der Medizin einleiten wollte. Nachdem er Basel fluchtartig verlassen hatte, schrieb und praktizierte er zwar noch viel, eckte aber immer bei den Mächtigen an. Er predigte gegen die Einfuhr ausländischer Drogen, nicht nur, weil die einheimischen billiger waren und jeder sie sich selber pflücken konnte, sondern weil eingeführte oft gänzlich verdorben und gar schädlich waren. Zudem lässt die weise Gottheit überall an eben dem Ort, an dem die Krankheit entsteht, das Heilkraut gedeihen *(Ubi malum, ibi remedium)*, denn die elementaren und siderischen Einflüsse, welche die Störung hervorrufen, bringen gleichzeitig auch die Heilmittel hervor.[17]

Einem jeglichen Lande wächst seine Krankheit selbst, seine Arznei selbst, sein Arzt selbst [...] [Die deutschen Ärzte] können das Deutsche nicht; wollen auf welsch arzneien und wissen auf deutsch nichts, wollen über Meer arzneien, und ein besseres ist im Garten vor ihrem Hause usw.

Dadurch verprellte er das mächtige Geld- und Handelshaus der Fugger, die das »verdorbene Zeug« aus Amerika und Asien einführten. Jedes Mal wenn den Habsburgern das Geld ausging, griffen die Augsburger Fugger in den Beutel und verschafften dem Kaiser die notwendigen Kredite. Unter anderem bekamen sie dafür die alleinige Einfuhrberechtigung für das südamerikanische Guajakholz. Das versprach ein gutes Geschäft zu werden, denn dies war das einzig bekannte Mittel gegen die gefürchtete Lustseuche, die französische Krankheit (*gallus morbus*, Syphilis). Da kam aber der querköpfige Hohenheimer dazwischen und verdarb das Geschäft, indem er die Geschlechtskrankheit mit Quecksilbertinkturen einigermaßen erfolgreich behandelte.[18] Kein Wunder, dass er Schwierigkeiten beim Verlegen seiner Schriften in Augsburg hatte.

Die Idee, dass einheimische Kräuter, zum richtigen Zeitpunkt gepflückt und eingenommen, bessere Resultate bei den Kranken erzielen, taucht bei Kräuterkundigen in den folgenden Jahrhunderten immer wieder auf. Auch der letzte große astrologische Kräuterarzt, der Londoner Nicholas Culpeper (1616–1654), der in seinem einundvierzigmal aufgelegten Kräuterbuch für »englische Kräuter für englische Leiber« plädiert, vertritt diese Ansicht.[19] Ebenso wehrte sich die kleine amerikanische Sekte der Shaker (18. Jahrhundert) gegen die teuren Importdrogen aus England und baute für den einheimischen Gebrauch die Kräuter der Indianer an.

Nicht nur gegen »verwelschte« Ärzte, die zwar in griechischen und arabischen Schriften belesen waren, aber die Kranken nicht heilen konnten, und gegen die Händler, die schlechte Ware einführten, zog Paracelsus ins Feld, sondern auch gegen die vielen neuen Herbarien und Kräuterbücher. Die Erfindung der Buchdruckerkunst machte den Vertrieb dieser Bücher zu einem gewinnbringenden Unternehmen. Noch heute bewundern wir die kunstvollen Holzschnitte, die diese Bücher illustrieren. Dieser ästhetische Aspekt ging aber den praktischen Arzt wenig an. Die Bücher seien aus arabischen, ägyptischen und südländischen Quellen abgeschrieben.

> *[...] deren Arbeit ist gleich einem Bettlermantel, hin und her zusammengeflickt und gelesen von allen zusammen in eins, und in summa ist es alles nichts [...] wenn man seiner am besten bedarf, so ist nichts da. Diese Irrer und Verführer, falsche Anzeiger und Lehrer in der Arznei sollen mich nicht kümmern; sie sind sonst niemanden nutz als allein den Buchdruckern, dieselben werden dabei reich und in ihren Küchen gesund; der Käufer findet sich das wenigste, was darin steht zunutz, vielleicht mancher gar nichts.*[20]

Leider trifft diese Kritik auch heutzutage manches, was auf den Regalen steht. Nicht alles, was buntfarbig glänzt, enthält der Kräuterweisheit Gold. Was uns besonders an den illustrierten Herbarien des Hieronymus Bock, Otto Brunfels, Rembert Dodoens, Leonhart Fuchs und anderer Botaniker fasziniert, sind die kräftigen und teilweise delikaten Holzschnitte. Die naturgetreuen Illustrationen des Holzschnittmeisters Hans Weiditz, eines Freundes Albrecht Dürers, die im *Herbarium Vivae Eicones* des Otto Brunfels erschienen, sind von besonders hervorragender Qualität.

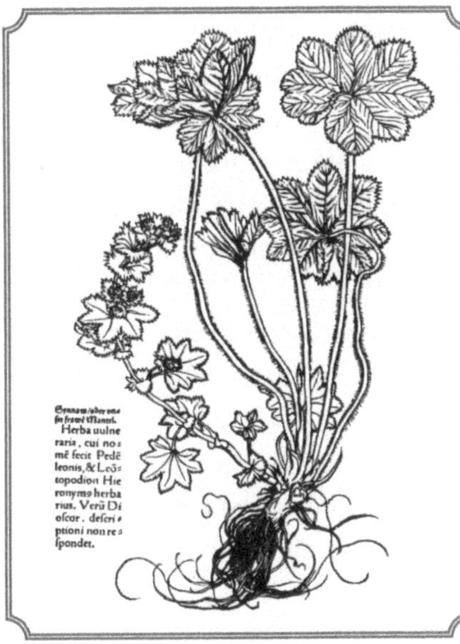

Frauenmantel / Holzschnitt von Hans Weiditz

Der Künstler hat sich die Pflanzen wirklich mit eigenen Augen angeschaut. Vergleicht man dieses Werk mit den hübsch schematisierten Bildern, die die mittelalterlichen Mönche aus ihren Manuskripten bis zur völligen Unkenntlichkeit voneinander abmalten, dann sieht man, dass ein neues Zeitalter im Anbruch ist. Man sieht die Welt auf eine neue Art. Man verlässt die pure Symbolik, die intuitive Ausgestaltung, und wagt sich in die äußere Welt der diesseitigen Sinne. Diesen sinnlich-materiellen Aspekt der Schöpfung greifen die Renaissance-Künstler auf und stellen ihn mit unübertrefflicher Genauigkeit dar.

Aber nicht nur in der Kunst zerschmilzt die rigide mittelalterliche Symbolik. Klassische, antike und unorthodoxe Quellen speisen die astrologischen und kosmologischen Modelle der neuen Anschauung. Die große Welt der Natur (Makrokosmos) und ihr diminutives Spiegelbild, die kleine Welt des menschlichen Mikrokosmos, werden sorgsam in elementare (leibliche), siderische (seelische) und geistige Aspekte zergliedert und auf feinsinnige Art und Weise wieder zueinander in Beziehung gebracht. *Signaturenlehre* und *Korrespondenzlehre* sind die Leitworte dieser Arbeit. Hinter den Erscheinungen wirken als (fast) unsichtbare Dirigenten die Planeten. Sie sind die formenden, gestaltenden Kräfte, die sich im Menschen und in der äußeren Natur ausprägen. Die Aufgabe des Naturforschers ist es, in den Büchern der großen und der kleinen Welt zu blättern, die Signatur der jeweiligen Planeten zu entziffern und die mikro-/makrokosmische Korrespondenz festzustellen. Hier lag der Schlüssel zu einer neuen Heilkunde: Da Gleiches auf Gleiches wirkt, muss man einfach die Signatur in Tier, Pflanze und Stein mit der korrespondierenden Signatur im Menschen verbinden. Diesem Gedanken schließen sich die neuen Kräuterärzte an: »Gott hat Hieroglyphen in die Pflanzen, Kräuter und Blumen gedrückt, als Zeichen ihrer Tugenden, wie es der gelehrte Crollius und andere wohl vermerkt haben, so dass die halbierte Muskatnuss dem Gehirn gleicht, die rote Mohnblüte mit ihrem dunklen Kelchgrund dem sich setzenden Blut in der Rippenfellentzündung ... usw.«, schreibt der englische Kräuterarzt William Turner in seinem *New Herbal* (1551).

Am eifrigsten und gewissenhaftesten forschte der Erfinder der *camera obscura* und Universalgelehrte Cavaliere Giambattista della Porta (1536–1615) nach einem rationalen System der Signaturen. Sollte die Walnuss, die einem Miniaturhirn gleicht, nicht gut für Kopfschmerzen sein? Oder sollte nicht bei Skorpionstich die Samenkapsel des Bockshornklees, die ganz dem Giftstachel dieses Spinnentieres gleicht, das Gegenmittel sein? Wie ist es mit Regenwürmern, die sich wie Gichtfinger biegen, bei Gicht, Hundezungenkraut bei Hundebiss, herzförmigen Veilchenblättern bei Herzbeschwerden oder den keulenförmig angeschwollenen

Wurzelknöllchen der Feigwurz (Scharbockskraut) bei Hämorrhoiden? Kamillenblüten ähneln der Regenbogenhaut und dem Sehloch im Auge, und die leberförmigen, unterseitig purpurroten Blätter des Leberblümchens verraten durch ihre Signatur zweifellos ihre medizinische Anwendbarkeit. Behaarte Pflanzen wie die Brennnessel würden natürlich den Haarwuchs anregen.

Solche Ideen waren keineswegs neu. Sie finden sich in fast allen traditionellen Kulturen und werden von Ethnologen als Homöopathie- oder Analogiezauber bezeichnet. Neu war jedoch, dass Gelehrte wie della Porta diesen »primitiven« Glauben systematisieren und logisch ordnen wollten. Aber es war gerade der Versuch, diesen Bereich rationell, verstandesmäßig zu erschließen, der ihm den Zauber nahm und schließlich den Glauben an Signaturen verkümmern ließ. »Es ist nicht nur mit den äußeren Sinnen und dem Verstand, dass man die ›Siegel‹, und Signaturen erkennt, sondern man erkennt sie auf intuitive Art und Weise, so wie es auch die Tiere tun«, schreibt Paracelsus im *De Natura Rerum*. Auch die Schamanen der »Wilden« nehmen diese magischen Homologien (Übereinstimmungen) in einem gehobenen Bewusstseinszustand wahr.

Der Intellekt schafft oberflächliche Beziehungen, die der inneren Zusammenhänge entbehren. Und das ist gerade, was die Renaissancegelehrten taten. Sie brachten dadurch ihre kunstvoll konstruierte Lehre in Verruf. Niemand glaubt heutzutage an die Signaturen- und Korrespondenzlehre. Sie wird nur als Irrweg in der Wissenschaftsgeschichte erwähnt. Und doch, *a posteriori* kann man die Feigwurz als Mittel bei Mastdarmkrampfadern anwenden, genauso wie die Kamillenblüten zum Auswaschen entzündeter Augen (obwohl Augentrost geeigneter wäre!). Das Leberblümchen hilft scheinbar doch etwas bei Leberleiden, und wenn man die Haare mit Brennnesseltee spült, werden sie gesund und kräftig.

Die Sternenkunde spielte natürlich eine große Rolle in der Wissenschaft der Renaissance. Ohne sie hätte die Signaturenlehre keinen festen Boden. Wie wir schon gesagt haben, beachtete man schon in früheren Zeiten die Mondphasen, Mondstellungen und planetarischen Konstellationen beim Kräutersammeln. Auch hier machte die Renaissance den vergeblichen Versuch, halb-intuitive, altüberlieferte, magisch-mystische Erkenntnisse in ein überschaubares System zu bringen und der Logik unterzuordnen. Die alte babylonische Aufgliederung der zwölf Tierkreisbilder wurde in genaue Grade eingeteilt. Das Strömen der Urkräfte aus diesen Regionen durch die sieben Planetensphären hindurch und ihr formschaffender Einfluss auf die chaotische Materie wurde im 16. Jahrhundert äußerst systematisch dargestellt. Es wurde errechnet, wie die Wechselstellungen der Planeten den kosmischen Einfluss stärken oder schwächen und wie dieses Einfließen sich bis ins feinste Detail in den Stoff einprägt wie ein Siegelring in heißes Siegelwachs.

Leiter der Zahl Sieben.

In der Urbild-Welt.	Ararita אראריתא				Asser Eheie אשר אהיה			Namen Gottes in sieben Buchstaben
In der geistigen Welt.	צפקיאל Zaphkiel	צדקיאל Zadkiel	כמאל Camael	רפאל Raphael	חאניאל Haniel	מיכאל Michael	גבריאל Gabriel	Sieben Engel, welche vor dem Angesichte Gottes stehen
In der himml. Welt.	שבתאי Saturn	רם Jupiter	מאדים Mars	שמש Sonne	נוגה Venus	כוכב Merkur	לבנה Mond	Sieben Planeten
In der element. Welt	Wiedehopf Tintenfisch Maulwurf Blei Onyx	Adler Delphin Hirsch Zinn Saphir	Geier Hecht Wolf Eisen Diamant	Schwan Seekalb Löwe Gold Karfunkel	Taube Aesche Bock Kupfer Smaragd	Storch Meer-Aesche Affe Quecksilber Achat	Nachteule Seekatze Katze Silber Krystall	Sieben Planeten-Vögel Sieben Planeten-Fische. Sieben Planeten-Thiere. Sieben Planeten-Metalle Sieben Planeten-Steine
J. d. kleinen Welt.	Rechter Fuß Rechtes Ohr	Kopf Linkes Ohr	Rechte Hand Rechtes Nasenloch	Herz Rechtes Auge	Schamglied Linkes Nasenloch	Linke Hand Mund	Linker Fuß Linkes Auge	Sieben den Planeten zugetheilte integrir. Glieder Sieben den Planeten zugetheilte Oeffnungen des menschlichen Hauptes
In der Unter-Welt.	Hölle גיהינם	Todespforten שערי צלמות	Todesschatten צלמוח	Todesbrunnen באר שחת	Koth-Grube טיט היון	Verderben אבדון	Abgrund שאול	Sieb. Wohnungen der Unterwelt nach der Beschreibung des Kabalisten Rabbi Joseph von Castilien in seinem Nußgarten.

Korrespondenzen [Entnommen aus: Agrippa von Nettesheim: Magische Werke, Band II [1530]. Reprint: A. Hain, Meisenheim; Seiten 68/69.]

Diese Einflüsse konnten dann an den Pflanzen, am Gestein, am Wetter, an Tieren oder Menschen physiognomisch abgelesen werden. Dazu galt es, genau zu erkennen, wie es mit den Konstellationen und Planeten im »inneren Firmament«, im Mikrokosmos, aussieht: Wo sind da die Widder-, Steinbock-, Stier- oder Wassermannregionen? Wie bewegen sich dort die Wandelsterne, und wie wirken sie sich als Signatur aus? (s. Abb. S. 70) Das Ausarbeiten von Tabellen ermöglichte den Renaissanceärzten, auch solchen ohne besondere Begabung, in der Krankenbehandlung die große zur kleinen Welt in Beziehung zu bringen: Da bewirkt zum Beispiel Jupiter im Menschenleib die Leberfunktion, im Makrokosmos dagegen wirkt der Planet in gelbblühenden Blumen. Also, um eine kranke Leber zu heilen, nimmt man eine Jupiterpflanze (Löwenzahn oder Schöllkraut), wenn Jupiter in einem starken Haus ist (in den Fischen oder im Steinbock), und fügt sie dem siechen Mikrokosmos als Medikament zu. Mars, der sich in roten, stacheligen Pflanzen abzeichnet, kann den korrespondierenden Organen und Funktionen beigegeben werden – bei cholerischer Verstimmung oder Gallenblasenerkrankungen. Aber wir greifen hier vor. Auf dieses System, das sich bis heute bei vielen Kräuterärzten erhalten hat, kommen wir später zurück. Wenn die Tanne oder der Hanf als »saturnisch«, der Frauenmantel als »venerisch«, die Gurke als »lunarisch« oder das Bingelkraut als »merkurialisch« bezeichnet werden, dann wissen die traditionellen Kräuterheilpraktiker genau, worum es sich handelt. Sie drücken damit qualitative Eigenschaften aus, die von der quantitativen Wissenschaft weder gewürdigt noch verstanden werden.

Die Aufklärung

Die schöne Geometrie des Geistes, die die Renaissancekonzeptionen charakterisiert, mag ästhetisch wirken, vergewaltigt aber oft die empirische Wirklichkeit. Kontrollierte Experimente, formelle Beobachtungsmethoden, Messen und Zählen und bewusstes, absichtliches Weglassen der »inneren« Qualitäten und magisch-mystischen Elemente ließen die Kristallpaläste der Renaissanceideen in Scherben fallen. Es kamen die kühlen Herren der Aufklärung mit eisernen Besen und fegten die Spinngewebe aus den Ecken. Linnaeus (Carl von Linné, 1707–1778) wagte sich an den wildwuchernden Dschungel der Pflanzenbenennung und hinterließ ein Schema so ordentlich und übersichtlich wie der Versailler Garten, so sauber wie die Doppelbuchführung eines soliden Handelshauses. Die Pflanzen wurden ganz nach morphologischen Kriterien – Zahl und Anordnung der Staubgefäße, Kronblätter, Kelchblätter, Fruchtblätter usw. – geordnet, in natürliche Familien gefasst und mit einem doppelten lateinischen Namen, der Gattung und Art angibt, versehen. Da war kein Platz mehr für Pflanzenelfen und Planetengeister! Von nun an soll sich das Wesen der Dinge nur in der objektiv erfassbaren Zahl offenbaren!

Die großen Entdeckungsreisen von Cook oder Bougainville erweiterten die botanischen Kenntnisse; der sich global ausweitende Handel entdeckte neue Pflanzendrogen. Man suchte aber nicht mehr nach dem Zauber oder Geist in diesen Drogen oder nach schönen platonischen Geometrien, sondern ganz nüchtern nach den »chemischen« Wirkstoffen. Die Welt wurde zunehmend säkularisiert und verstandesmäßig erfasst.

Je weiter man in das 18. und 19. Jahrhundert hineinschritt, desto mehr wurde die Medizin eine chemische, bis schließlich die fortschrittlichsten Ärzte die Kräuter fast gänzlich verachteten und sie den ungelehrten Kräuterseppen und alten Weibern – von weisen Frauen war keine Rede mehr – überließen.

Würdige akademische Doktoren bevorzugten »heroische« Arzneien, die durch ihre Giftigkeit die kranken Leiber zu heroischem Widerstand reizten. Solange der Patient noch reagiert, besteht Hoffnung, und logischerweise – so die damalige Lehrmeinung – je stärker die Reaktion, desto größer die Chance der Genesung! Purgative, starke Abfuhr- und Brechmittel sowie solche, die Konvulsionen hervorrufen, waren neben Aderlass die bevorzugten Mittel – alles andere, wie die einfachen *Simplicia*, die Kräuter, war zu zahm. Als Universalmittel wurden von diesen Ärzten Quecksilberpräparate verschrieben, vor allem *Kalomel*, ein harn-, galle- und speicheltreibendes Quecksilberchlorid, mit dem man hoffte, dass der Patient die Krankheit herausgeifern werde. Kalomel hatte nur leider zur Folge, dass die Opfer dieser chemischen Therapie ihre Haare und Zähne verloren, leberkrank wurden und ihre Haut sich dunkel verfärbte.

Ebenso beliebt waren die mineralischen Gifte: Arsen – leberverfettend und karzinogen –, Vitriol (Salz der Schwefelsäure) und Antimon (Brechweinstein, *Tartarus stibiatus*)! In den schwarzen Ledertaschen der Ärzte befanden sich zudem noch importierte heroische Pflanzendrogen: die mexikanische Purgierwinde (Jalapwurzel, *Ipomoea purga*), die gnadenlos durch die Gedärme fegte; Laudanum (ein schmerzstillendes Opiumpräparat); Chinarinde (Chinchona) gegen die »Quartanfieber« und »Tertianfieber«; die Brechwurzel *(Ipekakuanha)* gegen die rote Ruhr. Sennesblätter wurden viel verschrieben, um den Stuhl durch die quecksilbergeschädigten Därme zu bewegen. Im 18. Jahrhundert wurde sogar der damals noch teure Schwarztee als Heilmittel für allerlei Störungen verschrieben: die Blätter wurden mit Salz und Butter eingenommen, das Teewasser hingegen weggegossen.

Zu den Torturen, die von vielen dieser Mittel verursacht wurden, kamen die freizügig aufgelegten Blasenpflaster, zum Beispiel mit der blasenziehenden Salbe, die aus Spanischen Fliegen *(Kanthariden)* oder Hahnenfußgewächsen *(Ranunculus* sp.*)* hergestellt wurde. Ebenso freizügig wurden Schröpfen und Aderlass angewandt. Viele Patienten, die es sich leisten konnten – wohlhabende Bürger, Minister und Könige –, wurden von den Ärzten buchstäblich zu Tode gequält oder ausgeblutet. George Washington, der erste Präsident der Vereinigten Staaten, starb an einer einfachen Erkältung, weil ihm das Top-Ärzteteam bei der Behandlung die Hälfte seines Blutes abzapfte. Die ärmeren Leute, die sich keine Ärzte leisten konnten, waren mit ihren Hausmitteln und Kräutern oft besser dran.

Wurden ganze Landschaften von Epidemien – Gelbfieber, Typhus oder Cholera – heimgesucht, dann wurde es offenbar, dass die akademisch geschulten Ärzte mit ihrem Kalomel und Antimon, Blutzapfen und Blasenziehen nicht viel ausrichten konnten. Da kamen dann die Kräutersepps und Wurzelweiblein zum Zug und heilten oftmals erfolgreich, wo sich der Professionelle geschlagen geben musste. Das führte aber keinesfalls zu einer Reform der heillosen Medizin, sondern es wurde totgeschwiegen oder führte gar dazu, dass man die Naturheilkunde gesetzlich verbieten wollte. Denn welcher aufgeklärte, wissenschaftlich geschulte Verstandesmensch wollte schon einen Rückschritt in das Zeitalter des Aberglaubens machen?

Kräuterheilkunde in Amerika

In Amerika, wo Fortschritt Bestandteil des Glaubensbekenntnisses ist, wird der erwähnte Trend besonders evident. Die Alte Welt ist fester in den herkömmlichen Traditionen verzwurzelt.

In den 1950er Jahren gab es in den USA so gut wie keine Kräuter zu kaufen und das Wissen um sie war bei allen, bis auf einige Indianer und Hinterwäldler, völlig erloschen. Man glaubte einzig an Spritzen und Pillen. Da die amerikanische Geisteshaltung im Laufe unseres Jahrhunderts auf allen Gebieten immer tonangebender wurde, wollen wir uns etwas mit der Geschichte der Natur und Kräuterheilkunde in diesem Land beschäftigen.

Schon auf den alten Plantagen des Südens erlangten schwarze Sklaven den Ruf, heilkundig zu sein. Ein Sklave namens Ceasar, der eine fast übernatürliche Fähigkeit hatte, Vergiftungen zu heilen, erhielt sogar seine Freiheit und eine magere Rente als Belohnung. Ein anderer Sklave konnte mit dem Sumpfenzian *(Gentiana villosa)*, der bis heute seinen Namen – Sampson Snakeroot – trägt, Schlangenbisse aller Art heilen. Volkskundler nehmen an, dass den ärztlichen Fähigkeiten analphabetischer Sklaven afrikanische Heilpraktiken, die Atlantiküberfahrt und Versklavung überdauert hatten, zugrunde liegen. Unter den Nachkommen der entwurzelten Schwarzen haben sich zahlreiche afrikanische Elemente erhalten: Sprachrhythmus und -intonierung, Voodoopraktiken, Melodien von Wiegenliedern, Verwendung gewisser Gewürze, weißer Ton als Medizin für Schwangere.[21] Diese heilkundigen Sklaven waren wohl unbeliebte Konkurrenz, denn schon 1749 wurde ihnen vom Parlament von Südkarolina das Herumdoktern bei Todesstrafe verboten.[22]

Hausfrauen, Hebammen und Wehmütter waren sowieso immer suspekt in den Augen professioneller Mediziner. Die Pflege der Kranken oblag zuallererst ihnen. Töchter lernten ja nicht nur das Kochen – was ja auch nicht unwesentlich den Gesundheitszustand eines ganzen Hauses beeinflusst, sondern sie lernten auch die Bereitung von Tees und einfachen Hausmitteln, welche oft besser wirkten als das Bluten und Blasenziehen und die Pillen der Ärzte. Manche Hausfrauen waren besonders begabt, und die Nachbarn zogen sie zu Rate, so dass sie manchmal in der ganzen Gegend bekannt wurden. Eine Heilerin von solchem Format war die wurzelkundige Margret Jones in der Kolonie Massachusetts. Für die puritanischen Ältesten stand es außer Zweifel, dass jemand, der so erfolgreich mit Kräutern und Wurzeln heilen kann, mit dem Teufel im Bund ist. Margret Jones wurde 1648 als Hexe erhängt. In späteren Zeiten, nachdem man den Teufel als nicht-existent erklärt hatte, wäre es ihr auch nicht viel besser ergangen; man hätte ihre intuitive Fähigkeit sicher für unwissenschaftlich und deshalb gefährlich erklärt.

In dem sich immer weiter nach Westen verschiebenden Grenzland der frühen Vereinigten Staaten gab es wenige Ärzte. In den etablierten Städten der Ostküste war es einfacher, sich mit einer Praxis seinen sozialen Rang zu sichern. Was Wunder, dass im Wilden Westen völlig unorthodoxe Heilmethoden aus dem Boden schossen, wie Unkraut nach einem Frühlingsregen. Pastoren und Wanderprediger, immer bereit, sich aus christlicher Nächstenliebe um das leibliche Heil der verstreuten Schafe zu kümmern, trugen Medizinflaschen in ihren Satteltaschen. Als Lesekundige hatten sie ja auch Zugang zu den neueren medizinischen Abhandlungen und behandelten dementsprechend mit ganz orthodoxen Methoden: mit mineralischen Giften, Laudanum und Aderlass. Daneben zogen zahlreiche Quacksalber – Magnetiseure und »Professoren« – mit bunten *medicine shows* von Ort zu Ort. Sensationshungrige Grenzer und Hinterwäldler konnten Vorträge über wissenschaftliche Wunder hören, Missgeburten, tanzende Neger und Indianer in Federschmuck begaffen und sich hypnotisieren lassen, ehe ihnen ein angeblich wunderwirkendes Allheilmittel – ein oft wertloses Pulver oder ein narkotisierender Saft – angedreht wurde. Auch der Urgroßvater des Rockefeller-Clans fing auf diese Weise an, seine ersten Dollars anzuhäufen. Er verkaufte den gutgläubigen Siedlern »Schlangen-Öl«, das in Pennsylvania aus dem Boden quellende Erdöl, das die Seneca-Indianer zum Einreiben bei Rheuma und Muskelschmerzen verwendeten.

Es erschienen aber auch begabte Heiler und Erneuerer der Naturheilkunde. Ein solcher war der ungelehrte Farmer Sam Thomson (1769–1843). Die Thomson-Familie lebte auf ihrem mageren Stück Land in New Hampshire und war so arm, dass sie sich keinen Arzt leisten konnte. War jemand krank, rief man die alte Witwe Benton, deren Wurzeln die erwartete Linderung und Heilung brachten. Der arme Bauer lernte genug von ihr, dass er sich selber ans Doktern wagte. Schon als Bub vertrieb er sich beim Hüten der Kühe oder Gänse die Zeit, indem er Blätter oder Blüten kostete und seine Körperreaktion darauf beobachtete. Eines Tages knabberte er an dem hübschen, blaublühenden Spaltglöckchen (*Lobelia inflata*, eine nordamerikanische Glockenblumenart). Er brach sich danach fast die Gedärme aus. Aus Jux gab er es dem Nachbarn zu kosten, der daraufhin heftig zu schwitzen anfing, sich ebenfalls erbrach und übel schimpfte. Nach kurzer Zeit kam er jedoch wieder, lobte den Spitzbuben und versicherte, dass er sich seit Jahren nicht so wohl gefühlt habe, wie nach dieser Brechkur.

1805 brach eine Gelbfieberepidemie in der Gegend aus. Thomson, der schon unter Nachbarn für seine ärztlichen Fähigkeiten bekannt war, machte sich auf ins Dorf Alstead, wo er den Erkrankten den Verdauungskanal mit milden abführenden Kräutern reinigte, sie in Dampfbädern schwitzen und viel Kräutertee schlucken ließ. Niemand starb in Alstead, aber in dem Nachbarort, wo orthodoxe Ärzte hantierten, starben die Kranken »wie die Fliegen«. Sein Ruf war hergestellt, und »Thomsonismus« wurde das Schlagwort einer in Amerika erfolgreichen Naturheilbewegung, die sich bis ans Ende des Jahrhunderts hielt und mit Homöopathen gemeinsame Sache gegen die Schulmedizin machte. Die Shakers, die in brüderlich/schwesterlicher Liebe das Himmelreich auf Erden in ihren Landkommunen verwirklichen wollten, lieferten den Thomsonianern einheimische Kräuter – vor allem das Spaltglöckchen – für ihre Praxis.

Eine weitere Bewegung, die botanischen Eklektiker *(botanicoeclectics)*, gesellte sich zu den Thomsonianern. Sie wurde von dem vornehmen Arzt Dr. W. Beach (1794– 868), der die Quälereien der »heroischen« Medizin verabscheute, gegründet. Bei seiner Suche nach neuen Mitteln traf er auf einen alten deutschen Kräuterarzt, der in New Jersey mit selbst gesammelten einheimischen Kräutern erfolgreich praktizierte. Er wollte bei diesem Kräutermann, Jakob Tidd, in die Lehre gehen, wurde aber schroff zurückgewiesen: »Ihr Herren Doktoren wollt alle Gentlemen sein. Wer aber etwas bei mir lernen will, muss gewillt sein, wie ein Schwein in den Hügeln nach Wurzeln zu wühlen. Sie wollen alle feine Herren spielen, dabei sollten sie eigentlich der Menschheit Diener sein!«[23] Beach ließ sich nicht abwimmeln, obwohl er einige Jahre beharren musste, und so entstand die Schule der botanischen Eklektiker. Natürlich wurden die Thomsonianer und die botanischen Eklektiker ebenso wie die Homöopathen von den Schulmedizinern als gefährliche Quacksalber bezeichnet und mit dem ganzen Prestige, dem Geld und Einfluss, die dieser Zunft zur Verfügung standen, bekämpft. Schließlich konnte der konservative Ärzteverband, die American Medical Association (AMA, 1842 gegründet), die Gesetzgebung so weit beeinflussen, dass die unorthodoxen Heilmethoden verboten und ihre Schulen und Spitäler geschlossen wurden. Sogar das Spaltglöckchen, die »Nr. 1« der Thomsonianer, musste aus dem Handel gezogen werden. Zusammen mit der chemischen Industrie beherrscht die AMA bis heute monopolartig die amerikanische Heilkunde von der Herstellung der Medikamente bis zur Ausbildung der Ärzte.

Triumph der Materialisten

Wenn auch nicht ganz so gründlich wie in Amerika, so sank doch der Stern der Kräuterheilkunde gegen Ende des 19. Jahrhunderts überall. Mechanistische, materialistische Ideologie und Spezialistentum konzentrierten ihre Aufmerksamkeit immer mehr auf spezifische Organe und mikroorganismische »Krankheitserreger« (Viren, Bakterien). Der Begriff der Krankheit als Kombination von Schicksal, Lebensumständen und geistig-seelisch-körperlicher Interaktion ging dem Blick ebenso verloren wie der Mensch als Ganzheit. »Lebenskräfte«, »Ätherkräfte«, Vitalismus und ähnliche Begriffe wurden von den Philosophen des triumphierenden Materialismus als unreelle metaphysische Gespinste abgetan, die ebenso wenig Wirklichkeit besitzen wie Planetengötter oder Elementarwesen.[24]

Als Friedrich Sertürner 1804 das Alkaloid »Morphin« als chemischen Wirkstoff aus der Mohnpflanze isolierte, war der reinen physikalischen Erklärung der Arzneistoffe Tor und Tür geöffnet. Bald wurden andere Wirkstoffe identifiziert: Chinin aus der Chinarinde 1820, Strychnin aus der Giftnuss 1818 usw. Als dann Wolfgang Köhler 1828 künstlichen Harnstoff im Labor herstellte, ohne dafür eine Niere zu benötigen, mussten die Verfechter einer »Lebenskraft« aufgeben. Wie konnten sie nun von der besonderen Qualität der lebenden Organismen reden? Das ganze Lebensphänomen konnte auf Chemie reduziert werden. Leben galt höchstens noch als ein gereizter Zustand der eigentlich toten Materie. Auf jeden Fall war es kein dunkles Mysterium mehr. Die Wissenschaft konnte es bis in die Einzelheiten erschließen.

Man drang nun in das Innere der Lebewesen. Rudolf Virchow (1858) erklärte, die Zelle sei Träger der Lebensmanifestation. Analytische Chemie erprobte nun die Zusammensetzung der

Zellsäfte. Die Pflanze als Ganzheit wurde ebenso uninteressant wie der Leib als Ganzheit.

Goethe, der sich vorwiegend als Wissenschaftler verstand – »Auf alles, was ich als Poet geleistet habe [...] bilde ich mir gar nichts ein«[25] –, schwamm gegen den Strom des Zeitgeistes. Ihm galt es, in der Naturkunde die Gestalt, die Ganzheit, das größere Bild zu retten. Dazu formulierte er die Idee der Urpflanze als Wesen, das sich metamorphosierend (in allen Pflanzen) in Zeit und Raum manifestiert. Aber was interessierte das die harte Wissenschaft? Goethe war schließlich doch nur ein Poet, der allerdings schöne Aufbaulektüre für verregnete Sonntagnachmittage schrieb. Nun zurück zur Realität, zur Entschlüsselung der elementaren Bausteine und – wie aufregend – der Synthese organischer Verbindungen! Bald würde man den Alchemistentraum erfüllen und die Bausteine auf völlig neue Art und Weise zusammensetzen – besser als der nicht existente Schöpfer – und alle möglichen künstlichen Stoffe, vielleicht neue Lebensformen, herstellen.

Im Zuge dieser Entwicklung ersetzt bei der Arzneimittelherstellung die Retorte den Kräutergarten. Die Verbindungen, die Pflanzen unrein und gemischt in Blättern, Stängeln und Wurzeln ablagern, können schneller, billiger und reiner aus Kohleteer oder Erdöl künstlich erzeugt werden. Weidenrinde wurde einst, weil sie als »Mondpflanze« in kalten feuchten Sümpfen wuchs, als Volksheilmittel bei Gicht-, Fieber oder Rheumazuständen genommen. 1852 wurde »Salizin« – so nannte man den Wirkstoff – künstlich aus Kohleteer hergestellt. Man konnte auf Weidenbäume verzichten. Im Labor der Bayer AG wurde diese künstliche Salizylsäure mit Essigsäure behandelt, und es entstand Azetylsalizylsäure – das Wundermittel »Aspirin«, das zum Verkaufsschlager wurde und dem viele andere folgen sollten. Die Pharmakologie war von der lichten, lebendigen Welt der Pflanzen in die unterirdische, schwarze Welt der Kohle und des Petroleums hinabgestiegen.

Wie Kinder Bauklötze fügten Chemiker Moleküle zusammen, hängten sie ab, hängten sie an – bauten immer mehr Alkaloide, Glykoside und andere Stoffe nach; schufen sogar Verbindungen, die sich nicht einmal die Natur erträumt hatte (und die sich nun auch, wie es sich herausstellt, kaum abbauen und störend in die natürlichen Kreisläufe eingreifen). Diese neuen Molekülkombinationen konnten dann an Ratten, Hunden, Katzen und Rhesusaffen getestet werden. Über 100 Millionen Wirbeltiere müssen jährlich weltweit auf dem Altar der Versuchswissenschaft sterben! Um ein einziges neues Medikament bis zur Marktreife auszutesten, verbrauchen die Pharmaforscher im Durchschnitt rund 100.000 Versuchstiere.[26] Anschließend werden die Medikamente in den USA oft an geistig Behinderten, Gefangenen oder sozial Schwachen – an Wohlfahrtsempfängern oder Minderheiten – oder in Drittweltländern weiter ausprobiert, ehe sie – schön verpackt mit großem Werbeaufwand – an den Normalverbraucher weitergegeben werden.

Besonders nach dem Zweiten Weltkrieg verdrängten die »Wunderdrogen« (Sulfa, Penicillin usw.), die Spritzen und sauberen weißen Pillen die alten Wurzeln und Kräuter, ebenso wie diagnostische Apparaturen das intuitive Beurteilen des Zustandes verdrängten. Das Arzneimittelhandbuch setzt die Symptome zum rechten pharmazeutischen Produkt in Beziehung. Es ist die allgemeine Annahme, dass diese neuen Synthetika und raffinierten Mittel zusammen mit Impfungen und neuartigen physiologischen Erkenntnissen die furchtbaren Seuchen, die in vergangenen Jahrhunderten grassierten, zur Neige gebracht haben. Wenn man jedoch genauer hinschaut, stimmt das nicht. Cholera, Typhus, Lungentuberkulose, Pocken und Diphtherie waren schon vorher am Schwinden. Sie hatten ihre Höhepunkte schon längst überschritten, als die Vakzine und Medikamente bereitstanden. Das Abebben der seuchenähnlichen Krankheiten hängt eher mit verbesserten Lebensumständen zusammen, mit besserer Hygiene und ausreichender, richtiger Ernährung.[27]

Synthetische Pharmazeutika

Moderne medizinische Versorgung besteht größtenteils aus dem Verordnen von künstlichen Medikamenten; wenn diese versagen, geht es ans Messer. Das ist ein riesiges Geschäft, dem nur das Bombengeschäft der Rüstung voransteht. Insgesamt 2,2 Billionen Dollar oder 17 Prozent ihres Bruttoinlandprodukts geben die Amerikaner jährlich für ihre Gesundheit aus.[28] Europäer hinken nicht weit hinterher. Seit 1950 haben sich die Ausgaben für das Gesundheitswesen vervierzigfacht. In Westdeutschland werden pro Jahr (2012) rund 300 Milliarden Euro umgesetzt – 11,5 Prozent des Bruttosozialprodukts.[29] Ein Großteil davon entfällt auf die Erzeugnisse der Pharmariesen. Mit so viel Aufwand sollten die Menschen vor Gesundheit nur so strotzen! Dem ist aber leider nicht so. Kaum ein Erwachsener, der nicht irgendein Leiden beklagt.

Einige Statistiken: Trotz bester medizinischer Versorgung sterben in der BRD jährlich 343.000 an Herz-Kreislauf-Versagen und 222.000 an Krebs; 800.000 sind von Arthritis betroffen; jeder Dritte Mitteleuropäer leidet an Allergien und Autoimmunkrankheiten, die vor hundert Jahren praktisch unbekannt waren; 12 Prozent der Erwachsenen sind zuckerkrank; meldepflichtige Geschlechtskrankheiten nehmen zu, und rund 20 Prozent der sexuell aktiven Bevölkerung sind unfruchtbar! Kein Wunder, dass viele das Vertrauen in die konventionelle Medizin verlieren und dass trotz der verheißungsvollen neuen Präparate mit ihren fantastisch klingenden wissenschaftlichen Namen immer mehr Bürger mit den altüberlieferten Kräuterkuren liebäugeln oder dass sie sich mit exotischen Heilarten wie Akupunktur, Shiatsu, Makrobiotik oder sogar medizinischer Astrologie beschäftigen.

Ist das Misstrauen gerechtfertigt? Warum gehen Patienten heimlich auch zum Heilpraktiker oder nehmen die verordneten

Pillen nicht ein? Die Folgen der Fehlverschreibungen – oft von der Pharmaindustrie stillschweigend geduldet oder gar gefördert – sprechen sich eben herum. Hormone für Schwangere, Kortisonsalben für Säuglinge, Impfschäden, Antibiotikamissbrauch, Überverschreibung von Herzmitteln und Psychopharmaka, die Werbeflut mit widersprüchlichen Behauptungen für Schmerzmittel und Abführmittel – das macht misstrauisch. Immer wieder hört man von *iatrogenen* – durch ärztliche Eingriffe verursachten – Leiden und *nosokomen* – während des Krankenhausaufenthalts erworbenen – Infektionen. Die synthetischen, hochwirksamen Chemikalien haben einseitige Wirkungen auf den Organismus. Wenn mehrere Medikamente in den Organismus gelangen, können unvorhergesehene Zusammenwirkungen – synergistische Komplikationen – stattfinden, die hochgiftig sein können. Dann kommen wir auf das Problem der Nebenwirkungen, die sich bei Heilkräutern im seltensten Falle ergeben. Heilkräuter sind eben gepuffert, biologisch neutralisiert; im Gegensatz zu synthetischen Mitteln haben sie eine Co-Evolution mit unseren Organismen. Sie wirken langsam und behutsam, nicht wie Hammerschläge oder MG-Salven. Sie passen sich an die innerleibliche Ökologie an.

In den USA werden jedes Jahr mehr als eine Million Krankenhauspatienten verletzt oder fehlbehandelt, von denen dann 180.000 sterben.[30] Eine Studie der American Medical Association zeigt an, dass jedes Jahr mehr als 100.000 Patienten an der unvorhergesehenen Wirkung korrekt verschriebener, rezeptpflichtiger Medikamente sterben, während weitere zwei Millionen schwere Nebenwirkungen oder dauerhafte Schäden erleiden. (Diese Statistik berücksichtigt nicht Fehler in der Verschreibung, Überdosierung oder Medikamentenmisbrauch.[31]) Man stelle sich den Aufruhr in den Medien vor, wenn es so viele Todesfälle durch Kräuter gäbe; wahrscheinlich würden die Scheiterhaufen der Inquisition erneut brennen!

Die Schwierigkeiten mit den Medikamenten sind analog zu denen mit Agrarchemikalien (Herbizide, Insektizide, Kunstdünger) in der heutigen Landwirtschaft und resultieren aus demselben Fehlverhalten. Hier wird in die natürlichen Kreis- und Abläufe der inneren Umwelt gepfuscht – dort in die der äußeren Umwelt: Synergismen in Blut und Bein hier – Synergismen in Boden und Pflanze dort. In beiden Fällen verharmlosen gekaufte Professoren und interessierte Parteien die wahren Gefahren. Zudem werden die Medikamente zu teuer. In Staaten, wo es soziale Fürsorge und Krankenkassen gibt, wird das vorerst verschleiert. Aber in erzkapitalistischen Ländern wie in den Vereinigten Staaten von Amerika können sich einfache Menschen die Pharmazeutika kaum leisten: Da besinnt man sich wieder auf die einfachen Heilmittel in Wald und Feld. Nur ist es leider oft der Fall, dass niemand in der Schule gelernt hat, wie man die Pflanzen bestimmt, wann man sie sammelt oder wie man sie anwendet – die alten Wissenden sind verschwunden. Schwindler haben da fetten Nährboden: Die *medicine shows* gehen weiter.

Hinzu kommt eine kuriose Tatsache. Es sind gerade die hohen Preise für die weißen Pillen, die einen magischen Einfluss ausüben: Was teuer ist, muss gut sein! Wenn man leidet, bringt man den Göttern Opfer. Nur wenn die Behandlung schmerzhaft und ausreichend teuer ist, meint man, kann man die erwünschte Wirkung erwarten.

Den sogenannten Drittweltländern, die sowieso kaum mehr für die Zinsen ihrer Anleihen aufkommen können, wird es immer schwieriger, medizinische Technologie und Mittel einzuführen. Nur die verwestlichte Oberschicht kann sich das erlauben, das einfache Volk nicht. Das 1974 von den Vereinten Nationen (UNO) gesteckte Ziel, bis zur Jahrtausendwende eine ausreichende gesundheitliche Versorgung für alle Menschen sicherzustellen, hätte – nach Studien der Weltgesundheitsorganisation (WHO) und des Kinderhilfswerks (UNICEF) – nur erreicht werden können, wenn traditionelle Heilmethoden, einschließlich der Kräuterheilkunde, in die Planung einbezogen worden wären. Es sei unmöglich, diesem Anliegen genüge zu tun, indem man sich ausschließlich der »wissenschaftlichen«, westlichen Medizin bediene. Sie ist zu kostspielig, und die einfachen Bauern haben wenig Beziehung dazu. Der Versuch sollte gemacht werden, den Medizinmann mit seinen Ritualen und Kräutern wieder ernst zu nehmen.

Letzteres tun auch die Pharmariesen, die stillschweigend Ethnobotaniker und Pharmakologen finanzieren, um die Dschungel und Wüsteneien zu durchkämmen und dabei den Schamanen und Medizinleuten abzuschauen, was für Kräuter sie verwenden. Unter Ausschluss des schamanischen »Aberglaubens« werden diese Pflanzen dann chemisch zerlegt, in der Hoffnung, etwas Neues für den Markt zu entdecken.[32] Ethnologische Studien belegen, dass die Erfolgsstatistiken der Schamanen im Vergleich zu denen der modernen Medizin eigentlich gar nicht schlecht abschneiden.[33]

Im Jahr 1978 erfolgte die dringende Empfehlung der 31. World Health Assembly der UNO, natürliche Pflanzenstoffe (»whole plant drugs«) wieder ernsthaft in die heilpraktischen Maßnahmen einzubeziehen. Auch 2001 bestätigte die WHO, »dass sich die traditionelle und komplementäre Heilkunde effektiv im Bereich Geisteskrankheit, Krankheitsvorbeugung, Behandlung von nicht ansteckenden Krankheiten, Lebensqualität bei chronischen Leiden und Alterserkrankungen erwiesen hat«[34].

Im Zuge dieser Erkenntnis durchkämmen Ethnobotaniker die Randgesellschaften, in denen traditionelles Kräuterwissen noch einigermaßen intakt ist, um natürliche, unschädliche Mittel, hauptsächlich zur Geburtenregelung und zur Krebstherapie, zu finden. Diese eifrige Suche spielt sich ab, während die Lebensräume vielversprechender Pflanzenarten zerstört werden und die Eingeborenentraditionen aufgrund von Missionierung, Entwicklungshilfe und Tourismus ebenfalls dem Verfall preisgegeben sind.

Angst vor den Kräutern

Seit der Wiederentdeckung der Heilkräuter durch Blumenkinder, Reformhäusler und grüne Alternative aller Schattierungen, gärt es unter den Nachfahren der Barbiere, Schlachter und Pillendreher. Wenn zu viele Kunden wegbleiben, wo sollen da die Ärzte und Pharmakologen ihre Ferien verbringen und wie den neuesten Porsche abzahlen? Also rollt, im Namen besserer medizinischer Versorgung, ein Gegenangriff auf Naturheil- und Kräuterkunde durch Presse, Funk und Fernsehen – vor allem im tonangebenden Amerika. Die ganze Macht und das Charisma der weißbekittelten Priester stehen dahinter. Ein Beispiel sollte genügen. In der bekannten Familienzeitschrift *Living Today*, die am Kassenausgang jedes amerikanischen Supermarkts erhältlich ist, stand bereits 1983 folgender Artikel der Serie »Here is news in medicine«:

Die Gefahren der Kräutertees (The hazards of herbal teas): Sind einige Kräuter und Pflanzen, die in den Reformläden angeboten werden, möglicherweise gesundheitsschädlich? Jawohl, berichtet Dr. Walter H. Lewis von der Washington University in St. Lewis. Er zeigt, dass Kamille, ein bekannter Kräuterblütentee, bei Leuten, die an Heuschnupfen leiden, einen heftigen Schock auslösen kann. Sennesblätter und -blütenknospen [...] können starke Durchfälle verursachen, und Todesfälle bei Anwendung von Sennespräparaten sind bekannt. Dr. Lewis bestätigt: »Leider ist sich das amerikanische Publikum der Gefahren dieser Produkte nicht bewusst [...] Viele der zu kaufenden pflanzlichen Produkte sind noch nicht getestet worden; ihr Einfluss auf den Körper ist noch nicht völlig geklärt; ihre Wirkung auf den Konsumenten vielfach unbekannt.«

Dr. Lewis empfiehlt die Gründung eines Meldesystems, das den Ärzten erlauben würde, der staatlichen Zentrale für Krankheitskontrolle (Government Center for Disease Control) in Atlanta, Georgia, jeden Vorfall einer Erkrankung, die von Kräutern herrührt, zu melden: Auf diese Weise könnte die Öffentlichkeit vor den gefährlicheren Kräutern gewarnt werden, während die harmlosen weiterhin zum Genuss der Millionen verkauft werden dürfen.

Das ist zweifelsohne glatte Angstmacherei. Es ist eine falsche Angabe, dass Kamillentee bei Heuschnupfenleidenden heftigen Schock (»severe shock«) verursachen kann. Natürlich kann Sennesblättertee Durchfall machen – er soll es ja auch; er wird ja eben deswegen als harmloses Abführmittel verschrieben. Außerdem stimmt es gar nicht, dass Kräuterpräparate nicht erprobt worden sind. Kräuter werden seit Jahrhunderttausenden angewendet, die synthetischen Medikamente hingegen selten lange genug, dass man Gewissheit hat, wie sie sich im Organismus verhalten. Trotz Rattentests gab es den Contergan-Skandal. Man hat jahrelang das synthetische Hormon DES (Diethylstilbesterol), das man schwangeren Frauen zur Verhütung des vorzeitigen Aborts verschrieb, mit allen Mitteln geprüft. Erst in der nächsten Generation stellte sich die Nebenwirkung heraus: Scheidenkrebs bei den Mädchen und Unterentwicklung der Genitalien bei den Jungen. Solche Skandale gibt es immer wieder. 2004 musste das „Superaspirin“ Vioxx – ein Bestseller unter den Schmerzmitteln, das einem Pharmariesen einen jährlichen Umsatz von 2,5 Milliarden Dollar bescherte – vom Markt genommen werden, weil es zu tausenden tödlichen Herzinfarkten geführt hatte.

Nein, wir wissen wirklich mehr über Kräuter – und wenn sie dem Durchschnittsmenschen unbekannt sind, dann ist das der Fehler des Schulsystems, das die Schüler jahrelang zwischen vier Wände einkerkert und ihnen als Naturkunde Mikroskop und

Formaldehydpräparate vorsetzt. Der wahre Autor des zitierten Artikels ist, wie sich herausstellte, die American Medical Association, monopolistische Zunft der amerikanischen Mediziner (AMA Journal, Vol. 240. Seite 109).

Der Angriff auf die Phytotherapie geht unvermindert weiter. In den achtziger Jahren waren das Totschlagargument gegen Heilpflanzen die *Pyrrolizidinalkaloide* (PA), die in vielen Heilkräutern wie Huflattich, Beinwell oder Pestwurz vorhanden sind. Sie sollen leberkrebserregend sein. Man müsste aber über Monate oder Jahre hinweg täglich vier Apothekerpackungen diese Kräuter essen, ehe es zu Schäden käme. Prof. Dr. med. Rudolf Fritz Weiß, eine Koryphäe der rationellen Pflanzenheilkunde konnte jedoch zeigen, dass bei normaler therapeutischer Anwendung keine toxische Dosierung erreicht werden kann.[35] Ein viel größeres Problem seien Pestizid-Rückstände in unseren Nahrungsmitteln.

Das neuste Argument der Pharma-Lobby gegen Phytotherapie ist, dass es zu unerwünschten Wechselwirkungen zwischen den synthetischen Präparaten und den Heilkräutern kommen kann. Zum Beispiel hilft das Johanniskraut *(Hypericum)*, körperfremde und toxische Substanzen schneller zu verstoffwechseln und auszuscheiden. AIDS-Medikamente, Blutverdünner, Medikamente, die bei Organempfängern die Abstoßreaktion dämpfen, und sogar die Anti-Baby-Pille werden durch Johanneskraut, das einst im Mittelalter *Fuga Daemonum* (Teufelsvertreiber) genannt wurde, in ihrer Wirksamkeit eingeschränkt. Gelegentlich bringt eine Frau, trotz Verhütung, ein sogenanntes „Johanniskraut-Baby“ zur Welt, wenn sie Johanniskraut-Tee trinkt.

II. Medizinische Modelle: Der Westen, China, Indien

Die gegenwärtige medizinische Praxis beruht auf empirischer Ermittlung der Krankheitssymptome und -stadien, wobei serologische Tests, mikroskopische Analysen, Biopsien, chirurgische Untersuchungen, Durchleuchtungen und andere objektiv nachvollziehbare Kontrollen vorgenommen werden. Das erkrankte Organ oder der angeschlagene Organkomplex werden mit einem gewaltigen Arsenal chemischer Substanzen bearbeitet. Sind Bakterien vorhanden, werden sie vergiftet, wobei der Patient zwar ebenfalls vergiftet wird, aber dank seiner größeren Zellenmasse die Folgen besser übersteht als der Einzeller. Dazu werden Stoffwechsel und Hormonspiegel manipuliert. Wenn das alles nichts hilft, wird das Problem mit Messer, Nadel und Zwirn kunstvoll beseitigt.

Das ideologische Modell für diese Art von Behandlung finden wir schon beim Philosophen René Descartes (1596–1650) vorgeprägt. Demzufolge sind Leib und Seele völlig getrennt. Der Leib ist eine Maschine, den mechanischen Gesetzen der Materie folgend, insofern er nicht vom Geist, der über die Zirbeldrüse im Gehirn einwirkt, gesteuert wird. Der Kranke ist also wie ein schlecht funktionierendes Auto. Hätte er nur rechtzeitig Öl gewechselt, geschmiert, die Kerzen gereinigt, die Zündabstände einstellen lassen! Nun heißt es, defekte Teile ausmontieren und Ersatzteile einbauen! Oder der Leib gleicht dem Reagenzglas: Ist der Magen versauert, gibt man ein alkalisches Gegenmittel. Schwankt der Zuckerspiegel, weil die Bauchspeicheldrüse nicht richtig funktioniert, spritzt man

Insulin. Bei Depressionen gibt es Beruhigungsmittel. Für jeden körperlich-seelischen Zustand hat die Pharmaindustrie etwas parat – das Ergebnis von 200 Jahren sauberster Forschung. Natürlich weiß man noch nicht alles, aber was man weiß, steht auf dem festen Boden der objektiven Wissenschaft. Es ist präzise, nachvollziehbar und dank der Computerelektronik leicht zugänglich. Täglich wächst der Wissensberg – nach dem Motto: »Jeden Tag mehr wissen, bald alles wissen!«

Aber ganz so eindeutig liegen die Dinge auch nicht. Soziologen der Medizin stellen fest, dass diejenigen, die sich alljährlich zweimal gründlich untersuchen lassen, keine längere Lebenserwartung haben als diejenigen, die sich nicht untersuchen lassen. Wenn man die Lebenserwartung in der Dritten Welt mit der in den Industriestaaten vergleicht und dabei die Säuglingssterblichkeit außer Acht lässt, steht die »wissenschaftliche« Medizin gar nicht so strahlend da! Kindersterblichkeit hat eher mit Ernährung, reinem Wasser und sozialpolitischen Faktoren zu tun, als mit Medizin als solcher. Nach Ermessen des UNO-Ausschusses WHO sind die nichtwestlichen Methoden der Heilkunde ebenso erfolgreich wie teure technologische Modelle. Die Stärke der westlichen Medizin beruht hauptsächlich auf Antibiotika und Chirurgie. Die nichtwestlichen Verfahren sind erfolgreicher bei den vielen psychosomatischen Leiden – und wo die Grenze zwischen seelisch bedingten und rein organischen Leiden liegt, weiß noch niemand zu sagen. Zudem geht es mit den antibiotischen Wundermitteln wieder bergab, da durch Überverwendung und -verschreibung die Krankheitskeime zunehmend unempfindlich gegen diese Gifte werden – ganz ähnlich wie bei den Schädlingen der Landwirtschaft die Resistenz gegen Insektizide zunimmt. Durch Antibiotika nehmen die Pilzerkrankungen *(Candidia)* seit einigen Jahren überhand.

Auch in der ethnologischen Sichtweise erscheint das System der modernen westlichen Medizin gar nicht so einmalig und gesichert, wie es gerne vorgibt. Die Kenntnis anderer Systeme der Medizin relativiert die Vorstellung. Dem vergleichenden Völkerkundler erscheint die moderne Zunft der Mediziner eher wie eine eklektische Priesterschaft, deren unumstößliche Ratschläge und Gebote das Leben ihrer Mitmenschen leiten und sanktionieren. Ob sie sich dabei auf die absolute Gültigkeit der Götter, der Ahnen oder der Mythe der Objektivität berufen, ist einerlei. Schließlich haben die weißgewandeten Priester lange Einweihungsriten und schwierige Prüfungen (Zerebraltraumata) bestanden und sich eine dem Laien unverständliche griechisch-lateinische Sakralsprache angeeignet. Sie erfreuen sich eines gehobenen Status.

Bei allen Übergangsriten, die die Ethnologen mit dem Fachterminus *rites de passage* belegen, bei Geburt, Verehelichung, Krankheit und Tod sind sie dabei, um ihre Zaubersprüche und Tabus sowie ihre heiligen Wässerchen und Pülverchen an den Menschen zu bringen. Bei der Geburt haben sie die Hebamme verdrängt: Frau und Kind werden dabei zu Patienten, die es in einem ihrer Tempel zu behandeln gilt. Als erste Taufe bekommt das Neugeborene eine Silbernitratlösung *(Argentum nitricum)* in die Äuglein geträufelt, angeblich zur Verhinderung von Blindheit. Es folgen zahlreiche Impfungen, die Schutz gegen unsichtbare Krankheitsdämonen geben sollen. In vielen Ländern lassen sie das Blut derer untersuchen, die den Ehebund schließen wollen, und geben zudem noch Anweisungen zur Geburtenregulierung. Schließlich findet sich der Sterbende immer häufiger an Schläuche und Apparaturen angeschlossen, völlig ihrer Allmacht ausgeliefert, von Verwandten, Freunden und dem vertrauten Heim entfernt, in einem ihrer blitzblanken, furchteinflößenden Tempel. Die Entschädigung für ihre Dienste, auch wenn diese nicht helfen, ist ein wahres Opfer.

Heilmittel aus alten Quellen

Als am Anfang des 20. Jahrhunderts die materialistische Weltanschauung noch ihre Triumphe feierte, schien es, als seien Kräuterkunde, Schamanismus und das damit zusammenhängende atavistische Ideengefüge zum Aussterben verurteilt, ebenso wie die »Wilden« in Amerika, Australien oder Afrika selber. Im Ersten Weltkrieg jedoch wurden die Medikamente knapp – bei den Mittelmächten wegen der Blockade; bei den Alliierten, weil die besten Patente bei den deutschen und schweizerischen Konzernen lagen. Da wurden die verwaisten Pflänzchen wieder interessant. Das Wissen der Kräuterfrauen wurde wieder ernst genommen. Mary Grieve und Hilda Leyel organisierten zum Beispiel die Beschaffung und das Anpflanzen von Heilkräutern auf breiter Grundlage in Großbritannien. In Deutschland hielt das Interesse an bis ins Dritte Reich. Schließlich, räsonierte man, ohne die materialistische Grundlage aufzugeben, enthalten die Kräuter doch auch Wirkstoffe. In einigen Fällen ist ein raffiniertes Kräuterpräparat sogar billiger und einfacher hergestellt als ein synthetisches Mittel.

Wenn man sich mit der Geschichte der Pharmazeutika befasst, kann man sehen, dass immer wieder neue Impulse aus der alten Kräuterweisheit die Medizin befruchten. Das ist auch heute noch der Fall. Man lässt dabei jedoch nur die »aktiven Wirkstoffe«, nicht aber den »ideellen Überbau« gelten.

1930 wurde beispielsweise das kleine besenartige Meerträubel *(Ephedra* spp.*)*, das man in China unter dem Namen *Ma Huang* seit Jahrtausenden als Stimulanzen des Zentralnervensystems und als Asthmamittel kennt, von der Eli Lilly Corporation wiederentdeckt. Der Wirkstoff Ephedrin, ein Alkaloid, das krampflösende, nebennierenhormonähnliche Wirkung hat, wurde isoliert und vermarktet. Die Mormonen lernten diese Pflanze durch die Indianer kennen, die den Meerträubeltee bei Geschlechtskrankheiten anwendeten. So beliebt wurde der Tee unter den Mormonen, deren Glaube ihnen Alkohol, Tee oder Kaffee versagt, dass er bald den Namen »Mormon Tea« erhielt.

Seit Jahrtausenden nehmen die Inder das Hundsgiftgewächs *Sarpagandha* oder Schlangenholz *(Rauwolfia serpentina)* bei nervösen Störungen, zum Senken des Blutdrucks sowie als Gegengift bei Schlangenbissen. Gerne trank Mahatma Gandhi ein beruhigendes Tässchen vor dem Schlafengehen. Der Trank macht friedlich und gewaltfrei. 1952 entschlüsselte der Biochemiker Emil Schletter die Pflanze und kristallisierte das Alkaloid Reserpin heraus, das man dann fleißig den Schizophrenen und den Herzkranken verordnete. Als isoliertes synthetisches Reinalkaloid zeigte es jedoch Nebenwirkungen – es verursacht manisch-depressive Zustände, die es bei der ganz belassenen Pflanzendroge nicht gibt.[36]

Die Baldrianwurzel kannten schon die alten Germanen, die sie Wielandswurzel nannten, wahrscheinlich weil sie ebenso zauberkräftig ist wie der Schmied der alten Sage. Tee daraus wirkt entkrampfend, beruhigend und magenstärkend. Auch diese Wurzel wurde von der Pharmazeutikaindustrie neu entdeckt, von »Unreinheiten« befreit und bildet nun die Grundlage der starken Sedativa, der Valiumpräparate.

Um sich von krankmachenden Geistern und Geistergeschossen zu befreien, fasteten die nordamerikanischen Waldlandindianer und schwitzten in einem Dampfbad. Als Vorbereitung kauten sie das Spaltglöckchen *(Lobelia inflata)* als Brechmittel. Die Shakers und Thomsonianer benutzten die Lobelie zu ähnlichem Zweck sowie als schleimlösendes, schweißtreibendes, antiasthmatisches Mittel. 1838 isolierte die Firma Proctor Co. das Alkaloid Lobelin, das unter anderem bei Narkosezwischenfällen eine kurze anregende Wirkung auf das Atemzentrum ausübt.

Seit dem pharaonischen Ägypten ist das Süßholz *(Glycyrriza glabra)* als tonisches, blutreinigendes, hustenbekämpfendes und krampflösendes Heilmittel bekannt. Süßholzwurzeln *(Radix Liquiritiae)* gelten als eines der besten Heilmittel für Magengeschwüre. Seit 1940 heilt man nach einem von einem holländischen Arzt entwickelten Verfahren Dünndarmgeschwüre mit Süßholzschleimstoffen, die in langsam zergehenden Gelatinekapseln eingenommen werden.

Eine alte burmesische Sage erzählt von dem König Rama, der aussätzig wurde, in den Dschungel floh und in einem hohlen Chaulmoogra-Baum ein trauriges Einsiedlerleben führte. Er aß die Blätter und Früchte dieses Baumes und wurde dadurch von seinen Leiden erlöst. Mit derselben Pflanze heilte er eine aussätzige Prinzessin, heiratete sie, kehrte auf seinen Thron zurück und hatte mit ihr 16 Zwillingspaare. Auf diese Legende und auf Angaben alter ayurvedischer Texte wurden Wissenschaftler aufmerksam. Tatsächlich wurde in den Basaren von Bengalen noch Chaulmoograöl für Leprakranke verkauft. Es war jedoch oft von schlechter Qualität, war alt oder mit anderen Ölen versetzt. 1922 machte sich der Botaniker Joseph Rock auf die Suche nach dem legendären Chaulmoogra-Baum. Nach abenteuerlichen Begegnungen mit Eingeborenen, wilden Elefanten und Tigern konnte er die Samen im burmesischen Dschungel sammeln und nach Hawaii schicken. Kein besseres Lepramittel als dieses Öl ist bekannt.

In ähnlicher Weise gibt es Geschichten und Folklore, die auf Krebsheilmittel hinweisen. Auch diese werden von Pharmazeutikaherstellern ernsthaft durchstudiert. Am bekanntesten ist wohl der Hinweis in Plinius' Schriften auf die Mistel *(Viscum album)*, die auf Bäumen ebenso schmarotzt wie der Tumor auf gesundem Gewebe. Den Angaben Rudolf Steiners folgend stellt man nun, unter Anwendung des rhythmischen Rührens von Mistelsaft, das Therapiemittel »Iscador« her. Tatsächlich ergaben Experimente am

Roswell Park Memorial Institute (Buffalo, New York) eine 50%-Erfolgsquote in der Rückgängigmachung bösartiger Geschwülste bei Versuchstieren, die mit dem frischen Saft der Mistel behandelt worden waren. Auch die giftige Herbstzeitlose *(Colchicum autumnale)*, die Dioskurides für bösartige Geschwülste erwähnt, wird erforscht. Das in der Pflanze enthaltende Gift Kolchizin hemmt die Zellteilung in der Metaphase. Die Indianer, und später die»Hillbillies« im Appalachengebirge, haben den Saft der Kermesbeere *(Phytolacca americana)* und des Maiapfels *(Podophyllum peltatum)* dafür angewendet. Die Firma Sandoz, Basel, hat den Maiapfel zu dem Krebspräparat SPI – SPG verarbeitet. Derivate der ostasiatischen *Vinca rosea*, einer Verwandten des Immergrüns *(Vinca minor)*, das bei uns auf alten Burgen und in schattigen Parks wächst, werden bei Leukämie verwendet. Die »billion dollar cancer industry« scheut sich also auf keinen Fall, den Alten und den Medizinmännern in den Topf zu schauen.

Ebenso eifrig, wie man nach krebshemmenden Mitteln sucht, sucht man nach schwangerschaftsverhütenden Mitteln ohne Nebenwirkungen. Seitdem es klar wurde, dass die gepriesene »Pille« das Brustkrebsrisiko erhöht und Thrombosen und Schlaganfälle verursachen kann, wurden die Gebräue von Hexen und Hebammen der »primitiven« Völker wieder interessant. Aber auch die »Pille« geht auf die wildwachsende mexikanische Yamswurzel *(Dioscorea)* zurück, die die indianischen *Curanderos* auswurffördernd und harnabsondernd anwendeten. Chemiker gewinnen nun aus der Yamswurzel Kortison, Steroide und Verbindungen, die der Gallensäure, dem Cholesterin, den Sexualhormonen und den Wirkstoffen der Nebennierenrinde ähnlich sind.

Die wirksamsten und meistverschriebenen Herzpräparate sind die Digitalisglykoside, die ursprünglich aus den Blättern des Fingerhutes *(Digitalis purpurea)* gewonnen wurden. 1785 beschrieb der englische Landarzt Dr. Withering die Wirkung dieser Pflanze bei der Heilung der Wassersucht. Später erkannte man, dass Wassersucht, die Ansammlung und Stauung von Flüssigkeit in den Geweben, das Anschwellen der Beine, nicht eine Krankheit an sich ist, sondern das Symptom von Herzschwäche oder Nierenkrankheit. Das Verdienst des Dr. Withering beruht ebenfalls auf altem volkstümlichem Heilwissen. Im Jahre 1775 verabschiedete der Arzt eine wassersüchtige Patientin. Er wusste kein Mittel mehr gegen die grotesk angeschwollenen Arme, Beine und Füße und glaubte, dass es mit der Frau bald ein Ende nehmen werde. Als er jedoch einige Wochen später das Dorf in der Grafschaft Shropshire wieder besuchte, fand er zu seiner Verwunderung die Frau völlig fidel und wieder gesund. Wie war das bloß möglich? Er erfuhr, dass eine »old wise woman« der Wassersüchtigen ein Kräutergebräu verabreicht hatte. Er untersuchte die zwanzig Kräuter, die darin vorhanden waren, und erkannte den Fingerhut als die wahrlich wirksame Droge. Digitoxin (1869 isoliert), Digoxin (1930 isoliert) und andere Glykoside, die man aus dem roten Fingerhut herausanalysiert hat, werden inzwischen völlig künstlich hergestellt und gesondert angewendet. Uns interessiert jedoch das altüberlieferte Wissen der englischen weisen Frau. Abgesehen von den neunzehn anderen Kräutern, die im Gemisch waren und sicher irgendwelche synergistische Wirkung beisteuerten, ist es eigenartig, dass der Fingerhut in keinem der älteren Kräuterbücher als Herzheilmittel erwähnt wird. Der angesehene Leonard Fuchs schreibt in seinem Kräuterbuch (1543) nur Folgendes:

Die Fingerhütkreutter gesotten vnnd getruncken / zerteylen die grobe feüchtigkeyt / seubern vnd reynigen / nemen hinweg die verstopffung der leber vnnd anderer inwendig glider. Dergestalt gebraucht / bringen sie den frawen jhre zeit / machen auswerffen / vnd reynigen die brust. Dise kreütter seind gut für allerley gifft in wein gesotten vnnd getruncken. Gepulvert in die wunden gestrewet / heylen sie dieselbigen. Mit hönig vermischt vnd angestrichen / vertreiben sie das masen vnd flecken vnder dem angesieht / vnd an dem gantzen leib.

Der große englische Kräuterarzt Nicholas Culpeper (1649) macht ähnliche Angaben. Die Frage taucht auf, wie viel wertvolles Wissen über Naturgeheimnisse dieser Art nie das Gehör der orthodoxen Medizin und der Bücherschreiber gefunden hat. Wie viele Volksheilmittel sind nie von einem Dr. Withering aufgegriffen und bekannt gemacht worden?

Sogar der Star unter den Antibiotika, das von Alexander Fleming 1928 zufällig entdeckte Penizillin, hat seinen Vorgänger in der Volksheilkunde. Die alten Omas *(auwld hags)* in Schottland belegten eiternde Wunden mit schimmeligen Brot. Der blaugrüne Schimmel ist nämlich der Pilz Penicillium, der mit seinen Ausscheidungen Mikroben abtötet.

Die Beispiele können beliebig weitergeführt werden. Schließlich sind rund 80% der verschriebenen Arzneimittel pflanzlichen Ursprungs (entweder Auszüge oder synthetische Nachahmungen). Und immer noch durchkämmen Ethnobotaniker die letzten Urwälder und die entlegensten Dörfer, um für ihre Auftraggeber verrufene Kräuterdoktoren aufs Tonband zu bannen und exotische Samen, Blätter und Wurzeln zu sammeln. Einige dieser Ethnobotaniker sind schon berühmt, wie Prof. Richard Evans Schultes, Leiter des Botanischen Museums von Harvard, der 24.000 Arten – vorzüglich aus dem Amazonasgebiet – gepflückt, gepresst, getrocknet und der chemischen Analyse übergeben hat.

Warum also die Kräuterheilkunde verwerfen? Polemisierende Gegner verfangen sich in Widersprüchen: Einerseits gibt es diejenigen, die meinen, dass das Ganze auf Aberglauben beruhe – also die Kräuter wirken nicht. Andererseits warnt man, die Kräuter seien mitunter gefährlich, sehr giftig. Seriöser ist der Einwand, dass man in einer Rohkräutermischung keine Kontrolle über die Menge und Quantität der Wirkstoffe hat, während bei den Pharmaprodukten die Dosis sehr präzise bestimmt werden kann, die Stoffe rein sind und umstandslos eingenommen werden können. Die Konzentration der Alkaloide und Glykoside wechselt je nach Jahres- und Tageszeit und nach Standort (Bodenbeschaffenheit, Nachbarschaftswirkung anderer Flora, Höhengrad). Der Mohn hat – um ein Beispiel zu geben – am Morgen viermal so viel Morphin in seinen Säften wie am Abend. Ähnliche Schwankungen werden im Atropin-Gehalt der Nachtschatten gemessen. Manchmal sind Verbindungen nur in einem begrenzten Stadium der Pflanze vorhanden. Ein gut verträgliches Wurmmittel entsteht nur beim Keimungsvorgang der Kürbiskerne und verschwindet dann auch gleich wieder. Auch das Gift des tropischen Immergrüns, das als Leukämiemittel benutzt wird, weil es die weißen Blutkörperchen zerstört, bildet sich nur in einem bestimmten Wachstumsstadium dieser Pflanze. Der Gehalt an ätherischen Ölen der Minze wird mehr als verdoppelt, wenn sie in Nachbarschaft mit Brennnesseln wachsen.[37]

Die Kräutersammler der alten Tradition sind sich dieser Tatsachen auf ihre Art bewusst. Sie sammeln ihre Kräuter zu ganz bestimmten Tages- und Jahreszeiten und bei bestimmten Phasen und Stellungen des Mondes. Regeln, die sehr mystisch-abergläubisch anmuten, entbehren jedoch bei näherer Betrachtung nicht einer gewissen Vernünftigkeit.

Mit den sauberen Tabletten, Zäpfchen, Kapseln und Spritzen der Pharmaindustrie kann man zwar die Dosierung genauestens bemessen, aber was hat es mit der standardisierten Dosis überhaupt auf sich? Kein Mensch ist wie der andere; kein menschliches Leiden verläuft gerade so wie das nächste. Die standardisierte Dosierung gehört dem Fabelbereich objektiver Wissenschaft an und ist bei der einzigartigen seelischen, körperlichen und schicksalsmäßigen Konstellation des kranken Menschen nur bedingt gültig. Diese Einzigartigkeit veranlasste Schamanen, Medizinmänner und alte Ärzte vom Schlage eines Paracelsus für jede Krankheit und für jeden Patienten individuell die Menge und Art der Arznei zu verschreiben.

Dann stellt sich die Frage, wie vorteilhaft die äußerst reinen synthetischen oder raffinierten Substanzen eigentlich sind. Oft schlagen sie ein wie ein Hammer, wo es lediglich einer kleinen Anregung bedarf – abgesehen von den Nebenwirkungen (eine ganze medizinische Branche beschäftigt sich neuerdings damit), die es bei Kräuterdrogen selten gibt. Kräuterdrogen, die ebenfalls wie unser Körper der Natur entstammen, stehen nicht außerhalb normaler biologischer Vorgänge. Seit Beginn der ersten Lebenserscheinungen auf dieser Erde haben sich unsere Organismen und diejenigen der Pflanzenwelt in wechselseitigem Einklang miteinander entwickelt. Ein Kräutertee kann daher als eine einseitig zugespitzte Form pflanzlicher Nahrung verstanden werden. Wir können getrost annehmen, dass unsere biochemischen Reaktionen besser auf natürliche Pflanzenstoffe eingestimmt sind als auf die chemische Keule. Die Kräuter puffern ihre Wirkung, weil sie »unrein« sind. Sachte und schonend greifen sie allmählich in das Körper-Seelen-Gefüge ein und lassen das innewohnende, körpereigene Selbstheilungsvermögen zur Geltung kommen. Das braucht natürlich Zeit. Zeit ist oft gerade das, was der Kranke braucht – zum Reflektieren, zum Sich-Selbst-Sammeln, um, der Unruhe und Hast enthoben, sein Leben wieder zu ordnen. »Sickness is nature's way of telling you to slow down!«, sagen die Amerikaner. Stress und Hetze sind ja, neben Umweltfaktoren, die großen Krankmacher unserer Zeit.

Früher sorgten Feierabend und Sabbat (in Asien stille, bewusste Versenkung) dafür, dass die notwendige Erholung stattfinden konnte, ehe es zur Krankheit kam, die uns auf kürzer oder länger ins Bett warf. Aber gerade da greift die heutige Medizin ein – damit man ja keinen Arbeitstag oder Freizeitspaß verpasst, gibt es Mittel, die zwar die Symptome unterdrücken, uns aber weder zur Selbstbesinnung noch die Krankheit zur Ausheilung kommen lassen. Das rasende Tempo im Zeitalter der Schnellimbissstuben und Flugzeuge, des Fernsehens und Internets lässt die gemächliche Kräuterkur wohl altmodisch erscheinen.

Ist es möglich, dass mit dem Aufkommen der Neuzeit auch die Krankheiten andere geworden sind und modernerer Mittel bedürfen als der alten Kräuter? Einige Leiden sind fast völlig verschwunden. Skorbut (Vitamin-C-Mangel), der die Seeleute heimsuchte, gibt es nicht mehr. Wären da nicht noch vereinzelt einige alte Urgroßmütterchen, denen man als Kind die Milch abkochte und die nun O-Beine haben, wüsste kaum jemand mehr von der »englischen Krankheit« (Rachitis). Das Immunsystem der Menschen, ebenso wie die genetische Struktur der Viren und Bakterien, verändert sich dauernd. Nach dem Ersten Weltkrieg wurde die Grippe, die damals aus Asien kam, so virulent, dass weltweit schätzungsweise zwanzig Millionen Menschen daran starben. Masern, Röteln, Scharlach oder Ziegenpeter, einst gefährliche Menschheitsgeißeln, sind inzwischen zu relativ leichten Kinderkrankheiten abgesunken. Wer sie als Kind hatte, bleibt zeitlebens immun. Bei den Urbevölkerungen Amerikas, Australiens und der Südseeinseln, die keine Abwehrkräfte dagegen erworben hatten, wirkten sich diese »Kinderkrankheiten« verheerender aus als der Whisky und die Kugeln der weißen Eindringlinge.

Alte Seuchen erwachen zeitweise zu neuer Virulenz: so die Cholera, die Anfang des 19. Jahrhundert in Bengalen ausbrach und sich wellenartig verheerend über den Globus ausbreitete, und die Syphilis, die in besonders ansteckender Ausprägung scheinbar von den Seeleuten des Kolumbus nach Europa gebracht wurde. Die Pest ist immer noch endemisch unter wildlebenden Nagetieren, hat aber zurzeit ihre Ansteckungskraft auf Menschen eingebüßt. Neueren Datums ist das Syndrom der Immunschwäche (AIDS), das seit 1979 zunächst das Homosexuellenmilieu Amerikas verunsicherte und über Blutkonserven, Fixernadeln und transkontinentalen Sextourismus auf breitere Bevölkerungsschichten übergriff. Ob es sich um einen vielleicht bisher noch nicht erkannten, virulent gewordenen Virus, um eine dem Labor entschlüpfte Neuschöpfung der Abteilung biologische Kriegführung oder um einen vom Biss afrikanischer Meerkatzen übertragene Virenart handelt, sei dahingestellt.

Zunehmend in den Vordergrund treten Altersgebrechen, Krebs und Kreislaufstörungen sowie andere Störungen, die von modernen Lebensumständen herrühren – von Stress, Umweltgiften, Röntgenstrahlen, neuzeitlichen Ernährungsgewohnheiten mit Eiweiß- und Zuckerüberschüssen und vom Konsum chemischer Präparate. Unsere Körper müssen sich ja an so viele noch nie dagewesene Reize und Einflüsse gewöhnen – Fernsehbestrahlung, Neonbeleuchtung, Maschinengeräusche, Auspuffgase, chemische Rückstände in der täglichen Nahrung, ungewohnte Kost aus aller Herren Länder, hohe Fortbewegungsgeschwindigkeiten usw., dass es kein Wunder ist, wenn der Körper gelegentlich auf ganz neue Art und Weise aufbegehrt.

Nun zurück zu unserer Frage: Können die herkömmlichen Kuren mit Kräutertees und -salben da mithalten? Bei akuten Infektionen sollte man Antibiotika nicht unbedingt von vornherein verweigern, genauso wenig das Chirurgenmesser beim entzündeten Blinddarm. Zum Ausheilen und zur Vorbeugung jedoch bleiben nach wie vor die Kräuter des Menschen beste Heiler.

Es ist auch so, dass altbekannte Heilpflanzen den Menschen, wenn notwendig, ganz neue Therapiemöglichkeiten offenbaren. Eingeborenen Heilern, Medizinleuten und Schamanen gelten Pflanzen als bewusste Wesen, mit denen der Mensch im Zustand der Tiefenmeditation, im Traum oder in Trance kommunizieren und Botschaften empfangen kann. Wenn die Not groß ist, dann zeigen die Pflanzen immer wieder neue Aspekte ihrer Heilkräfte. Tatsächlich werden bei traditionellen Kräutern immer wieder neue Heilmöglichkeiten entdeckt, die auch bei modernen, stressbedingten Leiden helfen können. Hier einige Beispiele:

- **Baldrian** *(Valeriana officinalis)*: Die Baldrianwurzel galt traditionell als eine Pflanze, die die sinnliche Liebe fördert, als Pestmittel und Heilmittel bei Asthma und Augenleiden. Seit der industriellen Revolution gilt als Hauptindikation Schlaflosigkeit, Herzneurose und vegetative Dystonie.
- **Borretsch, Gurkenkraut** *(Borago officinalis)*: Borretsch wurde traditionell eine erweichende, schleimlösende, entzündungswidrige, harn- und schweißtreibende und kühlende Wirkung zugeschrieben. Es galt als „herzstärkendes Mittel" bei melancholischen Zuständen. Neue Forschungen zeigten, dass Borretsch auf die Nebennierenrinde regenerierend wirkt und zur Rekonvaleszenz nach Behandlung mit Kortison oder Steroidhormonen geeignet ist. Borretschsamenöl findet Anwendung bei Neurodermitis.
- **Helmkraut** *(Scutellaria galericulata, S. laterifolia)*: Einst wurde der hübsche blau blühende Lippenblütler gegen Fallsucht, bei Tollwut und Sumpffieber (Malaria) eingesetzt. Moderne Indikationen sind Erkrankungen des Zentralnervensystems (Muskelzuckungen, Stirnkopfschmerzen, Nervosität), hysterische Zustände, Erschöpfungs- und Depressionszustände.
- **Johanniskraut, Hartheu** *(Hypericum perforatum)*: Das Kraut des Johannes galt als magisches Mittel, um Dämonen zu vertreiben. Die Volksheilkunde verschreibt den Tee bei Magen- und Darmkoliken, bei Leber- und Gallenleiden; das rote Johannisöl wird bei Verstauchungen, Rheuma, Brandwunden und

Neuralgien eingerieben. Neue Indikationen machen den Tee als wertvolles Antidepressivum aus, auch bei Angst und Unruhezuständen in den Wechseljahren. Der Wirkstoff Hypericin verstärkt die Zellatmung, vermittelt Photonen und regt die Produktion der Neurotransmittoren an. Dank der stark antiviralen »Lichtwirkung « ist es auch für die AIDS-Therapie geeignet.

- **Mutterkraut, Fieberkraut** *(Chrysanthemum parthenium)*: Mutterkraut war einst eine Pflanze für die „Mutter" (Gebärmutter). Sie ist ein wirksames Emmenagogum. Inzwischen wurde sie als Migränemittel entdeckt. Klinische Untersuchungen zeigten, dass die Sesquiterpene in dem Kraut die Ausschüttung von Histamin und Prostaglandinen hemmen, so dass die Migräne auslösenden Blutgefäßkrämpfe gebremst werden.
- **Nachtkerze** *(Oenothera biennis)*: Die Indianer kochten aus dem Kraut einen krampflindernden Husten- und Verdauungstee; die weißen Siedler kochten aus den zerstampften Wurzeln und Blättern einen Hustensirup. Erst kürzlich wurde das Öl, aus den Samen gewonnen, als Heilmittel bei stressbedingten Krankheiten entdeckt: zum Einreiben bei Prämenstrualsyndrom (PMS); innerlich und äußerlich bei endogenen Ekzemen; bei Alkoholvergiftung zur Regeneration geschädigter Leber; bei Sjögren-Syndrom (Versiegen der Sekretion der Speichel-, Talg- und Tränendrüsen, Hyperazidität des Magens, endokrine Pankreas-Insuffizienz, Parotitis, Pankreatitis). Zudem ist es hilfreich bei Polyarthritis und Multipler Sklerose.
- **Weißdorn** *(Crataegus* spp.*)*: Der Weißdorntee (Blüten und Blätter) wurde Mitte des 19. Jahrhunderts entdeckt, als ein Herzmittel, das die Herzmuskeldurchblutung fördert. Die Teedroge hilft bei Angina, Altersherz, Herzrhythmusstörung und Gefäßkrämpfen.
- **Weberkarde, Wilde Karde** *(Dipsacus sylvestris)*: wird seit der Antike zur „Blutreinigung" und zur Behandlung von Warzen und

Fisteln verwendet. Hildegard von Bingen sagt, die Karde treibe Gift aus dem Körper. Inzwischen stellt sich heraus, dass es eines der wirksamsten Phytotherapeutika bei der Lyme-Borreliose ist. Es reinigt die Lymphe und schwemmt Endotoxine aus.[38]

Bildersprache und Visionen des Heilens

Ein schwieriges Problem mit der alten Kräuterkunde – auch für den sympathisch eingestellten Arzt – ergibt sich aus dem »fabelhaften« Überbau. Verlässt man den sicheren Boden der empirischen Physiologie und der aktiven, chemischen Wirkstoffe als Ratio der Pflanzendrogen und begibt sich in das Lehrgebäude der alten Kräuterzunft, begegnet einem die unendliche Geschichte Phantasiens! Da stolpert man über Elfen, Alben und sprechende Schlangen. Da trifft man auf den alten Saturn mit seiner Sense, auf den lustigen König Jupiter, den wüsten Krieger Mars, den heldenhaften Sonnengott, die anmutige Venus, den Schelm Merkur und das sanftäugige Mondenkind. Der wissenschaftlich geschulte Geist steht da vor einer grundsätzlich anderen Welt. Ihm begegnet eine Anschauung, die in Jahrtausenden ländlicher Lebensweise entstanden ist, in der man die Ruhe verspürt, die es erlaubte, Wald und Wiese sammelnd zu durchstreifen und dabei bunte Bilder in der Seele reifen zu lassen, die das Kraut mit der Krankheit sinnvoll und intuitiv verbinden. Die Fähigkeit, diese inneren Bilder zu empfinden, diese farbige Art, sich wirkliche Vorgänge und Erkenntnisse auszumalen, ist uns durch jahrzehntelange Schulung, durch Ausbildung des linearen Denkens, durch die Hast und durch die Fülle von Informationen, die unseren Geist belastet, verlorengegangen und geht mit dem Siegeszug faktensammelnder Computer und dem Zappen durch Fernseh-Programme noch weiter verloren. Philosophen verstehen die Überlieferung dieser Bilder höchstens noch als Symbole oder als Metasprache für die einst wenig verstandene Wirklichkeit einer an und für sich materialistischen, der Ratio zugänglichen Welt. Eine eigene Wirklichkeit, lehren sie, komme dieser Bilderwelt nicht zu.

Die Götter wurden durch die Psychologie entmannt; der kosmologische Wunderbau der Astrologie wurde von der Astronomie zunichtegemacht, ebenso wie die Drachen, grünen Wölfe, Rabenhäupter und die königliche Hochzeit des Sol und der Luna der Alchemie dem sterilen Chemielabor Platz machen mussten. Die Kräuterweisheit ging ebenfalls diese Wege. Der romantische Versuch der Theosophen, Anthroposophen und anderer Esoteriker, einen Kompromiss zu finden, indem sie die neueste Wissenschaft mit der alten Bilderwelt vereinen wollen, ist ein schwieriges Unterfangen. Wissenschaftliche Erkenntnisse sind stetem Wandel unterworfen; die Bilderwelt – obwohl wandelhaft – ist ewig. Es handelt sich um zwei verschiedene Wahrnehmungsmöglichkeiten. Es sind Blickrichtungen, die einander allzu leicht ausschließen. Man kann sie ebenso wenig synkretistisch vermengen, wie man zwei verschiedene Sprachen gleichzeitig sprechen kann. Man kann sie höchstens nebeneinander betrachten; das können aber nur die wenigsten – diejenigen, die ihre »Schizophrenie« gemeistert haben. Wer wagt es schon, mehrere Realitäten zu erleiden? Wer weiß denn in dieser monomanen Zeit, dass die Wirklichkeit ein Edelstein mit vielen Facetten ist? Auch die Anthroposophen verdächtigen, trotz ihrer vielen Worte über die geistigen Welten, denjenigen – vielleicht aus Eifersucht –, der die Fähigkeit des »atavistischen« Hellsehens hat.

Das Bildersehen ist ein Erbrecht der Menschheit; es ist ein Stückchen Heimat. Ohne Bilder wird es auch zunehmend schwieriger, mit den Kräutern zu kurieren. Seelenbilder und Kräuter gehören zusammen. Es gibt auch Leute, in denen nur noch die Sehnsucht nach lebendigen Bildern übrigbleibt; sie werden leider oft die Beute von Scharlatanen, die sie mit toten Abbildern betören. Wo die natürliche Fähigkeit des Bildererlebens erloschen ist, bleibt – wenn man ehrlich ist – keine andere Möglichkeit als die triste, harte Realität der objektivierenden Wissenschaft, wie sie die Kirche des Jahrhunderts verlangt. Der neue Schamanismus, Ganja und Meditationspraktiken können - bei dem, der eine reine Seele bewahrt hat – die ewigen Bilder von neuem aufleuchten lassen. Daraus kann die Heilkräuterkunde erneuert werden.

Es ist unser Anliegen zu zeigen, dass Sprache und Bilder der alten Kräuterkunde volle Berechtigung haben, ernst genommen zu werden, dass der Alleingültigkeitsanspruch des wissenschaftlichen Paradigmas nicht gerechtfertigt ist. Es gibt gültige Heilmethoden, auf sehr verschiedenen weltanschaulichen Grundlagen. Es gibt nicht nur eine medizinische Anthropologie! Die Priesterschaft der weißen Kittel, die mit mahnender Stimme den Anspruch erhebt, die Leiber und Psychen der Menschheit allein richtig erfassen und behandeln zu können, lässt verkünden: »Ihr sollt keine andere Heilkunde neben mir haben!« Wie die Götzenanbeter und Ketzer lässt man die Praktiker anderer Methoden vielerorts gesetzlich verfolgen, bestrafen, oder man ignoriert sie einfach. Und doch lässt sich die Kunst des Heilens nicht in das Prokrustesbett der wissenschaftlichen Methode zwängen, und die erfolgreiche Linderung der Leiden durch chinesische Akupunktur, indischen Ayurveda, durch Schamanismus oder auch durch Hahnemanns Homöopathie lässt sich nicht bestreiten. Diese Methoden arbeiten mit anderen Voraussetzungen und anderer Logik; ihre Symbolik hat andere Bezugsinhalte als die westliche Medizin. Kräuter spielen in allen eine hervorragende Rolle. Wir werden uns nun kurz diese nicht-westlichen, unorthodoxen Heilmethoden anschauen, um anschließend den verschütteten Spuren der alten abendländischen Kräutertradition nachzuspüren.

Chinesische Heilkunde

Die volkstümliche Heilkunde Chinas mit ihren Akupunkturnadeln, dem Pulsmessen und den Heilkräutern kann man nahtlos bis in die Zeit um 3000 v. Chr. zurückverfolgen, ehe sich die Spur im Nebel der Ungewissheit verliert. Ihr Ursprung wird dem mystischen Kaiser Shen Nung zugeschrieben. Dieser »Sohn des Himmels«, der als Vater der Landwirtschaft, der Heilkunde und der Kräuterkunde gilt, schrieb das erste Kräuterbuch Chinas *(Pen Ts'ao)*. Die Nadel- und Kräutertherapie, kombiniert mit Massage, taoistischer Alchemie und einer Diagnosetechnik, die vorgibt, zwölf verschiedene Pulse messen zu können, erschien den Missionaren, Ärzten und frühen Sinologen als hoffnungsloser Aberglaube. Wenn man die getrockneten Haifischflossen, Kröten, Libellen, zerriebenen Seepferdchen, »Einhornhörner«, Fläschchen mit Knabenurin neben allerlei pflanzlichem Trockengut in den chinesischen Apotheken sieht, fällt es leicht, diese Ansicht zu teilen. Dazu kommen die Straßenverkäufer, die lebendige Schlangen häuten und daraus eine Bouillon kochen, die potent und winterfest machen soll; die ganze Hunde – Kopf und Schwanz, Haut und Haar – im offenen Topf zerkochen, um ein Tonikum herzustellen. Und was soll man zu den lebensverlängernden »Neun-Feen-Pillen« sagen, die aus Zinnober, Schwefelblüten, Weihrauch, Myrrhe, Kampfer, Drachenblut, Kupfervitriol, Moschus, Tausendfüßlern, Seidenwürmern, Pflaumenblüten, Jadestaub, Schnecken und etlichen Wurzeln bestehen?

Aufgeklärte, westlich geschulte Intellektuelle der Regierung Chiang Kai-cheks teilten die Abscheu vor diesem »Aberglauben« und wollten die fortschrittliche, wissenschaftlich fundierte Medizin aus dem Westen einführen. Die Bauernmassen jedoch verstanden sich nicht auf die Kunst der »haarigen fremden Teufel« und machten mit Nadeln, Kräutern, Bädern, *Tai-Ch'i*-Bewegungen und

Moxabustion (das Verbrennen von Beifußblattkugeln auf der Haut) getrost weiter. Der »große Steuermann« Mao sah ein, dass westliche Medizin zu teuer ist und dem Volk zu befremdlich. Trotz der völlig unmarxistisch-leninistischen Grundbegriffe – um nur die fünf Elemente, Yin und Yang, die Drachen der Luft oder des Wassers, die Geister der Organe zu nennen – ließ der Pragmatiker die einheimische Heilkunde von der Partei anerkennen. Warum? Weil sie sich als wirksam erwies!

Nachdem die Pingpongdiplomatie Kissingers unter der Nixon-Regierung Tor und Tür nach China geöffnet hatte, durften auch Berichterstatter das geheimnisschwangere Land bereisen. Der renommierte Reporter der New York Times James Reston wohnte schwierigen Operationen bei – der Entfernung eines Lungenflügels, Eingriffen am offenen Herzen –, bei denen die Patienten bei vollem Bewusstsein waren. Zwei oder drei Akupunkturnadeln, ins Handgelenk gesteckt, nahmen den Schmerz. Während der schweren Operationen sprachen die Patienten mit den Ärzten; einige verlangten sogar etwas zu trinken. Der verblüffte Zeitungsschreiber konnte schließlich am eigenen Leibe Erfahrungen sammeln, da er zufällig eine Blinddarmentzündung bekam und ohne Narkose mit Hilfe der Akupunktur operiert wurde. Der Verband amerikanischer Ärzte (AMA) konnte so etwas Ungeheuerliches – zumal es ein anerkannter Reporter berichtete – nicht länger vertuschen und musste dazu Stellung nehmen. Man schickte mehrere Ärztedelegationen nach Peking. Ja, es stand außer Zweifel, dass hier etwas Außerordentliches geschah, aber nach wissenschaftlichen Kriterien konnte es weder erklärt noch erfasst werden. Also besser, die ganze Angelegenheit nicht mehr zur Sprache kommen zu lassen.

Was sind nun die Grundsätze der chinesischen Heilkunde? Eine Kraft *(Ch'i)* durchfließt und durchwirkt das Universum. Wie ein schlängelnder Fluss mit kühlen, dunklen Schattenufern und warmen, hellen Sonnenufern windet sich die immer-bewegliche

Ch'iKraft durch das Sein in der dynamisch aufeinander abgestimmten Gegensätzlichkeit des *Yin* (dunkel, kühl, innerlich, still, empfänglich, weiblich) einerseits und des *Yang* (hell, heiß, nach außen strahlend, bewegt, aktiv, männlich) andererseits. Krankheit und Unheil in der Natur und im Menschen entstehen, wenn das einträchtige Zusammenwirken dieser zwei Aspekte gestört wird.

Das Yin-Yang-Mandala

Aus dem ewigen Zusammenspiel von Yin und Yang werden die fünf »Elemente« oder »Zustände« geboren: Erde, Holz, Feuer, Wasser, Metall. Diese Elemente bringen die sichtbare Welt hervor.

Um die Gesundheit, also das harmonische Strömen dieser Energien, zu gewährleisten, üben sich die Chinesen in tugendhafter Lebensführung, Ausgeglichenheit und sozialer Etikette. Dazu kommen gesunde Essgewohnheiten, Bäder, Massage und Tai Ch'i (bestehend aus Atemübungen, *Ch'i chung*, und Bewegung, *T'ai Chi Chua*). In den Parks und auf Gehwegen kann man, falls man Frühaufsteher ist, erleben, wie Jung und Alt, Mann und Frau die eigenartigste Morgengymnastik machen. Diese Mischung aus Ballett, Gymnastik und Breakdance im Zeitlupentempo stellt die Bewegungsarten von fünf Tieren (Tiger, Bär, Hirsch, Affe und Kranich) dar und dient weder zum Abspecken noch zum Bodybuilding, sondern um die Ch'i-Energien harmonisch zu bewegen.[39]

Kommt es trotz dieser vorbeugenden Maßnahmen zur Krankheit, ruft man den Arzt. (Der chinesische Arzt ist weniger daran interessiert, das Leiden des Individuums zu beheben, als daran, die universelle Harmonie, die im Krankheitsfall gestört ist, wiederherzustellen.) Die Diagnose erfolgt vorrangig durch Pulsfühlen. Zwölf Pulse gibt es, einen für jedes Hauptorgan. Über dreihundert

Eigenschaften kann ein geschickter Arzt aus den Pulsen herauslesen. Er kann auf dieser Grundlage bis in die Einzelheiten die Unausgeglichenheit des Yin-Yang-Stromes in allen Organen und Gefäßen erkennen. Durch die Pulsuntersuchung weiß der Arzt, in welche Körperstellen er seine Nadeln hineinzwirbeln muss. Yang-Nadeln werden mit dem, Yin-Nadeln gegen den Uhrzeigersinn gedreht. Die Nadeln bleiben so lange stecken, bis sich der Puls, den der Arzt die ganze Zeit befühlt, wieder normalisiert hat. Nach einer solchen Nadelbehandlung werden dann Kräuter und Diäten verschrieben.

An erster Stelle unter den vielen chinesischen Heilkräutern steht die Engelwurz (*Angelica sinensis*; chin. *Dang Gui*), die die vitale Energie harmonisiert und die richtige Ordnung wiederherstellt. Die im Westen bekannteste chinesische Heilpflanze ist der zu den Efeugewächsen zählende Ginseng *(Panax ginseng)* mit seinen Dutzenden Zubereitungsformen. Eine haarspalterische Ginseng-Wissenschaft unterscheidet sorgfältig Gesamtwurzel, Wurzelstamm, Seitenarme und Haarwurzeln, die jeweils mit oder ohne Außenhaut, gezuckert, gekocht, gedämpft, sonnengetrocknet oder geschwefelt und dann als Pulver, Tee, Brühe oder in Verbindung mit anderen Heilpflanzen genommen werden – zum Beispiel mit Honig und Zimt für den Kreislauf; mit Tragant *(Astralagus spp.)* für Magenstörung; mit Bambus als Beruhigungsmittel usw.[40] Eine wichtige Rolle als Heilmittel spielt der Gemeine Beifuß *(Artemisia vulgaris; A. argyi)*, das *Aije*. Beifußblätter werden als kleine Kügelchen auf der Haut, am Ende einer Akupunkturnadel oder an der Akupunkturstelle, aus der die Nadel entfernt wurde, verbrannt und die Asche in die Haut eingerieben. Diese sogenannte *Moxabustion* ist eine heiße Yang-Therapie, die bei Yin-Krankheiten angebracht ist.[41] Auch gegen Frühgeburt oder zum Drehen des Fötus wird der Beifuß eingesetzt. Leider können wir nicht auf die vielen anderen Kräuter und ihre vielseitige Anwendung eingehen, die unserer Kräuterkunde teilweise sehr ähnelt, teilweise sehr davon abweicht.

Auch im fernen China gilt die Signaturenlehre. Wie in Europa sind Farbe und Gestalt der Pflanzen oft ausschlaggebend für ihre Anwendung. Ginseng *(Jen-shen)* bedeutet so viel wie Mensch-Wurzel. Da sie eine menschenähnliche Gestalt hat, gilt sie als Allheilmittel für den ganzen Menschen.

Ein Zeitgenosse des Galenus war der große Arzt Chang Chung Ching. In seiner *Lehre der Sieben Kräuter* formuliert er die Regeln, nach denen die Kräuter, je nach ihren Yin-Yang-Eigenschaften, gemischt werden sollen. Dabei spiegelt die Pflanzenwelt die Welt der Menschengemeinschaft auf ganz konfuzianistische Art wider: Es gibt unter den Kräutern Kaiser (die Hauptmittel), Minister (Begleiter, die den Hauptdrogen beigemischt werden), Kanzler (Drogen, die eine bestimmte Wirkung einleiten) und Botschafter (jene, die die Wirkung weitervermitteln).[42]

Die Ginsengpflanze

Westliche Wissenschaftler haben sich die Köpfe darüber zerbrochen, wie man Yin und Yang und die Meridiane, in denen die Ch'i-Energie durch den Körper fließt, empirisch erfassen könne. Jeder Versuch, die Meridiane den Nervensträngen, Lymph- oder Blutbahnen gleichzusetzen, schlug fehl. Man hat es anscheinend mit einer mystischen Physiologie zu tun. Ebenso verhält es sich mit den pflanzlichen Mitteln, besonders dem Allheilmittel Ginseng. Da haben japanische Forscher dreizehn widersprüchlich wirkende und unwirksame Saponine (Schaumstoffe) herausanalysiert. Einige davon wirken anregend, andere beruhigend, einige blutdruckerhöhend, andere blutdrucksenkend. Das ist für die Forscher natürlich problematisch, denn die Wirkungen heben einander auf. Für den Chinesen dagegen, der die aristotelische Logik der Ausschließlichkeit nicht anerkennt, ist das eben gerade der Beweis, dass das Allheilmittel *Jen-shen* das Yin-Yang in sich vereinigt, was dem Organismus erlaubt, genau diejenigen Eigenschaften der Wurzel zu wählen, die er im Augenblick braucht.

Aber damit sind die Schwierigkeiten noch nicht zu Ende. Das der chinesischen Medizin zugrundeliegende Leibesschema sieht fünf Yin und fünf Yang-Organe vor, die ihrerseits – ähnlich der Korrespondenzlehre der Renaissance – mit den fünf Elementen, den fünf Geschmacksempfindungen, den fünf Planeten, den fünf Grundfarben, den fünf Richtungen usw. in Beziehung gebracht werden:

Elemente	Holz	Feuer	Metall	Wasser	Erde
Gefühle	Wut	Freude	Trauer	Furcht	Barmherzigkeit
Flüssigkeit	Tränen	Schweiß	Schleim	Speichel	–
Gewebe	Sehnen	Adern	Haut/Haar	Knochen	Muskeln
Körperöffnung	Augen	Ohren	Mund	Geschlecht	Nase
Yin-Organe	Leber	Herz	Lungen	Nieren	Milz
Yang-Organe	Galle	Dünndarm	Dickdarm	Blase	Magen
Geschmack	sauer	bitter	scharf	salzig	süß
Wetter	windig	hitzig	trocken	kalt	feucht
Farbe	Grün	Rot	Weiß	Schwarz	Gelb
Planeten	Jupiter	Mars	Venus	Merkur	Saturn
Verhalten	Milde	Erregung	Genuss	Rückzug	Betrachtung
Zeit	Morgen	Mittag	Abend	Nacht	–
Jahreszeit	Blütezeit	Reife	Ernte	Speichern	Konservieren
Richtung	Osten	Süden	Westen	Norden	Mitte
Herrscher	Grüner Drache	Roter Vogel	Weißer Tiger	Schwarze Schildkröte	–

Die Yin-Organe sind die »dunklen«, »inneren« Organe, wie Leber (Sitz der Seele, Erneuerer des Blutes), Lungen (Sitz der Lebenskraft), Milz (Sitz des Denkens), Herz (Sitz des feurigen Geistes) und Nieren (Sitz des Willens). Die Yang-Organe – Galle, Dünn- und Dickdarm, Magen und Blase – sind »hohl« und »liegen mehr nach außen gerichtet«. So weit ist die Einteilung der Organe einigermaßen verständlich. Was sollen wir aber von zwei weiteren Organen halten, die die chinesische Menschenkunde voraussetzt: den »dreifachen Wärmer« und das »Tor des Lebens«? Obwohl diese mutmaßlichen Organe empirisch nicht auffindbar sind, spielen sie eine bedeutende Rolle in der Akupunktur. Die zwölf Organe entsprechen einer Zwölfereinheit, die sich nicht nur im zwölfjährlichen Jahresrhythmus widerspiegelt, sondern im Ablauf der Tageszeit. Jedes Organ hat seinen biorhythmischen Höhepunkt und wird vom Akupunkteur zur entsprechenden Zeit behandelt. Wie sich die Organe zueinander verhalten, hängt von ihrer Korrespondenz mit den Elementen ab und wird im Schema auf Seite 114 ersichtlich.

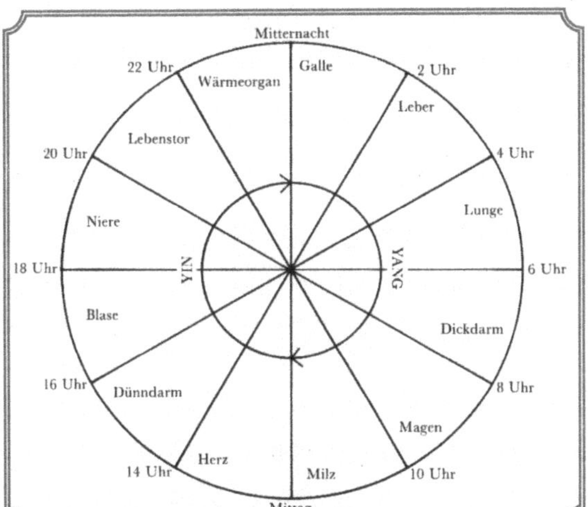

Optimalzeiten der Organe

Yin-Energie wirkt beruhigend, einschläfernd und manchmal abbauend. Yang-Energie dagegen wirkt tonisch, aktivierend und aufbauend. Unter den Elementen und ihren dazugehörigen Korrespondenzen findet ein reges dynamisches Zusammenspiel dieser Energien statt nach dem alten magischen Prinzip, dass alles auf alles Einfluss hat. In der äußeren Natur führt der Frühling zum Sommer, der Sommer zur Erntezeit, die Erntezeit zum Winter. Unter den Elementen wird Holz zu Feuer (wenn man Hölzer aneinanderreibt), Feuer zu Erde (Asche), Erde zu Metall (Metalle werden in der Erde »geboren«), Metall zu Wasser (Metalle können schmelzen) und Wasser ernährt wiederum das Holz. In gleicher Weise schaffen die Nieren die Leber, die Leber das Herz, das Herz die Milz und die Milz die Lungen.

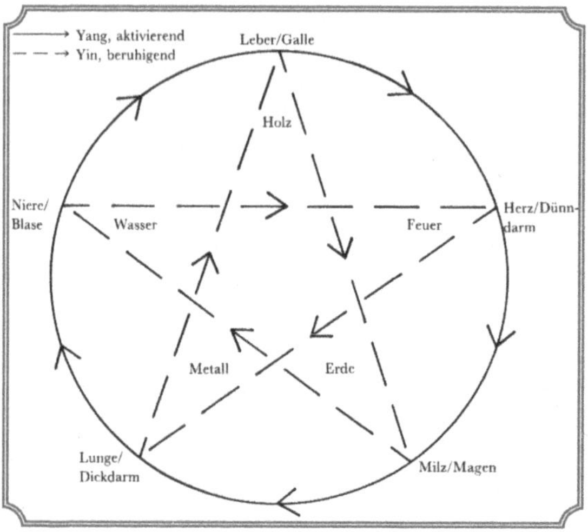

Beziehungen der Elemente und Organe

Aus diesen Verbindungen sind dann auch die Krankheits- und Genesungsvorgänge zu verstehen: Wie der Winter aus dem Herbst hervorgeht, so geht die Nierenerkrankung aus den Lungen hervor. Der Akupunkteur behandelt also die Lungen, um den Nieren zu helfen! Wie soll das unsereiner, in westlicher Logik und Naturwissenschaft geschult, hinnehmen?

Mao Tse-tung, der Pragmatiker, gab der Akupunktur und der traditionellen Kräuterkunde seinen Segen – nicht der Theorie wegen, sondern weil sie den werktätigen Massen in der Praxis half. Er ließ Gärten mit bis zu 1500 Heilkräuterarten anlegen, damit die 10000 Barfußärzte die Heilpflanzen kennenlernten und lernten, wie man sie anpflanzt und anwendet. Praxis geht vor Theorie: »Wie es augenscheinlich ist, dass die Pflanzendrogen wirksam sind, warum kostbare Zeit und Mittel im Labor (auf der Suche) nach chemischen Wirkstoffen vertun?«[43]

Ayurvedische Medizin Indiens

Drückt die chinesische Akupunktur unseren positivistischen Medizinern schon schwer auf den Magen, so wird sich der indische Ayurveda als nicht leichter verdaulich erweisen. Unentwirrbar sind in der uralten ayurvedischen Medizin die Fäden von Fabel, Mythe und feinsinnigen Beobachtungen verflochten. Brahma, der Schöpfer selbst, hat den Ayurveda am Anfang der Zeit hervorgebracht. Die indischen Dioskuren, das Zwillingspaar der Aswins, die als Söhne der Sonne das Morgenlicht bringen, waren die Meister dieser Heilkunst und zugleich die Ärzte der Götter.[44] Durch seine strengen Bußübungen veranlasste der große Seher Bhardavaya den Soma trinkenden Himmelskönig und Donnermacher Indra, die göttliche Heilkunst auf die Erde hinunterzuschicken.

Das klassische Zeitalter des Ayurveda hatte seinen Höhepunkt mit dem historischen Charaka, der ein Zeitgenosse Hippokrates gewesen sein könnte. Dieser Weise, den die Inder als Inkarnation der Weltenschlange Ananta-Shesha verehren, durchwanderte die Stille des einsamen Himalaya. Dort offenbarten ihm die Kräuter ihr Wesen, und er trug das Erfahrene in die Welt der Menschen. Ein anderer Klassiker ist Susruta, ein Zeitgenosse des Galen von Pergamon. In seinen Schriften zeichnet er 760 Heil-, Gift- und Liebeskräuter auf.

Ayurveda ist Lebensweisheit, nicht nur eine Methode der Krankenheilung. Das Wort geht auf die Sanskritwurzeln *Ayur* (Leben) und *Veda* (»übersinnlich wahrgenommene Wahrheit« – verwandt mit dem Wort »Edda«) zurück.

Der Begriff »Krankheit« wird im klassischen Indien viel weiter gefasst, als wir es heute tun. Das Leben ist eher ein Leiden; es ist *dukka*, ein Unbehagen, nicht im Sinne des stechenden Schmerzes oder brennenden Fiebers, sondern im Sinne der vielen kreatürlichen Mühen und Plagen. Dukka umfasst die ganze Problematik des existentiellen Daseins. Die Ursache dieses Unbehagens am Dasein ist das *Karma* (Tat). Als universelles Gesetz gilt, dass jede Tat ihre Folge hat, und liegt sie auch noch so weit, noch so viele vergangene Leben zurück. Die Ansammlung vergangener schlechter Taten führt zu Krankheit und Seuchen – nicht die Bakterien!

Dharma, der rechte Lebenswandel, das rechte Denken, Tun und Wollen, ist der Weg aus dem Leiden. In Verbindung mit diesem Gedanken, gilt, dass die Krankheit nicht ohne Zusammenhang mit dem Kranken und seinem Karma zu verstehen ist. Es gibt keine kranken Organe an sich, wie es der westlichen Medizin vorschwebt. Der Mensch ist eine karmische, psychosomatische Einheit: Leiblich, seelisch und schicksalhaft ist jeder Mensch mehr oder weniger im Leiden *(dukka)* verstrickt! Daher bedarf jeder der Lebensweisheit – des Ayurveda.

Auf solch einer breiten Grundlage ist auch die Heilkunde entsprechend weit gefasst. Da alles mit allem verbunden ist und sich beeinflusst, auch wenn das noch so unwahrscheinlich ist, folgt auch, dass einfach alles – Gedanke, Wort, Tat, Klang, Farbe, Nahrung – als Heilmittel gebraucht werden kann. Ich mache nur darauf aufmerksam, wie der bloße Gedanke an einen guten Freund oder einen gefürchteten Feind die Atmung, den Herzschlag, Schweiß und Speichelabsonderung und andere Körperfunktionen beeinflussen kann.

Zweiundvierzig verschiedene therapeutische Möglichkeiten haben die Ayurvediker mit einer Manie für Klassifizierung, die nicht nur den deutschen Professoren zu eigen ist, aufgestellt. Die Haupteinteilungen der Krankheitsursachen und therapeutischen Möglichkeiten sind die folgenden[45]:

1. Unfälle und äußerliche Verletzungen. Sie werden chirurgisch behandelt.
2. Entzündungen, Ansteckungen und innere Erkrankungen. Sie werden vorwiegend mit Kräutern und Drogen behandelt.
3. Zustände der Seele – Angst, Hass, Furcht, Faulheit usw. – werden seelenpflegerisch mit Musik, Düften, Farben, Besprechungen, *Ganja* (Medizin aus dem Hanfkraut), Tanz usw. behandelt.
4. Natürliche Leiden – Hunger, Geburt, Alter, Schlaf – werden mit geistigen Mitteln wie Gebet, Mantras, dem Lesen der Veden, Andacht *(puja)* oder dem Erleben der Wahrheit *(darshan)* in Gegenwart einer heiligen Person oder eines heiligen Ortes behandelt.

Die Mittel zur Heilung sind Kräuterdrogen, Diät und Handlungen, die entweder *allopathisch* (gegen die Krankheit; gegen die Ursache der Krankheit; gegen beide: die Krankheit und deren Ursache) oder *homöopathisch* (der Krankheit ähnlich; der Ursache der Krankheit ähnlich; oder beiden: dem Leiden und dessen Ursache ähnlich) angewendet werden. Wie in China wird auch in Indien dem Patienten jeder Schritt der Behandlung erklärt und verständlich gemacht.

Dieses weitläufige Heilsystem wird von der Kaste *(jati)* der Ärzte in einer um die 5000 Jahre währenden Tradition gepflegt. Schon als Kind erlebt der künftige Arzt, wie die Patienten zu Vater und Großvater kommen, wie die Heilmittel hergestellt werden, wie und wo die ayurvedischen Kräuter wachsen und was die Onkel, Vettern und männlichen Verwandten über die jeweiligen Fälle zu sagen haben. Sein Lebensweg *(dharma)* ist vorgeschrieben, und an seinen Fähigkeiten ist selten Zweifel. Fast alle Inder lassen sich von ayurvedischen Ärzten behandeln, obwohl in abgelegenen ländlichen Gegenden manchmal Kräuterfrauen, Schamanen *(ojhas)* oder zuweilen arge Quacksalber vorherrschen. Einige verwestlichte Städter rümpfen zwar die Nase über Pillen aus Kuhdung, Mantras und anderen »Hokuspokus« – ebenso wie einst die britischen Imperialisten –, aber erfahrene Indienkenner, die länger in diesem Land weilten, bevorzugen die ayurvedische vor der westlichen Medizin. Die Praktiken der westlich geschulten Ärzte Indiens können unter Umständen sogar lebensgefährlich sein: Antibiotika werden wie Zuckerln verteilt, auch für Virenerkrankungen, wo sie gar nicht helfen; Patienten werden beim Röntgen überbestrahlt; oder man kann sich, wie es einem Ethnologieprofessor, einem Kollegen aus Wien, erging, Leberentzündungen von unsauberen Impfnadeln zuziehen.

Tja, mag man nun kopfschüttelnd einwenden, dieser Ayurveda kann nicht allzu viel taugen: Man schaue sich nur die vielen Krüppel und Kranken an, die sich auf den staubigen Straßen des Subkontinents herumtreiben! Das ist wenigstens der Eindruck, den der vorprogrammierte Tourist gewinnt. In Wirklichkeit ist der Gesundheitszustand der Inder gar nicht so schlecht; auch nicht im Vergleich zu den übergewichtigen, gestressten Bewohnern der »Ersten Welt«. Im Westen, besonders in den USA, spielt sich alles Leiden versteckt ab: Irre in Irrenhäusern, Kranke in Krankenhäusern, Alte in Altersheimen, Tote in Bestattungsinstitutionen. In Indien, *au contraire*, ist alles offen. Weder die Verrückten, Armen, Kranken, Verkrüppelten, Leichen noch die Körperfunktionen werden versteckt. Die Kranken und Alten bleiben in den Familien, und da es in den Häusern heiß und eng ist, liegen sie auf ihren *charpois* auf der Straße, wo sie am lustigen Treiben teilhaben können. Die Blinden und Verstümmelten werden absichtlich auf die Straße zum Betteln geschickt. Dadurch verdienen sie ihren Lebensunterhalt und geben anderen die Möglichkeit, durch milde Gaben ihr Karma zu verbessern. Auch der Anblick von Leichen, die am Fluss brennen oder im Fluss treiben, stört niemanden. All das jedoch schockiert den armen, verwirrten Touristen!

Schon am Flughafen in Delhi wird der frisch Angereiste blutspuckende Menschen beobachtet haben, ohne zu wissen, dass es vom Betelnusskauen rot gefärbter Speichel ist, der ihn so erschreckt. (Das Kauen von *Pan* oder Betelnuss ist sogar gesundheitsfördernd, weil es die Entwicklung der Darmparasiten hemmt.) Falls er im indischen Hotel übernachtet, wird ihn am nächsten Morgen krächzendes Gehuste – Keuchhusten? Tuberkulose? – in weitere Panik versetzen. Er weiß noch nicht, dass es sich um das tägliche Ritual der morgendlichen Körperhygiene handelt, wobei der ganze Leib von Kopf bis Fuß gewaschen wird, die Zähne mit einem Zweig vom Niembaum *(Azadirachta indica)* geputzt werden, die Zunge geschabt und – hier entsteht das erschreckende Geräusch – jeglicher Schleim aus der Luftröhre herausgehustet wird. Inbrünstige Hindus fügen diesem allmorgendlichen Ritual noch ein Klistier zur Darmspülung hinzu und schlucken einen Stoffstreifen, den sie langsam – mit entsprechenden Würgegeräuschen – aus der Speiseröhre wieder herausziehen, um sich den Oesophagus zu säubern. All das vor dem Frühstück, in Eintracht mit der aufgehenden Sonne!

Nahrung ist heilig und Diät ein Hauptheilmittel. Das Kochen wird vom Opfern kleiner Brösel am Feuer und von Anrufungen der Götter begleitet. Nahrungsmittel – so lehrt Krishna-Vishnu in der *Bhagavadgita* – haben teil an den drei Grundeigenschaften: 1. *Sattva*, dem Lichten, Freudigen, Reinen; 2. *Raja*, dem Aktiven, Leidenschaftlichen; 3. *Tamas*, dem Dunklen, Betäubenden.

1. *Sattva*-Nahrungsmittel sind Milch- und Pflanzenprodukte. Lebensmittel dieser Art unterstützen diejenigen Eigenschaften im Menschen, die ihn mild, gut, aufrichtig und der Geisterwelt gegenüber aufgeschlossen machen. Es sind die Speisen, die Mahatma Gandhi befürwortete. Die sanfte Kuh bringt aus ihrem mütterlichen Wesen nur Gutes hervor: Ihre

fünf Gaben – Urin, Kot; Milch, Butter und Joghurt – haben sattvische, heilkräftige Eigenschaften. Die bloße Gegenwart der Kuh auf der Straße erzeugt solche sanften, ausgeglichenen Ausstrahlungen.

2. *Raja*-Speisen sind scharf, würzig oder enthalten Fleisch. Es ist die angemessene Nahrung für Krieger *(Kshatriya)*, Ritter und Haudegen, also für die eher aktiven und weniger bedächtigen Seelen.

3. *Tamas*-Speisen bestehen aus alten, gammeligen, toten und verrotteten Nahrungsstoffen, die den Geist in Dumpfheit hüllen und den Leib träge, wild oder krank machen: Büchsennahrung, Fast-Food wie Chicken Nuggets und Hamburger, Cola und Schnaps reihen sich hier ein.

Neben der Diät dient nach der ayurvedischen Anschauung die tägliche Andacht, Versenkung, Hygiene und der Yoga mit seinen Sitzübungen *(Asanas)* der Erhaltung der Gesundheit. *Yoga* ist ein Sanskrit-Wort, das mit unserem »Joch« verwandt ist. Es ist die Disziplin, in die wir uns willig einjochen und die uns heil durchs Leben führt.

Eine weitere Grundvorstellung ist die Einteilung der Körper- und Seelenfunktionen in drei flüssige Grundstoffe: 1. *Vata*, Luft; 2. *Pitta*, Galle (Hitze) und 3. *Kapha*, Schleim. Moderne indische Ärzte versuchen diese *Tridosha* (oder *Dhatus*) irgendwie mit den Begriffen der Humorologie oder der Endokrinologie in Verbindung zu bringen. Es handelt sich aber lediglich um die luftigen, hitzigen und flüssigen Erscheinungsformen der allgemeinen Lebenskraft, wie sie sich im Mikrokosmos und im Makrokosmos manifestiert.

Der Mond gießt herunter die erquickenden Lebenssäfte (Kapha); das Sonnenfeuer (Pitta) entzieht sie wieder den Lebewesen; der Wind (Vata) bewegt sie hin und her in allen Richtungen. In gleicher Art verhalten sich Schleim, Galle und Luft in der Erhaltung des Mikrokosmos.[46]

In den drei »Prozessen« – *sulphur, mercurius* und *sal* – formuliert Paracelsus in überraschend ähnlicher Weise sein Verständnis der Kräftedynamik, die das Universum durchpulst. Es ist gut möglich, dass der Hohenheimer diese Dreigliederung von den »weisen Braminen« – so nennt er die Inder – geborgt hat.[47]

Obwohl im ganzen Leib anzutreffen, hat der trockene, leichte, kühle, scharfe »Wind« seinen Sitz unter dem Nabel. Die fettige, scharfe, heiße, muffige, flüssige »Galle« hat ihren Sitz zwischen Nabel und Herz, und der klebrige, kalte, schwere, glitschige »Schleim« hat oberhalb des Herzens sein Zentrum. Wenn diese Humore nicht ausgeglichen sind, wird der Mensch krank. Kräuter, Speisen und bestimmte Tätigkeiten vermögen das günstige Zusammenwirken zu fördern, damit die Lebensfreude *(jivananda)* dem Menschen erhalten bleibt. Heilpflanzen, die in Bezug zum »Wind« stehen, erkennt man aufgrund ihrer »dünnen, trockenen und zähen« Eigenschaften und dadurch, dass sie wenig Blüte und Frucht hervorbringen (Windbestäuber?). »Heiße«, wenig verästelte und zur Frühreife neigende Pflanzen, die das direkte Sonnenlicht nicht mögen, verraten ihre Zugehörigkeit zur »Galle«. Heilpflanzen mit der Qualität des »Schleims« haben reichlich Blüte und Frucht, kräftige Stämme und Äste und werden von Schlingpflanzen überwachsen.

Auch bei dieser Einteilung müssen wir uns eingestehen, wie schwierig es mit unseren Denkmustern ist, sich ein adäquates Bild von dem zu machen, was da gemeint ist. Wir stehen mit dem Ayurveda vor ähnlichen Schwierigkeiten wie mit dem chinesischen

Akupunktursystem und der Welt der Planetengötter der Renaissance. Was gemeint ist, sind eben nicht ausschließlich empirische Tatsachen, sondern Anhaltspunkte, die zu einem intuitiven Erfassen der Wirklichkeit anleiten können.

Die Humore werden ihrerseits aus den fünf Elementen *(bhutas)* – Erde, Wasser, Feuer, Luft und Äther – abgeleitet. Das Verhältnis der Elemente zum Mikrokosmos (Körper) und den Humoren *(tridosha)* ist in der folgenden Tabelle dargestellt:

Elemente	**Mikrokosmos**	**Tridosha**	
Erde	Knochen	Kapha (Schleim)	Form
Wasser	Körperflüssigkeiten		
Feuer	Verdauung, Körperwärme	Pitta (Galle)	Wärme
Luft	Atem, Bewegung		
Äther	Fließende Systeme (zum Beispiel Nerven)	Vata (Wind)	Aktivität

Im alten China, wo sich die Toten als verehrte Ahnen zur Leichensezierung nicht eigneten und Frauenleiber dem Arzt nicht einmal unter die Augen kommen durften (die Diagnose einer Erkrankten erfolgte durch Pulsmessen von hinter einem Vorhang), hatte man wenig Ahnung, wie die Organe, Gewebe, Nerven oder Blutbahnen empirisch zueinander standen. In Indien war es wenig anders. Noch immer werden dort die Toten verbrannt oder, wenn es sich um Kinder oder »Heilige« handelt, unmittelbar den Flüssen übergeben. Nur ein Unhold, ein Schakal, würde wie einst Vesalius (1514–1564), der »Vater der Anatomie«, eine Leiche sezieren (auch er konnte dem Argwohn der Kirche nur mit knapper Not entgehen)! Außerdem ist im indischen Denken die Leiche nur tote Hülle, ausgeschiedener Stoff: Was den ayurvedischen Arzt eigentlich interessiert, ist der lebendige Energiefluss, der Vitalkörper oder Ätherleib mit seinen Ätherorganen, den *Chakras* (»Räder«,

Energiewirbel). Diese »Organe« befinden sich entlang der Säule, die von Scham und After bis zur Schädeldecke reicht.

Am unteren Ende der Wirbelsäule schläft zusammengerollt die *Kundalini*-Schlange. Es ist die kosmische Urkraft *(shakti)*. Diese Schlangenkraft kann durch Hatha-Yoga-Sitzübungen, Fasten, Meditation, Konzentration und besonders durch Atemübungen *(pranayama)* geweckt werden, so dass sie langsam nach oben durch den hohlen Sushumna-Kanal das Rückgrat hinaufsteigen kann. Dabei erregt sie die mystischen Organe *(chakras)* und setzt diese in Bewegung. Ganz bewusst lenkt der übende Yogi den Lebensatem *(prana)* abwechselnd durch den linken und wieder durch den rechten Nasenflügel. Die Atembahnen winden sich, wie die beiden Schlangen des Äskulapstabes, von rechts nach links, von links nach rechts um das Rückgrat immer tiefer in den Leib. Sie verhalten sich zueinander wie Sonne und Mond. Hellsichtig kann der Yogi verfolgen, wie auf dem Grund die Schlangenkraft vom Lebensatem berührt wird. Und nun fängt sie an zu steigen. Bei der Berührung mit der Kundalini blühen die Chakras wie Lotusblüten auf. Jede wirbelnde Blüte hat ihre Farben und Eigenschaften, die wir in der Tabelle auf Seite 125 sehen können.

Schema der Chakras

- Das Wurzel-Chakra *(Muladhara)* zwischen After und Geschlechtsorgan gehört dem Element »Erde«, hat vier dunkelrote Blütenblätter und ist Sitz eines dunklen, dumpfen, brütenden Bewusstseinszustandes.
- Daneben, dem »Wasser« zugeordnet, liegt ein Lieblingsort der Kundalini-Schlange, das *Svadhishthana*-Chakra mit sechs leuchtenden Blütenblättern und einem Bewusstseinszustand, der beim sexuellen Höhepunkt erreicht wird.
- Etwas höher in der Nabelgegend liegt die Juwelenstadt *Manipura* mit zehn sturmwolkenfarbigen Blütenblättern. Sie gehört dem »Feuer« und ist wie dieses konsumierend, herrschsüchtig, verbrauchend und zwingend (unsere westliche Konsumgesellschaft zieht ihre Kräfte aus diesem Feuer-Chakra).
- *Anahata*-Chakra, das Herz-Chakra, hat zwölf edle rotgelbe Blätter, gehört der »Luft« der Bewusstseinslage, die symbolisches und philosophierendes Denken erfasst.
- Das *Vishuddha*-Chakra, der Ort der Läuterung, hat sechzehn lila Blütenblätter, die von der Kehlkopfregion ausstrahlen. Es ist mit dem »Äther« verbunden und entspricht der Bewusstseinsstufe, auf der das mystische Erfassen des Weltgeschehens und das Hellhören der heiligen Silbe AUM oder OM (ॐ) möglich wird.
- Zwischen den Augenbrauen mit zwei weißen Blütenblättern befindet sich das Herrschafts-Chakra, *Ajna*. Wenn die Kundalinikraft es wachküsst, erwacht der höhere Verstand, und man kann Gott von Angesicht zu Angesicht sehen.
- Auf dem Gipfel blüht die »Tausendblättrige Lotusblume« (*Sahasrara* Chakra). Dieses Chakra wird oft als Buddhas Kopfschmuck – es ist nicht etwa seine Frisur! – dargestellt. Es lässt keine weitere Beschreibung zu, da sein Wesen jenseits auch des allerhöchsten Verstandes liegt. Es ist schlicht Nirvana.

Die Chakras

Bezeichnung	Zahl und Farbe der Blätter	Körperstelle	Bewusstseins-eigenschaften	Element
Muladhara (Wurzelgrund)	4, rot	zwischen After und Scham	dumpf, rigid	Erde
Svadhish thana (Lieblingsort)	6, gelb	Geschlechtsorgan	sexuelles Gefühl	Wasser
Manipura (Juwelenstadt)	10, sturm-wolkenfarbig	Nabel	aggressiv, habgierig	Feuer
Anahata (ungetroffen)	12, rotgelb	Herz	imaginativ, Philosophisch	Luft
Vishudda (Reinheit)	16, lila	Kehlkopf	Mystisch Höhren des AUM	Äther
Ajna (Herrschaft)	2, weiß	Stirn	Gotteswahr-nehmung	Bewusst-sein
Sahasrara (tausendblättrig)	1000, purpur	Schädeldecke	Nirvana	-

Aufgrund dieser Esoterik wird klar, dass sich die ayurvedische Kräuterkunde dem gewöhnlichen Menschen nicht offenbart. Im tiefen Dunkel schlummern bei ihm die höheren Fähigkeiten. Sein Leben verläuft im Bereich der niederen Chakras. Seine Intelligenz steht im Dienst der Triebbefriedigung – Fressen, Saufen, Schlafen, Geschlechtsverkehr und unterhaltende Ablenkung; und dazu das Begehren nach Macht, Geltung und Besitz. Wer die Heilkräuter kennenlernen will, muss darüber hinaussteigen können; er muss still und edel werden. Oft bedarf es der »Einweihungskrankheit«, dass die höheren Chakras erwachen können. Wenn die Seelenkraft des Menschen im Herz-Chakra erwacht oder in die reine Sphäre des Vishuddha-Chakra aufsteigt, dann werden ihm die lebendigen Ätherkräfte der Pflanzen entgegenleuchten. Er wird nicht mehr nach bloßen chemischen Wirkstoffen suchen und die Heilkraft mittels abstrakter Konstruktionen zu erklären versuchen. Steigt er durch Selbstzucht *(Yoga)*, hingebende Liebe *(Bhakti)*,

Gewaltlosigkeit *(Ahimsa)*, Wahrheitspflege *(Satya)* und andere Tugenden zu noch höheren Bewusstseinsstufen auf, dann erscheinen nicht nur die Lebenskräfte, sondern die Seelen der Pflanzen selber.

Nach hinduistischer Auffassung haben alle Pflanzen Seelen und sind der Seelenwanderung unterworfen, ebenso wie Tier und Mensch. Pflanzen können glücklich oder unglücklich sein. Es heißt im Vrikshayur-Veda, dass kranke Pflanzen durch Singen von Mantras geheilt werden können. Experimente an der Duke University (North Carolina, USA) belegen mit harter Statistik, was die Weisen schon immer wussten: dass Gebete das Wachstum der Pflanzen beeinflussen.[48] Kranken Bäumen legten die Inder Pflaster mit Kuhdung und Honig auf.[49]

Da Pflanzen bewusste Wesen sind, Erscheinungen göttlicher Wesen, muss man sie fragen und bitten und mit einem Ritual verehren, ehe man ihre Wurzeln gräbt oder ihre Blätter pflückt.[50]

Alle Pflanzen sind Heilpflanzen. Die Geschichte des berühmten Arztes Jivaka macht diesen Gedanken deutlich. Als er seine Studien in der altindischen Universitätsstadt Taxila beendet hatte, musste er seine Prüfung ablegen. Sein Guru Atreya schickte ihn mit einem Spaten und einem Sack zu einem bestimmten Hügel und befahl ihm, alle Pflanzen, die keinen medizinischen Nutzen haben, auszugraben und mitzubringen. Jivaka suchte ununterbrochen drei Tage lang, ehe er voller Verzweiflung mit leerem Sack zu seinem Guru zurückkehrte. Der Lehrer gab sich zufrieden und entließ ihn als fertigen Arzt.[51]

Die buddhistische Heilkunde ging aus dem Ayurveda hervor, ebenso wie der Buddhismus aus dem indischen Brahmanismus. Knappe dreihundert Jahre nachdem Buddha die Erleuchtung erlangt hatte, schickte Kaiser Ashoka – der Konstantin des Buddhismus – Mönche in alle Himmelsrichtungen aus, um der Welt die Botschaft des *Ahimsa* (des Nichtleidtuns), des *Satipatthana* (Geistesgegenwart) und des Seelenfriedens zu verkünden. Dabei trugen die safrangewanden Bikkhus auch die indische Kräuterkunde in ferne Lande. Kaiser Ashoka ließ zudem die Straßenränder mit Heilkräutern bepflanzen, deren sich jedermann bedienen konnte, und errichtete Krankenhäuser für Mensch und Tier.

Den schwarzen Tee – die getrockneten Blätter des Kamelienbaumes – verdanken wir ebenfalls den buddhistischen Mönchen. In den kristallenen Nächten des Himalaya wird er mit Yakbutter und Salz gewürzt getrunken und erwärmt so die erstarrten Glieder der Mönche beim stundenlangen Singen der Mantras. Die Buddhisten bezweifeln zwar, dass die »aus Knospen und Stängeln geborenen« Wesen dem karmischen Ursachengesetz unterworfen sind, da sie lediglich eine Mischung (Eigenschaften des Schönen oder Hässlichen) seien. Trotzdem sollte man sie liebevoll behandeln und als Lebewesen ehren.

Ehe wir Indien verlassen, sollten wir noch eine weitere Schule der Medizin betrachten. Es handelt sich um die Unani der Moslems. In ihr erkennen wir im indoislamischen Gewand die alte griechische Schule des Hippokrates und des Galenus wieder, vermengt mit Astrologie und erweitert durch die persischen Ärzte Rhazes und Avicenna. Mit der *Unani* kehrt die Humorallehre in griechisch-arabischer Ausführung in die indische Heimat zurück.

Die dreißig bis sechzig Millionen starke Stammesbevölkerung Indiens *(Adivasi)*, Nachkommen alter vorarischer Ureinwohner, praktiziert weiterhin Schamanismus, ruft Tier- und Pflanzengeister an, opfert und macht in ihren Heilséancen Gebrauch von Trance und Besessenheit.

III. Medizinische Modelle: Primitive Medizin und Schamanismus

Eine Welt, die sich immer tiefer in den Zauber der Technomanie verstrickt, die immer hastender versucht, die endlosen Fehler der Zauberlehrlinge durch neuen Zauber wieder wettzumachen, sehnt sich nach den alten Meistern, die wahrhaft die Illusionen durchschauen können, die das wahre Wesen der Dinge und nicht nur die bloße Erscheinung kennen und die den aus dem Lot geratenen Verlauf der Dinge mittels ihrer geistigen Kraft wieder richten können. Kein Wunder, dass in diesem Zusammenhang das Wort »Schamanismus« immer häufiger, auch außerhalb des Fachjargons der Ethnologen, auftaucht und für manche jungen Leute ein Leitbild für die Zukunft wird.

Wer sind nun diese Schamanen? Was versteht man unter dem Begriff, mit dem die Völkerkundler die Heiler und Magier der traditionellen Gesellschaften belegen: die Medizinmänner der Indianer, die Zauberdoktoren Afrikas und auch die »Hexen« des Mittelalters?

Das Wort »Schamane« kommt aus der Sprache des sibirischen Hirtenvolks der Tungusen und bedeutet »Zauberer«, »Beschwörer«, »Tänzer«. Möglicherweise haben yogakundige buddhistische Mönche, die die unendlichen sibirischen Weiten durchwanderten, den Begriff mitgebracht – in der Pali-Sprache wurden sie als *samana* bezeichnet. Das geht wiederum auf die Sanskritwurzel *śramana* (Asket, Übender) zurück und entspringt dem Zeitwort *śram* (üben, anstrengen, sich erhitzen). Verwandt ist *Ashram (āśram)*, der Ort, an dem strenge Übungen vorgenommen werden. Aber der Schamanismus ist älter als diese Bezeichnungen: Er ist die »Urreligion« der Menschheit; er wurzelt in der altsteinzeitlichen Jägerwelt und verliert sich in den Tiefen der Urgeschichte.

Wo immer man sie antrifft, haben Schamanen diese Eigenschaften: Sie kennen sich in den Mythen und Sinnbildern ihrer Gemeinschaften ebenso aus wie in der Natur mit den Tieren und Pflanzen, Wurzeln und Kräutern. Sie beherrschen esoterische Techniken, die es ihnen erlauben, Dinge zu »sehen« und zu »hören«, die dem einfachen Menschen verborgen bleiben. Sie vermögen in die »andere« Welt zu fahren oder die »Innenseite« unserer gemeinsamen Welt zu erleben. Oft sind sie die Beschützer der Tiere und die Hüter der Naturbereiche – sie kennen den Wald, den Berg oder den See wie ihren eigenen Leib. Sie wissen, wo der Nabel der Erde verborgen ist und der Lebensbaum, zu dessen Wipfel und zu dessen Wurzelgrund sie klettern können. Dort begegnet ihnen die Göttin oder der Herr der Tiere, die Mutter der Wesen oder der große Zauberer, dem alle Erscheinungen entspringen. Oft ist der Schamane oder die Schamanin mit diesen »Göttern« verheiratet, auch wenn sie gleichzeitig in der alltäglichen Welt mit einem gewöhnlichen Menschen vermählt sind.

Die übersinnlichen Offenbarungen der Schamanen haben sich im Laufe der Jahrtausende als Sinnbilder, Mythen, Rituale und Verhaltensweisen der großen schamanischen Religionen herausgebildet: In Eurasien begegnet uns der Wotan/Odin-Kult und der Shivaismus.

Wie kaum ein anderer ist Wotan/Odin, der Herr des Zaubers und der Geister, ein Schamanengott. Sein Name ist verwandt mit unserem Wort »Wut« – was weniger mit Zorn als mit innerer Erhitzung, Rausch, Begeisterung, Ekstase zu tun hat oder, in der Sprache seiner heutigen Anhänger, mit dem High-Sein, Draufsein, Abgehoben- und Abgefahrensein.

Er berauscht diejenigen, die ihn lieben, und entbindet sie der Umstände der alltäglichen Welt: Er ist Gott der Berserker, die sich dem ekstatischen Kampfesrausch hingeben; er ist Gott der Dichter und Sänger, die er auf seinen Flügeln durch schwindlige Ätherhöhen trägt. Er ist Gott der Mutigen und Verwegenen; als Mettrinker ist er Herr des Rausches, Herr des Übertretens, der Trance. Seinen Feinden erscheint er als unberechenbarer Teufel, seinen Freunden in strahlender, jungfräulicher Walkürenform – und er hebt sie in die Himmel, weit über das Getümmel der Welt.

Odin/Wotan reitet den achtbeinigen Schimmel Sleipnir: Der Achtbeinige ist die Totenbahre! Im Entrückungszustand (Trance) liegt man erstarrt wie im Tode, aber auch in der Ekstase ist man in der Welt der Geister und verkehrt mit den Jenseitigen. Wie ein Verurteilter hing der Gott – dreimal drei Tage – am Lebensbaum und wurde dadurch Herr der Runenweisheit. Wer an ihm teilhat, versteht das Raunen der Geister. Wer wie Wotan in die Wildnis hinaustreten kann, wird auch die Kräuter und Pflanzen verstehen, wird heilkundig werden. Odin ist Herr der Heilkunde: Als er und Baldur einst in den Wald ritten, verstauchte sich Baldurs Pferd das Bein. Weder Sinthgunt noch Sunna, ihre Schwester, weder Frija noch deren Schwester Volla konnten durch ihr Besingen das verstauchte Glied heilen, nur Wotan kannte den rechten Zauberspruch. Der Kult dieses Schamanengottes erstreckte sich von Westeuropa bis tief nach Sibirien und ins Himalaya-Gebirge, wo er mit dem Kult des Shiva verschmolz.

Shiva ist ebenfalls Herr der Seelen, Herr der Tiere *(Prajapati)*. Er sitzt in tiefster Versenkung und ist gleichzeitig der ekstatische Tänzer. Er ist der *Śhramana*, dessen Hitze das Weltenfeuer entfacht, in dessen Mitte er den ewigen Tanz der Schöpfung und Zerstörung tanzt. Seine Attribute sind die Schamanentrommel, der Dreizack, Schlangen und Raubtiere. Wild, ungeschoren und ungekämmt sind seine Haare. Nackt oder mit einem Tigerfell bekleidet durchwandert er Berge und Wälder. Sein Phallus bringt allen Wesen Fruchtbarkeit.

Mit dem Kommen der Zivilisation werden diesen wilden Göttern der freilebenden Nomaden, Hirten, Jäger und Sammlervölker strenge, auf Ordnung versessene, dem Kaiser ähnliche, transzendente Gottheiten entgegengestellt. Propheten des Nahen Ostens und Zauberer wie der Perser Zarathustra (zirka 900 v. Chr.) erklären die alten Schamanengötter zu Teufeln. Shiva, der im Feuer tanzende, Dreizack schwingende Ekstasegott, Wotan mit seinem wilden Heer und die anderen geweih- oder hörnertragenden paläolithischen Gottheiten werden aus den Menschenseelen in die Höllen abgedrängt. Es ist ein über Jahrtausende währender, schrecklicher Kampf der Priester gegen die Schamanen. Die schwarze Nacht der Hexenverfolgung in Europa ist ein kleiner Abschnitt in diesem Kampf. Die wahren Kräuter- und Wurzelkenner haben die alten Schamanengötter jedoch nie aus ihrem Herzen verbannt – auch wenn sie sie christlich, moslemisch oder wissenschaftlich getarnt haben. Die Mutigen, die selber Übertritte in die Geisterwelt wagen, anstatt sich von Priestern und Gelehrten Geschichten erzählen zu lassen, kennen sie immer noch.

Ironischerweise waren es gerade die schwarzgewandeten Erzzauberer der mächtigen Kirche, die Jesuiten, die in ihrem Eifer, die letzten Heiden zu bekehren und den Teufelsglauben endgültig auszurotten, auch wieder neues Interesse dafür erweckten. Jesuitische Missionare, die in die Fußstapfen der Entdecker, Eroberer und Händler traten, merkten gar bald, dass man mit Honig mehr Fliegen fängt als mit Essig. Dem Vorbild Franz Xavers folgend ließen sie von brutalen Zwangsbekehrungen ab und versuchten, die Frohe Botschaft auf milde Art und Weise zu vermitteln. Sie lernten die Sprachen der Völker Afrikas, Asiens und Amerikas, aßen aus ihren Töpfen, legten ihre Kleidung an und hielten sich an ihre Sitten. Sie zeichneten ihre Erfahrungen minutiös auf und wurden so die ersten Ethnologen. Dabei lernten sie allerhand Neues kennen. Abbé Faria brachte die Hypnose aus Goa mit. Zahlreiche Drogen wie die Fieberrinde *(Chinchona)*, die ihnen ein südamerikanischer Schamane zeigte, brachten die Jesuiten nach Europa. (Der puritanische Diktator Großbritanniens, Oliver Cromwell, weigerte sich, die »Jesuitenrinde« – die Rinde der »satanischen Papisten« – einzunehmen, als er vom Wechselfieber befallen wurde, und starb auch deswegen.) Die verhältnismäßig objektiven Berichte der Jesuiten über das Phänomen des Schamanismus faszinierten die frühen Anthropologen.

Immer wieder berichten Völkerkundler von unwahrscheinlichen paranormalen Fähigkeiten der Schamanen. Vom hohen Norden, den die Inuit bewohnen, bis hinunter nach Tierra del Fuego, von den Ainu auf Hokkaido im Fernen Osten bis hin zu den Kwakiutl im Westen Kanadas hört man immer wieder von der Fähigkeit, verlorene Gegenstände aufzufinden, im Dunkeln zu sehen, verlorene Seelen einzufangen, Krankheitsdämonen auszutreiben, mit Schwarzmagiern in der Luft Gefechte auszufechten, das Versteck des Jagdwildes ausfindig zu machen, mit den Geistern der Pflanzen, der Tiere und der Toten zu verkehren und sich unsichtbar zu machen. So universell ist der Schamanismus, dass man versucht ist zu meinen: Nicht die »Wilden« sind abartig, sondern wir Zivilisierten, die die Möglichkeit solcher Fähigkeiten leugnen!

Diese Fähigkeiten widersprechen allen Regeln der Vernunft. Westliche sowie sowjetische Ethnologen und Psychiater neigten dazu, die Schamanen als gesellschaftlich sanktionierte Psychotiker abzustempeln. Es seien Hysteriker oder Schizophrene, die es verstünden, ihren Wahnsinn auf sozial akzeptable Weise zu sublimieren. Nein, Teufelsanbeter, wie etwa die reaktionäre Kirche meint, sind sie nicht – metaphysische Konstruktionen wie der »Teufel« sind ja inhaltslos. Nein, es sind Geisteskranke, denen man in unserem fortschrittlichen, humanistischen Zeitalter mit therapeutischen Maßnahmen, mit Beruhigungsmitteln, und, wenn es sein muss, mit Schocktherapie zu Hilfe kommt, um sie der Wirklichkeit anzupassen.

In den traditionellen Gesellschaften, in denen diese Fähigkeiten noch geehrt werden, hat man ein Auge auf zukünftige Schamanen: Oft sind da sonderbare Zeichen bei der Geburt: das Kind wird mit einer Glückshaube *(Caput galeatum)* geboren oder mit sechs Fingern an der Hand; es zeichnet sich durch ungewöhnliches Verhalten aus; es kommt zu ungewöhnlichen Zufällen oder schweren Krankheiten, die es übersteht. Man schickt ein solches Kind zu alten erfahrenen Schamanen in die Ausbildung. Die eigenartigen Tendenzen werden nicht unterdrückt, sondern im Gegenteil, sie werden sorgfältig, gesellschaftsfördernd ausgebildet, indem der Neuling einem alten Medizinmann oder einer weisen Frau dient. Dabei lernt er langsam, wie man die »Risse« im Weltgefüge ausfindig macht, wie man in das Sonderbewusstsein ein- und aussteigt, wie man in der Welt des Traumes bewusst handelt. Er lernt, auf Täuschungen aller Art und Halluzinationen achtzugeben. Diese darf er nicht einfach vorbeigleiten lassen oder, wie wir es gelernt haben, als »unreal« oder »unmöglich« sofort aus dem Bewusstsein verbannen. Erschreckt ihn zum Beispiel ein krummer Zweig auf dem Weg, der im Vollmondlicht die Gestalt einer Schlange annimmt, oder glotzt ihn ein Astloch wie ein unheimliches Auge an, dann lässt er die Schlange als Schlange gelten und das Auge als Auge und beobachtet still, wie diese sich verhalten, denn in ihnen will sich ein Geist kundtun. Wie der Yogi am Ganges wird er lernen, zu fasten, lange Zeit stillzuhalten, Schmerz und Entbehrung zu ertragen und dabei die feinsten Nuancen seiner geistigen und seelischen Vorgänge zu bemerken. Wie kaum ein anderer wird er lernen, seine Körperfunktionen zu beherrschen. Schließlich wird er gelernt haben, die erlebten Zustände willkürlich hervorzurufen, die Geister zu rufen. Er wird ihre Namen kennen. Mit der Trommel

– seinem Reittier – und dem Zaubergesang wird er auf die »Innenseite« – die der Uneingeweihte nie betreten kann – gelangen, dorthin, wo die Naturgeister, Elfen, Kobolde, Einhörner und auch die Dämonen und Unholde ihr Wesen treiben. Dabei ist es selbstverständlich, dass er den Seelen der giftigen sowie der heilenden Pflanzen begegnet. Von seinem Lehrer wird er auch von denjenigen Pflanzen erfahren, die sein »Fliegen«, »Hören« und »Sehen« verstärken, den Zauberpilzen, Nachtschattengewächsen und anderen magischen Kräutern.

Die Ausbildung ist hart. Die Übungen sind streng. Es ist keine Sache für schöngeistige Weichlinge oder Feiglinge. Wem die Angst im Nacken sitzt, den holen die Dämonen. Bei seiner letzten Einweihung versinkt der sibirische Initiant in ein tiefes mehrtägiges Koma. Reglos, die Haut blutunterlaufen, liegt er auf dem Boden seines Zeltes. Dabei erlebt er, wie eine Meute hungriger Seuchendämonen ihn niederjagt, häutet, seine Knochen voneinander trennt, seine Augen herauspflückt, wie sie ihn kochen und dann gierig verschlingen. Jeder Dämon, der einen Bissen von seinem Leib frisst, wird später unter seiner Macht stehen – falls er nicht während dieser Probe stirbt! Schließlich findet ihn eine »Tiermutter«, ein Vogel, fügt ihm liebevoll die Knochen wieder zusammen und lässt ihn in einem Nest im Lebensbaum genesen. Bei großen Schamanen befindet sich das Nest in den hohen Ästen, bei geringeren in den mittleren Ästen und bei weniger starken Schamanen in den unteren Zweigen des Baumes. Viele Jahre vergehen in der Geisterwelt, ehe er flügge ist und das Nest verlassen kann. Er breitet seine neuen Flügel aus, springt ab ... und erwacht plötzlich wieder auf dem Fußboden seines Zeltes. Nun ist er voll ausgebildet und wird die magische Schamanentracht tragen.

Auch in unserer gegenwärtigen Gesellschaft werden hin und wieder Individuen mit charakterlichen Neigungen zum Schamanismus geboren. Leicht haben sie es bestimmt nicht! Schon früh wurde in unserer Gesellschaft der Schamanismus mit aller Schärfe bekämpft. Mit Hexenverbrennungen begegnete die Kirche dem heidnischen Treiben. Als sie allmählich ihre Macht an die Aufklärer einbüßte, ging es den Schamanen trotzdem nicht besser. Im Gegenteil, der Feldzug gegen das Irrationale verbannte die Jugend zu acht- oder dreizehnjährigem Zwangsaufenthalt in Gehirnwäscheanstalten, die man mit Selbstgenugtuung Schulen nennt. Dort, den Farben, Klängen und Gerüchen der freien Natur entzogen, verkümmern schamanische Veranlagungen recht schnell. Wie soll man da die äußerst feinen, subtilen Zeichen in Wald und Feld, Wetter und Jahreszeit wahrnehmen lernen? Wie soll man sich da in die Fülle der eigenen Seele – »Pass doch endlich auf! Sonst musst du nachsitzen!« – versenken können? Wie soll man da mit einem Engel Zwiesprache halten können? Zementwände, Neonlicht, das kalte Schwarz-Weiß der gedruckten Seite, das nervöse Flimmern des Bildschirms – alles unendlich langweilig für die Kinder- und Jugendlichen! Wie soll sich da die Liebe zur Sonne, zum lebenden Erdboden, zur Pflanze und zu den bunten Bildern der inneren Natur entwickeln können? Die »Träumer« werden allzu leicht von Schulpsychologen als Lernbehinderte gebranndmarkt. Ritalin wird sie gefügig machen. So werden die Schulen zu Instrumenten, die dem bildschöpfenden Bewusstsein die Zwangsjacke der rigiden Abstraktion anlegen und sich als brauchbar erweisen, Funktionäre für unseren bürokratischen, technokratischen Alptraum serienweise zu produzieren. Die wenigen Träumer, die doch irgendwie durch die Maschen schlüpfen, werden kaum eine Möglichkeit haben, sich als wertvolle und hilfreiche Mitglieder der Gesellschaft zu erweisen. Finden sie keinen Schutz in der Kunst- oder Unterhaltungsbranche, geht es leicht bergab in die Drogen- oder Ausgeflippten-Szene.

Die Indianer in Arizona verstecken phantasiebegabte Kinder vor den US-Schulbehörden. Sie brauchen Schamanen! Keine Schere darf ihr Haar berühren, und fortan werden sie von einem alten Medizinmann oder -weib unterrichtet. Auch die Irokesen hatten, trotz Missionaren und Ethnologen, über hundert Jahre lang das Weiterleben ihrer Medizingemeinschaften geheim gehalten, bis 1909 ein Irokese, der sich in der Universität als Anthropologe etablieren wollte, von ihnen Bericht gab.[52]

Trotz jahrelanger Unterdrückung durch bigotte Kirchenmänner und engstirnige Schulmeister haben die Träger der esoterischen europäischen Kräutertradition ihr Wissen auf ähnliche Art und Weise erhalten und weitervermittelt, wenn auch mit unverkennbaren Lücken und teilweisem Absacken in den Aberglauben. Hier und da quillt es wieder in die Öffentlichkeit. Aber trotz der gegenwärtigen grünen Kräuter- und Okkultismuswelle bleibt vieles geheim. Die Adepten wissen, dass es in die Hände derjenigen gelangen könnte, die es kommerziell ausbeuten oder zu Machtzwecken missbrauchen würden. Letzteres geschah, als das Pentagon in den fünfziger Jahren, noch vor den Blumenkindern und Hippies, sämtliche Schriften, die mit Drogen zu tun hatten, durchkämmte, um geeignete Mittel zur psychologischen Kriegführung zu finden.[53] Dass mit den freizügigen Geschenken der Gottesapotheke heutzutage Wucher getrieben wird, bedarf wohl kaum der Erwähnung. In Denver (Colorado, USA) wurden kräutersammelnde »Hippies« innerhalb von zehn Jahren die Bosse eines Kräuterteekonzerns mit Millionenumsatz. Dass sich dabei die helfenden Wesenheiten aus den Kräutern zurückziehen, wird jeder traditionelle Schamane bestätigen.

Seit dem 16. Jahrhundert, als die Spanier kamen, haben die Indianer Mexikos nur heimlich ihre heiligen Pilze *(teo-nanacatl)* verspeist, und dann nur, um Schwerkranke zu heilen. Die Pilze öffnen das Tor in die Welt, wo alle Geheimnisse offenbar liegen. Im Jahre 1955 kam ein netter amerikanischer Pilzforscher namens Gordon Wasson mit seiner Frau in die abgelegenen Berge von

Oaxaca und überredete die arme Indianerin Maria Sabina, das Pilzgeheimnis zu verraten – sie seien auf der Suche nach Gott. Kurz darauf veröffentlichte Gordon Wasson das lang gehütete Geheimnis im *Life*-Magazine. Es dauerte nicht lange, da kamen immer mehr sensations- und triphungrige Weiße, die die Pilze ausprobieren wollten. Diese Drogentouristen hatten so wenig Respekt vor den »niños santos», dass allmählich die Kraft aus ihnen schwand. Nun können nicht einmal mehr die Indianer die Pilze zum Erkennen der Krankheiten und zu deren Heilung verwenden. Ihr Geist hat sich abgewendet.

Ein weiterer Grund, dass die Tradition halb im Geheimen bleibt, ist, vor allem in Ländern mit starken Ärzteverbänden und Interessenvertretungen der pharmazeutischen Konzerne, die Angst vor behördlicher Anklage wegen widergesetzlicher arzneilicher Praxis. Aber auch sonst ist der kräuterkundige Schamane, die Kräuterfrau oder der Volksheiler, wie man sie in abgelegenen Tälern im Allgäu noch findet, kein angenehmer Bettgenosse des Etablissements. In seiner ganzen Art und Weise passt er weder in den Salon der guten Bürger noch ins Labor der Wissenschaftler: Seine Anschauungen sprengen den »normalen«, allgemeingültigen Rahmen. Seine Schulung besteht eben gerade darin, die erlernten, definierten, allgemein anerkannten Gedanken-, Sprach- und Gesellschaftsstrukturen zu relativieren und aufzulösen. Er hat gelernt zu »dissoziieren«, die herkömmliche Weltanschauung vorübergehend zu negieren und stattdessen die Welt in ihren Wurzeln, in ihrem Werden, nicht nur im Gewordenen, zu betrachten. Der Bauernphilosoph Arthur Hermes nennt das ein wahrnehmendes Denken, das nicht nur im »toten, verhärteten« Kopf stattfindet sondern in den tieferen Organen, im Bauch, in der Leber oder im Herzen. Ein »kosmisches« Denken sei dieses Wahrnehmen. Die tieferen Organe stehen in Resonanz mit der Umwelt, auch sie machen ihre Erfahrungen und haben – auch wenn es uns meistens nicht bewusst ist – ihre „Erinnerungen“. Es ist eine Wahrnehmungsart, die wir mit den Tieren gemeinsam haben, die es der Kuh ermöglicht, giftige und genießbare Pflanzen zu unterscheiden, oder einem Schaf, das von einer Schlange gebissen wurde, nach Süßklee als Gegengift zu suchen. Der Schamane oder Yogi kann sich bewusst mit dem Wahrnehmen der tieferen Organe verbinden. Er ist so weit erwacht, dass er mit ihrer Hilfe Eigenschaften der Natur erkennt. Die gewonnenen Erkenntnisse vermittelt er, indem er sie in die Bilder und Symbole der folkloristischen Tradition, zu der er gehört, einkleidet. Die Fähigkeit, die etablierten Dogmen auf diese Weise mit neuen Schöpfungen aus der Tiefe in Frage zu stellen, bringt den Seher allzu oft mit den Priestern und Professoren – den staatlich sanktionierten Kulturerhaltern – in Konflikt; daher gehört der Schamane dem »Teufel«, dem Diabolos (Durcheinanderwerfer), an oder wenigstens den »wilden« Göttern. Der indische *Ojha* oder der nepalesische *Mangpa* oder *Jhankrie* empfängt seinen Segen von Shiva, dem Gott der Wandlung, des Fiebers und Feuers, oder von der furchtbaren Kali, die im Blutrausch die Dämonen der falschen Vorstellungen erschlägt. Bei den Germanen unterstanden die Wurzelkundigen, die Seher und Zauberer dem unberechenbaren Wotan sowie natürlich der Freya. Die Slaven gebrauchten das Bild des wilden, reißenden Wolfs, um den Schamanen zu kennzeichnen: *Volkhava* – Wolfsmensch – hieß er.

Das dritte Auge

Meine erste Erfahrung mit einer schamanischen Heilséance machte ich während einer einjährigen Feldforschung in einer Spiritistengemeinschaft, deren kleine Siedlung aus schlichten weißen Holzhäusern in einem abgelegenen Waldgebiet im nördlichen Ohio liegt.[54] Seit Ende des amerikanischen Bürgerkriegs (1865) wurden hier täglich die Geister, die die Gemeinschaft in allen Lebensbereichen berieten, beschworen. Ein Wandermedium leitete die erste Séance, zu der ich Zutritt hatte. Sein Seelenführer – die buntbemalte Gipsstatue eines Indianers – wurde mit Rosen und Kerzen auf einem »Altar« aufgestellt; sein Gehilfe ließ Gospelmusik und geschmeidige hawaiische Gitarrenklänge auf einem Plattenspieler so lange laufen, bis die »Vibrationen« (Schwingungen) harmonisch genug waren, dass die Sitzung beginnen konnte. Mit verbundenen Augen las er die Ausstrahlungen der Teilnehmer. Nur einmal unterbrach er sich, als er in meine Richtung mit dem Finger drohte: »Wer dort sitzt, soll aufhören zu denken und zu analysieren – es stört die Vibrationen!« Schließlich waren die Vibrationen »hoch« genug, dass die Heilséance beginnen konnte. Sein geistiges Auge machte die »erdgebundenen Geister«, die sich in einem der Anwesenden eingenistet hatten, aus. Er schrie die Geister an, sie sollten den Kranken in Ruhe lassen. Manchmal berührte er Körperstellen. Wenn er den erdgebundenen Geist traf, dankte er seinem Indianer mit einem lauten: »Right on, Chief!«. Einer älteren Frau, die wie mesmerisiert dastand, riet er, alle ihre vom Arzt verordneten Pillen ins Klo zu werfen. Stattdessen sollte sie eine Geranie pflegen – das werde ihr Gesundheitsbarometer sein. Auch sonst erfuhr ich, dass Pflanzen ganz allgemein die vom »Spirit« vorgesehene Arznei für die Menschen sein sollen – als Nachbehandlung, nachdem der Seelenleib von dunklen Gedanken und erdgebundenen Geistern gereinigt worden war. Kaum eine Séance verging, bei der nicht hervorgehoben wurde, dass Gedanken Dinge seien (»thoughts are things«), die eine ebenso konkrete Wirkung auf die Außenwelt, Innenwelt und Mitwelt hätten wie materielle Stöcke und Steine.

Was soll ein frischgebackener Ethnologe, der sich frei von vorgefassten Meinungen wähnt, dazu sagen? Da greift man zu den wackeligen Begriffskrücken – »vorwissenschaftliches, magisches Denken« usw. –, die man in den Seminaren so aufgesogen hat, und tut das Ganze als »psychologische Projektion und irrationalen Versuch, mit den Nöten und Ängsten des Daseins fertig zu werden«, ab. Verwirrend ist nur, dass die Spiritisten auf die Dauer damit leben können. Die Krankheiten, die das Medium mit seinem Gipsindianer heilt, können ja nur »hysterische« Erscheinungen sein!

Inzwischen ist der Ethnologe etwas altbackener geworden, hat gesehen, wie sich Yogis begraben ließen und dabei ihre Körperfunktionen willkürlich auf das Minimum reduzierten; er hat sie über Feuer gehen und auf Nagelbetten sitzen sehen. Zudem werden die Resultate des Bio-Feedback, der Hypnose, der Reich'schen Therapie und des Autogenen Trainings bekannter. In all diesen Fällen lassen sich Körpertemperatur, Blutdruck, Herzfrequenz, Appetit, Verdauung, Schmerzempfindlichkeit, Bluten und andere Funktionen des angeblich unbeeinflussbaren autonomen (vegetativen) Nervensystems ganz eindeutig durch »Suggestion« beeinflussen. Sogar die Schreckensseuche der Industriegesellschaft, der Krebs, erweist sich als durch geistige Einwirkung beeinflussbar. Das macht die Visualisationstherapie der Krebsärzte Carl und Stephanie Simonton überzeugend klar.[55] Krebsleidende werden angewiesen, sich völlig zu entspannen und dann den Krebs zu visualisieren. Die Bilder, die dabei herauskommen, ähneln den Zeichnungen und Beschreibungen der Schamanen von den Krankheitsdämonen und dem unsichtbaren Gewürm, das sie in ihren Heilséancen heraussingen, -saugen oder -jagen oder, im Fall der Indianer, durch Tabakqualm herauslocken. In gleicher imaginativer Weise sollen sich die Leidenden ihre natürlichen Abwehrkräfte vorstellen – oft entstehen dabei Ritter, die gegen Drachen kämpfen – und sich in das Bild ihrer vollständigen Genesung versenken. Die positiven Ergebnisse dieser im Grunde genommen rein schamanischen Behandlungsweise – auch bei hoffnungslosen Fällen – sind aufsehenerregend. Was macht der Schamane mit seinen Trommeln, Tänzen, Masken und Gesängen? Er »be-geistert«, er »in-spiriert« die Kranken mit heilenden Imaginationen, mit Bildern, an denen schwache Seelen und Leiber genesen können. Sein Rausch, seine Erhitzung und dramatische Darstellung kann den Kranken mitreißen. Zur Nachbehandlung eignen sich Kräuter, die den Körper in seinen Funktionen reizen und stimulieren – sie sind bestens geeignete Träger heilender Imaginationen.

Eine philosophische Frage schleicht sich nun an uns heran. Wo ist die Brücke vom Bild zur Physis? Wie springt der Funke der Imagination über in die leibliche Funktion? Aufgrund des eben Besprochenen müssen wir zugeben, dass die alte schulmeisterliche Trennung des Nervensystems in einen bewussten Teil (animales Nervensystem), der unserem Willen unterliegt, und einen autonomen Teil (vegetatives Nervensystem), der jenseits unserer Willkür liegt, nicht gerechtfertigt ist. Es steht außer Zweifel, dass das vegetative Nervensystem – der Parasympathikus und der Sympathikus – durch unsere Gefühle, Wünsche und Gemütsverfassung beeinflusst wird. Fortwährender Kummer, Angst, Furcht, Nervosität – eben was man heute »Stress« nennt – verursacht eine ganze Reihe moderner Leiden, weil Erregung und Abregung, also das Verhältnis der sympathischen zu den parasympathischen Funktionen, gestört ist. In dem Fall treten Magengeschwüre, Verstopfung, Asthma und andere Lungenschwächen, Rheuma, Arthritis, Empfänglichkeit für Antigene (Allergien), sogar Zahnverfall und schließlich Krebs auf. Auch das Immunsystem des Körpers unterliegt diesem Einflussbereich. Wie viel leichter man sich zum Beispiel erkältet, wenn man seelisch mitgenommen ist!

Die folgende Tabelle zeigt im Überblick, wie die beiden Teile des vegetativen Nervensystems sich funktionell ergänzen. In der einseitigen Verkrampfung des Sympathikus oder des Parasympathikus erkennen wir viele unserer Stress-Symptome wieder. Wenn es schon schwerfällt, unter den heutigen Umständen die Stress-Ursachen zu vermeiden, so können wir wenigstens unsere

Einstellung und Handhabung beeinflussen, und das tut man mittels Bildern, Vorstellungen, Einbildungen und Selbstsuggestionen, die ihrerseits eine beruhigende oder stimulierende Wirkung auf die autonomen Körperfunktionen haben. In traditionellen Gesellschaften ist der Schamane Experte in der Manipulation solcher Einflüsse. Er ist mit einem Überschuss an Bildern und Imaginationen begabt, die er mittels dramatischer optischer und akustischer Darstellungen auf seine Patienten überträgt.

Das vegetative Nervensystem

Sympathikus	Parasympathikus
Erweiterte Pupillen	Pupillen verengt
Trockene Tränendrüsen	Weinende Tränendrüsen
Trockener Mund (Spucke weg!)	Geifern
Kalter Schweiß (Angstschweiß!)	Trockene Haut
Blässe	Errötung
Gänsehaut (Haar steht zu Berge)	Glatte Haut
Bronchien entspannt	Bronchien verengt
Herzklopfen	Herzschlag/Puls ruhig, langsam
Verdauungsdrüsen gehemmt	Verdauungsdrüsen aktiv
Adrenalin-Sekretion	Hemmung der Adrenalin-Absonderung
Hemmung des Harndrangs	Harndrang
Verklemmung des Sphinkters	Entspannung des Afterschließmuskels
Sexuelle Hemmung	Erektion, sexuelles Verlangen

Die Schaltstelle, an der sich innere und äußere Eindrücke, Bilder und Gedanken auf die Gefühle (Emotionen) übertragen und an der sie schließlich in sympathische oder parasympathische Körperreaktionen umgesetzt werden, ist anscheinend der Hypothalamus. Dieser zwetschgengroße Körper, ein Teil des Zwischenhirns, ist sicher im Großhirn eingebettet. Wie der chinesische Kaiser, der, verborgen hinter den Mauern der verbotenen Stadt, unbewegt die Welt bewegte, so vermittelt und steuert der *Hypothalamus* lebenswichtige Vorgänge. Er erteilt seine Befehle nicht nur dem vegetativen Nervensystem, als oberster Dirigent der *Hypophyse* beherrscht er auch sämtliche innersekretorischen Drüsenaktivitäten. Die Gehirnregion, zu der der Hypothalamus und die Hypophyse gehören, ist zugleich die Brücke vom alten Reptilienhirn – das die Instinkte unserer stammesgeschichtlichen Vorfahren steuerte – zu dem neuen Großhirn der Säuger, zu dem Hirn des wachen, denkenden Bewusstseins. In dieser Gehirnregion vermutete auch der französische Philosoph René Descartes die Brücke zwischen Geist und Körper: Er tippte auf die Pinealdrüse *(Epiphyse)*.

Am »dritten Auge« haben schon viele Forscher herumgerätselt. Auch ich machte mir Gedanken, als die Spiritisten mir sagten, ich sähe die Geistererscheinungen nicht, weil mein »drittes Auge« noch verschlossen sei! Das mysteriöse Scheitelauge, das unsichtbar von dieser Gehirnregion aus den Mittelpunkt der Stirn durchstrahlt, ist wesentlicher Bestandteil okkulter Physiologie. Es erscheint in der griechischen Sage als das von Odysseus ausgestochene Kyklopen-Auge, als das Horn des Einhorns, als Herrschafts-Chakra *(Ajna)* im Yoga, als das Feuerauge, mit dem Shiva den Liebesgott Kama zerstört, als das Tor, durch das Jupiter in den Leib Einzug hält, als Konzentrationspunkt und als die Stelle, wo die Hindus immer noch rote Farbtupfer *(tilak, bindi)* als Heilszeichen anbringen. Das dritte Auge hat die besprochene Gehirngegend als physische Grundlage.

Einst, als sich unsere Vorfahren noch als Fische und Lurche in den Meeren und Sümpfen des Mesozoikums tummelten, befand sich die mit dem Zwischenhirn verbundene Zirbeldrüse *(Epiphyse)* tatsächlich als lichtempfindliches Organ mitten auf der Stirn. Mit den sich verändernden Lichtverhältnissen rief dieses dritte Auge chemische Veränderungen im Körper hervor. Das ermöglichte diesen Tieren, sich automatisch tarnend der Umwelt anzupassen, und regte im Frühling, wenn die Tage länger wurden, oder wenn der Vollmond schien, die Brunftzeit an.[56]

Herr über diesen Mittelpunkt zu werden, der Imagination und Körperfunktion, Instinkt und Wachbewusstsein verbindet, scheint schon immer das Ziel schamanischer Einweihung gewesen zu sein. Mittel dazu sind außergewöhnliche Anstrengungen – der *Shramana* ist ein Übender! Darunter befinden sich Fasten, Martyrium, stundenlanges Trommeln und Tanzen (wie bei den islamischen Derwischen) oder auch Stillsitzen. Die vielen Yogaübungen mit Sitzstellungen, Mantra-Singen, Atemübungen und Askese sind im Grunde genommen verfeinerte schamanische Praktiken. Drogen, die auf das Zwischen- und Mittelhirn einwirken, wie etwa »Zauberpilze«, Haschisch und Nachtschattengewächse, dienen ebenfalls dazu, das dritte Auge wachzurütteln. Was bedeutet das? Es bedeutet das Erwachen einer älteren, instinktiven Ebene des Bewusstseins. Es bedeutet aber auch, mit diesen wilden Kräften umgehen zu lernen und ihre Inhalte in den Bereich des höheren Bewusstseins zu rücken. Das ist immer gefährlich! Der Held, der Schamane, muss wie der Argonaut Jason an dem Reptil, dem Drachen, vorbei, um das Goldene Vlies der Weisheit zu rauben. Viele Gefahren gilt es auf dieser Reise zu bestehen! Alle Tugenden, voran Mut, guter Wille und auch List, müssen bei diesem Unternehmen Helfer sein.

Shiva, der Meister des dritten Auges, ist Vorbild der Yogis und Schamanen: Als Herr der Tiere und Kenner der Seelen ist er hellsichtig und hellhörig; als Auge in der Mitte des Sturms sitzt Shankar in trancehafter Tiefenmeditation; er tanzt in ausgelassener Ekstase; er ist Meister der Gifte und Pflanzendrogen; und er gibt sich vollkommen der allersüßesten Wonne hin, in ewigwährender Vereinigung mit Parvati, der Bergtochter.

Wem das dritte Auge erwacht ist, dem ist die Außersinnliche Wahrnehmung (ASW) keine bloße theoretische Möglichkeit mehr, über die hirnverkrampfte Akademiker endlos diskutieren: Die

»Märchenwelt« geht auf. Man entwickelt die Fähigkeit zur »Intersubjektivität« mit Menschen und Tieren – man kann die Seelen schauen und mit Tieren reden. Man kann die Elementargeister und Pflanzenseelen erkennen und die Äther-/Astralgestalten der unheimlichen Krankheitsdämonen. Dieses dritte Auge ist älter als unser verpanzertes Ich-Bewusstsein. Wir sehen, wie in der Ekstase, im Rausch, im gesunden Orgasmus und im Mystizismus das Ego vorübergehend in den Fluten des Ur-Ozeans verschwindet. Der Schamane ist der Held, der absichtlich in diese Fluten springt und reich beladen wieder auftaucht, ohne zu ertrinken.

Es sollte vorsichtshalber noch gesagt werden, dass dieses Geistorgan aus gutem Grund den meisten Sterblichen verschlossen bleibt. Die Inhalte des Unterbewussten können leicht das Wachbewusstsein mit Wahn überfluten. Jenseitige Wesen – begierig nach Verkörperung – können den uneingeweihten Eindringling übermannen und sein kleines Ich besessen machen. »Sünden« sind schwer und schwarz; wer nicht gereinigt ist, wird nicht die Leichtigkeit haben, sich wieder aus den Tiefen herauszuheben, es sei denn, ein Dämon gibt ihm Kraft dazu. Bei einem solchen verwandelt sich das dritte Auge in den »bösen Blick«, der negative Imaginationen anstatt Heilkraft ausstrahlt. Solche falschen Schamanen werden von ihren Stammesgenossen sehr gefürchtet, und wenn man sie erwischt, werden sie als Schwarzmagier getötet.

Kräuterkunde der Indianer

Für moderne Amerikaner ist Kräuterkunde schlicht Indian medicine (Indianermedizin). Im amerikanischen Weltbild, wo Natur und Kultur als krasse Gegensätze gedacht werden, gehören die Wildpflanzen ebenso zu den »Wilden«, wie die Pillen zum Fortschritt gehören. Indian medicine ist Teil der romantischen

Vorstellung von den naturnahen, edlen Kindern der Wildnis, die den Pilgervätern mit Mais, Truthähnen, Preiselbeeren und Kräutertees über den ersten Winter halfen. Aber da hört die Verklärung schon auf. In Wirklichkeit sahen sich die bibelgläubigen Angelsachsen eher in der Rolle der alten Israeliten, die das gelobte Land erobern. Die Indianer spielen dabei die Rolle der verfluchten Philister und bösen Kanaaniter:

> *»Braune Schlangen« nannten die Neuengländer die Indianer seit dem Krieg gegen die Pequot. Dem Führer der Puritaner, Cotton Mather, waren sie schlechthin »Kinder Satans«. John Stoddard empfahl, sie wie Bären mit Bluthunden zu jagen; Prämien für Indianerskalps wurden gezahlt, und die Losung »Nur ein toter Indianer ist ein guter Indianer« wurde in Umlauf gesetzt.*[57]

Unter solchen Umständen ist es verständlich, dass die Indianer den größten Teil ihres hervorragenden Kräuterwissens für sich behielten.

Privates Besitztum an Land, Wasser, gespeicherten Nahrungsmitteln, Werkzeugen und Waffen war den Indianern – wie fast allen anderen Naturvölkern auch – fremd. Daher erschienen sie den auf bürgerliche Tugenden bedachten Siedlern als diebische Elstern – sie nahmen sich einfach, was sie brauchten –, und *»Indian giver«* wurde der Begriff eines Schenkers, der sein Geschenk nach einiger Zeit wieder zurückholt. Nur in einem Bereich kannten die Indianer absolutes Privateigentum: in den »Medizinen«, den Liedern und Kräutern, die ihr Schutzgeist ihnen während der Visionssuche *(vision quest)* offenbart hatte. Die »Medizin« blieb beim Besitzer, höchstens dass er sie gegen Entgelt oder Gegenleistung an seinen Lieblingsneffen weitergab. Dem feindseligen Yankee wurde dieses nicht offenbart.

Die Siedler waren auch nicht sonderlich daran interessiert. Sie ließen Trockenkräuter, die sie aus dem Buch des Londoner Kräuterarztes Nicholas Culpeper kannten, von England einführen. Erst mit der Unabhängigkeitsbewegung um 1770, nachdem britische Teeballen im Hafenschlick Bostons versunken waren, galt es als Ausdruck patriotischer Gesinnung, die landeseigene Kräuter- und Drogenproduktion zu kaufen. Durch Heilkräuterplantagen – auf denen auch viele einheimische Pflanzen angebaut wurden – hatten Sekten wie die Shaker ein gutes Einkommen. Die fortschrittliche, akademisch geschulte Ärzteschaft jedoch verachtete die *»simples«* *(Simplicia)* der Indianer und Sektierer und kurierte weiterhin nach der Doktor-Eisenbart-Methode mit Schröpfen, Blasenziehen und giftigen Purgiermitteln wie Quecksilber, Antimon und Arsen.

Die Ablehnung der Heilkunde der Eingeborenen lässt sich an der Geschichte des Skorbuts, an dem Abertausende Seeleute qualvoll zugrunde gingen, ablesen. Schon im Winter 1535/36 zeigten die Algonkin den erkrankten französischen Entdeckern des Ontariosees unter Jaques Cartier, wie sie ihre Zahnfleischblutungen, Ödeme und Schmerzen mit einem Aufguss von Hemlocktannenspitzen *(Tsuga canadensis)* stoppen könnten. Ähnliche Erfahrungen machten auch spätere Erforscher der Küsten Amerikas (Holländer hatten weniger Skorbut, weil sie Sauerkraut mit auf ihre Schiffe nahmen!). Erst um 1795 verordnete die britische Admiralität Limonen (limes) als Verpflegung auf den Kriegsschiffen – daher der Spitzname für englische Seeleute: »Limies«. Verpflegung mit Vitamin-C-haltigen Zitrusfrüchten wurde in der Handelsmarine erst in der Mitte des 19. Jahrhunderts üblich – es war ja schließlich billiger, die Besatzung auszuwechseln, als Südfrüchte zu kaufen!

Trotz Schwierigkeiten und Widerständen verdanken wir den Ureinwohnern der Neuen Welt etliche nützliche Heilmittel[58]:

- **Fiebermittel:** Schlangenwurzel *(Aristolochia serpentaria)*, Sassafras oder Fenchelholzbaum *(Sassafras officinale)*, blühender Hartriegel *(Cornus florida)*.
- **Abführmittel:** Amerikanischer Sennes *(Cassia marilandica)*, Schildkrötenkopf *(Chelone glabra)*, Culvers Root *(Leptandra virginica)*, Butternussrinde *(Juglens cinera)*.
- **Lungenentzündung:** Wurzel der Seidenpflanze *(Asclepias tuberosa)*
- **Durchfall:** Rot-Ulme *(Ulmus rubra, „slippery elm“)*, Blutwurzel *(Sanguinaria canadensis)*.
- **Grippe, Erkältungen und zur Immunstärkung:** Durchwachsener Wasserhanf *(Eupatorium perfoliatum, „boneset“)*, Kanadische Gelbwurzel *(Hydrastis canadensis)*.
- **Blutstillende Mittel:** Kanadisches Berufkraut *(Erigon canadensis)*.
- **Prellungen:** Hexenhasel *(Hamamelis virginiana,* „witch hazel“).
- **Bösartige Geschwüre:** Kermesbeere *(Phytolacca americana)*, Maiapfel *(Podophyllum peltatum)*.
- **Menstrualkrämpfe, Wechseljahresbeschwerden:** Traubensilberkerze (*Hydrasis canadensis*, „squaw root“ oder „black cohosh“).

Eine vollstände Liste der Heilpflanzen, die wir den Indianern verdanken, würde ein ganzes Buch füllen.[59] Besonders über die Tscherokie *(Cherokee)*, einen kontaktfreudigen Pflanzerstamm im südlichen Appalachen-Gebirge, ist vieles in die Volksmedizin der schottisch-irischstämmigen Hinterwäldler *(Hillbillies)* und der Weißen der Südstaaten eingedrungen. Die Reformbewegungen in diesem und im letzten Jahrhundert scheinen den »Rothäuten« auch viel abgeschaut zu haben. Samuel Thomson gibt zwar seine Quellen nicht an, aber seine Schwitzkuren und die Anwendung des »Kotzkrauts« *(Lobelia inflata)*, um den Verdauungstrakt auszuputzen, mutet recht indianisch an. Die Medizinmänner benutzten mit Vorliebe das Spaltglöckchen *(Lobelia)* um böse Geister aus dem Leibe zu jagen.

Mit dem Niedergang der traditionellen Stammeskulturen, der Dezimierung des Jagdwildes, dem Fällen der Urwälder und dem Umsichgreifen europäischer Seuchen – Grippe, Pocken, Masern –, gegen die »die Söhne Winnetous« keine immunologische Abwehr besaßen, ging auch ihre Heilkunde, als Bestandteil ihres Weltbildes, in die Brüche. Die herkömmliche Medizin war den Seuchen der Weißen nicht gewachsen. Folge war, dass die Indianer in den Reservationen große Teile der aus Europa mitgebrachten Kräuter und Volksheilmittel übernahmen, die dann später wieder als »echt indianisch«, als *Indian medicine*, verkannt wurden.[60] Noch heutzutage erscheinen in den *Chatauquas* (Sommerlagertreffen) der Spiritisten Indianer aus den Seneca-Reservationen, die als Heiler und Medizinmänner auftreten. Zu ihrem »echt indianischen« Repertoire gehört auch Weissagen aus Karten und Teeblättern und mit Pendeln![61]

Unter Präsident Andrew Jackson, einem Indianerhasser, wurde 1830 ein Gesetz *(Indian Removal Act)* erlassen, das bis auf wenige Ausnahmen alle Waldlandindianer östlich des Mississippi in die Wüsten und Steppen des Westens aussiedelte. »Pfad der Tränen« nannten die Cherokee und Creek den Treck, auf dem Tausende ihrer Genossen starben und der sie in eine völlig fremdartige Umwelt führte. Dabei gerieten die alten Heilpflanzen und ihre Anwendungsmöglichkeiten in Vergessenheit. Aber auch ihre Heimat, die schier endlosen Laubbaumurwälder, veränderte sich bis zur Unkenntlichkeit, als man sie rodete und in Ackerland und Städte verwandelte. Mit den Äxte schwingenden, schießenden Bleichgesichtern erschienen den Indianern unbekannte Insekten und Vögel (zum Beispiel Spatz, Star). Dazu kam ein ganzes Spektrum eurasischer Kräuter, Gräser und anderer Pflanzen, die die Indianer die »Fußstapfen des weißen Mannes« nannten. Unkrautsamen kamen mit dem Getreidesaatgut oder aus den verwilderten Gärten der Neueinwanderer. Der größte Teil der Heilkräuter der Volksheilkunde – sofern sie noch vorhanden sind – besteht aus diesen Miteinwanderern. Auch die Indianer griffen diese neuen Pflanzen auf und benutzen sie noch heute, manchmal auf ganz neue und interessante Art und Weise.[62] Zu diesen Eindringlingen, die nun die Landschaft beherrschen, gehören Katzenminze, Mutterkraut, Balsamkraut, Lungenkraut, Königskerze, Alantwurzel, Beinwell, Huflattich, Stockrose, Beifuß, Klette, Karde, Sauerampfer, breitblättriger Ampfer, wilde Möhre, Schafgarbe, Günsel, Wegwarte, Wegerich, Löwenzahn, Gundermann, Sauerklee, Seifenkraut, Tageslilie, Rainfarn und viele andere Bewohner der Wiesen, Felder und Wegränder.

Die Ojibwa

Die Ojibwa (oder Chippewa) sind ein sesshaftes Volk, in dessen Siedlungsgebiet am Oberen See der Wildreis *(Zizania aquatica)* in segensreichen Mengen wächst. Dieses Sumpfgras, das der Kulturheros Manibosho den Indianern gebracht hat, ist Hauptnahrungsmittel und steht im Mittelpunkt des gesellschaftlichen Lebens. Durch Longfellows romantisches Epos *Hiawatha* wurde dieses Volk bekannt, und die Deutschen erfuhren von ihm durch den Bremer Reisenden Johann Georg Kohl, dessen *Kitschi Gami* oder *Erzählungen vom Oberen See* 1859 erschienen.

Wurde ein Ojibwa krank, konnte er entweder einen Djasakid (Gaukler, Geisterbeschwörer) in seinem Schüttelzelt – so genannt, weil das Tipi sich beim Eintritt der Geister schüttelte – aufsuchen oder er konnte einen Arzt (Mide) der logenartigen *Midewiwin-*

Medizingesellschaft bestellen. Wie der wilde Reis, so wurde die Midewiwin von dem Heilbringer Manibosho in der Urzeit gestiftet. Die Midewiwin-Ärzte waren und sind hervorragende Kräuterkenner. Sie glauben – wie unser Paracelsus –, dass jede Pflanze ihren Nutzen hat. Im Gegensatz zu den Akupunkteuren, Ayurvedikern oder europäischen Ärzten befasst sich jeder Mide ausschließlich mit nur einer, höchstens mit zwei bestimmten Krankheiten.

Das Wissen um die *materia medica* wird im Traumgesicht empfangen. Es kommt von *Manitu*, der magischen Kraft, die das Universum durchpulst, die alle Dinge belebt und den Reis wachsen lässt. Frances Densmore, der die Ethnobotanik der Ojibwa erkundet hat, weiß als rationeller Wissenschaftler mit magischen Potenzen nicht viel anzufangen. Umso mehr staunt dieser Ethnologe, dass die Heilpflanzen der Ojibwa, wenn im Labor untersucht, aktive Wirkstoffe vorweisen und dass in ihrer Anwendung erhebliche Übereinstimmung mit der europäischen Kräuterkunde besteht.[63]

Die Mide folgen dem »Bärenpfad«, indem sie stufenweise in immer höhere Einweihungsgrade ihrer Medizinloge aufsteigen. Der Bär ist ein *manitu*-geladenes, mächtiges Tier, das alle Heilkräfte der Kräuter und Wurzeln kennt und sie mit seinen Tatzen aus dem Boden krallt. Die stärksten Wurzeldrogen werden dementsprechend auch »Bärenmedizin« genannt. Das Wissen um die Bärenmedizin ist ein streng gehütetes Geheimnis. Die Wurzeln werden getrocknet, zu Pulver gemahlen und dann mit aromatischen Kräutern vermengt, um Erkennung durch Uneingeweihte zu vereiteln. Die Mide behaupten, sie tun dies aus Achtung vor den Pflanzen. Solche Geheimniskrämerei kennen wir auch bei anderen Völkern, und wo das nicht der Fall ist, ist es auch leider vorgekommen, dass seltene Pflanzen durch Hab- und Gewinnsucht ausgerottet wurden. Sogar die Namen der Kräuter werden nicht bekannt gegeben. Jeder Mide hat seine eigenen, persönlichen Bezeichnungen. Ein Linnaeus, der die Taxonomie gleichschaltet, ist nicht gefragt.

Es werden hauptsächlich Wurzeln gebraucht, manchmal aber auch die ganze Pflanze. Man gräbt sie im Frühling oder im Spätherbst, wenn die Pflanze noch nicht bzw. nicht mehr im Saft ist. Rinden werden dagegen im vollen Saftfluss in der Jahresmitte geschält. Wie bei allen adepten Kräutersammlern werden die Blätter nicht gewaschen; sie werden, in Bündel gefasst, umgekehrt im Schatten getrocknet. Die zerriebenen Heilmittel werden in kleinen Leder- oder Birkenrindenbeuteln aufbewahrt, wobei ihr Inhalt mit einem Knotensystem notiert wird.

Wird eine Wurzel ausgegraben, steckt der Mide ein Brösel Tabak in ein Loch daneben und spricht mit der Heilpflanze auf etwa diese Weise: »Du bist eine außerordentlich schöne Pflanze und ein Segen für die Menschen! Ich gebe dir Tabak, damit du dich dessen erinnern mögest und für mich dein Bestes leistest!« oder: „Dein Geist und mein Geist, mögen wir zusammen einen Geist der Heilung bilden."

Der Mide wählt diejenigen Pflanzen aus, die ungewöhnliche Eigenschaften haben oder mit andeutenden Zeichen versehen sind, wie etwa mit menschenähnlichen Gabelungen, sterilen Blüten, Wurzeln mit besonderen Knicken. Er verfährt nach einer Art Signaturenlehre.

Die Wurzelpulver werden den Kranken als Aufgüsse, Absude, Abkochungen oder Umschläge verabreicht. Einige werden in süßem Ahornsaft oder -sirup gekocht. Es werden gepulverte Wurzeln und Blätter auf glühend heiße Steine gestreut; der aufsteigende Rauch wird unter einer Decke durch die Nase gesogen. Der Wasserdampf von Kräutern mit ätherischen Ölen wird ebenfalls auf diese Weise eingeatmet. Andere Pflanzen werden in Tierfett gekocht und als Salben und Pomaden verwendet. Weiterhin schnupft oder kaut man, streut die Medizinpulver in Hautritzen, sticht sie mit Stachelschweinborsten unter die Haut – eine Art primitive hypodermische Spritze! –; sogar ein Darmeinlauf wird mit einem

Klistierapparat aus Rohr und Rehblase ermöglicht. Weitere Mittel werden, unter Beimengung von Rauchtabak oder der Innenrinde des Hartriegels *(Cornus amomum)* in Pfeifen geraucht.

Die Dosierungen werden individuell zurechtgeschneidert. Magenwurzscheiben *(Acorus calamus)* werden an dem Zeigefinger des jeweiligen Patienten gemessen. Potentere Wurzeln werden vielleicht nur an einem Fingerglied gemessen. Da manche Präparate bis zu zwanzig verschiedene Kräuter enthalten, ist es Voraussetzung, dass die Mide über ein Wissen um komplizierte Synergismen verfügen.

Der Patient wird mit Brech- und Abführmitteln und einem Schwitzbad auf die Kräuterkur vorbereitet. Das Schwitzbad ist ein Dampf- oder Heißluftbad, wobei in einem engen Raum Wasser über glühend heiße Steine, die man eben vom Feuer genommen hat, gegossen wird. Der heiße Dampf, unterstützt von schweißtreibenden Tees (Holunderblüten, Monardenminze), treibt das Wasser nur so aus den Poren. Der Patient schwitzt die Krankheit förmlich heraus. Das Erzeugen eines künstlichen Fiebers auf diese Art und Weise ist uraltes Brauchtum der archaischen Jägerkulturen der nördlichen Hemisphäre – es ist mit der finnischen Sauna und dem lettischen Dampfbad verwandt – und geht bis in die Steinzeit zurück. Es dient der magischen Reinigung und der Krafterhaltung und -steigerung.

Es kommt bei den Ojibwa aber ebenso oft vor, dass die Heilpflanze nicht eingenommen, sondern als Amulett am Leib getragen wird. Auch so wird sie ihre Wirkung vollbringen. Gesundheit bedeutet den Indianern nicht bloß leibliches Wohlergehen – der klinische Befund unserer Ärzte –, sondern auch Glück und Wohlbehagen. Solche Amulette haben die Kraft *(Manitu)*, nicht nur diese Zustände herbeizuführen, sondern, wenn sie besonders stark sind, auch verlorene Gegenstände wieder ausfindig zu machen, Feinden auf Entfernung zu schaden, Jagd- und Angelglück sowie Liebesglück zu verschaffen und Giftnattern zu verjagen.

Die Irokesen

Die Irokesen sind uns aus den *Waldläufer-* und *Lederstrumpf*geschichten bekannt. Um die Jahrhundertwende waren sie jedem Proletarier ein Begriff, denn Friedrich Engels entdeckte in ihnen die matriarchalische, kommunistische Urgesellschaft, nachdem er den amerikanischen Ethnologen H. L. Morgan gelesen hatte. Zweihundert Jahre lang beherrschten sie das nördliche Waldgebiet westlich des Alleghenygebirges, trotzten den Siedlern aus Neuengland und den Franzosen Kanadas, schlugen die Algonkin in die Flucht und beherrschten den Biberpelzhandel, zu der Zeit als Biberpelzhüte chic waren. Den matrilinearen Sippen gehörte Grund und Boden, auf dem die Frauen Mais, Bohnen, Kürbisse und Gemüse anbauten.

Auch die Irokesen fassten den Begriff »Gesundheit« viel weiter, als wir es zu tun pflegen. Gesundheit ist leibliches und seelisches Wohlergehen, Freude und Glück. Wurde jemand krank, trotz gelegentlicher Dampfbäder und des Befolgens der Anweisungen des Schutzgeistes, dem man auf der Visionssuche einst in der Wildnis begegnet war, wurden mehrere mögliche Ursachen in Betracht gezogen:

- **Natürliche Ursachen:** Knochenbrüche, einfache Unfälle, Erkältungen. Diese wurden mit Heilkräutern und Schwitzkuren verarztet.
- **Schadenzauber:** Böse Hexen und Zauberer, von Neid oder Hass motiviert, können Haarkugeln, Knochensplitter, Bärenzähne oder Klümpchen geronnenen Blutes in den Leib hineinzaubern. Die Heilung fängt mit starken Brechmitteln an und wird mit einer schamanischen Heilungszeremonie fortgesetzt. Mit Hilfe seines Zaubergesangs, mit Rasseln, Tabakblasen und

unter Anrufung seiner Hilfsgeister saugt der Medizinmann die gefährliche Intrusion aus dem Leibe.

- **Geheime Wünsche:** Geheimes Verlangen, unbewusste Sehnsüchte, die sich vielleicht nur im Traum äußern, können kränken und zur Schwindsucht führen. Gemeinschaftliches Träume-Raten als eine Art »Gruppenpsychotherapie« und die Rituale der Tiermedizingesellschaft können helfen. Wenn der geheime Wunsch erkannt ist, wird er auch unmittelbar erfüllt, auch wenn das bedeutet, das ganze Dorf niederzubrennen und es wieder neu aufbauen zu müssen. Auch das *Anacawander*-Fest, eine Art Narrenfest, Karneval und Orgie, das im Winter gefeiert wurde, half viele geheime Wünsche zu befriedigen. Spiele wie Tauziehen oder *Lacrosse* (ein Ballspiel) gelten ebenfalls als beliebte Wunschbefriediger.
- **Geisterkrankheit:** Wer einem Gespenst begegnet und dabei erschrickt, dem kann die Lebenskraft verebben. In einem solchen Fall muss die Medizingesellschaft der Totensänger *(Chanters of the Dead)*, die es versteht, mit Wiedergängern umzugehen, und die die Toten speist, zu Hilfe gerufen werden.

In jedem Fall einer Erkrankung werden Tabakopfer, Fasten, Kräuteraufgüsse, Dampfbäder und Amulette verwendet. Das Trommeln, Rasseln und Singen entlockt den Heilkräutern ihre magische Kraft *(Orenda)*. Ist die Heilung erfolgreich, muss sie periodisch durch erneutes Tabakopfer, Fasten, Singen und Tanzen bestärkt werden. Wird diese »Erneuerung der Medizin« unterlassen, dann verwandelt sich die positive Orenda-Kraft, die die Heilung bewirkt hat, in ihr zerstörerisches Gegenteil *(Utgon)*!

Zeremonien, die diese Heilkraft wiederaufladen, sind Eigentum der Medizingesellschaften. Es gibt ungefähr so viele Medizingesellschaften oder Heilbünde, wie es Hauptkrankheiten gibt, da für jede Krankheit eine Gesellschaft zuständig ist. Für

Rheuma- und Fieberzustände ist es die Bärengesellschaft, für Schwindsucht ist es die Adlergesellschaft. Die Totensänger behandeln die vom Spuk Erschrockenen. Die Ottergesellschaft hilft bei schwierigen Entbindungen – damit das Kind aus der Gebärmutter rutscht wie ein Otter eine Böschung hinunter. Weitere Heilerbünde sind die berühmten »Falschen Gesichter«, deren Masken an die Masken der alemannischen *Fasnet* (Fasnacht) erinnern, die »Zwergen-Gesellschaft«, die »Mystischen Tiere« und die »Kleine Wassergesellschaft«. Die Mitglieder dieser Verbindungen sind alle genesene Kranke, die deren Hilfe einmal beansprucht haben. Um einen Vergleich mit unserer Gesellschaft anzustellen, kann man sagen, dass es sich so verhält wie bei den Anonymen Alkoholikern: Ehemalige Trinker treffen sich periodisch und geben einander Kraft und Unterstützung, damit sie der Trunksucht nicht wieder verfallen.

Nicht Menschen, sondern übernatürliche Wesen haben bei den Irokesen diese Gesellschaften gegründet. Oftmals war es ein im Urwald verirrter Jäger, dem magische Tiere oder Zwerge *(Gahoga)* erschienen, die mit ihm Mitleid hatten und ihm den Weg zurück zum Dorf zeigten. Dazu schenkten sie ihm Orenda-geladene Lieder, Kräuterkunde und Heilrituale, die jedoch als Gegenleistung periodisch wiederholte Tabakopfer und Erneuerungsrituale zur Aufladung der Kraft verlangten.

Die von Vitaminmangel und Zahnverfall geplagten Europäer bestaunten den robusten Gesundheitszustand der Irokesen, ebenso wie sie ihre weitläufigen Kräuterkenntnisse bewunderten. Von klein auf lernten die Indianer jede Pflanze kennen. Umso befremdlicher ist es, in Berichten zu lesen, dass die Irokesen sich ab und zu beim Kosten von Wurzeln – der Geschmack spielt beim Pflanzenbestimmen eine gewisse Rolle – mit dem gefleckten Schierling vergifteten. Ethnologen sind jedoch keinesfalls der Ansicht, dass es sich dabei um Unfälle handelte, sondern um eine sanktionierte

Art und Weise, sich das Leben zu nehmen, um jemanden zu beschämen.

Irokesische Kräuterweisheit, vermengt mit veralteter europäischer Volksmedizin und Hausmitteln, gedeiht noch heute in den engen Reservationen.

Die Cheyenne

Der Zufall brachte mich mit einem alten Cheyenne-Medizinmann, Bill Tallbull (Großer Büffelstier), zusammen. Mit ihm sammelte ich Kräuter im Vorgebirge der Big Horns, lernte einige Geheimnisse dabei und wurde in Zeremonien, die mit dem Kräutersammeln zu tun haben, eingeweiht.

Bei den Cheyenne muss der wahrhaft Heilkundige auch hellsichtig sein. Diese Hellsichtigkeit wird durch die Visionssuche in der Jugend erlangt. Vier Tage und Nächte durstet und fastet der Suchende allein in der Wildnis, bis ihm sein Geisthelfer – oft ein sprechendes Tier – erscheint. Um die erlangte Visionskraft neu zu beleben und zu steigern, kann sich der Cheyenne zum Sonnentanz um die Sommersonnenwende verpflichten. Dabei werden ihm Lederriemen durch Brust- und Rückenmuskeln gestoßen, die am Marterpfahl, dem »Sonnenbaum« – dem Mittelpunkt der Welt –, befestigt werden. Vier Tage und Nächte tanzt er, ohne zu essen oder zu trinken, bis die Riemen herausreißen. So findet er die Brücke zur »übersinnlichen« Welt.

Der alte Medizinmann unterscheidet zwischen höheren und niederen Geistern. Die höheren leben dort oben, wo die Adler fliegen; die niederen, die dem Menschen dienstwillig untertan sind, leben hier unten. Will sich so ein Geist dem Menschen zeigen, dann kann er zum Beispiel in eine Sonnenblume schlüpfen und einen blauen Strahl aussenden. Wer dieses Leuchten wahrnimmt, dem schenkt der Geist seine Kraft. Als Dank muss man immer etwas Tabak geben – notfalls ein Päckchen Drehtabak oder auch eine Zigarette –, oder man raucht mit dem Geist, lässt ihn einige Züge von der Zigarette nehmen. Eigentlich wäre es angebracht, mit ihm eine Pfeifensteinpfeife wie bei den Friedenszeremonien mit einer Mischung *Kinnikinnick* (Tabak, innere Rinde des roten Hartriegels, Bärentraubenblätter, Blätter vom Hirschkolbensumach und andere Kräuter) zu rauchen, aber das geht in diesen modernen Zeiten nicht mehr; »es sind zu viele negative Strömungen in der Luft, dass man es nicht wagt, die heilige Pfeife herauszunehmen«.

Die Wurzel einer so offenbarten Pflanze kann dann ausgegraben und in das heilige Medizinbündel gesteckt werden. Ihre Kraft wird viele Jahre, manchmal viele Generationen wirken. Es ist nämlich die Kraft, nicht der Stoff, die beim Heilen auf den Kranken übertragen wird. Nur eine Pflanze, die sich durch Leuchten offenbarte, hat diese Macht – andere, auch wenn sie von derselben botanischen Art sind, sind nutzlos.

Wenn einem ein Geist in einer Pflanze erscheint, soll man keine Scheu haben. Es bedeutet lediglich, dass er mit einem in Verbindung treten will. Falls man nicht weiß, wie man mit diesem Geist und seiner Kraft umgehen soll, können es einem die Alten, besonders die Großmütter, sagen. Falls sie es auch nicht wissen, kommt der Geist in der Stille der Nacht und erscheint im Traum: Dort teilt er die besonderen Verhaltensvorschriften, die »Power-Songs« und Tanzschritte mit, die die Medizin wirksam machen. Dabei lernt man auch den Eigennamen der Pflanze kennen. In dem Namen liegt Macht! Solche Namen sind weder allgemein noch willkürlich gegeben, wie die Art- und Gattungsnamen im linnéschen System, sondern die Pflanze nennt sich selber. Es ist gefährlich, die Vorschriften nicht einzuhalten. Das ist wie Wortbruch: Die Pflanze würde sich rächen. In einem unbedachten Moment kann ein erzürnter Pflanzengeist zuschlagen, einen Unfall verursachen und sogar den Menschen töten. Medizinmann Tallbull hat das schon öfter erlebt. Die Wurzeln dieser Pflanzen darf man nicht ins Haus oder Zelt mit hineinnehmen, ihre Kraft ist einfach zu stark. Nicht einmal in die Führerkabine seines Pick-ups tut er die gesammelten Pflanzen, sondern legt sie sorgfältig, nach den Himmelsrichtungen orientiert und in der Reihenfolge, in der er sie gepflückt hat, auf ein Bett aus Steppenbeifuß hinten auf die Ladepritsche. Er sammelt auch nie mehr als vier Pflanzenarten an einem Sammeltag, denn das würde Unglück bedeuten. Die Welt ist voll magischer Wesen, die mit Achtung behandelt werden müssen. Dass die Weißen dieses nicht einsehen, dass sie blind dafür sind, bringt den Medizinmann oft ins Nachdenken.

Unter den Pflanzen gibt es Männer und Frauen, einfaches Volk und Häuptlinge. Wenn man Pflanzen für irgendeinen Zweck benötigt, sucht man sich die Häuptlingspflanze. Diese ist durch kräftigeren Wuchs und stärkere Ausstrahlung charakterisiert. Dann befreundet man sich mit ihr, wie man sich mit dem Häuptling eines anderen Stammes befreunden würde. Man raucht die Friedenspfeife oder einige Zigaretten mit ihr, singt ihr ein Medizinlied und erklärt ihr ausdrücklich, warum und für wen man sie pflücken will.

Zuvor muss sich der Kräutersammler einer Reinigungszeremonie unterziehen, die bei Medizinmännern – Medizinfrauen haben eine andere Zeremonie – folgendermaßen verläuft: Man kniet vor der Häuptlingspflanze, das Gesicht nach Osten gewendet, und entblößt einen kleinen Flecken Erdboden vor ihr. Das Berühren der Erde mit den Handflächen reinigt den Menschen vorübergehend von allen an ihm haftenden Unreinheiten. Mit dem rechten Daumen zeichnet man im Uhrzeigersinn, im südöstlichen Winkel beginnend, ein Quadrat auf den entblößten Boden. Man schwingt die Hand in bogenförmiger Bewegung zurück, lässt sie viermal auf- und niederfedern, um beim fünften Mal mit dem Daumen in die Mitte des Quadrats zu drücken. Danach berührt man mit dem linken Daumen den rechten Merkurhügel der Handfläche, dann mit dem rechten Daumen den Merkurhügel der linken Hand; weiter den Mondberg der rechten Hand mit dem linken Daumen und schließlich den linken Mondberg mit dem rechten Daumen. Man reibt beide Hände zusammen. Nun zieht man mit der rechten Hand vom rechten Knie hoch zur Leiste, berührt den Rücken der linken Hand und streicht weiter den linken Arm bis zur Schulter hoch. Genau dasselbe wiederholt man mit der anderen Hand auf der entgegengesetzten Körperhälfte. Dann fährt man mit beiden Händen über die Haare bis in den Nacken hinunter. Das ist die »Waschung«, durch die Mutter Erde den Wurzelgräber vorübergehend von allem Unflat reinigt, damit er sich der Pflanze nähern kann und keinen Schaden auf sich zieht.

Nun erst ergreift er den hölzernen Grabstock – wie bei vielen archaischen Ritualen, die mit Kräutersammeln und dem Aufritzen der Erde zu tun haben, darf kein Metall verwendet werden. Mit dem Stock berührt er den Boden, der die Pflanze umgibt, viermal. Auch hier fängt man im Südosten an, zeichnet ein Viereck um die Pflanze, bringt den Grabstock im Bogen wieder zurück, stößt ihn viermal über der Pflanze auf und nieder, um beim fünften Mal auf die Pflanze selber zu stoßen. Jetzt ist die Zeremonie beendet. Nun erst kann die Wurzel ausgegraben werden, und nun dürfen auch Eisenwerkzeuge benutzt werden.

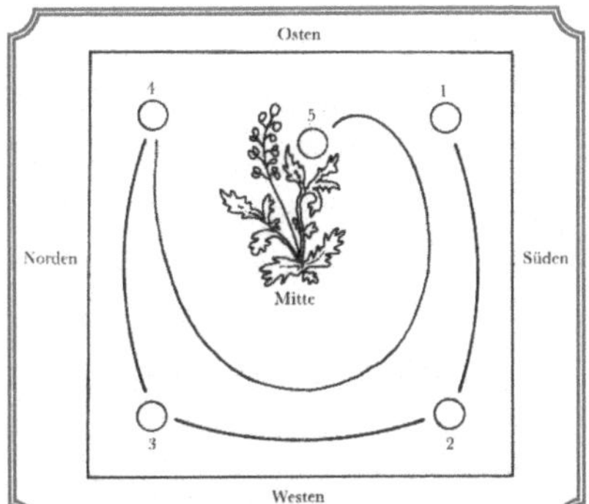

Die vier Kardinalpunkte beim Kräutergraben

Die Wurzeln werden säuberlich auf eine Unterlage aus dem heiligen Steppenbeifuß (*Artemisia ludviciana*, »prarie sage«) gebettet. Steppenbeifuß ist eine der heiligsten Pflanzen dieser Indianer.

Um Gegenstände wie Geschenke oder Zeremonienzubehör zu reinigen und läutern, reibt man sie damit ein. In den Schwitzbädern und bei den Sonnentänzen wird der ganze Körper damit eingerieben. Die Männer benutzen die *Artemisia ludviciana* (*hē tăn' ĭ wān' ōts* = Männerbeifuß); das Frauenvolk hat seine eigene Art, die noch besser duftende, zierliche *Artemisia frigida*, aus der auch eine Abkochung zur Regelung der Monatsblutung gebraut wird. Das heilige Beifußkraut wird beim Kräuter- und Wurzelsammeln sorgfältig mit den Spitzen gegen Norden und mit den Wurzeln nach Süden gerichtet ausgebreitet. Die Häuptlingspflanze, die immer zuerst geerntet wird, legt man am Südende auf die Stängel. Dann werden ihre einfachen Genossen ordentlich der Reihe nach danebengelegt, bis sie die Beifußspitzen erreicht haben. Dann geht es in der anderen Richtung weiter und so schleifenartig hin und zurück. In genau rückwärtsgehender Reihenfolge werden die Kräuter dann verbraucht, bis man schließlich wieder bei der Häuptlingspflanze ankommt, die zuallerletzt verbraucht wird.

Bill Tallbull meint, dass es die Häuptlingspflanze selber ist, die die Ausgrabungszeremonie sowie die Heilséance leitet – nicht der Medizinmann. Dieser ist lediglich der Ausführer. Auch wissen die Pflanzen schon lange, ehe man zu ihnen kommt, dass man im Sinn hat, sie auszugraben. Ich fragte den alten Medizinmann, ob man diese Zeremonie auch bei den Kräutern vornehmen müsse, die aus Europa mit eingeschleppt wurden –»Ja, selbstverständlich, denn sie haben auf dieser Erde ihre Mutter gefunden«, war seine Antwort.

Afrikanische Heilkunde

In der herkömmlichen afrikanischen Heilkunde begegnen uns Elemente, die wir schon aus anderen Kulturkreisen kennen: Der Mensch wird als physisch-überphysische Einheit behandelt, deren Gesundheitszustand durch Verärgerung der Ahnengeister und Götter, durch Schadenzauber, rituelle Unreinheit, Besessenheit durch Geister und Intrusionen im Leib gefährdet werden kann. Der Gesundheitsbegriff ist ebenfalls sehr weit gefasst und enthält nicht nur leibliche Gesundheit, sondern auch das Glück.

Die Swasi, ein Stamm südafrikanischer Rinderhirten, sehen die Hauptursache des Leidens in den Einflüssen unzufriedener, vernachlässigter Ahnengeister oder in der bösartigen Magie der Hexen. Der unmittelbare Anlass kann jedoch ein verdorbenes Essen oder Getränk oder ein Unfall sein. Als weitere Krankheitsursachen gelten Einbildung – man denkt, man sei krank, ist es aber gar nicht –, Einflüsse von Mond oder ungünstigen Sternen, Seelenverlust, böse Gedankenübertragung sowie Nachwirkungen aus vergangenen Erdenleben. Wir sehen uns mit einem äußerst weiten Ursachenspektrum konfrontiert. Es bedarf eines Spezialisten, die richtige Ursache zu erkennen.

Orakel spielen bei der Diagnose eine wichtige Rolle. Besondere Orakelpriester *(Samgoma)* werfen trockene Knochen – wie einst unsere alten Runenmeister Buchenstäbe oder die Chinesen ihr I-Ging (Scharfgarbenstäbchen) –, um die wahren Ursachen daraus zu lesen. Zuweilen werfen sie Körner und interpretieren die Muster, in denen sie zu Boden fallen, oder wie die Hühner – die anschließend geopfert werden – sie aufpicken. Mit Hyänenknochen kann der Samgoma einen Dieb ausfindig machen. Ein solcher »Hexendoktor« kann sich auch, mit oder ohne Drogen, in Trance versetzen. Träume werden gedeutet, Horoskope ausgelegt, oder es wird in einer Art Tiefenanalyse die Vergangenheit – auch frühere Verkörperungen – des Patienten durchleuchtet. Nebenbei vermerkt der Doktor das Aussehen und die Gemütslage des Patienten, beschaut seinen Urin, Kot oder Auswurf und nimmt den Körpergeruch wahr.

Nach dieser eindringlichen Diagnose werden Heilmittel verordnet, die uns zum Teil ebenso gruselig vorkommen wie diejenigen der chinesischen Apotheke. Es gibt eine Menge Kräutertees zum Einnehmen oder zum Gurgeln. Auch Einläufe, Salben, Räucherungen, Dampfeinatmungen und Umschläge werden aus Heilpflanzen gemacht. Drogen werden in Hauteinritzungen gerieben oder mit Tonerde oder Erde von Ameisenhügeln geschluckt. Die Kur wird durch Tanzen, Trommeln, Singen, Besprengen mit Hühnerblut oder »Weihwasser« und durch Salbungen mit »heiligem Öl« verstärkt.

Die Heiler -- oft sind es Frauen – sind weiß angezogen oder tragen weiße Gesichtsfarbe, um zu zeigen, dass sie Teil der Geisterwelt und mit den Ahnen verbunden sind. Sie nehmen die beißenden Krankheitsdämonen, die oft in der Gestalt von Schlangen oder Würmer erscheinen, visionär wahr.

Die Heilkundigen *(Ngangas)* der Bantuvölker besingen die Kräuter, um ihre Kraft zu wecken. Zudem werden die Heilpflanzen beim Zubereiten der Medizin gestärkt, indem man ihnen kraftgeladene Körperteile von Tieren zufügt. Löwenfett verleiht dem Mittel die Stärke des Löwen, Schildkrötenfleisch verleiht Sicherheit, ein Hasenfuß verleiht Schnelligkeit; ein Geierauge, einem psychedelischen Gebräu beigemengt, verbessert das „Sehen". Die Kräuterauslagen der Heilkräuterverkäufer auf den Straßenmärkten duften einerseits köstlich nach ätherischen Ölen, andererseits stinken sie wegen der halbverwesten Tierteile, die daneben ausgelegt sind.

Die Afrikaner pflücken ihre Heilkräuter bei bestimmten Mondphasen und besingen sie dabei. Der Leberbalsam *(Ageratum conyzoides)* z.B. wird in tiefster Nacht gesammelt. Dabei zerkaut der westafrikanische Arzt Paradieskörner (Malaguettapfeffer) – neun für den männlichen, sieben Körner für den weiblichen Patienten – und spuckt diese auf die Heilpflanze, die angebrachten Zauberworte dabei hersagend. Dieselbe Pflanze, mit Palmöl präpariert, wird verhexten Kindern, die unaufhörlich schreien, eingerieben.[64]

Krankheit und Seuche sind für Afrikaner keine private, individuelle Angelegenheit. Die ganze Gemeinschaft wird von den Ngangas und Samgomas zugleich mit therapiert. Alle Dorfbewohner nehmen an den Aussöhnungsritualen für vernachlässigte Ahnen teil, opfern Bier und Getreidebrei, um sie wieder gut zu stimmen. Manchmal werden bestimmte Blumen wie Amaryllis für sie neben einem Stein gepflanzt.

Hexerei und Schadenzauber gehen ebenfalls die ganze Gemeinschaft etwas an. Diese asozialen Verhaltensweisen haben ihre Ursache in heimlicher Eifersucht, Neid oder Missgunst und stören somit das harmonische Zusammensein der Menschen und machen krank. Der Hexer muss ausfindig und unschädlich gemacht werden. Auch da spielt Pflanzenwissen eine Rolle. Bei schweren Fällen, wie etwa Mord durch heimliche Zauberei, greift die indigene Justiz auf das Giftorakel zurück. Dafür wird die Rinde des Orakelbaums *(Erythrophleum suaveolens)* als Lügendetektor verwendet. Die Alten gehen in den Wald und sprechen zu dem Baum: »Wir sind hier. Wir sind gekommen, um einen Streit zu schlichten. Du bist der Baum, der nie lügt. Du lässt allen Gerechtigkeit widerfahren.« Die Rinde, die ein herzwirksames Steroidglykosid enthält, wird anschließend gekocht. Um sie zu potenzieren, kommt ein Knochen von einem vormals hingerichteten Hexer mit in den Topf. Der Angeklagte muss, auf einer Plattform in der Dorfmitte stehend, das Gebräu trinken. Wenn er schuldig ist, wird er sterben, wenn er unschuldig ist, wird er leben. Ethnomediziner bestätigen, dass das Giftorakel auf der Grundlage der genauen Kenntnis der Reaktion des autonomen Nervensystems durchaus funktioniert.

Der Unschuldige ist entspannt und fähig, die Giftbrühe zu erbrechen, beim Schuldigen ist der Brechreflex sympathetisch gehemmt.[65]

Afrika ist im Besitz einer hochentwickelten, wirksamen Heilpflanzenkunde. Es würde den Rahmen sprengen, auch nur einen Bruchteil davon hier aufzulisten. Wer sich dafür interessiert, der sei auf die ethnobotanischen Arbeiten von Hans Dieter Neuwinger oder Ben-Erik Van Wyk hingewiesen (siehe Bibliographie).

Elemente der traditionellen afrikanischen Medizin, wie das Essen von Tonerde, Voodoo-Praktiken und der Gebrauch bestimmter Heilpflanzen, die zum Teil aus Afrika mitgebracht wurden, leben bei den Nachkommen der ehemaligen Sklaven in der Neuen Welt fort.[66]

IV. Medizinische Modelle: Alternativmethoden

Kehren wir wieder nach Europa zurück, begegnen uns auch hier »abwegige« Systeme der Heilkunde, die den seriösen Vertreter einer vernünftigen, wissenschaftlich fundierten Schulmedizin rasend machen könnten, die aber wegen tatsächlicher konkreter Heilerfolge nicht so leicht zum Verschwinden gebracht werden können. Ebenso wie die Kirche im realexistierenden Sozialismus Osteuropas hätte die Homöopathie im Zeitalter der technologischen Medizin eigentlich schon längst dahinschwinden sollen. Stattdessen steht sie so stark da wie ehedem, und Heilpraktikerschulen sprießen aus den Boden wie Pilze nach dem Regen.

Homöopathie ist die Inspiration des sächsischen Landarztes Christian Friedrich Samuel Hahnemann (1755–1843). Im Laufe seiner langjährigen Praxis kamen ihm Zweifel an der konventionellen Therapie. Er hatte Gewissensbisse, als er die Folgen des Arsens und Quecksilbers, des Aderlasses und Blasenziehens an seinen Patienten erlebte. Da er sich keiner humaneren und sichereren Heilkunde bedienen konnte, verließ er seine Praxis und stürzte mit diesem Schritt seine achtköpfige Familie in bittere Armut. Er verdingte sich als Übersetzer medizinischer Schriften.

Bei der Übersetzung einiger Passagen über die Chinarinde in dem Werk des schottischen Professors William Cullen überkamen ihn Zweifel an der Richtigkeit der gegebenen Erklärungen. Um die Wirkung dieses Fiebermittels besser zu verstehen, kam der gewissenhafte Hahnemann auf den Gedanken, den bitteren Stoff am eigenen Leibe auszuprobieren. Was erlebte er da bei dem Selbstversuch? Übelkeit, abwechselnd Schüttelfrost und Fieberschübe – ganz wie ein Malariakranker! Da ging ihm plötzlich ein Licht auf: Heilmittel, mit denen man Kranke behandelt, sind eben diejenigen, die im gesunden Leib die Symptome der Krankheit auslösen. Ist es nicht so, dass man mit Wermutblättern einen gesunden Magen arg verstimmen kann, aber in der richtigen Dosis nehmen sie das Bauchkneipen des verstimmten Magens weg? Er versuchte es mit anderen Arzneimitteln, und immer fand er seine verwegene Annahme bestätigt: Man heile Gleiches mit Gleichem – *Similia similibus curentur* – und nicht etwa mit Mitteln, die der Krankheit entgegengesetzt sind. So wurde die alte Idee der Homöopathie, der wir schon bei den »Wilden« begegnet sind, wiederentdeckt.

An sich selbst prüfte der Arzt Tausende von Mitteln und notierte sorgfältig – wie es gewissenhafte Homöopathen immer noch tun – ob das Herz schneller pocht, ob der Schweiß ausbricht, ob Harndrang entsteht, ob die Nerven sich beruhigen – kurz: ob diese oder jene möglichen Symptome entstehen. Nicht Tierversuche oder Versuche an Kranken, sondern Selbstversuche des Gesunden geben die nötige Sicherheit in der Heilmittelauffindung. Der Homöopath vergleicht seine Erfahrungen aufs Genaueste mit dem Erscheinungsbild des Patienten. Selbstdisziplin und eine gute Beobachtungsgabe sind Voraussetzung. Dann verordnet er gerade diejenigen Mittel in geeigneter Dosierung, die beim Gesunden ebensolche Symptome auslösen würden.

Nicht eine Krankheit an sich oder ein krankes Organ, sondern der ganze leidende Mensch in seiner Einzigartigkeit, seiner einmaligen Geburtskonstellation, Konstitution, Vererbung und seinen Gewohnheiten wird behandelt. Die Krankheitssymptome werden als Ausdruck der körpereigenen Heilungsvorgänge gewertet, die schon im Gange sind. Nicht unterdrückt werden sollen sie, sondern gefördert – ja, der Krankheits*prozess* soll gefördert werden, damit er abklingen kann. Es soll aber beachtet werden, dass keine Komplikationen entstehen. Die Krankheit ist eine Reifung des Menschen, eine Krise in der Selbstüberwindung, ein potentielles Wachsen seines Geistes, ein Lernprozess, den der Arzt durch seinen Beistand zum glücklichen Ausgang geleitet.

Die peinlich genauen Beobachtungen am eigenen Leibe und an den Krankheitsbildern der Mitmenschen haben den homöopathischen Arzt zu recht interessanten Einsichten bezüglich des Krankheitsverlaufs veranlasst:

- Krankheiten haben bestimmte »normale« Periodizitäten: drei-, sieben-, vierzehn-, achtzehn- oder einundzwanzigtägige Abläufe; rhythmisch zunehmende und verebbende Erscheinungen.
- Krankheitserscheinungen wandern von der Psyche zur Physis, von den inneren Organen zu den äußeren, von oben nach unten.
- Es gibt sogenannte Reflexe – akausale Zusammenwirkungen – zwischen den oberen und den unteren Organen; z. B. zwischen Augen und Nieren oder zwischen Gedärm und Gehirn (Kopfschmerzen und Verstopfung!).
- Beim Heilvorgang kehren die Symptome, in abgeschwächter Form, in umgekehrter Reihenfolge wieder.
- Oft kommt es zu einer »Heilungskrise«, wobei die Krankheit sich scheinbar verschlechtert, ehe sie sich endgültig zum Besseren wendet.

An diesem letzten Punkt entwickelte sich eine weitere Eigentümlichkeit der Hahnemann'schen Homöopathie: die homöopathische Dosis! Um die Krise der Verschlimmerung kurz vor der

Wende zur Genesung zu mildern, versuchte Hahnemann, seinen Patienten immer geringere Dosierungen zu geben. Der Stoffanteil der *materia medica* wurde immer weniger, wurde aber dafür umso sorgfältiger präpariert, das heißt gerieben oder geschüttelt. Zuletzt waren seine Mittel so weit verdünnt, dass er den Spott seiner Kollegen auf sich zog.

Der typische Vorgang bei der Heilmittelherstellung war, dass er ein Gran des Arzneimittels mit 300 Gran Milchzucker im Mörser drei Stunden lang verrieb.[67] Davon löste er anschließend ein Gran in 500 Tropfen Flüssigkeit (Alkohol und destilliertes Wasser im Verhältnis 1:4). Das nannte er die»Urtinktur«. Ein einziger Tropfen dieser Urtinktur kam dann auf 100 Tropfen Alkohol und wurde in einem kleinen Fläschchen hundertmal kräftig geschüttelt. Das ergab die erste Potenz (C1). Diese Flüssigkeit wurde dann auf kleine Zuckerkügelchen gesprüht, getrocknet und in einer Flasche aufbewahrt. Um die Medizin zur zweiten Potenz zu steigern, wurde eines dieser Zuckerkügelchen in einem Tropfen destilliertes Wasser aufgelöst, mit 100 Tropfen Alkohol vermischt und wiederum hundertmal geschüttelt. Wieder wurde es auf Zuckerkügelchen gesprüht und trocken aufbewahrt. Der ganze Vorgang wiederholte sich in der dritten Potenz, der vierten, fünften usw. bis die optimal wirkende dreißigste Potenz erreicht wird.

Skeptiker weisen darauf hin, dass schon bei der zwölften Potenz (C12) ein so gewaltiger Verdünnungsgrad erreicht ist, dass aller Wahrscheinlichkeit nach nicht einmal ein einziges Molekül der ursprünglichen *materia medica* mehr vorhanden ist. Darüber kann der materialistisch orientierte Arzt oder Apotheker nur mitleidig den Kopf schütteln: Dem Patienten wird ja nichts weiter gereicht als Wasser- oder Alkohol-Tröpfchen und Zuckerlösungen, die in stundenlanger mühseliger, närrischer Arbeit zurechtgeschüttelt worden sind. Es ist schon ein dekadentes Zeitalter, in dem so etwas möglich ist, nicht wahr Herr Professor? Der Kollege in der

Psychiatrie hat gleich die rechte Antwort zur Hand: Bestenfalls handelt es sich um ein *Placebo* (ein Heilmittel mit einer an sich unwirksamen Substanz). Der Effekt ist kein »wirklicher«, sondern beruht auf Suggestion. Der Zustand des Patienten, dem mit diesen unwirksamen Mitteln angeblich geholfen wird, ist demnach ein hysterischer Zustand, seine Krankheit eine »funktionelle« Störung, keine eigentlich »organische«.

Hahnemann kam solchen Vorwürfen zuvor, indem er keinen Unterschied zwischen eingebildeten und eigentlichen Leiden zuließ. Leiden ist Leiden! Da seine Präparate auch wirklich halfen, folgerte er, dass durch die rhythmische Aufbereitung der grobe Stoff zur dynamischen Kräftewirkung gewandelt werden müsse. Rühren und rhythmisches Schütteln lösen allmählich einen höheren aktiveren Zustand aus dem rigiden substanziellen Substrat. Dieser dynamische Zustand, also diese freigesetzte Energie, reizt und regt dann die körpereigene Heilfähigkeit an.

Krankheit entsteht, wenn sich ein Teil des Mikrokosmos aus dem lebendigen Gesamtgefüge herauslöst, wenn er schwer, rigide und grob wird und anfängt, ein dumpfes, störendes Eigenleben zu führen. Dieses Heraus- oder Herabgefallene gilt es, wieder zu energetisieren – zu be*geistern*, könnte man sagen. Da Gleiches auf Gleiches wirkt, nimmt man Entsprechendes vom Makrokosmos – hauptsächlich Pflanzliches –, rüttelt es in den dynamischen Zustand hinein und verabreicht es dem Leidenden, der von sich selber aus diese Dynamik nicht mehr aufbringen kann. Symptome gelten hier dem erfahrenen Therapeuten als sichere Anzeiger dafür, was dem Kranken »fehlt«. Es liegt ja sogar in der Sprache, den Kranken zu fragen: »Na, was fehlt Ihnen denn?«

Das Schütteln und Aufrühren kann als Meditationspraxis verstanden werden. Die Erfahrungen, die in der peinlich genauen Beobachtung der Krankheitssymptome und Erscheinungszusammenhänge gewonnen wurden, werden dabei in den Tiefen der therapeutischen Seele verarbeitet, während zur selben Zeit das Heilmittel entsteht. Krankheiten haben in den dunklen, tiefen Wurzelgründen jenseits der fertigen materiellen Erscheinungen ihren Ursprung. Die physischen Symptome, die sich äußern, sind der Niederschlag geistig-seelischer Unausgeglichenheiten. Warum sollte die Heilung nicht ebenfalls aus diesen überstofflichen Bereichen kommen, aber dann im Präparat einen geeigneten physischen Träger finden? Der Therapeut holt die Heilung aus der Tiefe und fixiert sie dabei durch seine Handlung im Mittel. Was der indianische Medizinmann mit seinem – dem äußeren Anschein nach – nutzlosen, langwierigen Ritual der Heilpflanzensuche und Behandlung des Patienten macht, ist gar nicht viel anders. Wie viel Zeit »verschwendet« er beim Ritual des Ausgrabens und Besprechens der Heilpflanze, beim Trommeln, Singen und Räuchern: Auf der Suche nach der Heilung geht er selbst auf die Reise, schöpft in der Tiefe und fixiert das Gefundene im Mittel, das er dem Kranken gibt.

Das gleiche Prinzip hat sich auch in der biologisch-dynamischen Landwirtschaft bewährt. Der Bauer wird Therapeut, der den erkrankten landwirtschaftlichen Organismus heilt, indem er aus Quarz, Kuhdung und Kräutern Heilmittel präpariert. Der langwierige, komplizierte Vorgang des Sammelns, Rührens, Vergrabens, Ausgrabens und Ausbringens dieser »Heilmittel« verbindet den Bauern seelisch mit Boden, Pflanze und Tier. Das Verhalten ist ein sympathisches, kein kaltes objektives.[68]

Aber welcher Mediziner würde sich schon die Zeit nehmen, diese aufwendige Arbeit zu verrichten? Hahnemann verlangte nämlich, dass der Arzt die auf den individuellen Patienten zugeschnittenen Mittel selber herstelle. Welcher Apotheker würde nicht in Versuchung geraten, sich die stundenlange Schüttelarbeit – an deren Sinn er ohnehin nicht glaubt – zu sparen und einfach gleich Fläschchen mit Alkohol, destilliertem Wasser oder

Zuckerkügelchen zu verkaufen? Verdienen kann man an dem Unfug sowieso nichts!

Die allopathischen Chemieprodukte und der chirurgische Eingriff wirken schneller und lassen mehr verdienen. Homöopathen wie Heilpraktiker meinen zu Recht, dass diese keine echte Heilung – im Sinne des Heilmachens – bewirken. Sie töten und stumpfen nur ab, so dass der Leidende den Schaden weniger wahrnimmt. Sinn der Heilung ist nicht die Abstumpfung, sondern – und das ist das Kriterium des Lebens überhaupt – sensibler und feinfühliger zu werden.

Wahre Heilung erfolgt immer homöopathisch, meinen die Homöopathen. Der Schamane schlüpft, wenn er heilt, sozusagen in die Haut des Erkrankten. Dank seiner größeren geistigen Kraft kann er die Krankheit niederringen, versingen. Sein rhythmischer Singsang, das Tanzen und Schütteln der Rasseln gleicht dem Potenzierungsvorgang. Schritt für Schritt versenkt er sich in die Krankheit. Wie eine Stimmgabel, die neben einer anderen angeschlagenen zu vibrieren beginnt, nimmt er die Schwingungen auf und bringt sie auf eine andere, gesündere Frequenz. Er bringt die disharmonischen Schwingungen des Kranken im Laufe des Rituals wieder in heilenden Einklang. Mit-Leiden ist also die wahre Homöopathie (griech. *hómoios páthos* = „gleiches oder ähnliches Leiden").

Auch die erfolgreichen Wasserbehandlungen des Pfarrers Sebastian Kneipp und des Bauern Vincenz Prießnitz folgen dem homöopathischen Prinzip. Die kalten Wassergüsse und Wickel ahmen das Fieber nach: Dem Kälteschock folgt ein Wärmeschock und dann das Schwitzen! Fieberige Krankheiten werden – Gleiches mit Gleichem – mit künstlichem Fieber behandelt.

Der Wahnsinn wird ebenfalls am besten mit Wahnsinn kuriert. Markus Schneider, ein bekannter Basler Künstler, hat diese Methode im Genfer psychiatrischen Spital Bel-Air erprobt. Wenn irgendein »Schizophrener« seine Krise hatte, begegnete Schneider dem Anfall mit einem viel tolleren, heftigeren Anfall. Die »Verrückten« kamen daraufhin gleich wieder zu sich, denn sie hatten Angst, dass er sich oder andere verletzen werde, und sie redeten beruhigend auf ihn ein. Die Kranken wurden zu Therapeuten! Der Rollenwechsel wirkte heilend auf ihre Zustände. Die psychiatrischen Ärzte, die es nicht wagten, sich selber in den therapeutischen Wahnsinn zu steigern – die also zu keinem Mit-Leiden fähig waren, dafür aber die kalte Chemie oder den Elektroschock einsetzten –, erlagen der Eifersucht. Schneider wurde gefeuert.

Auch die Kräuterheilkunde hat sich immer des homöopathischen Prinzips bedient. Die Signaturen der Pflanzen ahmen oft die Leiden, die sie heilen, nach. Gelbblühende Gewächse wie Löwenzahn oder Schöllkraut verwendet man bei Gelbsucht, schlangenartige Pflanzen bei Schlangenbissen, knotige Wurzeln bei Mastdarmkrampfadern, menschenähnliche Ginseng- oder Alraunwurzeln als Allheilmittel, die spröden, aufgeblasenen Hüllblätter der schleimhaltigen Königskerzenblüten bei Lungenerkrankungen! Kurz, die äußere Erscheinung deutet darauf, dass in der Pflanze ähnliche ätherische Bildekräfte am Werk sind wie in dem Krankheitsvorgang. Aber wir greifen vor! Sogar die Allopathen wenden das homöopathische Prinzip an, wenn sie z.B. Maiglöckchen-, Oleander- oder Fingerhuttinkturen – alle Herzgifte – bei Herzschwäche verschreiben oder wenn sie mit abgeschwächten Krankheitskeimen impfen.

Hahnemann, der seine Erkenntnisse in dem *Organon der rationellen Heilkunde* (1810) niederschrieb, verarbeitet alte Erfahrung. Sein Vorgänger Paracelsus, der oft nach dem Ähnlichkeitsprinzip verschrieb, stellte schon den Lehrsatz auf: Alles ist Gift – allein die Dosis macht's! In homöopathischen Zubereitungen werden auch die allerstärksten Gifte – Eisenhut, Tollkirsche, Zaunrübe, weißer Germer, Schierling oder Küchenschelle – zu vollständig harmlosen

Mitteln. Auch die Selbstversuche sind der alten Kräuterkunde nicht fremd. Der wahre Kräuterkundige verschreibt immer nur diejenigen Pflanzen, zu denen er eine wahrhaft persönliche Beziehung hat. Dazu gehört die Erfahrung am eigenen Leibe, denn die Signaturen sind ja nicht nur an den äußerlich wahrnehmbaren Merkmalen zu erkennen, sondern an der inneren Wirkung. Nimmt man einen Baldriantee zu sich, dann überkommt einen das Gefühl, als liege man an einem milden Sommertag, ruhig auf Mooskissen gebettet, im stillen, kühlen Wald; ein Luftzug säuselt durch die Kronen, und irgendwo rauscht ein Bach. Das ist die innere Erscheinung einer beruhigenden Heilpflanze, deren Signatur es ist, ebenfalls im kühlen, schattigen Wald in der Nähe eines Baches zu wachsen. Das Rauschen, das man hört, ist jedoch das Fließen des eigenen Blutes durch die Adern.

Unterliegt man seelischen Schwankungen, die leicht zu einer Viruserkrankung führen können, kocht man sich gerne einen Johanniskrauttee. Verfolgt man die innere Wirkung, dann erlebt man die Signatur der Pflanze und sieht, wie auch hier Gleiches auf Gleiches wirkt. Unkontrolliert und chaotisch wuchern dunkle Traumbilder und Gedankenfetzen von unten herauf. Sie wuchern aber nicht weiter, sondern ordnen sich und erstarren zur bunten Fläche. Es ist ein treues Abbild der Pflanze, deren grüne Triebe wie von einem übergeordneten kosmischen Prinzip ergriffen werden und beim Blühen zu einer Geometrie erstarren. Heilmittelerfahrungen der Art, wie sie Hahnemann forderte, sind den tierquälerischen Versuchsreihen und den Anhäufungen äußerlicher Messungen und Statistiken haushoch überlegen. Ein Therapeut, der solche Erfahrungen an sich selber macht und sie mit Hilfe zutreffender Imagination in das Bewusstsein heben kann, ist dem »mitleidlosen« Arzt, der, ohne wirklich zu wissen, was er tut, im Arzneimittelbuch der Pillenindustrie nachschaut, ebenfalls überlegen.

Der Einfluss der Hahnemann'schen Heilkunde konnte nicht gestoppt werden, obwohl die Homöopathie heutzutage oft verwässert ist und des Gründers Feinheit vermissen lässt. In Indien ist diese Schule der Heilkunde sehr beliebt. Die Inder haben beim Erfassen der Grundideen keine Schwierigkeiten. Auch in der anthroposophischen Medizin wirkt der Impuls der Ideen Hahnemanns weiter. Die von Rudolf Steiner und Ita Wegmann konzipierte Richtung sieht den Patienten als einmaliges biographisches geistig-seelisch-physisches Wesen, dessen Lebensprozesse in rhythmischen Auf- und Abbauprozessen erfolgen. Diese Prozesse werden von potenzierten ungiftigen Heilmitteln, insbesondere Kräuterpräparaten, unterstützt[69], die in anthroposophischen Unternehmen, in denen idealistische Praktikanten wie die Heinzelmännchen schuften, hergestellt werden.

Immer beliebter werden die Blumenwässerchen *(Bach Flower Remedies)* des walisischen Arztes Edward Bach (1886–1937). Auch sie gehen auf Hahnemanns Inspiration zurück. Da ihn Zweifel an der Schulmedizin plagten, gab er – wie einst Hahnemann – seine gut gehende Londoner Praxis auf und kehrte in seine Heimat nach Wales zurück. Bei langen Wanderungen durch die Hügel und Wälder dieses abseits des Weltgeschehens liegenden Ländchens bemerkte er, wie herrlich der Tau in den Blütenkelchen der Wildblumen glitzerte. Es kam ihm dabei der Gedanke, dass dieser Tau heilkräftig sein könnte. Er griff dabei bewusst oder unbewusst auf alte Volksüberlieferung zurück, denn schon bei den alten vorchristlichen Kelten von Wales galt der Morgentau als heilkräftiges Himmelswasser. Bach sammelte hochsommerliche Blüten – auch das ist eine Reminiszenz alten keltischen Glaubensgutes, da die Blumen der Hochsommerzeit um die Sonnenwende als besonders heilkräftig galten –, legte sie in mit frischem Quellwasser gefüllte Schalen und stellte diese in die Sonne. Er glaubte, die »Schwingungen« dieser Blütenauszüge könnten die Leiden der

Menschen wegschmelzen wie die Sonne den Winterschnee. Meditierend versenkte er sich, um die Wirkungen der verschiedenen Blütenwässerchen zu erforschen. Tropfenweise – also in homöopathischer Minimaldosis – werden sie eingenommen. Obwohl der naturwissenschaftlich geschulte Mediziner auch hier mit dem Kopf schütteln mag, erfreuen sich diese Mittel zunehmender Beliebtheit.

Weitere alternative Heilmethoden

Es kann nicht länger verschwiegen werden, dass es den Leuten trotz der steigenden Kosten medizinischer Fürsorge und der Verdopplung der Ärztezahl bei gleichbleibender Bevölkerungszahl in den letzten dreißig Jahren gesundheitlich nicht viel besser geht – von einigen kostspieligen Schaustücken wie Organverpflanzungen einmal abgesehen.[70]

Ein Drittel der Westdeutschen geht überhaupt nicht mehr zum Arzt, ein weiteres Drittel nur, wenn es absolut nicht mehr geht, und nur noch ein Drittel hat so viel Vertrauen, sich regelmäßig untersuchen und behandeln zu lassen. Bei diesem Zustand ist es kein Wunder, dass der alte Stamm der Naturheilkunde – der eigentlich auf Hippokrates und die antiken Ärzte zurückgeht – neue saftige Triebe schlägt. Es ist auch kein Wunder, dass junge Menschen, die sich zum Heilberuf berufen fühlen, immer mehr bei den älteren oder nichtwestlichen Methoden der Gesundheitsfürsorge nach Antworten suchen. Auch die oft wunderlichen Methoden kalifornischer Kulte und spleeniger Sekten finden Gehör. Es würde uns zu weit führen, die vielen neuen Therapien – Matrix-Rhythmus-Therapie, Reflexologie, Polaritätstherapie, Marihuana-Therapie, Biofeedback, Breathing Awareness, Chakra-Säuberung, Lymphdrainage, Cranio-Sakral-Therapie, Liver Flush, Osteopathie, Reiki, Shiatsu usw. – auf ihre Möglichkeiten hin zu untersuchen.

Viele dieser Therapien benutzen Kräuter als Ergänzung. Schließlich – so sagt es der Cheyenne-Medizinmann Bill Tallbull – geht ja alles Heilen auf die Pflanzen zurück.

Nachdem wir in chinesische Apotheken geschnuppert haben, am Ganges meditierten und mit den Indianern durchs Felsengebirge gewandert sind und nach unserem kurzen, aber notwendigen Ausflug in die Bereiche der Homöopathie wollen wir uns nun der altüberlieferten westlichen Kräutersammlertradition zuwenden. Ihre im Zeitenlauf verschüttete, entstellte Gestalt wollen wir versuchen zu bergen, zu entkrusten und ihre Konfiguration nachzuzeichnen, um schließlich zu zeigen, dass es sich dabei um eine völlig legitime Heilmethode handelt – eine ursprünglichere, eigentlichere als viele der moderneren. Sie heilt – auch wenn das Warum nicht mit den Begriffsmodellen der experimentellen Naturwissenschaft auszuschöpfen ist.

V. Imaginationen der europäischen Kräuterkunde

Die Kräuterheilkunde des Abendlandes ist ein abgewetzter, verschlissener Teppich, gewoben aus den Fäden der Gedankengespinste verschiedener Zeiten und Völker – Kelten, Germanen, klassische Kulturen des Mittelmeerraumes, Levantiner, fahrende Völker und Zigeuner, hellsichtige, hellhörige Bäuerinnen, Bader und Hirten Europas. Trotz der bunten Vielfalt der Ursprünge zeichnet sich eine grundlegende Gestalt, ein stilles Übereinkommen ab, wenn wir mühsam die verfilzten Fäden der Überlieferung entflechten und gerissene wieder anknüpfen. Allmählich wird man eines schwebenden, schillernden Musters gewahr, in dem man die ursprünglichen Inspirationen der Erdmutter nachempfinden kann, aus der die Kräuter wie die Kräuterkunde hervorgehen.

In der Übergangszeit zwischen dem scholastischen Glaubenszeitalter und der skeptischen Aufklärung versuchten faustische Philosophen, schon von der Chimäre einer harten, exakten Wissenschaft ergriffen, diese einst fließenden Bilder, diese Hauchgestalten der Eingebung in ihrer vernunfttrotzenden Fülle in genauere Formulierungen zu zwängen und in säuberlich aufpolierten Lehrgebäuden übersichtlich unterzubringen. Es war schon der erwachende Geist einer rationalen Wissenschaft, der die Renaissancegelehrten beflügelte, geometrische Modelle aufzustellen, um das Gewirr der astralen Einflüsse, Signaturen, mikro- und makrokosmischen Entsprechungen sowie die Funktionen der Planetengötter zu ordnen. Ähnliches taten die Völkerkundler vier Jahrhunderte später, als sie den Wirrwarr bunter Masken, bemalter Schilder, Töpfereien und Webereien der »Wilden« säuberlich getrennt, beschriftet und nummeriert in die Glasvitrinen der Museen reihten. In beiden Fällen schwand der lebendige Geist.

Trotzdem sollten wir den fleißigen Gelehrten dankbar sein, denn mit der »Tinktur« unserer Imagination, unserer Einbildungskraft, können wir vieles doch wiederbeleben. Außerdem begegnen uns noch hier und da, in Randgebieten und wirtschaftlich rückständigen Gegenden, Alte, die die Kräuter noch kennen, oder »Bürli«, die dem Tierarzt misstrauen und ihren Kälbern bei Durchfall lieber Ampfersamentee zu saufen geben. Sowohl die graubärtigen Schreiber als auch das einfache Landvolk helfen uns, uns die ungefähre Gestalt der Kräuterkunde – also das Weltbild, auf dem sie beruht – vor Augen zu zaubern.

Der Grund, auf dem die westliche Kräuterkunde steht, ist die tiefe Überzeugung, dass alle Geschöpfe Kinder der Mutter Erde, der mütterlichen Natur sind, dass sie innig wesensverbunden sind. Aus ihrem ewig fruchtbaren Schoß gebar sie – die im Ursprung alles enthielt – die Naturreiche. Durch die Liebeskraft des Himmelvaters – des Kosmos, des Archetypus – sonderte sich die Urmaterie in Lebewesen und Nichtlebewesen. Das entstandene Urleben sonderte sich wiederum in das Leben der Tiere und das Leben der Pflanzen. Das Tierleben trat stufenweise als verschiedene Tiergattungen und zuletzt als Mensch ins Dasein. So traten die vier Naturreiche aus einem mütterlichen Urgrund in Erscheinung:

- Das **Reich der Mineralien** erscheint uns als die physische Welt, die – zum Entzücken der Naturwissenschaftler – getreulich die mechanischen Gesetze der Physik und Chemie befolgt.

Es ist dies das Universum, das sich unseren äußeren Sinnen offenbart; es ist das rechte Feld der Logik und Empirie, der unsere wissenschaftliche Methode verhaftet ist. Die »Innenansicht« dieser äußeren physischen Welt, wenn sie sich unserem inneren Blick offenbart, ist die »Elementarwelt«, von der Paracelsus spricht.

● **Das Pflanzenreich** hebt sich essentiell durch die *Lebenskraft* (Bildekraft, ätherische Energie), die die Pflanzen durchflutet, von der leblosen Mineralwelt ab. Obwohl sie die chemischen Bausteine – hauptsächlich Kohlenstoff, Sauerstoff, Wasserstoff und Stickstoff – zum Aufbau ihrer Leiblichkeit gebrauchen, folgen sie nicht bloß den mechanischen Gesetzen der »toten« Materie, der Steine und Mineralien. Ihre »Leichtigkeit« lässt sie entgegen der Schwerkraft wachsen. (Der Philosoph John Ruskin schrieb einmal, ihn interessiere es weniger, warum der Apfel auf Sir Isaac Newtons Kopf fiel, als wie er überhaupt dort oben auf den Baum hinaufgelangte!) Die Lebenskraft der Pflanzen beherrscht den Stoff, ordnet ihn in harmonische, sich dauernd wandelnde Formen, die sich in einem ewigen Spiel von Werden und Vergehen und in Polaritäten von Systole und Diastole

Entfaltung der Naturreiche

entfalten. Eingespannt in den Zeitenrhythmus zwischen Erde und Sonne, können sie ihr Leben erneuern und sich vermehren – ein Wunder, das dem Stein verwehrt bleibt.

● **Das Tierreich**: Still und leidenschaftslos flutet und ebbt die Lebenskraft der Vegetation. In den Tieren erfährt dieses Leben einen neuen Impuls: Ein Teil der Kraft verwandelt sich in Lust- und Schmerzwahrnehmungen, lässt Sympathien und Antipathien entstehen, die sich als Gefühle, Triebe und Leidenschaften äußern. Hier tritt die Welt der Seele in Erscheinung! Tiere sind inkarnierte Seelen, daher heißen sie in romanischen Sprachen »animales« (vom lat. *animus, anima* = Seele). Tiere können vor Schreck fliehen oder von Faszinierendem angelockt werden – ein Wunder, zu dem die Pflanze nicht fähig ist.

● **Das Menschenreich**: Mit dem Menschen tritt eine weitere Fähigkeit ins Dasein. Wie der Stein hat der Mensch einen physischen Körper; wie die Blume wird er von Lebenskraft durchpulst, wächst und vermehrt sich; wie das Tier hat er Gefühle und Leidenschaften; aber darüber hinaus hat er einen um sich selbst wissenden, selbstbewussten, für sich selbst verantwortlichen Geist – das »Ich«. Diese Fähigkeit erlaubt es ihm, sich vom Verhaftetsein an die Umwelt abzuheben. Seine Umwelt wird »Welt«, und diese vermag er zum Gegenstand werden zu lassen. Er kann selber zum Gegenstand werden, um so, götterähnlich, von einer höheren Warte aus, die ewigen Gesetze (das *Dharma*, das *Rtam*) bewusst zu erkennen. (Natürlich birgt das auch die Gefahr der Entfremdung und Versündigung in sich.) Die ewige Gegenwart zerfällt ihm dabei in Vergangenes und Künftiges. Das Erfassen dieser Dinge ist dem Menschen so wichtig, dass der größte Aufwand seiner Kräfte nicht dem Fressen, Zeugen und anderen Leidenschaften dient, sondern den Spielen des Geistes, dem Ordnen, Sortieren, Imaginieren symbolischer Welten, der Kunst und Ethik, die nur indirekt mit der empirisch fassbaren Welt zu tun haben. Die Frage nach Sinn, Bedeutung und Begründung begleitet jede Tat und erlaubt dem Menschen eine Freiheit, die das instinktgebundene Tier und die schlummernde Pflanze nicht kennen.

Die weisen Brahmanen Indiens sagen das alles viel einfacher:

Gott schläft im Stein,
atmet mit der Pflanze
träumt mit dem Tier
und erwacht im Menschen.
(indisches Sprichwort)

Also ist der Mensch ein Mikrokosmos, in dem alle anderen Reiche in Erscheinung treten: die mineralische Stoffeswelt, die ätherische Lebenswelt, die empfindende Seelen- oder Astralwelt und der selbstbewusste Geist. Zusammengefasst haben wir darin die altherkömmliche Dreigliederung des Menschen: Leib, Seele und Geist. (Unter Leib versteht man die physisch-ätherische Einheit. Der rein physische Körper, ohne die ätherische Kraft, wäre die den Stoffesgesetzen anheimgegebene Leiche!)

Tiere sind nicht in demselben Grad physisch inkarniert wie die Menschen. Sie haben zwar einen physisch-ätherischen Leib und offenbar eine Seele, doch ihr Ich-Geist weilt »außerhalb« dieser Wesensglieder, ist noch im Himmel, auf der»Innenseite des Alls«, von wo aus er sie weisheitsvoll führt und leitet. Die materialistischen Wissenschaftler, denen diese Führung ein Rätsel ist, nannten sie früher »Instinkt«, nun spekulieren sie über »genetisch determinierte Verhaltensmuster« und suchen die Erklärung bei den Windungen der DNS-Moleküle in den Zellkernen. Die traditionellen Seher, zu denen die Kräuterkenner und Schamanen gehören, können im außergewöhnlichen Bewusstseinszustand (Trance,

Vision) mit dem »Ich« der Tierart (dem Gruppengeist oder, wie die Naturvölker sagen, den Tiermüttern, »Bossen«, Herren der Tiere) wie mit einem Mitmenschen reden. Weil dieser Geist der Tiergattung im Ursprung verweilt, sind Tiere äußerst tugendhaft und rein. Sie sind Helfer und Mahner der Menschheit, ihre Ursprünge nicht zu vergessen!

Aber noch tugendhafter und reiner sind die Pflanzen. Sie weilen noch tiefer im Ursprung. Sie manifestieren sich in der Erscheinungswelt nur als physisch-ätherische Lebensleiber. Ihre »Seelen« und ihre Ich-Geister verbleiben uninkarniert, unoffenbart in der ursprünglichen Ganzheit. Indem sie in der Ganzheit – im Ur – verweilen, bleiben sie ganz, heil, heilig – und daher heilend. (Diese Wörter hängen ganz eindeutig im germanischen Stammwort *haila* zusammen und gehen auf die indogermanische Wurzel *kailu* = Ganzheit, Gesundheit, Glück zurück. *Kailash* ist auch der Heilsberg, auf dem Shiva als Herr des Universums thront.)

Der menschliche Mikrokosmos, der sich wie eine reife Frucht vom Baum des Makrokosmos gelöst und sich dadurch von dem Ursprung, dem Heilen und Ganzen abgesondert hat, ist nicht mehr heil, sondern (vorübergehend) heillos geworden. Er ist dadurch auch wesenhaft veranlagt, krank, siech und hinfällig zu werden. In den semitischen Religionen wird diese anthropologische Erkenntnis in der Geschichte der Versuchung durch die Schlange dargestellt, die dem Urmenschen in der Erlangung des abgekapselten Ich-Bewusstseins Götterähnlichkeit, das Wissen um Gut und Böse und die Entscheidungsfreiheit in Aussicht stellt. Die Heilung muss durch das erlösende Sühneopfer (Christentum) oder durch die völlige Gottesergebenheit (Islam) erlangt werden. Die indogermanischen Religionen dagegen stellen diesen ich-verhafteten Zustand als Wahn dar. Der Willensentschluss, sich von neuem dem Dharma, dem kosmischen Gesetz zu verpflichten, zerstreut diese Illusion der Zerrissenheit und hebt das Leiden auf. Immer wieder erscheint das Urbild der Pflanze, die im Himmel wurzelt und doch in die Erdenwelt hineinragt, als Mittel der Heilmachung: Als Rebstock, Schamanenbaum, Baum der Erleuchtung oder als »blaue Blume« erscheint sie als universelles Sinnbild; als Heilkraut, von einer liebenden Hand gereicht, im Einzelfall.

In der alten europäischen Kräuterkunde sind die Leibesorgane keine zufälligen, im Laufe einer (darwinistischen) Evolution zustandegekommenen Zellenanhäufungen, die dem Gesetz der natürlichen Auslese unterworfen sind, sondern Brennpunkte kosmisch-planetarischer Kräftewirkungen. Diese innerleiblichen Vorgänge haben ihr Gegenbild im Makrokosmos, in den sieben Wandelsternen, die wir am Himmelsgewölbe beobachten können. In beiden Fällen, bei den Lichtpunkten am Himmel und bei den Körperorganen, handelt es sich um Instrumente. *Organon* im Griechischen ist »Werkzeug«, insbesondere das Musikinstrument, auf dessen Saiten die Planetengötter ihre himmlischen Melodien in den sieben Grundtönen spielen. Sind diese Organe verstimmt, kommt es zu Unwetter, Erdbeben und Katastrophen in der äußeren Natur und zu Krankheit und Seuche in der inneren des Menschen. Sind die Organe im Leib angeschlagen, können jedoch die Kräuter zu neuem Einklang verhelfen, indem sie aus dem Ursprung schöpfen.

Die verschiedenen Pflanzengattungen haben da ihre jeweils spezifischen Wirkungen auf die verschiedenen Organe und ihre Funktionen. Die Kunst ist, genau zu wissen, was die Planeten im Leib tun, mit welchem Planeten eine Pflanze verbunden ist und zu welcher günstigen Stunde man sie pflückt und eingibt.

In traditionellen Kräuterbüchern, Bauernkalendern und Arzneibüchern werden die Planeten und Organe zueinander in Beziehung gebracht: In naiven Holzschnitten oder Kupferstichen verbinden Striche und Linien den Mond mit dem Hirn oder der Scham, Venus mit den Nieren, Saturn mit der Milz oder dem Skelett, die Sonne mit dem Herzen, den Merkur mit den Lungen,

Jupiter mit der Leber und Mars mit der Galle. Was soll ein moderner Mensch damit anfangen? Um einem Verständnis näherzukommen, müssen wir versuchen, uns in das Modell des Kosmos, wie es in der Renaissance bestand und wie es von vielen Wurzelkundigen im Grunde immer noch gepflegt wird, einzuleben.

Die Erde – so stellte man es sich damals vor – ist eine flache, runde Scheibe, die wie eine Schildkröte mitten im Weltenmeer schwimmt. Sie ist von sieben planetarischen Sphären umgeben, die wie Käseglocken übereinanderpassen. Oberhalb der sieben Himmelsphären erstreckt sich das Himmelszelt der Fixsterne, die Heimstätte der Urbilder (Archetypen). Jenseits des Himmelszeltes ist die Urquelle des Seins – die heilige Trinität.

Die sieben Planetensphären sind eine Himmelsleiter. Alles, was zur Fleischwerdung, zum sichtbaren Dasein, von der Quelle heruntersteigt, um aus der Erde, der Materie (lat. *materia* = Stoff, *mater* = Mutter), geboren zu werden, wird von den Urbildern in den Fixsternen (im Tierkreis) in Gestalt veranlagt und von den sieben Planeten mit Eigenschaften begabt. Vom äußersten (sichtbaren) Planeten, dem Saturn in blauer Ferne, steigen die Manifestationen über Jupiter, Mars, Sonne, Venus, Merkur und Mond bis zur Erde herunter, wo sie räumliche Gestalt und zeitliches Dasein – also Vergänglichkeit – annehmen. Vergehen sie, dann steigen sie die Planetenleiter über die Tierkreisbilder wieder hinauf, um in den Ursprungsquell einzugehen. Unterhalb der Erde stellte man sich, als eine Art verzerrtes Spiegelbild, die Sphären der gefallenen Engel und Dämonen vor – böse, dunkel und verworren, weil dem Ursprung am fernsten.[71]

Der Mensch als Mikrokosmos, als kleine Welt, enthält alle Sphären und Wesenheiten in sich: die Planetengötter, die Naturreiche, die Archetypen, ja sogar – und bei diesem Gedanken schauderte es manchen frommen Moslem oder Christen – Gott selbst. Den Hindus, ebenso wie einigen christlichen Mystikern

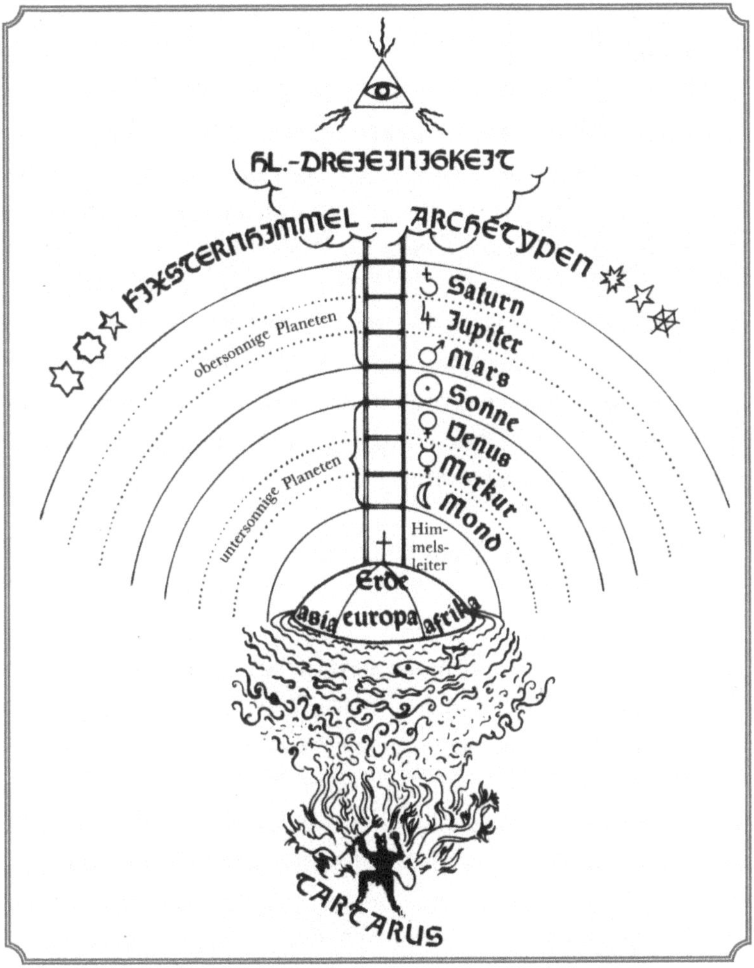

Die Planetensphären. Das Weltgebäude der Renaissance

wie Meister Eckhart, wird es zum Ziel ihres Daseins, diese Gott-Seele-Einheit – dieses *Tat tvam asi* (Das bist du) – voll und ganz wahrzuhaben. Es ist eine Wahrhabung, die dem »normalen« Bewusstsein, das unser allzu kurzes Leben mit mattem Schein erhellt, sehr fern ist. Dieses kümmerliche tagtägliche Bewusstsein, durch faule Gewohnheiten, dunkle Suggestionen und verworrene Sinneseindrücke geformt, gilt es zu reinigen und zu erziehen: Dann langsam entwickeln sich die magischen Fähigkeiten, dann beginnt man überhaupt erst die Himmelsleiter zu sehen.

Unsere aufgeklärten Wissenschaftler wollen ja auch das Wahrnehmen schärfen, aber sie tun es hauptsächlich in Bezug auf die materielle Welt, ansonsten sehen sie »Nichts«. Bei Übersinnlichem befürchten sie Geisteskrankheit, Schizophrenie oder Störungen im motorisch-chemischen Haushalt der Gehirnzellen. Schamanen und weise Frauen finden eine solche Ansicht drollig, wenn nicht gefährlich. Die materielle Welt und der normale Verstand sind für sie Schale, sind bloße Haut, unter der sich als Kern der lebendige, unendliche Gottesleib verbirgt.

Schauen wir in die tieferen Sphären:

1. Luna

Die erste Welt, die uns unter dieser »Haut« begegnet, ist die lunare Sphäre, die Mondenwelt. Alles, was in Erscheinung tritt, kommt aus dem Mond: das Kind aus dem feuchten Schoß, die aufsprießenden Samenkörner, der Regen aus dem Himmel, der in einer Séance sich materialisierende Spuk. Der Sterbende geht wieder in den Mond. Mondsüchtige und Nachtwandler, unfähig, ein gesundes Erdenbewusstsein zu entwickeln, sind in den grotesken, phantastischen Mondlandschaften gefangen. Jede Nacht, wenn wir schlafen, durchwandern wir den Mond, nur vergessen wir es – bis auf einige Traumfetzen, die haften bleiben –, da wir Lethes Fluten, den Strom des Vergessens, beim Aufwachen durchqueren müssen. In der Mondensphäre werden die harten, klaren Unterscheidungen zu weichem Käse. Die Gegensätze subjektiv – objektiv, innen – außen, Du – Ich, lebendig – tot, Mann – Weib und alle anderen ausschließenden Kategorien, die unsere Existenz bestimmen, werden wackelig, nebelig, bröcklig – unfassbar. In der äußeren Natur bestimmt der Mond Ebbe und Flut, Wachstumsrhythmen der Lebewesen und das Brunftverhalten der Tiere. Im Menschenleib hat der Mond mit dem Monatsfluss und anderen Biorhythmen zu tun. In der Anschauung der Esoteriker schenkt der Mond dem Körper die Haut, die als Membran Eindrücke der Umwelt an die leibliche Innenwelt vermittelt. Es ist etwas daran, denn die Hautzelle lebt 27 oder 28 Tage – eine ganze Lunation – von Vollmond zu Vollmond. Makrokosmische Mondenkräfte wirbeln in der Gegend der Geschlechtsorgane *(Muladhara-Chakra)* in den Leib hinein, wo sie Zeugung und (sexuelle) Phantasien stimulieren. Sie durchstrahlen den Körper, um im Hirn ihren Ausklang zu finden.[72] So wie der Mond nachts das Sonnenlicht auf die Erde zurückspiegelt, spiegelt das Hirn die Körpervorgänge (die Wahrnehmungen dieser »unbewussten« Organe) und macht sie teilweise bewusst. In bildhaften, höchst wandelbaren Gestaltungen kommen dabei die Imaginationen zustande – Bilder des Werdenden, des Möglichen, des noch nicht zur festen Stofflichkeit Geronnenen, erreichen hier die Bewusstseinsschwelle. Es ist ein geheimnisvoller Vorgang, dem sich besonders junge Liebespärchen, Poeten und Wahnsinnige hingeben. Es gehören offensichtlich die Hautkrankheiten und die nervösen und hysterischen (griech. *hysteria* = Gebärmutter) Störungen zum Mond. Geheilt werden sie auf homöopathische Art mit Kräutern, die die Mondensignatur tragen; auf allopathische Art mit entgegengesetzten, dem Saturn zugehörigen Heilpflanzen. Schlaf- und Rauschmittel, die uns schnell in die lunare Sphäre mitnehmen, gehören ebenfalls zum Mond.

2. Merkur

Jenseits des Zauberreiches der silbernen Luna kommen wir in die schillernde Merkursphäre. Der zwittrige Merkur mit geflügelten Sandalen und Reisehut ist der flinke Bote der Götter und selber

Gott des schnellen Wachstums, des Verkehrs, der Veränderungen, Gott der Diebe und Gaukler, der Ärzte, Heiler, Geschäfts- und Handelsleute. Sein Sinnbild ist der mit Schlangen umwundene Äskulapstab, das Zeichen der Heilkunde und, zum Dollarzeichen abgewandelt, Symbol des weltumspannenden Geschäfts. In der Natur gehören ihm alle Schlangen, Schlingpflanzen und Heilpflanzen, die Winde, das Metall Quecksilber und der schnellste Planet, der die Tierkreisbahn – vom geozentrischen Standpunkt aus gesehen – in 88 Tagen durchfliegt.

Im Mikrokosmos strahlen Merkurkräfte unterhalb des Nabels in den Körper ein, pulsieren durch den ganzen Leib, formen dabei Gewebeflüssigkeit und Lymphbahnen, um schließlich in den Lungen auszuebben. Merkuriale Krankheiten sind die der Lungen, Nerven und Lymphe. Der Mensch ist sich des immerwährenden Pulsierens der merkurialen Tätigkeit seines Lebens nur halb bewusst.

3. Venus

Ein weiterer Schritt trägt uns in das grüne Reich der Liebesgöttin Venus. Im Makrokosmos erscheint uns die Venus als heller Morgen- oder Abendstern, der sich nie weit von der Sonne entfernt. Die Venussphäre offenbart sich in allen lieblichen Dingen: in minniglichen Jungfrauen, in schönen Blüten, in den zahmen, zarten Tieren wie Tauben, Hasen, Schwänen, Kätzchen oder Rehen, im lichten Frühlingsgrün, im Metall Kupfer und im Grünspan. Im Mikrokosmos wird Venus zur Herrin der Leidenschaft und Lüste, egal ob es sich um stille, sublimierte platonische Liebe oder um heißblütige Wollust handelt. Ihre Kraft strahlt in die Wölbung des Bauches ein. Indem sie den Leib durchstrahlt, schafft sie die Drüsen und hinterlässt die Fettpolster, denen die weibliche Physiognomie ihre anmutigen Rundungen verdankt. Ihren Ausklang finden die venerischen Kräfte in den Nieren und den Uro-Genitalorganen.

Die Krankheiten der Venus sind die »venerischen« Geschlechtskrankheiten und Drüsenstörungen, die oft zur Fettleibigkeit führen. Ist man in seinen nächtlichen Träumen »wach« genug, kann man die Göttin jenseits des bunten Wirrwarrs der lunaren und merkurialen Bilder in der Strahlengestalt einer wunderschönen Frau, einer wahren Königin der Seele, einer Sophia der Dichter und Philosophen erblicken.

4. Sol

Vom Reich der holden Venus schreiten wir weiter in das goldene Lichtreich des mächtigen Sonnenkönigs, der die Himmel in Tag und Nacht einteilt und dessen Schritt unser Jahr ausmisst. Die Sonne manifestiert sich in allen stolzen, edlen Wesen, in Tieren wie Adler und Löwe, in der Sommerhitze, in Manneskraft und Weibertugend. Die Seele begabt er mit Mut, Ehrlichkeit und Aufrichtigkeit. (Im nordischen Sagenkreis dagegen dominiert der weibliche Aspekt der Sonne, die Milde, Wärme und Güte ausstrahlt.) Im Leib ist die Sonne die Mitte, ebenso wie sie im Makrokosmos die Mitte des Planetensystems ausmacht. Im Haus ist sie der Herd, die Feuerstelle in der Mitte, um die sich einst das Sippenleben abspielte. Die solaren Kräfte strömen in der Gegend des Sonnengeflechtes *(Plexus solaris)* in den Körper ein, formen

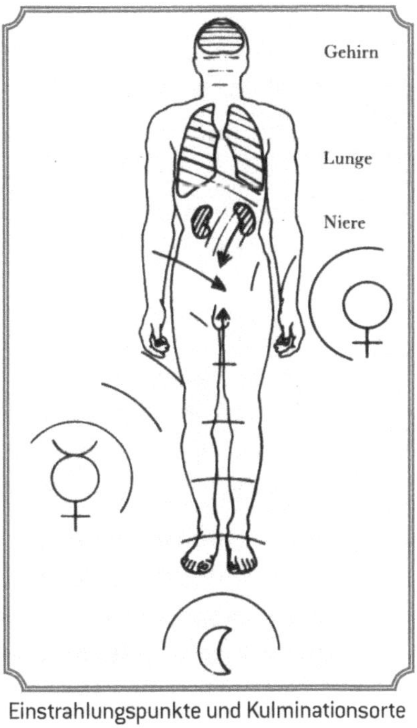

Einstrahlungspunkte und Kulminationsorte der untersonnigen Planeten

das Herz und die Augen als besondere Sonnenorgane und geben dem Leib Licht, Ordnung und gleichmäßigen Rhythmus. Krankheiten, die entstehen, wenn solare Kräfte unrhythmisch geworden sind, sind Herz- und Kreislaufstörungen und Sehstörungen.

Die Sonne ist die Mittelsprosse der Himmelsleiter. Mond, Merkur und Venus – die unteren Sprossen – werden in den alten astrologischen und rosenkreuzerischen Schriften als die »weiblichen« Planeten bezeichnet. Die Planeten oberhalb der Sonne – Mars, Jupiter, Saturn – sind die »männlichen« Planeten. Es mag den modernen Leser etwas verwirren, wenn in den vergilbten Manuskripten die unteren, weiblichen Planeten auch gelegentlich kollektiv als »Mond« bezeichnet werden, während die oberen, männlichen als »Sonne« zusammengefasst werden. Die Eigenschaften von »Sonne« und »Mond« decken sich ungefähr mit dem chinesischen Begriffspaar Yin und Yang; sie enthalten keine Wertung im Sinne von untergeordnet – übergeordnet, gut – böse oder besser – schlechter.

5. Mars

Wagen wir uns nun einen Schritt höher auf der Himmelsleiter, tiefer in das Mysterium des Mikro- und Makrokosmos hinein, gelangen wir in das Reich des zornigen, heiß-feurigen Mars. Der wilde Planetenkrieger erscheint im Makrokosmos im Roten Planeten, der in zwei Jahren den Tierkreis durchmisst. Auf der Erde offenbart er sich in allem Roten, in Hitze, in der Angriffslust der wilden Raubtiere, in feurigen Rossen, in Dornen und Disteln, in Eisen, Stahl und Rost. Im Leib schafft er die Blutbahnen, durch die er das rote, heiße Blut jagt. Martiale Kräfte strahlen im Kehlkopfgebiet in den Leib hinein. Mars ist für die Stimme verantwortlich, ebenso wie seine Geliebte, die Venus, für das empfangende Hören verantwortlich ist. In der Galle, tief verborgen im Unbewussten der Leiblichkeit, klingt diese Kraft aus. Martiale Krankheitserscheinungen sind stechende Schmerzen, Fieber, Entzündungen und Gallenstörungen.

6. Jupiter

Noch weiter draußen – oder tiefer drinnen – ist das Reich des Jupiters. Er strahlt zwischen den Augenbrauen – durch das dritte Auge – in den Leib und schafft auf seiner Bahn die Muskelgewebe, die die saturnischen Knochen einkleiden, bis er schließlich in der Leber sein Ausklangsorgan bildet. In der Seele erscheint Jupiter als »jovialer«, zufriedener Herrscher, mit Weisheit und Wohlstand reichlich begabt. Er ist der große Friedenskaiser, dessen Schlachten erfolgreich geschlagen sind und der nun Reichtum und Gerechtigkeit mit allen teilt. Im Nachthimmel zeichnet er seinen Bereich mit einem großen, hellen Planeten, der mit würdevollen Schritten innerhalb von zwölf Jahren den Tierkreis durchmisst – in jedem Zeichen ein Jahr verweilend, so wie einst die Barbarenkönige bei ihren Fürsten und Vasallen längere Zeit auf Besuch verweilten. Seine Farbe ist das Gelbrote der Herbstblätter oder der Gewänder buddhistischer Bettelmönche. Bären und Elefanten sind seine Tiere. Ihm gehören alle reifen Früchte, denn er ist der Erntegott. Ihm gehört frohe Stimmung, das Gerstengebräu, Honigbier und Rebensaft. Ihm gehört die Eiche, der Baum des »Thingplatzes«, auf dem die Fürsten und Freien in alten Zeiten ihre Ratsversammlungen und Gerichte hielten, auf dem Römer und Kelten ihre Opfertiere schlachteten, um aus der Leber des Opfers die Schicksalszeichen herauszulesen. Jupiterkrankheiten sind diejenigen, die von der Völlerei und Trunksucht herrühren, Gicht, Gelbsucht und Lebersucht.

7. Saturn

Dem ältesten der Planetengötter, dem Vater Zeit *(Chronos)*, diesem Sämann mit seinem Saatensack auf dem Rücken, dem schrecklichen Sensenmann mit dem Stundenglas, begegnen wir in der höchsten Planetensphäre an der Grenze der transuranischen Himmelsphären. Im tiefsten kalten Winter steigt die Saturnsphäre herunter. Als Nikolaus, Samichlaus, Weihnachtsmann oder Väterchen Frost kommt er aus dem tiefen, dunklen Tannenwald oder vom Nordpol, um uns zu beschenken oder mit Haselruten zu schlagen (Fruchtbarkeitszauber). Er steigt durch den Schornstein in unser Herz hinein.[73]

Im Makrokosmos ist sein Planet der äußerste sichtbare, der langsam und mühselig dreißig Jahre bedarf, um die Tierkreisbahn zu durchhumpeln. Sein Siegelzeichen ist Winterskälte, Wintersdunkel, Alter, spröde, kahle Äste, graue Buchenwälder und dunkle Tannenwälder, in denen die Wölfe heulen, aber auch die Gemütlichkeit und Geborgenheit am warmen Kaminfeuer. Sein Metall ist das schwere, graue Blei. Seine Farbe ist Grau oder das melancholische Blau – es ist der »Blues« der Sklavenenkel in Amerika, das »blaue Wunder«, die Fahrt ins Blaue. Saturnpflanzen schmecken bitter und sind grau wie die Wermutarten der kalten Salzsteppen Asiens oder Nordamerikas, oder sie blühen himmelblau, wie die bittere Wegwarte oder das Vergissmeinnicht. Der Haarwirbel des Hinterkopfs markiert die Stelle, an der die Saturnkräfte in den Leib hineinpulsieren (es ist der Haarknoten, den orthodoxe Brahmanen, wenn sie ihren Schädel kahl rasieren, immer unangetastet lassen). Bei der Durchpulsung des Körpers hinterlassen die Saturnkräfte das Skelett, das feste, mineralische Gerüst, ehe sie in der Milz zur Ruhe kommen. Saturnische Krankheiten sind langes Siechtum, Sklerose, Altersschwäche, Verstopfung, Knochenerkrankungen, spleenige Geisteszustände und Depressionen *(Melancholia)*. Blaublühende, saturnische Pflanzen, wie Rauhblattgewächse, helfen bei diesen Gebrechen.

Die Tore zu den Göttersphären

Suchst du das Höchste, das Größte?
Die Pflanze kann es dich lehren.
Was sie willenlos ist, sei du wollend
– das ist's!

Friedrich Schiller, „Das Höchste“

Unser tägliches Leben verläuft ziemlich oberflächlich: Schule oder Arbeitsplatz, Zeitung, Glotze, Kaffee- und Biertischgespräche bestimmen, erhalten und entwickeln die Welt weiter, die wir die eigentliche, wirkliche, selbstverständliche nennen. Das scheint auch zu klappen, wenn nichts Außerordentliches, Ungewöhnliches dazwischenfunkt. Wollen wir aber zu einer wirklicheren Erkenntnis durchdringen, müssen wir Bewusstseinserweiterung üben. Wie ein Baum müssen wir ins dunkle Profunde hineinwurzeln und gleichzeitig unsere Äste dem Licht entgegen in die Höhe recken.

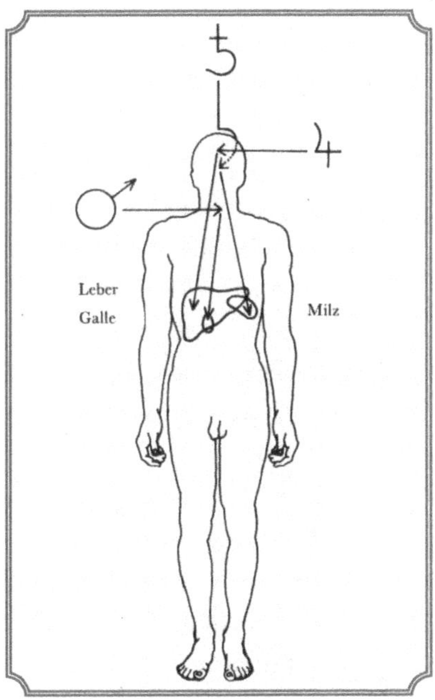

Einstrahlungspunkte und Kulminationsorte der obersonnigen Planeten

Die Himmelsleiter der sieben Planetensphären stellt in farbig bildhafter Weise die Schritte dar, die ein »Erwachender« in die Tiefe des Universums und zugleich in das Innere der Seelenwelt schreiten muss. Für uns Neuzeitmenschen, die wir an der Oberfläche wie summende Fliegen an einem

Klebestreifen haften, ist das kein Kinderspiel. Sobald unser Bewusstsein die kausal bedingte Verstandes- und Sinnenwelt verlässt, verfallen wir entweder dem Wahnsinn und werden schließlich von den Ordnungs- und Moralhütern eingesperrt, oder wir verlieren das Bewusstsein ganz und gar, so dass wir mit Recht munkeln können: »Blödsinn! Da ist doch nur noch das blanke Nichts!« Es ist jenes Nichts, von dem Goethe seinen Faust sagen lässt:

Nur immer zu, wir wollen es ergründen:
In deinem Nichts hoff' ich das All zu finden.

Wozu Mephistopheles, nachdem Faust seine schamanische Reise angetreten hat, noch sagt:

Wenn ihm der Schlüssel nur zum besten frommt!
Neugierig bin ich, ob er wiederkommt.

Schamanen und »Eingeweihte« – falls man diese plattgetrampelte Worthülse noch gebrauchen darf –, die im Schlaf wach bleiben und bewusst in tiefer Versenkung die kosmische Leiter hinauf- und herunterklettern können, berichten in Märchen und Sagen von diesen Welten im Nichts. Vor ihren Toren liegen fürchterliche Hüter: Löwen und Drachen, der Cherub und die Sphinx. Drei Tore müssen passiert werden:

Das Mondentor, die Elementarwelt und die Ebene der Imagination

Das erste ist das *Mondentor*, welches wir beim Einschlafen durchschreiten. Gewöhnlich entschwindet unser Bewusstsein beim Einschlummern schnell. Wer aber dabei innerlich wach bleibt, dem eröffnet sich die *Elementarwelt*, die Zauberwelt der ätherischen Bildekräfte, in der Zwerge, Gnome, Elfen, Nixen, Waldteufel,

Dämonen und andere Zaubergestalten – Wesen ohne physischen Körper, aber mit einem ätherischen und manchmal astralischen Leib – erscheinen. Diese magischen Kreaturen sind die Innenaspekte unserer gewöhnlichen Ding- und Tatsachenwelt. In diesem Bereich erleben die Schamanen die »Herren der Tiere« und sprechende Wesen, die ihnen verborgene Schätze, Zufluchtsstätten des Jagdwildes oder die Heilkräfte der Pflanzen mitteilen können. Hier ist das Gefilde des Hexensabbats, wo Fruchtbarkeits- und Vermehrungsfeste in der Gegenwart des gehörnten Gottes – etwa des keltischen hirschköpfigen Cernunnos – stattfinden. Psychotropische Pflanzendrogen mit lunarer, merkurialer oder venerischer Signatur – nicht ohne Gefahr für Uneingeweihte – können den Menschen in diese Regionen befördern. Die alten Rosenkreuzer nannten diese Bewusstseinsebene, die sich hinter dem Tagesbewusstsein verbirgt, die *Ebene der Imagination.* Logische und vernünftige Aussagen lassen sich über dieser Welt kaum machen: Mit Ikonen und Fetischen, mit Liedern, Zaubergesängen und -sprüchen, mit Sinnbildern, Farben, Amuletten und mittels der Sagen, Märchen, Gedichte und Rätsel kommt diese Welt zur Sprache und lässt uns mit ihren Bewohnern verkehren.

Das Sonnentor und die Sphäre der Inspiration

Das nächste Tor ist das Tor der Sonne: Ebenso wie die Sonne sich weiter draußen im All befindet als der Mond, so ist diese Welt eine tiefere, entferntere, zu der dieses Tor sich öffnet. Normalerweise ist das die Ebene des traumlosen Schlafes, aber für die wenigen, die es ertragen, »bewusst« zu bleiben, eröffnet sich die Welt der Götter, die hinter allem elementaren Geschehen stehen. Wehe aber dem Uneingeweihten, der das Losungswort nicht kennt: Den frisst die Sphinx, die Hüterin des Sonnentors.

Das Land, das man betritt, ist die Sphäre der Harmonie, in der die himmlischen Engelchöre musizieren, in der man in unsäglicher Wonne die Flöte Krishnas vernimmt, in der

Die Sonne tönt nach alter Weise
In Brudersphären Wettgesang.

J. W. Goethe, Faust

Krishna mit Flöte

Auf dieser Seinsebene, tief im Inneren, deren Erlangung einer Vorbereitung vieler Lebzeiten in Nüchternheit, Strenge und Selbstentbehrung bedarf, tritt man den reinen, luminösen *Devas* der Pflanzen gegenüber. Sie erscheinen wie geliebte, geachtete weise Ahnen. Nur reine Seelen vermögen sie zu sehen. Man tauscht das gaukelbunte Flickgewand der imaginativen Welt gegen das weiße, strahlende Engelskleid. Der gecke Pfau verwandelt sich in den edlen Schwan.

Mit ihrem grünen Blattwerk nehmen die auf der Erde wachsenden Pflanzen, die Kräuter und Bäume, die lebensspendenden Impulse der Sonne auf. Wie Meditierende in tiefer Trance lauschen sie der von der Sonne strömenden göttlichen Ur-Schwingung, die als OM (ॐ) das Sein durchtönt, und leiten sie an uns als Nahrung, Heilung und Schönheit weiter.

Unsere Seele muss still sein wie ein Teich im Wald, damit die heiligen Devas darinnen ihre Weistümer spiegeln können. Keine

Leidenschaft darf die Oberfläche kräuseln. Aus dieser himmlischen Quelle tranken die allergrößten der wurzelkundigen Heiler ihre Weisheit: Charaka, Shen Nung, Weleda und wohl auch Hildegard von Bingen und der Hohenheimer. Die alten Rosenkreuzer nannten die Welt hinter dem Sonnentor die *Sphäre der Inspiration*. Die größten Tonkünstler hörten hier mit, um ihre Sinfonien dem einfachen Volk zu schenken. Ja, es mag gesagt werden, dass alle großen kulturstiftenden Ideen dieser höheren Ebene entsprangen.

Das Saturntor und die Sphäre der höchsten Intuition

Abermals stehen wir vor einem Tor, dem *Tor des Saturn*, dem Tor des Todes. Das Tor führt in die Sphäre jenseits der Worte, jenseits der Bilder, in die tiefste Sammlung *(Samadhi)*, in das Einswerdens mit dem Göttlichen. Hier ist das *Pleroma* der Gnostiker, das *Shunyata* der Buddhisten – das mit allem Seienden schwangere Nichts. Hier ist der Kristallhimmel, aus dem die Urbilder hervorquellen; hier ist der Thron der Gottheit, wo weder Raum noch Zeit, Form noch Stoff, Selbst noch Nichtselbst, Leben noch Tod gelten. Im Idealfall befinden sich die *Sannyasin*[74] – mit dem roten Gewand des lodernden Scheiterhaufens angetan, besitzlos, dem Tode tot – an dieser Saturnschwelle: Ihre Gegenwart ist jedem Geschöpf ein Segen. Still sitzen Andächtige bei diesen Entsagern und empfangen darshana – einen Hauch des Wahren. Der Eingeweihte, der mit dem »Stein des Weisen« begabt ist, kann, wenn er dieses Tor durchschreitet, sogar mit dem Geist des Gesteins verkehren.

Die größten Kräuterkundigen sind diejenigen, denen das Sonnentor offensteht, die sich ihre Geistesschwingen beim Höhenflug nicht versengen wie einst Ikarus. Dieser Leichtsinnige kam der Sonnenglut so nahe, dass ihm das Wachs seiner künstlich konstruierten Flügel schmolz und er in das Meer – das Chaos – abstürzte. Ist das nicht ein passendes Bild für den Wissenschaftler, der sich mit den Flügeln seiner ausgeklügelten Techniken, Experimente und Instrumente an die großen Geheimnisse heranmachen will? (Stürzen wir nicht mit unserer Wissenschaft in das Chaos – Wirtschaftskrise, Atomkrise, Umweltkrise usw?) Aber auch die Rauschdrogen, die Psychedelika, führen nicht durch dieses Sonnentor, sondern nur durch das Mondentor. Langes Bereiten und Reinigen der Seele, Fasten, stetige Geistesgegenwart und Barmherzigkeit, wie es die Menschenfürsten Shankaracharya, Sakyamuni (Buddha) und Jesus lehrten, führen zum Sonnentor.

Die gewöhnlichen Schamanen und Wurzelkundigen sind jedoch eher in der Elementarwelt zu Hause, in der befreundete Wesen (Zwerge) und Tierfamiliare sie die geheimen Sympathien und magischen Zusammenhänge der Erdendinge lehren. Der wissenschaftliche Datensammler mag zwar ehrlich sein und dabei redlich messen und zählen; er mag wissen, wie viele Staubblätter die Amaryllidaceaen haben, er mag die chemische Formel des Tubocurarin und die Stufen der Desoxyribonukleinsäurepolymerisation kennen – aber zum Wurzelkundigen wird er es selten bringen. Dazu ist sein Geist zu sehr – so Arthur Hermes – an das mineralische Hirn gebunden.

Planeten und Pflanzen

Die Gelehrten der Renaissance, die das Volkswissen und die esoterischen Geheimlehren systematisierten, lehrten, dass alles, aber auch alles in der sichtbaren Schöpfung durch die dynamische Interaktion, die Überschneidung und gegenseitige Durchdringung der sieben planetarischen Kräfteeinflüsse zustande kommt. Um in diesem Sinn einen Hahnenfuß zu verstehen, muss man die planetarischen Ströme voneinander scheiden und ihre Wirkung gesondert betrachten. Die Rosette mit rundlichen, ziemlich fleischigen

200

Blättern, die wir im Frühjahr auf sumpfigem Boden vorfinden, hat Mondensignatur; aber gleich schießt sie nach oben; die Blätter wandeln sich dabei in rapider, merkurialer Metamorphose.

Metamorphosen der Butterblumenblätter

Der ätzende Geschmack des Hahnenfußes verrät die Hand des Mars, die buttergelben Blütenblätter die des Jupiters. Natürlich sind auch alle anderen Planeten mit im Spiel. Die Frage, die sich für den Kräutersammler ergibt, ist, welcher Planet bei der betreffenden Pflanze die Vorherrschaft hat.

Dieses kleine Beispiel soll genügen, um zu zeigen, dass es nicht eine einfache, logisch oder mathematisch zu ermittelnde Information ist, die man sucht. Man stellt die Planetenzugehörigkeit auch nicht fest, wie man Länge in Zentimetern misst oder Blütenblätter zählt. Es ist auch nicht ein simples Nachschauen auf einer Tabelle: Eine in das Qualitative gehende Fähigkeit, die den künstlerischen Blick mit der lebendigen, aber wahrhaften Imagination verbindet, muss mit im Spiel sein. Deswegen herrscht in den Kräuterbüchern, wenn sie die Planetenzugehörigkeit angeben, oft keine Übereinstimmung. Das bedeutet weniger, dass eines recht und das andere unrecht hat, als dass man es mit verschiedenen Gesichtspunkten zu tun hat. Das wollen wir im Sinn behalten, wenn wir nun kurz auf die Siegelabdrücke der Planeten im Pflanzenreich eingehen:

1. Mond: Der Luna untersteht alles Keimen und Aufsprießen, Faulen und Verrotten im Pflanzenbereich. Wässrig aufgedunsene, schlingpflanzenähnliche Gebilde, wie Gurken und Melonen, sind lunarer Natur. Ebensosolche mit Milchsaft, wie Mohn, Salat und Wolfsmilchpflanzen – alles giftige, schmerzstillende beziehungsweise narkotisch wirkende Gewächse. Die Blüten der Mondpflanzen sind oft groß, ihre Farben zart pastell bis ins Lila reichend; manche öffnen ihre Blütentrichter nur nachts.

2. Merkur: Der flinke Planet äußert sich auch im Pflanzenreich durch schnelles Sprießen und Schießen und raschen Wandel. Von besonderer Farbe kann man weniger sprechen, eher von einem Leuchten, wie man es bei einer frisch aufgehenden Weizensaat erleben kann. Merkuriale Pflanzen haben oft schleimige, heilkräftige Säfte wie die Aloe vera, die Hauswurz (ansonsten dem Jupiter geweiht), das Bingelkraut *(Mercurialis* spp.*)* oder das Springkraut *(Impatiens noli-tangere)*. Völlig merkurial schleudert das Springkraut seine Samen oft meterweit. Merkuriale Pflanzen haben wenig Neigung zu verholzen, sie nehmen gerne kriechende, windende Gestalt an.

3. Venus: Diese holde Göttin schenkt der Vegetation im Allgemeinen ihre grüne Farbe. Venusblüten sind wohlriechend und zart gefärbt: Mit Ausnahmen reicht ihre Farbskala von Grünlichweiß bis ins Rosa. Medizinisch wirken diese Pflanzen kühl und lindernd; wenn sie aber, wie im Fall der Aphrodisiaka, mit Mars verbunden sind, wirken sie erhitzend.

4. Sonne: Die Sonnenkraft zieht die Pflanzen in die Höhe, gibt ihnen gerade Stängel und veranlasst sie, sich rhythmisch und harmonisch zu entfalten. Der Geschmack dieser Pflanzen ist kräftig angenehm, so wie das frische Süßsauer der Äpfel. Sonnenhafte Blumen blühen weiß bis strahlend goldgelb; oft drehen sie im Tageslauf der Sonne ihr Gesicht zu (Gänseblümchen, Wegwarte). Medizinisch wirken viele der Sonnenpflanzen herzstärkend und ermutigend.

5. Mars: Dem roten Planeten sind alle rot blühenden, mit Dornen, Stacheln und tiefen Pfahlwurzeln versehenen, scharf, pfeffrig oder hitzig schmeckenden Pflanzen eigen. Die Staubblätter aller Blüten und viele Wundkräuter gehören dem Mars.

6. Jupiter: Dieser Göttermonarch ist verantwortlich für das Reifen der Früchte. Ihm gehören alle aromatisch-würzigen, mit ätherischen Ölen versehenen Kräuter und das süße Obst. Ölpflanzen, wie Raps und der Ölbaum, gehören ihm. Jupiterpflanzen blühen in einer prächtigen Farbskala von Gelborange bis zum majestätischen Purpur. Relativ langsam wachsende, mehrjährige Pflanzen, darunter stattliche Bäume, gehören diesem König.

7. Saturn: Saturn trocknet die Pflanzen aus, lässt sie welken und sterben, dafür bildet er in ihnen die Samen aus. Langsam wachsende, dunkle, graue Gewächse mit bitterem Geschmack, aber auch solche mit duftenden, zähflüssigen Harzen und Balsamen, wie die Tannen, gehören diesem Planeten ebenso wie himmelblau blühende Blumen.

Die Wirkungen der Planeten, indem sie den inneren und äußeren Kosmos, die Metalle, Steine, Pflanzen, Tiere und den Menschen prägen, nannte man zur Zeit des Paracelsus die astralen (griech. *aster* = Stern) Einflüsse. Die Astrologie versuchte diese Einflüsse genau zu bestimmen. In unserer Sprache leben immer noch die Begriffe dieses Weltbildes fort, wenn wir von der Influenza (Grippe), also dem Einfluss, oder dem Desaster (lat. *des + astrum* = schlechter Stern) sprechen.

In jeder Einzelpflanze wirkt der Mond am stärksten in den Wurzeln, der Merkur in den Sprossen und Knospen, die Sonne in der Aufrichtekraft des Stammes und der Stängel, Venus in den Blättern und Blütenblättern, Mars in den Staubgefäßen, Jupiter in

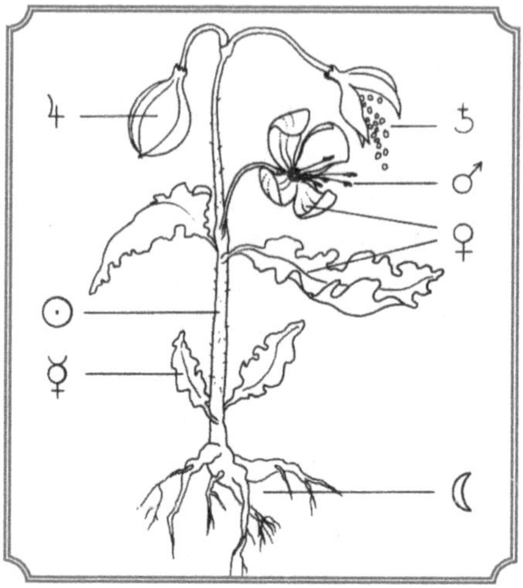

Planeteneinwirkung auf die Einzelpflanze

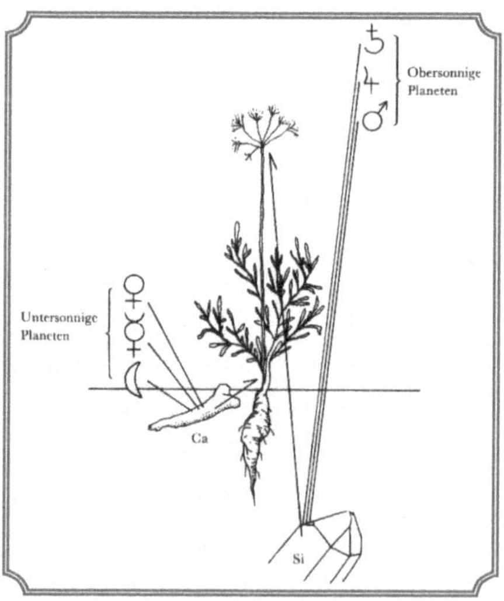

Planetenwirkung bei Kalk und Kiesel

den Früchten und Saturn in den Samen.[75] Die »unteren« Planeten (Mond, Merkur, Venus) wirken direkt über die Atmosphäre oder indirekt über Wasser, Humus und Kalk auf die Pflanzen ein. Die »oberen« Planeten (Mars, Jupiter, Saturn) werden den Pflanzen durch Kieselsteine und Quarzkristalle vermittelt; sie strahlen sozusagen von unten nach oben und kommen in Blütenfarbe, Frucht- und Samenbildung zum Ausdruck.[76]

Im Menschen (und im Tier) strahlen die oberen Planeten in den oberen Teil (Kopfende) des Leibes ein; die unteren Planeten dagegen in die untere Körperhälfte. Wie wir schon gesehen haben, bauen die Strahlenwirkungen der Planeten verschiedene Gewebe auf und setzen Funktionen in Gang, ehe sie sich schließlich erschöpfen und in einem ihnen zugehörigen Organ Abrundung und Ausklang finden (zum Beispiel Jupiter in der Leber, Merkur in der Lunge, Saturn in der Milz usw.). Das Erkennen der Planetenwirkungen in der Pflanzenwelt und in der Menschen- und

Tierwelt erlaubt den Kräuterkundigen, korrespondierende Heilpflanzenarten und -teile mit den Körpergebieten und -funktionen in Zusammenhang zu bringen.

Planetenpaare

Die übereinandergeschichteten Ebenen des Kosmos muten wie eine Sahnetorte, eine russische Puppe oder die Schalen einer Zwiebel an, wobei jede Schicht die anderen durchstrahlt. Dazu kommt noch die Vorstellung der Planeten als Gegensatzpaare. So wird zum Beispiel der weiche, wässrige, lebensfrische Mond dem trockenen, bitteren, harten Saturn gegenübergestellt. In der Folklore erscheinen sie als das alte sklerotische Jahr, das vom lustigen Neujahrswickelkind abgelöst wird. Der feurige draufgängerische Mars gesellt sich zur kühlen, empfänglichen Venus – das Urbild des Liebespaares. Der dicke Jupiter und der gauklerische Merkur – Stetigkeit und Wandel versinnbildlichend – erscheinen im Märchen als der König und der Schelm. Die Sonne ist bei all dem die Achse und Mitte.

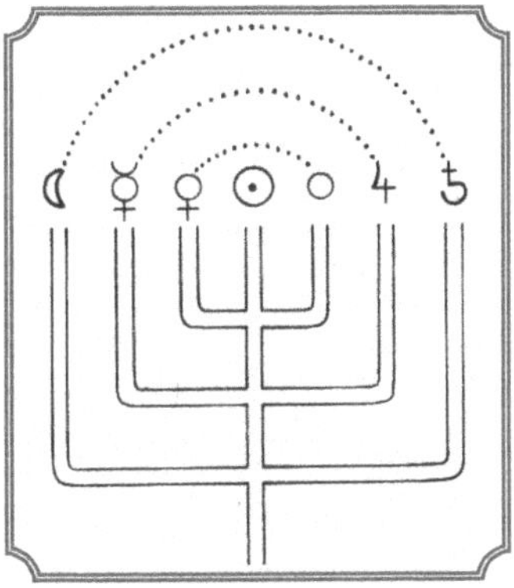

Planetenpaare

Die Kräuterärzte machen von diesen Gegensatzpaaren reichlich Gebrauch, indem sie Pflanzen mit der Signatur, die einer Krankheit entgegengesetzt ist, allopathisch *(contraria)* oder Pflanzen mit der gleichen planetarischen Signatur homöopathisch *(similia)* anwenden.

Das Verhältnis der Planeten zu den Elementen

Die sieben planetarischen Kräftestrahlungen, die alles formen und durchwirken, bleiben unsichtbar, bis sie sich der vier Elemente (Erde, Wasser, Luft, Feuer) bedienen, um sich ihnen wie ein Siegelring in heißes Wachs einzuprägen und damit der Erscheinungswelt ihre Physiognomik zu schenken. Die Elemente soll man sich nicht einfach als passiven Stoff vorstellen. Sie entsprechen dynamischen Zuständen der Urmaterie, wobei »Erde« als trocken, kalt und fest gilt, »Wasser« als feucht, kalt und beweglich, »Luft« als leicht, feucht, warm und sehr beweglich und »Feuer« als heiß, trocken und höchst wandelbar.

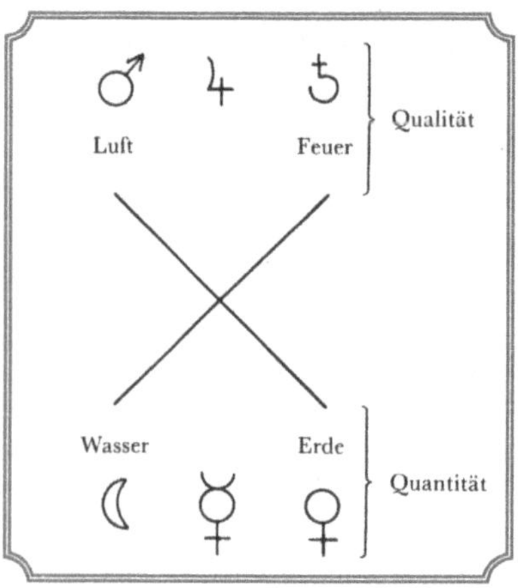

Verhältnis der Planeten und Elemente

Die oberen Planeten stehen logischerweise in Bezug zu den beweglichen, nicht wägbaren (imponderablen) Elementen (Luft, Feuer); die unteren Planeten dagegen zu wägbaren, kalten, schweren Elementen (Erde, Wasser). Diese haben mit Quantitäten, jene mit Qualitäten der Erscheinungen zu tun. Der Naturhellsichtigkeit – das schreibt auch Paracelsus – erscheinen die Kräfte der vier Elemente als Elementarwesen: Gnome (Erde), Nymphen oder Undinen (Wasser), Sylphen (Luft) und Salamander oder Vulkanie (Feuer). Die folgende Tabelle gibt einige dieser Kreuzbeziehungen an:

Element	Qualität	Humor	Planten	Elementarwesen	Pflanze	Jahreszeit
Feuer	heiß, trocken, wandelbar	gelbe Galle (cholerisch)	Obere	Salamander	Samen, Frucht	Herbst
Luft	warm, feucht	Blut (sanguinisch)	Obere	Sylphen	Blüte	Sommer
Wasser	kalt, feucht	Schleim (phlegmatisch)	Untere	Undinen	Blatt, Spross	Lenz
Erde	kalt, trocken	schwarze Galle (melancholisch)	Untere	Gnome	Wurzel	Winter

Das Verhältnis der Planeten zum Tierkreis

Die Planeten folgen der Sonnenbahn *(Ekliptik)* von Westen nach Osten *(direkte Bewegung)*, indem sie das Feld der Fixsterne durchlaufen; manchmal machen sie Schleifen in entgegengesetzte *(indirekte)* Richtung. Dabei weichen sie von der Sonnenbahn nie weiter als 15° ab. Die festen Sternbilder im Hintergrund erlauben dem irdischen Beobachter, die genaue Position sowie die relative Bewegung und Geschwindigkeit festzustellen. Die alten Babylonier gliederten die Bahn der Wandelsterne und der Sonne in zwölf gleichmäßige Teile und gaben uns damit den Tierkreis *(Zodiakus)*. Die Sonne durchwandert den Tierkreis vom tiefsten Stand (Wintersonnenwende) bis zum höchsten (Sommersonnenwende) und wieder zurück in 365 Tagen. Der Mond wird inzwischen dieselbe Bahn zwölfmal durchwandert haben. (Der Zodiakus mit seinen zwölf Bildern und die verhältnismäßige Bewegungsgeschwindigkeit der Sonne und des Mondes sind das Modell für unsere Uhren, wobei die Bilder zu Ziffern wurden und Sonne und Mond zu Stunden- bzw. Minutenzeiger. Obwohl aus den hohen Himmeln gefallen, beherrscht uns die Uhr noch immer wie eine despotische Gottheit. Mit den Silikon-Mikrochips verliert die Zeitmessung jedoch ihren letzten Zusammenhang mit den kosmischen Urbildern.)

Die alten Sternenpriester des Zwischenstromlandes wussten, dass sich die Wirkung der Sonne sowie der übrigen Planeten häufig, aber rhythmisch ändert. Die Kraft, Intensität und Qualität der Ausstrahlung wandelt sich, je nachdem in welchem Tierkreisbild die Wandelsterne sich befinden. Die Sonne ist heiß im Löwen, aber fahl und kühl im Schützen! Man erkannte also, dass die zwölf Regionen ihrerseits Kräfte ausstrahlen, die die Planetenwirkungen stark modifizieren. Man stellte sich den Tierkreis als einen Riesenleib, den Leib des kosmischen Urmenschen, des Makroanthropos, vor. Jede der zwölf Regionen entspricht einer Körperregion im mikrokosmischen Menschen.

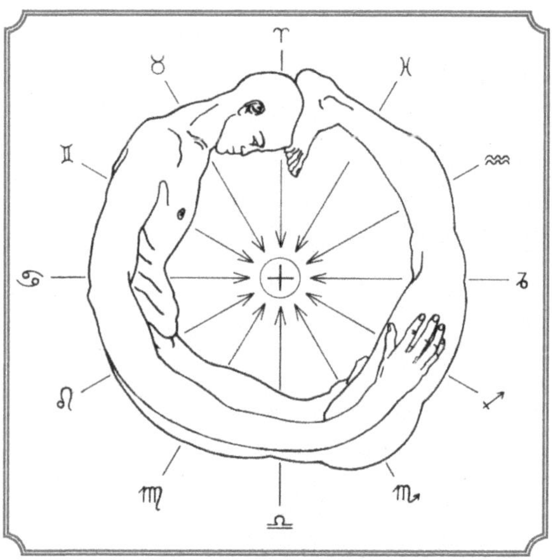

Der Tierkreismensch

Schöpferische Urmächte strömen aus diesem Riesenleib. Aus jedem Tierkreisbild pulsieren die Kräfte herab auf die Erde. In Menschen und Tieren strömen Kopf- und Schädelbildekräfte aus der Widderregion, Schulter- und Nackenkräfte aus dem Stier; die Zwillinge schaffen die Arme, der Krebs die Brust, der Löwe die

Herzregion usw., bis man schließlich zu den Fischekräften in den Füßen kommt. Dieselben archetypischen Mächte formen die verschiedenen Tiergattungen: Der Widder bringt das Federvieh hervor, die Jungfrau die Wiederkäuer, der Löwe die Raubtiere, die Skorpionregion bringt die Kerbtiere hervor. Ausgeklügelte Zusammenhänge und Beziehungen dieser »Astrozoologie« werden bis heute von »Geistesforschern« aller Schattierungen ausgearbeitet.[77]

Bei den Pflanzenfamilien prägen sich diese stellaren Kräfteströmungen noch eindeutiger aus. Die Hohepriesterin der biologisch-dynamischen Landwirte, Maria Thun, glaubt, durch ihre empirischen Beobachtungsserien und statistischen Aufzeichnungen bestätigen zu können, dass jede Pflanzenfamilie ihre Impulse von den Tierkreisgebieten erhält.[78] Daher rät sie, das Säen und Pflanzen und – zur Unkrautbekämpfung – das Verbrennen und Verstreuen von Unkrautasche vorzunehmen, wenn der Mond sich in bestimmten Tierkreisstellungen befindet.

Häuser der Planeten

Jedes Tierkreisbild ist ein »Haus« oder eine »Burg« der wandernden Planetengötter. Wenn ein Planet in seinem eigenen Haus ist (zum Beispiel die Sonne im Löwen), dann ist der Einfluss besonders harmonisch oder kräftig. Ist er jedoch in einem gegenüberliegenden Haus (in Opposition), dann ist der Einfluss geschwächt (schlecht aspektiert).

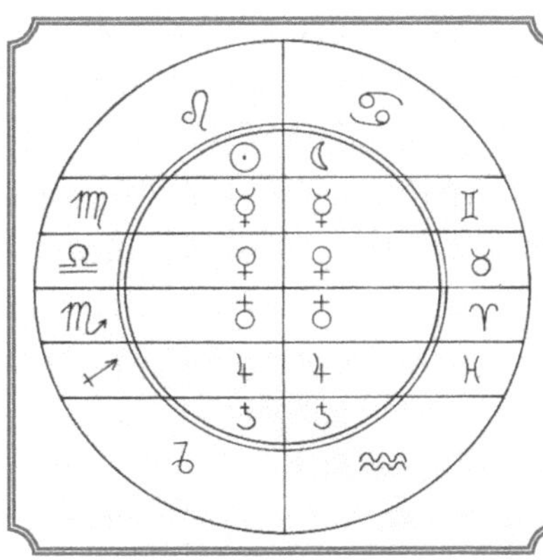
Die Häuser der Planeten

Das immer noch von Astrologen benutzte System der planetarischen Häuser beruht auf Beobachtungen, die babylonische Sternenpriester vor vier- oder fünftausend Jahren machten. Damals waren Löwe und Krebs – die Sonnen- und Mondhäuser – die höchsten Bilder im Tierkreis, während Wassermann und Steinbock, bei denen der bleischwere Saturn seine Häuser hat, die niedrigsten Tierkreiszeichen waren. Eine imaginäre Linie, die von den horizontnahen zu den höchsten Zeichen den Zodiakus halbiert, wurde als die Weltenachse aufgefasst. Sie galt als Stamm des kosmischen Baumes, in dessen Ästen die Fixsterne wie Kugeln am Weihnachtsbaum hängen und die Wandersterne wie Vöglein umherflattern, um ab und zu in ihren eigenen Nestern (Häusern) zu nisten oder sich gegenseitig zu besuchen (Konjunktionen). Über die Jahrtausende kippte jedoch die Weltenachse immer mehr zur Seite. Der Grund dafür ist das fortschreitende platonische Weltenjahr, die allmähliche Verschiebung des Frühlingspunktes der Sonne. Der Frühlingspunkt – ebenso wie der Herbstpunkt – ist dort angesetzt, wo genaue Tagundnachtgleiche (zwölf Stunden Tag und zwölf Stunden Nacht – 21. März beziehungsweise 23. Sept.) herrscht. Er verschiebt sich allmählich alle 2155 Jahre um ein Zeichen. Zur Zeit Christi verließ der Frühlingspunkt den Widder und ist immer noch in den Fischen; dabei sind die höchsten Zeichen im Tierkreis die Zwillinge (Sommermitte); der Herbstpunkt ist in der Jungfrau und der Winterpunkt, der niedrigste am Horizont, der Schütze.

Trotz dieser gewaltigen Verschiebungen spielen bei vielen traditionellen Kräuterärzten die Häuser der Planeten noch immer eine wichtige Rolle in der Therapie. Angenommen, es leidet ein Patient Nierenschmerzen. Der Kräuterlachsner weiß, dass die Nieren im Bereich der Waage liegen – dort hat die Venus ihr Haus. Die Birke ist ein Venusbaum: also, Birkenblätterabsud, um die Nieren zu spülen! Dabei müssen die Blätter gesammelt werden, wenn Venus gut aspektiert ist. Angenommen, ein anderer kommt mit Bronchienkatarrh. Da die Brustregion dem Krebs gehört, wo der Mond sein Haus hat, sollte eine Mondenpflanze – die Zwiebel, als Brei, Umschlag oder Wein – die gewünschte Genesung einleiten. Solche Gedankenbilder und Assoziationen sind bei Kräuterheilern wie Arthur Hermes noch immer gang und gäbe.

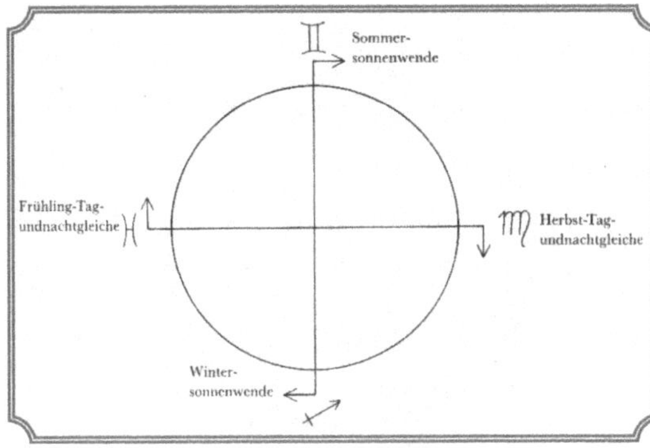

Sonnenwendpunkte im Tierkreis

Trigone

Noch weitere Aspekte werden oft in Erwägung gezogen, zum Beispiel das Verhältnis der Tierkreisbilder zu den bereits erwähnten vier Elementen. In der Renaissance stellte man die Erd-, Wasser-, Luft- und Feuertrigone auf:

Die Erdzeichen des Tierkreises (Jungfrau, Steinbock, Stier) gelten als vital, fruchtbar, schwer. Im leiblichen Organismus erzeugen sie schwarze Galle (galenische Humoralpathologie!), im Gemüt Melancholie, und in der Pflanzenwelt regen sie kräftige Wurzelbildung an.

Die Feuerzeichen (Löwe, Schütze, Widder) sind heiß und unfruchtbar. Im Leib erzeugen sie gelbe Galle, im Gemüt Erregbarkeit (Cholerik), und in den Pflanzen treiben sie zur Reife und zur Samenerzeugung, unterdrücken jedoch das vegetative Wachstum. Unfruchtbarkeit ergibt sich leicht, wenn der Mond in einem Feuerzeichen ist und Saturn besonders stark hervortritt.

Die Wasserzeichen (Krebs, Skorpion, Fische) sind feucht und fruchtbar. Sie bringen in der Pflanzenwelt grüne Blattfülle hervor. Im Leib erzeugen sie Schleim, und das Gemüt machen sie phlegmatisch.

Die Luftzeichen (Zwillinge, Waage, Wassermann) sind halbfruchtbar. Sie bringen ein sanguinisches Temperament zum

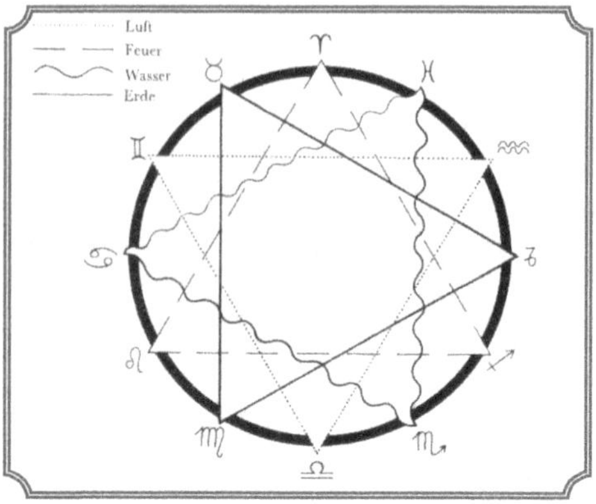

Trigone

Vorschein. Im Leib wirken sie blutbildend. Überschuss an Blut wurde einst mit Blutegeln und Schröpfnäpfchen behandelt. Die Pflanzen regen sie zum Blühen an.

Im biologisch-dynamischen Landbau und in der anthroposophischen Kräuterheilkunde hält man sich gerne an das Schema der Tierkreistrigone.[79] Man beachtet beim Säen, Pflanzen, Pflegen und Ernten der Gemüse und besonders der Kräuter die Stellung des Mondes im Tierkreis. Arzneiwurzeln werden demnach gepflanzt und geerntet, wenn der Mond in einem Erdzeichen steht. Blütendrogen wie Kamillen-, Ringelblumen- oder Königskerzenblüten, werden gesät oder gesammelt, wenn der Mond sich in einem Luftzeichen befindet. Viele Anwendungen richten sich nach diesem Schema, auch wann man dem Patienten die Heilmittel zukommen lässt.

Die Lehre des Kopernikus, der die Erde aus dem Mittelpunkt des Weltalls herausriss, die Berechnungen Keplers und Newtons und schließlich die Entdeckung anderer Planeten jenseits des Saturn, die dem bloßen Auge verborgen bleiben, machten einen Scherbenhaufen aus den kunstvollen Konstruktionen der Renaissancedenker. Aber nicht nur das: Die allgegenwärtigen geheimen und offenen Sympathien und die magischen Entsprechungen, die das Universum durchspannen, sind ungefügig; dem praktischen Denker, dem Verfechter der Kausallogik, der einem neuen Zeitalter entgegenarbeitet, scheinen sie lästig und nicht zu handhaben. Ockhams Rasiermesser wurde gezückt; die alten Zöpfe mussten schwinden, und die Grillen und Spinnengewebe wurden aus den

Ecken gefegt, damit das Zeitalter der Vernunft und des technischen Fortschritts seine Herrschaft antreten und Maschinen und Kommerz reibungslos funktionieren konnten. Aber hier und da blieben einige Bauern, Hinterwäldler oder auch schrullige Professoren, die nicht von den älteren Modellen lassen wollten: Mag ja ganz gut sein, das Kausalitätsgesetz und die Quantifizierung der Tatsachen. Man kann Neonröhren damit zum Leuchten bringen, Raketen zum Mond schicken, Gene klonen, Kunstherzen einpflanzen und Daten in Elektronenhirnen verdauen, aber ist die Wirklichkeit nicht weit größer? Wie schneidet unser technokratisches Weltbild in den Zwielichtzonen unseres Lebens ab? In der Krankheit, dem Tod, der Liebe, den Gefühlen, den Träumen, der Sinnfindung und der Heilsuche? Selbstverständlich waren die Herren, die die Astrologie in Astrophysik, die Alchemie in Chemie, die Kräuterkunde in Pharmakologie und die Seelenkunde in Psychologie verwandelten, scharfe, auch mutige Denker. Aber sie haben die regenbogenfarbige Vielfalt der lebendigen Natur, die Götter, Geister und Seelenbilder in die schwarz-weiß gedruckte Eindimensionalität der Ziffer und des Computerchips gebannt. Aber lassen wir sie und schauen wir uns weiter in der Welt der weisen Frauen, Kräuterheiler und Lachsner um.

Zur Anwendung der planetarischen Regeln

Viele Omas kochen ihre Kräutertees, ohne sich viel um die Planetenzugehörigkeiten der Pflanzen zu kümmern. Aber bei den Kräutersammlern, die sich intensiver damit beschäftigen, die noch mit der Überlieferung zu tun haben, ist die Planetenkunde ein wichtiger Bestandteil.

Es gibt Kräuterkundige, wie die niederländische weise Frau Mellie Uyldert, die auf phantasievolle Art und Weise die neuentdeckten

Planeten Uranus, Neptun und Pluto in das traditionelle Weltbild einspannen.[80] Für andere dagegen, wie den alten Druiden Arthur Hermes, sind die unsichtbaren transuranischen Himmelskörper kosmische Spiegelungen der dämonischen Unterwelt, in die die moderne Zivilisation hineinschlittert. Uranus kündet das brutale Maschinenzeitalter an; Neptun die Todeskräfte der Elektrizität; Pluto, der schwarze Gott der Unterwelt, die daseinsnegierende Kernzerstrahlung (Plutonium! – Nomen est omen!). Arthur Hermes macht darauf aufmerksam, dass diese »Planeten« jeweils am Himmel entdeckt bzw. erfunden wurden, als auf Erden die Dampfmaschinen, dann der Strom und zuletzt die Atomspaltung entdeckt wurden. Nach dem universellen Gesetz des Hermes Trismegistos, »Wie oben, so unten«, lässt sich folgern, dass bei jedem Bewusstseinswandel im Mikrokosmos ein entsprechender Wandel im himmlischen Makrokosmos stattfindet; neue Sterne gehen auf. Und nun wissen wir sogar, dass es »schwarze Löcher« im All gibt.

Astrologisch orientierte Kräuterärzte erstellen das Horoskop des Leidenden, um festzustellen, welche Planeten gut aspektiert sind, welche schwach, was im Aszendenten ist und wie die Häuser belegt sind. Dann werden die Kräuter nach folgenden Regeln verschrieben:

1. Ist ein Körperteil oder ein Organ schwach, verschreibt man eine Pflanze, die dieselbe planetarische Signatur hat, zur Unterstützung der Schwäche. (Zum Beispiel eine Saturnpflanze, wie etwa Beinwell oder Ackerschachtelhalm, bei Beinbruch, einem Saturngebrechen; oder Löwenzahn, eine Jupiterpflanze, für die Leber, ein Jupiterorgan.)

2. Wenn ein Organ überaktiv, erregt oder vergiftet ist, wird eine Pflanze mit entgegengesetzter Signatur als Gegengift *(Antidoton)* verschrieben. (Zum Beispiel ein heißes, scharfes Marskraut gegen venerische Erkrankungen.) Man spielt Jupiter gegen Merkur aus, Saturn gegen den Mond, die oberen Planeten (»Sonne«), die

heiß, trocken und verhärtend wirken, gegen die unteren Planeten (»Mond«), die aufweichend, auflösend und kühlend wirken. Im Mittelalter stellte man gerne die beiden »bösen« Planeten gegeneinander, den hitzigen, aggressiven Mars und den kalten, sklerotischen Saturn. Wir sehen, dass die Kräuter sympathetisch (homöopathisch) wie antipathetisch (allopathisch) angewendet werden.

Günstige Sammelzeiten

Es war die Kunst der alten Rosenkreuzer, deren Werke sich eingehend mit biologischen und kosmischen Rhythmen beschäftigen, die optimalen Zeiten – Jahreszeit, Mondstellung, Tag der Woche und Tageszeit – zu kennen, an denen die Heilpflanzen gesammelt werden sollen und zu denen die daraus erstandenen Präparate richtig einschlagen. Das Bemühen, die richtigen Stunden und Zeiten zu treffen, geht auf die Babylonier zurück. Die christlichen Kräutersammler ließen sich jedoch auch nicht davon abhalten: Hatte nicht der Weiseste der Weisen, König Salomo, gesagt: »Ein jegliches hat seine Zeit, und alles Vornehmen unter dem Himmel hat seine Stunde« (Pred. 3:1)?

Es ist nun wirklich kein Geheimnis mehr, dass der Mond auf das Ansammeln und Verschwinden von gewissen Wirkstoffen in den Pflanzen sowie auf die Krankheitskurven einen Einfluss ausübt. Maurice Mességué erzählt, dass sein Vater seine Kräuter nie an Vollmondtagen sammelte, sondern immer, wenn gerade erst Neumond war. »Der Vollmond nimmt ihnen die Kraft. Heilpflanzen brauchen viel Sonne und wenig Mondschein.«[81] In der ganzen eurasischen Tradition achtet man auf die Mondphasen, den zunehmenden und abnehmenden Mond. Es besteht die allgemeine Regel, Wurzeln im letzten Viertel des abnehmenden Mondes, oberirdische Teile im ersten Viertel des zunehmenden Mondes zu sammeln. Man glaubte auch, dass Vollmond und Neumond gegensätzliche Wirkungen haben, auf die Heilwirkung der Pflanzen und auf den menschlichen Organismus.

Wichtig ist, wie wir schon vernommen haben, auch die Stellung des Mondes im Tierkreiszeichen. Noch immer sammelt man im Emmental die Heilkräuter im Augustkrebs – besonders die Nesselsamen gegen Wassersucht.

Die alemannischen Bauern graben ihre Wurzeln und Knollen, wenn der Mond »nidsigend« ist, das heißt, wenn er vom nördlichen Wendepunkt hoch im Himmel (in den Zwillingen) den Tierkreisbogen zur Tiefstellung im südlichen Wendepunkt (Schütze) herunterwandert. Stängel, Blätter und Blüten werden gesammelt, wenn der Mond »obsigend« oder aufsteigend ist.

Den schwarzen Nieswurz *(Helleborus niger)*, eine saturnische Pflanze, die die »schwarze Galle« hochtreibt, pflegte Paracelsus bei Sonnenuntergang des Saturntages (Samstags), beim Hochstand des Planeten Saturn zu pflücken. Arthur Hermes sammelt seine Heilpflanzen auf seinem Waldhof im Jura ganz in diesem Sinne. Wie bei Paracelsus spielen sogar die Wochentage bei ihm eine wichtige Rolle. Mondpflanzen, wie Zwiebeln und Lilien, werden am Montag gesammelt. Die mit Marsqualitäten ausgestatteten Brennnesseln kommen am Dienstag – dem Zius- oder Marstag – an die Reihe. Merkuriale Heilpflanzen, wie Sellerie und Thymian, werden am Mittwoch, dem Merkur- oder Wotanstag gepflückt; Löwenzahn und andere Pflanzen mit der Jupitersignatur am Donnerstag (Donars Tag); Frauenkräuter am Venustag (Freyas Tag, Freitag), die dem Saturn angehörigen Kräuter am Samstag. Jeder Tag ist wegen der Ausstrahlung seines jeweiligen Planetenregenten qualitativ von den anderen Wochentagen verschieden.

Im Sonderfall ist sogar die planetarische Stunde beim Sammeln und in der Anwendung der Heilmittel wichtig. Die planetarischen Stunden berechnet Arthur Hermes folgendermaßen:

Saturnstunde	–	Mitternacht
Jupiterstunde	–	späte Nacht (vor Mitternacht, nach Mitternacht)
Marsstunde	–	frühe Nacht (nach Sonnenuntergang, vor Sonnenaufgang)
Sonnenstunde	–	Abend- und Morgendämmerung
Venusstunde	–	nach Sonnenaufgang, vor Sonnenuntergang
Merkurstunde	–	Vormittag, früher Nachmittag
Mondstunde	–	Mittag

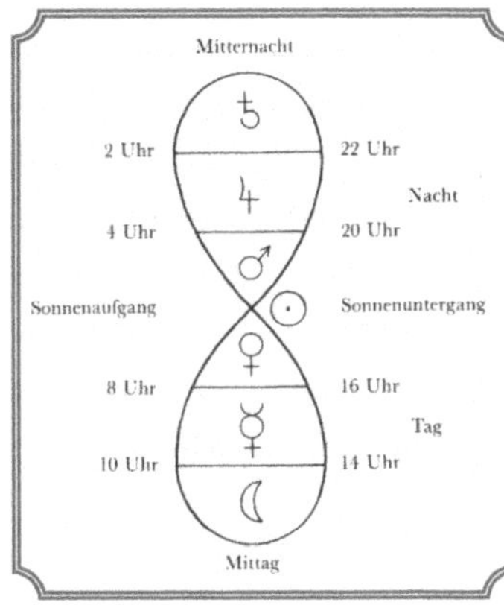

Planetenstunden nach Arthur Hermes

Die alten Rosenkreuzer hatten ein anderes System, um die Stundenregenten zu ermitteln.[82] Die erste Tagesstunde – nach Sonnenaufgang – des Sonntags gehört der Sonne, die zweite Tagesstunde der Venus, die dritte dem Merkur, die vierte dem Mond, die fünfte dem Saturn, die sechste dem Jupiter, die siebente dem Mars und die achte fängt – wie in der musikalischen Oktave – wieder von vorne, mit der Sonne, an. In dieser Reihenfolge geht es immerfort, immer wieder die himmlische Stufenleiter auf und ab. Wer geduldig weiterzählt, wird merken, dass dabei die erste Tagesstunde des Montags auf den Mond als Regenten fällt, die erste Stunde des Dienstags auf den Mars, die erste des Mittwochs auf den Merkur und so weiter – bis wir wieder zur Sonnenstunde in der ersten Tagesstunde des Sonntags gelangen.

Die so gezählten Stunden sind jedoch nicht alle gleich lang. Es sind nicht die genormten Stunden, die ein mechanisches Uhrwerk abticken würde. Die Mönche im Mittelalter, die zur rechten Zeit ihre Gebete zu sagen und die Kirchenglocken zu läuten hatten, teilten den Tag in Tagesstunden und Nachtstunden, die genau bei Sonnenaufgang beziehungsweise bei Sonnenuntergang ihren Anfang nahmen. Im Sommer waren die Tagesstunden länger als die Nachtstunden. In der unteren Jahreshälfte wurden die Tagesstunden immer kürzer, je näher die Wintersonnenwende kam, und die Nachtstunden wurden dabei immer länger. Umgekehrt wurden die Tagesstunden immer länger, je näher es zur Johanniszeit ging. Nur zweimal im Jahr, bei der Frühlings- und bei der Herbsttagundnachtgleiche waren – wie heutzutage – alle Stunden gleich lang. Diese altertümlichen Gummistunden werden von einigen Kräutersammlern immer noch als die eigentlichen Stunden angesehen.

VI. Die Pflanze als kosmischer Mensch

Im Grunde genommen sind die Pflanzen unsichtbar! Wir sehen ihre mineralisch-physische Gestalt, aber die Lebenskräfte, die das Samenkorn sprießen, die Triebe wachsen, blühen und reifen lassen, diese lebendige Werdekraft können wir nur im Nachhinein am Fertiggewordenen ablesen. Was Seele (Astralität) und Geist der Pflanze betrifft, so sind diese unseren Augen völlig verborgen, so dass allgemein geleugnet wird, dass sie überhaupt vorhanden seien.

Das Geheimnisvolle der Pflanze versuchte der Pflanzenliebhaber Goethe anzudeuten, indem er in seiner Studie über die Metamorphose der *Urpflanze* von ihrem »sinnlich-übersinnlichen« Charakter schrieb. Eine Pflanze ist kein Ding, kein lebloser, gemachter Gegenstand. Die Pflanze ist ein lebendiger Vorgang, ein ewiges, unaufhaltsames Entstehen, Entfalten und im Werden begriffenes Sein, das in seinem Fortgang die mineralischen Baustoffe erfasst und nutzt und sie zuletzt als fertige Gestalt (Stängel, Blätter, Äste, Hülsen), als Spur des fließenden, wandelnden Lebens hinterlässt. Wenn die ätherischen Lebenskräfte durch den Stoff hindurchgeflossen sind, werden die zurückgelassenen Strukturen den mechanischchemischen Gesetzen der physischen Materie überlassen. Verwesung, Abbau, Verrottung tritt ein; in Luft, Erde, Wasser und Wärme löst sich das Gewordene wieder auf.

Leichtfüßig tanzt das Pflanzenwesen durch die Stoffeswelt, durch die Welt der Verkörperungen. Die Schritte der pflanzlichen

Verkörperung erhalten ihren Takt von den rhythmischen Kreisläufen der Sonne, des Mondes und der Planeten. Zur himmlischen Melodie der Sphäre der Harmonie, zum Gesang der Engel und der Gandharvas tanzt die Pflanzengöttin mit ihren Tausenden bunten Schleiern. Ihr Atem ist das Wechselspiel der Ausdehnung und Zusammenziehung (Systole, Diastole), und sie entzückt mit fortlaufend gesteigerter Metamorphose ihrer schillernden Gestalt.

Die Pflanzenmetamorphose fängt mit dem sandkornähnlichen Samen – dem unscheinbaren, harten, trockenen Eiweißsteinchen – an. Wenn die Sonnenwärme und das Wasser im Frühling an seinem Panzer rütteln, erwacht es und fängt zu wachsen an. Es wächst, wird dabei aber nicht ein immer größeres Samenkorn, sondern schwillt auf, sprengt die enge Schale, und in erstaunlichem Wandel jagt eine Senkwurzel Richtung Erdmitte, und Keimblätter streben Richtung Sonne. Polarität – Merkmal des Lebens! Im Einklang mit kosmischen Rhythmen schreitet die Pflanze von Knospe zu Knospe, Blatt zu Blatt – nicht wie ein Mechanismus, sondern organisch mit kaum merklichen Anbahnungen und plötzlich sprunghaften Schüben. Man betrachte genau, wie die Blattformen die Elementenleiter hinaufwandeln. Schwere, erdhafte, runde, wässrige Blättchen gehen allmählich in fein gezeichnete, spitzige – offenbar dem Luft- und Feuerelement verwandte – Gestalten über. Dann ein plötzlicher Einschlag: Wie von einem ätherisch-astralischen Blitz getroffen, lodern die bunten Blütenblätter in knalligen Farben auf. Es erscheinen Staubblätter, Stempel, Fruchtknoten – Bestäubung –, schwellende Früchte, Samen! Ein Reigen der Zusammenziehung und Ausdehnung, an dem sich schon Goethe erfreute! Ist der Same reif, schwindet die Lebenskraft (bei den ein- oder zweijährigen Pflanzen). Persephone, die Vegetationsgöttin, muss sich als Same, Knolle oder Zwiebel wieder in das Erdendunkel begeben, dort frische Lebensimpulse aufsaugen, die ihr von den Erdgöttern und zugleich aus dem fernen Sternenhimmel zustrahlen, ehe ein neuer Jahreslauf beginnt.

In ihrer wandelnden Erscheinung ist uns nie die ganze Pflanze gegenwärtig. Immer ist es nur eine Phase, ein kleiner Ausschnitt, der sich im Hier und Jetzt manifestiert. Die größere Ganzheit verweilt im Unsichtbaren.

Goethe sah im Blatt das ureigentliche Organ der Pflanze, ja die eigentliche Pflanze selbst. Stängel, Blütenblätter, Staubblätter und Schoten sind lediglich abgeänderte Blätter. Ein Blatt ist flach, zweidimensional. Es hat keine inneren Organe – Niere, Blase, Herz oder Leber. Es enthält keine Brennpunkte, in denen sich – wie in Mensch und Tier – die planetarischen (makrokosmisch-astralischen) Kräfte innerlich verankern. Dafür ist das Blatt dem Weltall offen zugewandt, den kosmischen Impulsen unmittelbar ergeben, lichtempfänglich, wie ein Auge die Strahlungen der Sonne, des Mondes und der Sterne »wahrnehmend«. Diese vielfältig einströmenden kosmischen Impulse sind es auch, die den Pflanzen die Lebensrhythmen und Kreisläufe, die wir konstatieren, vermitteln.

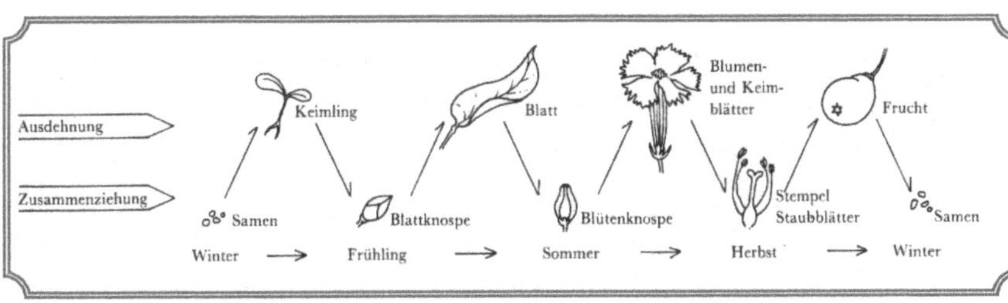

Rhythmus der Ausdehnung und Zusammenziehung

Jede Pflanzenart empfängt und spiegelt diese kosmischen Einflüsse auf ihre eigene Art und Weise und lässt sie in ihrer Erscheinung anders zum Ausdruck kommen als Arten mit anderen Erbveranlagungen. So differenziert sich die Urpflanze, mal so und mal so, den ganzen Kosmos widerspiegelnd. Forschungen auf dem Gebiet der »biologischen Uhren«, der Stoffwechsel- und Entwicklungsrhythmen oder der Pflanzengeometrie decken immer wieder Zahlenverhältnisse auf, die als Gleichschritt, Umsetzung,

Abwandlung oder Verschiebung solarer, lunarer und planetarischer Rhythmen verstanden werden können. Auf einmal sehen wir uns wieder mit einer neueren Fassung der alten Signaturenlehre konfrontiert, die von den Siegeleindrücken der Planeten in den Pflanzen spricht. Hatten die alten Gelehrten mit ihren auf Volksüberlieferung beruhenden Ansichten, dass Makrokosmos und Mikrokosmos, Pflanze und Mensch über Sterne und Planeten verbunden sind, etwa doch recht? Hatten sie vielleicht mit ihrer Vermutung, dass das eine dem anderen zur Hilfe und Unterstützung gereichen könne, ebenfalls recht?

Pflanzen sind sichtbare Imaginationen. Goethe formulierte es wenigstens so. Seine Urpflanze – die er nicht als abstrakten Gedanken auffasste, sondern als wahre Idee, die mit der Imagination begriffen wird – lebt sich, im Verband mit den Sternenkräften, in allen möglichen Farbvariationen, Formen, Gestalten, Düften und Geschmacksrichtungen aus. In den Minzen wird die Urpflanze vom Hervorbringen ätherischer Öle begeistert und vergisst dabei fast das Wurzeln und Blühen. In den Gurkengewächsen versucht sie sich mit geilen Gewinden und fetten, wässrigen Früchten, als ob sie die Lurche und Schlangen beneidete. In den Blütenköpfen der Sonnenblume und Korbblütler hebt sie ihre Phantasie in Vorwegnahme des geselligen Zusammenlebens einer harmonischen Menschengemeinschaft. So sehen es wenigstens die Spiritisten, die die Sonnenblume zum Sinnbild ihrer Rundsitzungen machten.

In endlosen Beispielen sagt uns die pflanzliche Natur: »Mensch, schau mal, kannst du dir das vorstellen?« Vielleicht sagt sie es auch, wenn wir sie als Medizin einnehmen, zum disharmonischen, erkrankten Organismus: »Mensch, stell dir diese Harmonie vor! – Bilde sie dir tief genug ein!«

Nun kommen wir zu einem springenden Punkt. Wir sehen die Pflanzen mit unseren Augen, aber um sie richtig »wahr«-zunehmen, brauchen wir die Vorstellungskraft! Nur diese gibt uns die wahre »Idee« einer Pflanze und lässt uns das Wesen der Heilpflanze erkennen. Kein Wunder, dass die besten Heiler, die Großmütter, die Hirten und wurzelkundigen Schamanen, auch gleichzeitig Meister der Imagination, der Vorstellungskraft, der Phantasie sind, zu Hause in Märchenwelt und Sage, lebendig in Tanz und Volkslied.

Ebenso wie die Pflanze haben auch die Menschen ein Urbild. Aber während die Pflanze ihre »Seelenvorgänge« und ihren »lenkenden Geist« in den Himmeln, also uninkarniert außerhalb ihrer Leibesorganisation, hat, sind Geist und Seele beim Menschen in dessen physischen Leib eingefahren. Inkarniert zu Menschen Geist und Seele! Sie sind in uns, deshalb kennt jeder Mensch das Fürchten, Freuen und Leiden, weil er eine Seele hat (und er sie ist); deshalb begreift sich schließlich der Mensch als selbstbewusstes Ich, weil er einen Geist hat (und er einer ist).

Wenn dieser Mikrokosmos Mensch nun mit seinem leiblich-ätherischen Bildnis so frei walten und phantasievoll improvisieren wollte, wie die Urpflanze es in den verschiedenen Pflanzenarten tut, wenn er sich gigantische Drüsen und Lebern, lilagelbe Haut und Erdbeernasen aneignen und sonderliche Düfte von sich geben wollte, dann wäre er wirklich krank. Er muss sein Improvisieren, seine Imaginationsflüge auf dem seelisch-geistigen, nicht auf dem ätherisch-physischen Gebiet unternehmen. Die Pflanzen können es sich leisten, Riesenblüten, Schwellkörper, bizarre Formen, Farben und Düfte anzunehmen. Wir nicht!

Diese ungewöhnlichen Gedankengänge, die auf Rudolf Steiner fußen, lassen uns auf die Spur kommen, wie es sich mit den Heilkräutern verhält. »Was wir an der Pflanze als schön empfinden, wäre im Menschenleib krank«, sagt Steiner (vergl. S. 230). Man suche das Abartige (aber Gesunde) in der Pflanze und füge es dem Abartigen (Kranken) im leidenden Menschen zu. Die Brücke zwischen gesunder Pflanze und krankem Menschen zu schlagen, ist eben Kunst (nicht bloß Kunde). Sie verlangt die Einbildungskraft des Heilkundigen wie des Kranken. Diesen noch unverdauten Gedanken wollen wir nicht ruhen lassen, sondern ihm etwas weiter nachgehen.

Korrespondenz der Menschenkrankheit und der Pflanzensignatur

Führen wir uns noch einmal die Intuition der alten Weisen vor Augen: Die Schöpfung ist eins. Die Naturreiche gingen aus gemeinsamem Urgrund hervor. Die höheren Tiere, insbesondere die Menschen, haben sich vom Einen weitgehend abgesondert und individualisiert – weit mehr als Pflanzen und Steine. Ihre Seelen befinden sich in Existenz (lateinisch *ex* + *sistere* = heraustreten), außerhalb des Ursprungs, des Einen –, daher leiden sie. Pflanzenseelen haben keine Existenz (daher können Materialisten ihnen auch keine »Seele« nachweisen), weil sie in der Essenz (lateinisch *essentia* = Wesen; *esse* = sein), also in der Ganzheit, dem Ursprung, dem Heil bleiben. Also können Pflanzen nicht im eigentlichen Sinn krank sein, wenigstens nicht so, wie Menschen. Kosmische Seelenkräfte – Astralität genannt, weil sie mit Sternen zu tun haben – leiten und richten harmonisch die Lebensmanifestation der Pflanzen. Individualisierte Seelenkräfte, innere Astralität, leiten bewusst und unbewusst das Leben des Menschen. Da des Menschen Astralität aber nicht mehr im heilen Ursprung, in den Himmeln, weilt, wird der Leib verführt, überspannt, misshandelt und leidend gemacht. In der Bibel gilt es als anthropologische Aussage, dass die Absonderung vom ursprünglichen Sein (Sünde) die Ursache von Krankheit und Tod ist. In der Lehre Buddhas ist es die Begierde als Ausdruck selbstsüchtiger Astralität, die unser Leiden und unsere Verblendung verursacht. Ob wir nun den ersten

Keim eines Siechtums in vorhergehenden Erdenleben oder in diesem Leben suchen, ob er durch Frustration, Stress, unerfüllte Sehnsüchte, Hass, Gier, Unlust oder Lust entsteht, ob er von Schwarzmagiern oder bösen Zauberern gesandt wird, von Hexen suggeriert oder ob er, wie die Psychoanalytiker meinen, von Kindheitstraumata und Familienspannungen herrührt, das alles mag dahingestellt sein. Tatsache bleibt, dass in jedem Fall die Astralität, die der Mensch als einziges Geschöpf frei handhabt, im Spiel ist und Umstände und Zustände schafft, die leiderzeugend sind. Unfälle, Ansteckungen, Bakterien, Viren und Umweltvergiftung sind nur Vollstrecker dessen, was in Einzel- oder Gemeinschaftsseelen veranlagt wurde. Eine gesunde Seele ist wie der mystische Märchenheld nicht krankheitsanfällig und gegen Unfälle gefeit.

Das Verhältnis des Pflanzenarchetypen zum Menschen wird in Mythen, Sagen, bei Plato, in den Veden und in vielen Eingeborenendarstellungen durch das Bild eines auf den Kopf gestellten, im Himmel wurzelnden Baumes verdeutlicht. In ihren Einweihungsriten,die das Kind zum richtigen Menschen machen, pflanzen die australischen Ureinwohner einen mit Menschenblut beschmierten Baum, Krone nach unten, Wurzelwerk nach oben. Wotan hängt verwundet, Kopf nach unten, am Weltenbaum und lernt dabei die Runenweisheit. Der Dreizack Shivas ist der mit drei Wurzeln in den Himmel reichende Weltenbaum, obwohl er bei den Iranern, Juden und Christen zur Gabel des Teufels wurde. Auch das Kreuz, als Baum des Heils, an dem der Menschheitsrepräsentant geopfert wurde, ist dieser Weltenbaum, dessen Wurzeln die Tiefen und Breiten des Himmels durchmessen.

Was hier als universelles Symbol dargestellt wird, ist das Bild des Menschen in seinem »verkehrten« Verhältnis zum Makrokosmos – Sinnbild seiner Freiheit ebenso wie seiner Qual. Als abgekapselter Mikrokosmos wurzelt er nicht mehr im Ursprung. Er wurzelt in sich selbst, während die Pflanze – der man keine »Freiheit« zusprechen kann – noch im Himmel wurzelt. Das Tier, in seiner charakteristischen waagerechten Lage, nimmt dabei eine Zwischenstellung ein.

Was die Körpervorgänge betrifft, ist des Menschen Freiheit bedingt. Aber seine Biorhythmen, sein Stoffwechsel, seine Ess-, Trink- und Geschlechtsgewohnheiten und Nerventätigkeiten haben sich von der Natur genügend losgelöst, so dass er zum Beispiel nachts arbeiten und tags schlafen kann, dass er in sein Leben mit ungewöhnlichen Reiz- und Aufputschmitteln eingreifen kann, unbekömmliche Nahrung essen, den Geschlechtsakt zur Erotik, ja bis zur Perversion steigern, seine Gefühle leugnen und verstellen und seine Vorstellungen bis zum Wahn steigern kann. Der Mensch könne lügen, stellt Nietzsche fest – das können instinktgebundene Tiere kaum. Der Mensch hat eben Kultur.

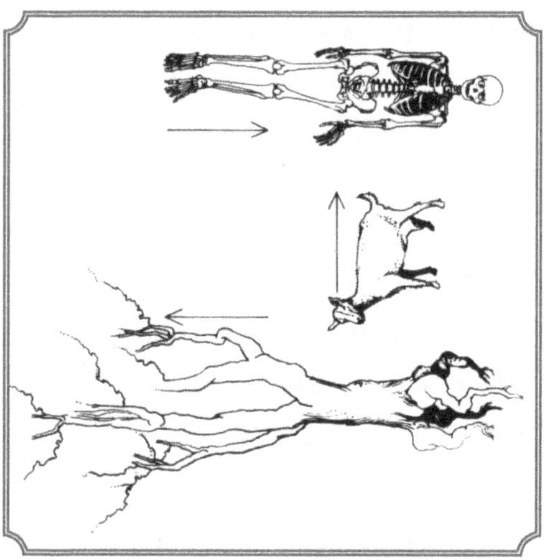
Pflanze, Tier und Mensch im Verhältnis zum Makrokosmos

Die niederen Tiere, insbesondere Würmer, Gliederfüßer, Weichtiere, Fische, auch die Lurche und Kriechtiere, sind noch stark an den Makrokosmos gebunden, so dass sie in Farbe, Gestalt und Lebensgewohnheiten manchmal fast eher den Pflanzen ähneln. Säugetiere sind schon weiter auf dem Weg zum Mikrokosmos. Sie zeigen größere Beweglichkeit und Freiheit in Gefühlen und Affekten (inkarnierte Astralität), aber ein abgeschlossenes »Ich« haben sie nicht.

Die menschliche Freiheit ist jedoch eine geliehene, in gewissem Sinn eine bedingte. Ohne Natur können wir nicht leben. Luft zum Atmen, Wasser zum Trinken, Nahrung zum Essen müssen wir uns aus dem Makrokosmos verschaffen. Und jeden Tag sinken wir tief in den unbewussten Schlaf, damit wir uns an der Quelle des Seins von den Anstrengungen des »Ichseins« erholen und neue Kraft schöpfen können. Kinder sind wir, die rennen und spielen, um dann ermüdet am Busen der Mutter Natur einzuschlummern.

Diese Mutter Natur! Gaben aller Art hat sie uns auf unserer abenteuerlichen Reise zur Selbstwerdung mitgegeben: Pflanzen, die unsere Atemluft mit Sauerstoff erneuern, die uns füttern, erwärmen, kleiden und Baumaterial für unsere Häuser liefern. Wenn unsere Seelen, vom neugierigen Verstand getrieben oder von unseren Begierden verführt, zu sehr entarten und wenn wir dabei das Gleichgewicht verlieren, so dass die Verwirrung der Seele in die leibliche Funktion eingreift, dann hat die Natur heilende Pflanzen bereit. Lässt sich die Harmonie zwischen Leib und Seele nicht mit einfachen Mitteln – gesundem Brot, reinem Wasser, Ruhe, Bädern, Obst und frischem Gemüse – wiederherstellen, hat die Natur stärkere Mittel parat. Je größer die Abweichung, umso radikaler das Heilmittel. Hier kommen diejenigen Pflanzen in Frage, die durch Ungenießbarkeit, ja Giftigkeit gekennzeichnet sind. Es sind die ungewöhnlichen Gewächse, deren Signaturen durch abartige Farben, abholde Formen und Lebensrhythmen Aufmerksamkeit erregen. Pflanzen sind es, deren bizarre Erscheinungen irgendwie als Gegenbild zu den außer Rand und Band gekommenen Lebensfunktionen des Kranken passen. Sie unterstützen den Kranken in seinem Kampf um Gesundung und um Gleichgewicht – ein Kampf, der dem Menschen Bewusstseinserweiterung abverlangt und ihm, wenn er gewonnen wird, eine höhere, bewusstere Gesundheit schenkt.

Die Bildekräfte, die die äußere Pflanze gestalten, sind dieselben, die im Menschenleib innerlich Gesundheit und Krankheit bewirken. Das ist das Grundverständnis des Kräuterarztes, wenn er seine Kräuter sucht und verschreibt. Die Bildekräfte, die innen die Nierenfunktion veranlassen, sind nach seiner Ansicht dieselben, die draußen dem Schachtelhalm seine Gestalt geben; die Kräfte, die das Herz stärker schlagen lassen, sind dieselben, die draußen den Fingerhut hervorbringen; was in den Verdauungsvorgängen wirkt, ist auch in der Kamillenblüte wirksam; Magensäfte haben ihr Gegenbild im bitteren Wermut aus dem Gartenbeet.[83]

Haben diese Korrespondenzen, diese Siegelabdrücke der Planeten, die sich im Krankheitsbild ebenso wie in der Heilpflanze offenbaren, ein wissenschaftlich zugängliches Fundament? Einen Niederschlag in analysierbaren chemischen Wirkstoffen? Ja, das haben sie tatsächlich oft. Aber für den traditionellen Kräutersammler ist das von nebensächlicher Bedeutung. Er denkt eher an die absonderliche Astralität, kundgetan durch die Signatur, die mit der Astralität im Leib in Konflikt steht, sie erweckt und aufstachelt, damit die Selbstheilungsprozesse in Gang kommen können. Die Arzneimittelversuche Hahnemanns liegen dieser Mentalität näher als die Versuchsreihen wissenschaftlich geschulter Köpfe. Gleiche Signatur zu gleicher Signatur!

Die bildschaffenden Methoden anthroposophisch orientierter Forscher verfolgen ähnliche Ziele. Man kann beobachten, wie die Eisblumen am Winterfenster in ihrer Ausgestaltung die Qualität der Stubenluft spiegeln oder dass die Kraftlinien in der Haut der erhitzten Milch einiges über die Qualität der Milch und der Hitzequelle aussagen können. Man weiß, dass eine Verunreinigung oder ein Zusatz (zum Beispiel ein Tropfen einer biologischen Lösung) in einer gesättigten Flüssigkeit die Kristallbildung auf bestimmte Weise beeinflusst. Solche Beobachtungen sind zur Methode verfeinert worden. Ein Beispiel: Lilly Kolisko entwickelte die Steigbilduntersuchung (Kapillardynamolyse), wobei man eine zu prüfende biologische Lösung eine Filterpapiersäule hochsteigen und dann eine Silbernitratlösung nachsteigen lässt. Es entstehen substanzspezifische, wiederholbare, wellenförmige Muster und Farbnuancen.[84] Bekannter sind die empfindlichen Kristallisationen von Prof. Ehrenfried Pfeiffer.[85] Blut, Milch, Pflanzensaft, Kräuterextrakte oder eine andere zu untersuchende biologische Flüssigkeit wird einer Kupferchloridlösung beigegeben. Die Auskristallisation auf einer Glasplatte ergibt ganz charakteristische Muster, deren Nadelsternchen und -verzweigungen sich vergleichen lassen. Obwohl die chemische Formel für Rohmilch mit der für homogenisierte, pasteurisierte identisch ist, zeigen sich bei Kupferchloridkristallisationen ganz bestimmte Unterschiede. Das ist ebenso der Fall, wenn man die Säfte biologisch gedüngter Gemüse mit kunstgedüngten vergleicht. Bei Blut und Serumuntersuchungen nach dieser Methode können mitunter im Entstehen begriffene Krankheiten erkannt werden, noch ehe sich Symptome zeigen. Für unsere Zwecke ist es interessant, dass Kristallisationsbilder von Heilkräutern und von Organen mit ähnlichen »Signaturen«, die sympathisch verbunden sind, Übereinstimmungen aufweisen. Man vergleicht Extrakte aus Gewebekulturen bestimmter Organe mit Extrakten der Kräuter, die auf dieses Organ eine spezifische Wirkung haben, also vielleicht Goldrutensaft mit Nierenextrakt. Natürlich ist der Vergleich der Richtkräfte der vielen Spitzen, Kanten, Winkel und Flächen der Kristalle nicht einfach und lässt sich kaum objektivieren.

In eine ähnliche Richtung gehen die Kristallbilder – gefrorene Eiskristalle –, die der japanische Wasserwissenschaftler Masaru Emoto von verschiedenen Wasserquellen macht. Das Wasser von Heilquellen bildet harmonischere Kristalle als Leitungswasser; das Singen von Mantras beeinflusst die Kristallqualität positiv; und was uns besonders interessiert: Die Wasserkristalle, die aus Blütenessenzen (Bach-Blüten) hergestellt wurden, zeigen für jede Pflanzenart typische, fein strukturierte, kristallene Mandalas.[86] Emoto war erstaunt, Kristallbilder zu bekommen, deren Formen den jeweiligen Blumen glichen.[87]

Es gibt Dutzende ähnlich obskurer und weniger obskurer Nachweismethoden mutiger Pioniere oder auch Möchtegern-Wissenschaftler, wie die Kirlian-Hochfrequenzfotografie, Tropfbilder, E-Meter-Messung, Pendeln usw. Man versucht damit Auren, Energien, Od-Strahlungen, Magnetismus, geheime Zusammenhänge und okkulte Sympathien nachzuweisen oder zu messen. Viele dieser Versuche sind ein Zeugnis der Unzufriedenheit mit schulwissenschaftlichen Erklärungen und gleichzeitig ein Versuch, den Vermutungen und Ahnungen von unsichtbaren Zusammenhängen beweisbare Grundlagen zu geben.

Anthroposophische Medizin

Anthroposophen bauen, den Anweisungen ihres Gurus Rudolf Steiner folgend, Heilkräuter nach himmlischen Konstellationen an und düngen sie mit gereiften Komposten, die selber mit besonderen Heilkräuterpräparaten (aus Kamille, Eichenrinde, Baldrian, Löwenzahn, Brennnessel und Schafgarbe) behandelt werden. Damit versuchen sie, die Pflanzen für die kosmischen Impulse empfänglich zu machen – Impulse, die dann dem Menschen wieder zugutekommen, wenn er die Heilpflanzen zu sich nimmt.

Unser physisches Dasein, lehrt Steiner, wird nicht nur durch Essen und Trinken erhalten. Die Luft, die wir atmen, ist eine feinere Nahrung und Eindrücke, die unsere Sinne empfangen, sind eine noch feinere – lebenswichtige – Ernährung. Alles, was aus dem Makrokosmos auf uns zukommt und was wir in uns aufnehmen, wirkt in unsere Leiblichkeit hinein. Schon das bloße Bild einer nackten Schönheit kann das Wurzel-Chakra eines Mannes erregen oder der Duft eines frischen Streuselkuchens die Speicheldrüse aktivieren. Was wir so hineinnehmen, müssen wir verdauen können. Wir müssen es sozusagen überwinden, es uns zu eigen machen. Wenn wir das nicht können, werden wir von der Außenwelt überwältigt – vergiftet – und müssen leiden.

Normalerweise ist uns klar bewusst, was an unsere Sinne (Augen, Ohren, Nase, Zunge, Haut) herantritt. Atem und Herzschlag sind uns jedoch nur halb bewusst. Was aber in den tieferen Organen vorgeht, ist uns völlig unbewusst. Diese Folgen von den voll bewussten zu den halb bewussten und unbewussten Vorgängen sind auf leiblicher Ebene die Stufen von der »Erde« zu den »erdnahen« Planeten (Mond, Merkur, Venus) und schließlich zu den »erdfernen« oberen Planeten (Mars, Jupiter, Saturn). Wenn die Speise heruntergeschluckt ist, verlieren wir jegliches Empfinden davon – höchstens wenn Blähungen oder Magenstiche uns mitteilen, dass es da unten nicht »schmeckt«. Wenn die Nahrung unserem Bewusstsein entgleitet, bedeutet das nicht, dass die tieferen Organe auch nicht »schmecken«. Dieses Schmecken ist ein Anreizen, ein Stimulieren diesen oder jenen Organs durch dieses oder jenes Nahrungsmittel. Ein Yogi oder Hellsichtiger könnte sein Bewusstsein mit dem Bissen die Speiseröhre hinunter auf die Reise schicken und dabei feststellen, wie beispielsweise ein Happen Spargel, nachdem er im Magen aufgelöst und im Dünndarm aufgesogen worden ist, seinen Weg – nun als Kräftewirkung und nicht als Stoff – zu den Nieren findet und auf diese einen ganz besonderen Reiz ausübt. Oder ähnlich könnte er feststellen, wie schwarzer Rettich die Leber aufmuntert und entgiftet (deswegen essen die Bayern gerne Rettich zu ihrer Maß Bier). Jedes Organ hat seine Lieblingsspeisen, seine Leckerbissen, die dasselbe Planetensiegel tragen wie es selber. Es gibt auch Speisen, die das Organ »ärgern«, irritieren. Wenn die Nahrungsaufnahme über längere Zeit hinweg unausgewogen, einseitig ist, dann beschweren sich die betroffenen Organe: sie murren auf – die Nervenstränge melden Schmerz.

Ein Aspekt des Alterns, meint Steiner, bestehe darin, dass die Organe nicht mehr richtig schmecken könnten. Einfache Speise rege sie nicht mehr an. Sie müssten daher aufgeweckt, gereizt, angemacht, an die Lebensfreude erinnert werden. Da das nicht mehr mit Brot und Kartoffeln bewerkstelligt werden könne, müssten Gewürze und Anregungsmittel heran; wenn das nicht genug sei, dann werde es zuweilen nötig, einige Giftpflanzen zu Hilfe zu nehmen – selbstverständlich in allerkleinsten Dosierungen. So behandelt man die inneren Planeten mit den äußeren – die Pflanzen sind dabei die Vermittler, die Mittel.

In früheren Zeiten machte man nach den faden Mahlzeiten des Winters eine Frühlingskur, um die Drüsen und Organe anzuregen und die Frühjahrsmüdigkeit abzuschütteln. Frisches Löwenzahnkraut (Jupiter) brachte Galle und Leber (Jupiter) Tonus. Frische Spargelspitzen und Birkenblättertee (Venus) spülten die Harnorgane (Venus) aus. Alte Kräuterbücher zählen Hunderte von Mitteln dieser Art auf.

Im Frühling saugen die Pflanzen die aus dem Kosmos einströmenden Licht- und Wärmekräfte auf und verwandeln sie in saftiges, grünes Wachstum. Die Astralität des Makrokosmos (die Planetenkräfte) wirkt dabei gestaltend auf die Lebensleiber der Pflanzen. Jede Gattung hat ihre besondere Beziehung zu dieser oder jener Planetenausstrahlung. Nehmen wir nun diese Kräuter zu uns, vermitteln sie unseren Organen – den Sitzen der mikrokosmischen Astralität – diese gestaltenden makrokosmischen Kräfte. Wir essen – sagt Arthur Hermes – dabei die Sterne!

Die Medizinkunde Steiners greift auch die kurios anmutende Idee des Menschen als umgestülpte Pflanze auf. Wurzel, Blatt und Blüte stehen in Bezug zu Kopf, Oberleib und Unterleib. In beiden, Menschenleib und Pflanzenleib, manifestiert sich die universelle Dreigliederung, die vom niedrigsten zum höchsten Sein, der heiligen Trinität, zum Ausdruck kommt: Mann/Weib/Kind, Leib/Seele/Geist, These/Antithese/Synthese, Rechts/Mitte/Links, Vergangenheit/Gegenwart/Zukunft, bei Insekten Kopf/Thorax/

Abdomen usw. Sogar ein Zauberspruch muss dreimal wiederholt werden, um zu wirken.

Die »Kopforganisation« (Nervensystem), charakterisiert durch Bewusstsein und Ruhe, steht im polaren Gegensatz zum »Stoffwechsel-Gliedmaßen-System«, das durch Vitalität (Geschlecht), Bewegung – auch im Schlaf bleibt die Verdauung aktiv – und Unbewusstsein charakterisiert ist. Zwischen diesen Gegenpolen vermittelt das »rhythmische System« mit Atemzug und Herzschlag. Verankert in diesen Körpervorgängen sind die Seelenfunktionen: Denken im Kopf, Fühlen in der Brust und Wollen im Unterleib. Nur muss ergänzend hinzugefügt werden, dass man sich eine solche Dreigliederung nicht einfach wie drei ineinandergestülpte Schachteln vorstellen soll, denn Stoffwechselvorgänge finden im Hirn statt wie Nervenaktivitäten im Unterleib. Es handelt sich lediglich um Funktionen, die oben, unten und in der Mitte konzentriert sind.

Diese menschliche Dreiteilung lässt sich mit der Dreigliederung der archetypischen Pflanze vergleichen:

- Die mit den Pilzmyzelen verquickten Wurzeln, die wie Nervenstränge ihre Fasern in alle Richtungen durch den Boden schicken, um Wasser und Mineralien aufzuspüren, lassen sich mit dem »Sinnes-Nerven-System« vergleichen.
- Der Blüten-/Früchtepol der Pflanze mit seinem gesteigerten Stoffwechsel, seiner Farben-, Aroma-, Staub- und Samenbildung ist mit dem Stoffwechsel-Gliedmaßen-System vergleichbar.
- Die Wachstumsrhythmen der grünen Pflanze und der Austausch von Kohlensäure und Sauerstoff im Blattwerk lassen sich ohne Weiteres mit dem Herz-Lungen-System des Menschen vergleichen. Das Pflanzengrün (Chlorophyll) ist bis in die chemische Formel hinein ein Spiegelbild des roten Blutfarbstoffs (Hämoglobin).

Dieser Vergleich gibt den anthroposophischen Heilpraktikern ein Leitbild in der Anwendung von Kräuterpräparaten: Wurzeldrogen gibt man vorzugsweise bei Kopf- und Nervenleiden (zum Beispiel Baldrian für Nerven, Meerrettich bei Migräne), Blätterdrogen für Kreislauf und Lungenbeschwerden (Brennnessel für das Blut) und Blüten und Früchte bei Verdauungsstörungen, sexuellen Schwierigkeiten und motorischen Schäden (Kamille für Gedärmekolik, Schirmblütlersamen bei Verdauungsstörungen und Blähungen).

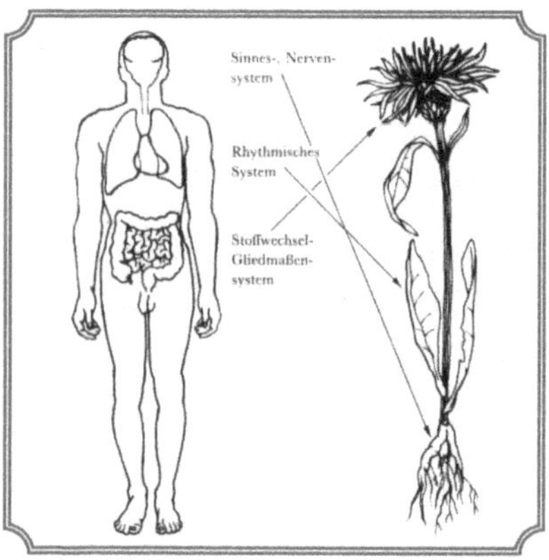

Menschliche Dreigliederung im Verhältnis zur Pflanze

Das sind natürlich sehr weit gefasste Regeln, die eher einer künstlerischen als einer exakten Interpretation bedürfen. Mitunter sind solche Regeln gefundener Fraß für Quacksalber und eine gerechte Strafe für Leichtgläubige. Auch ist der Vergleich Mensch – umgestülpte Pflanze nicht unbedingt stichhaltig. Das Aufnehmen von Nährstoffen aus der Bodenkrume durch die Wurzeln könnte ebenso gut mit der Aufnahme des Nahrungsbreis durch die Darmzotten verglichen werden, und die blühenden Phantasien und Kopfgeburten des menschlichen Hirns mit dem Blühen und Fruchten der Pflanzenwelt.

Bilder kontra exakte Wissenschaft

Solche bildhaften Analogien wie die obigen lassen sich immer von der strengen Ausschließlichkeit der Logik anfechten. Sie stecken voller Gegensätze und Widersprüche – wie das Leben selbst! Eigentlich können wir in unserem Ringen um Erkenntnis gar nicht auf solche Bilder verzichten. Verlieren wir das integrierende Bild, würden wir im Wirrwarr zusammenhangloser Einzeltatsachen untergehen, wüssten wir nicht mehr, wie die Daten zu bewerten sind. Trotz Computer plagt sich die heutige Wissenschaft mit eben diesem Problem.

Die Wahrheit an sich können wir weder erfassen noch formulieren. Auch die sogenannten wissenschaftlichen Feststellungen – nichts scheint weniger festzustehen als diese – sind letztlich nur Bilder, die zeitweilig geglaubt (für wahr gehalten) werden. In unaufhörlichem Wechsel und Wandel, Vergehen und Entstehen weben und wogen die Lebenserscheinungen, die Vegetation und die Tierwelt, die Jahreszeiten und Witterungen, Gesundheit und Krankheit. Was kann da die Wissenschaft feststellen: winzige Einzelbereiche, minutiöse Tatbestände, die, wenn man sie addiert, die Ganzheit monströs verstellen, das Wesen verzerren. Stück für Stück sorgfältig zusammengesetzt ergeben die massiven Daten doch nur eine Frankensteinwelt, und wie das Monster in Mary Shelleys Geschichte zerstören sie damit ungewollt das unschuldige Leben.

Das Sein im Dasein windet und dreht, schillert und webt, wird und vergeht in seinen Erscheinungen. Es ist nur mit Bildern zu erfassen. Auch hier würde nur der überkluge Narr es wagen, diese Bilder ein für alle Mal einzufrieren, zu konservieren, zu chloroformieren, in den Schaltkreis eines Computers oder in die schwarzweiße Buchstabenwelt zu zwängen. Auch die in Zahlen und abstrakten Formulierungen festgehaltenen Bilder sind letzten Endes nur Analogien. Strukturalismus, logischer Positivismus, Set Theory und andere Ränke sind letztlich Spielzeug der Kinder, die das Spiel »das Lüften des Schleiers der Geheimnisse« mit mörderischem Ernst spielen. Da zwinkert das alte Kräuterweiblein verschmitzt, und ein geheimnisvolles Lächeln flieht über die Lippen des Weisen vom Shakya-Stamm – oder der Gioconda oder der Sphinx.

Die Nachfahren der Barbiere und Pillendreher scheuen vor dem Mysterium nicht zurück! Der Schleier muss gelüftet werden! Mit Zauberbrillen beschauen sie die kleinsten Lebezellen. Mit Hilfe von Rechenmaschinen jonglieren sie mit endlosen Ziffernfolgen. Tiere krepieren millionenfach auf ihren Opfertischen. Ihre Erfolge gehen schnell in die Schlagzeilen, ihre Verfehlungen in den Plastikkübel oder diskret ins Grab. Ihre Suggestionskraft erlaubt es ihnen, unliebsame Kräuterweiber, Heilpraktiker und Wurzelseppen in die Nähe der Geisteskranken zu rücken. Saubermänner sind sie! In calvinistischer Manier bannen sie, was nicht sein darf: Sterneneinflüsse, Kräuter, Elfen, Heinzelmännchen und diejenigen, die daran glauben. Die Bilder müssen weichen. Adieu Hokuspokus und Abrakadabra! Es gibt keine Zauberei mehr!

Und doch, wenn wir sie uns näher anschauen, diese weißbekittelten Priester mit ihrer gräkolateinischen Mysteriensprache und ihren Einweihungsschulen – sie stecken voller Zauberei! Schaut ihr Zeichen, den giftschlangenumwundenen Äskulapstab – Zeichen des Gottes der Gaukler, Diebe und Händler! Das rote Kreuz: die magieträchtige Blutfarbe und das uralte Abwehrzeichen, mit dem man auskreuzte, was man fürchtete, und Schrecken bannte. Das Auge des Horus, das Uzatauge, als Symbol der Verschreibung magischer Pulver und Wässerchen. Die Krankenschwestern, Nachfahren der betenden Ordensschwestern, in keuschem, züchtigem Weiß oder Himmelbau und mit Käppchen, die das Haar – als Symbol der Wildheit und der Triebe – verdecken. Das Stethoskop, das den Arzt hellhörig macht, hängt an der Brust wie einst die silbernen Widderhörner der Amon-Priester. Und das Ophthalmoskop (Augenspiegel) glänzt wie ein Scheitelauge – das dritte Auge – auf der Stirn des vor Charisma strahlenden Heilpriesters. Dann ist noch das esoterische Wissen um unsichtbare böse, bedrohliche Wesen – Viren und Bazillen –, die, ganz wie die Dämonen von einst, die Menschen heimsuchen. Es gibt Zauberspiegel, die in das dunkle Leibesinnere hineinsehen, und kraftgeladene Nadeln. In blitzblanken Tempeln des Heilens und Sterbens gibt es Säle, in denen maskierte Priester den in Tiefschlaf Versetzten öffnen und wieder schließen.

Wo hat die Magie aufgehört?

Als ob es keine Zauberbilder mehr gäbe!

Zweiter Teil

Alles Heilen rührt von Pflanzen her

Den Arzt, der jede Pflanze nennt,
Die Wurzeln bis ins Tiefste kennt,
Dem Kranken Heil, dem Wunden Lindrung schafft,
Umarm ich hier in Geist- und Körperkraft.

Goethe: Faust II

I. Wie man kräuterkundig wird

Kräuterkundig, das heißt fähig, die verborgenen Eigenschaften der Heilpflanzen zu erkennen und in Bezug zum Menschen zu bringen, wird man nicht einfach durch ein Botanik- oder Pharmakologiestudium. Ebenso wie beim Künstler muss eine Begabung da sein, die an der uralten Kräuterkundeüberlieferung ausgebildet werden kann. Am besten ist es für einen so Begabten, sich einem Kundigen anzuvertrauen, in die Lehre bei ihm zu gehen und sich zu einem Glied in der Kette der mündlichen Überlieferung zu machen. Sehr wenig der Kräuterkunde verirrte sich in das geschriebene Wort: Der Neuling wurde von Großmüttern, weisen Frauen, »Hexen« oder »Wurzelseppen« auf Streifzüge durch Feld, Acker, Wiese und Wald mitgenommen. Auf dieses oder jenes wurde mit den Fingern gedeutet, es wurde geschnuppert und gekostet. Die Eigenschaften der Pflanze, ihre Planetenzugehörigkeit und für welches Leiden oder welchen Zauber sie gut ist, wurden in schier endloser Wiederholung hervorgehoben und – analog zu den Bauernweisheiten – oft in kurze Reime gefasst. Der Intellektuelle tut sich meist schwer mit diesem simplizistischen Auswendiglernen! Der ganze Inhalt ließe sich ja viel schneller auf Tonband aufnehmen oder mit dem Laptop in Notizen erfassen! Aber ein oberflächliches Kopfwissen wird ja nicht angestrebt, vielmehr sollen sich die Inhalte tief in die Seele senken – Herzwissen soll es werden. Ewiges Wiederholen und Wiederhinsehen ist nötig, bis der Wurzelkundige eins mit der Heilpflanze geworden ist, bis die Wurzelkenntnis Teil seines Charakters ist. Die störende Einmischung des vorwitzigen Intellekts muss ausgeschaltet werden, damit er mit absoluter Sicherheit mit den Pflanzen umgehen kann.

Leider sind die alten Großmütter, die Schamanen und Natureingeweihten, die uns dieses beibringen können und zu denen die Pflanzenseelen in der Stille sprechen, selten geworden. Sie mussten einer neuen Zeit weichen, wie auch Wildwiesen, natürliche Waldbestände oder alte Landschaften dem Beton, dem Straßen- und Vorstadtbau weichen mussten. Wo soll man da lernen? Wo fängt man an, wenn man niemanden findet, der einen auf diesen Weg weisen kann? Verzweifeln sollte man nicht: Der Wille findet einen Weg. Vorbedingung für den Kräuterkundigen ist eine stille, beobachtende Lebensführung, die den Trubel und Wirrwarr in der Seele bannt, damit er zum empfänglichen Organ für die feinen, stillen Stimmen wird. All die altmodischen Tugenden helfen dabei: ein gutes Gewissen, Aufrichtigkeit, Mitleid und Mitgefühl für alle Lebewesen. Satipatthana (Geistesgegenwart und Achtsamkeit) nennen die Buddhisten diese Seelengrundhaltung. Auf dieser Grundlage können folgende Übungen gemacht werden:

1. Anhand eines guten Bestimmungsbuches mache man sich mit der Botanik vertraut. Man lerne die Pflanzenbenennungen – wobei man auch nicht vor lateinischen Namen zurückschrecken sollte – und die Zugehörigkeit zu den Pflanzenfamilien.

2. Da die Pflanze als werdendes, dauernd sich wandelndes Lebewesen zu begreifen ist, muss man sie tagtäglich betrachten können. Man mache also jeden Tag einen Spaziergang, der immer an denselben Pflanzen vorbeiführt, und achte auf die Gestaltmetamorphosen. Regen, Stürme oder glühende Hitze sollten uns nicht davon abhalten. Man schenke denjenigen Pflanzen besondere Aufmerksamkeit, von denen man sich auf unerklärliche Weise angezogen fühlt. Man braucht auch nicht unbedingt auf dem Lande

zu wohnen: In der Stadt kann man seine Beobachtungen in Parks, an Bahndämmen oder zwischen dem Schutt machen.

3. Man meditiere, indem man sich die Bilder der Kräuter, die man während des täglichen Spaziergangs entdeckt hat, am Abend wieder in allen Einzelheiten vergegenwärtigt. Diese Übung wiederhole man, bis das innere Abbild mit dem äußeren Bild übereinstimmt.

4. Um dieser Verinnerlichung der Pflanze Kraft zu geben, sollte man die Pflanze abzeichnen – oder noch besser – mit Wasserfarben malen, denn das wässrige Medium ist dem Pflanzenleben wesensnäher. Man male immer wieder, bis man den Eindruck erhält, dass es die Pflanze selber ist, die sich da porträtiert.

Auch in Tanzbewegungen kann man die Pflanze nachempfinden. Man lässt sie zur Sprache kommen, indem man das Strecken der Sonne entgegen, das Öffnen und Schließen des Blütenkelchs, den Besuch des Schmetterlings, das Biegen im Wind in Haltung und Bewegung darstellt. Man soll dabei ganz Pflanzenwesen werden, in die Erde wurzeln, den Morgentau aufsaugen, blühen, zur Frucht schwellen und sich zum winzigen Samen zusammenrollen. Man kann sich der Eurythmie oder des freien spontanen Tanzes bedienen.

5. Man lebe sich auch in die Märchen, Sagen und Erzählungen, die die Heilpflanzen umranken, ein. Uralte Geschichten und Folklore erweisen sich oft als goldener Schlüssel zu den tieferen, verborgenen Eigenschaften der Pflanzen. Sie sind die Wegweiser zu den Devas, Dryaden, Yakshas, Pflanzenseelen und anderen, innig mit dem Pflanzenleben verbundenen Naturgeistern, die auf der »Innenseite« der Pflanzenwelt ihr Dasein betreiben.

6. Wenn man die vorhergehenden Ratschläge sorgsam befolgt, dauert es nicht lange, bis man anfängt, von den Pflanzen zu träumen. Man achte sorgfältig auf solche Träume. Alles, was wir auf diese Weise durch unsere Beobachtung und Andacht von außen ins

Innere nehmen, regt die innere Wesenshälfte dieser Phänomene an, sich dem Bewusstsein zu offenbaren. (Sagte doch auch der Gartenfreund und Pflanzenkenner Goethe, dass die äußere Erscheinung nur die Hälfte der Pflanze ausmache.) Bleibt man »wach« im Traum, wird man die Pflanzenseele oder den damit verbundenen Elementargeist kennenlernen. Mit diesen Wesen kann man sich ebenso befreunden wie mit einem Tier oder einem Mitmenschen.

7. Man sollte jedoch die Pflanze nicht nur mit den Augen anschauen, sondern sie befühlen, schmecken und riechen. Geruch und Geschmack, verankert im Althirn, gehen entwicklungsgeschichtlich auf eine frühere Bewusstseinslage zurück als das Sehen. Der Säugling lernt zuerst seine Umwelt durch Schmecken und Riechen kennen. Man sei jedoch zuerst vorsichtig, bis man die Giftpflanzen, wie den gefleckten Schierling oder den Eisenhut, gut kennt.

8. Wenn man einer noch unbekannten Pflanze zum ersten Mal gewahr wird, sollte man auf alle Erscheinungszusammenhänge sorgfältigst achten. Was dachte man gerade? Was ging im Umkreis augenblicklich vor? Wer war mit dabei? Diese zufälligen – als ob es Zufälle gäbe! – Assoziierungen gehören mit zum Gesamtbild, zum Rahmen, in dem sich die übersinnliche Seele der Pflanze offenbart. Der Sinn dieser »zufälligen« Zusammenhänge ist nicht sofort offenbar. Er zeigt sich in der Meditation oder erst nach vielen Jahren. So kann das Himmelblau einer Wegwarteblüte nach Jahrzehnten die Augen eines alten Freundes in den Sinn bringen, der Geschmack einer reifen Brombeere einen augenblicklich in Großvaters Garten tragen oder der Fliederduft die Berauschung des ersten Kusses wachrufen. Ist man sich solcher Verbindungen gewahr, unterliegt man nicht der Versuchung, die Pflanze als abgeschlossenes Einzelwesen oder gar als Gegenstand zu verstehen. Eine Pflanze ist niemals Einzelwesen; sie so zu betrachten hieße, ihr Wesen zu verkennen.

Die Pflanze hat keine inneren Organe, kein Innenleben wie Mensch oder Tier. Folglich sprechen die Wissenschaftler ihr Seele und Geist ab. Aber sie suchen diese Seele am falschen Ort. Unsere Außenwelt ist die »Innenwelt« der Pflanze. In der äußeren Natur, verbunden mit ihrer Umgebung, entfaltet sie ihren physischen Lebensleib. Aber in dieser Natur hat sie auch ihre übersinnlichen Wesensglieder. Man verfolge die Vektoren (Landschaft, Sonnenstand, Klima, Bodenbeschaffenheit usw.) im Umkreis der Pflanze, um ihre zeitlich-räumliche Erscheinung zu erklären. Man achte auf die Insekten und die anderen Tiere, die mit der Pflanze verbunden sind und Teil ihrer Astralität ausmachen – oft haben Blumen und Kräuter ihre ganz besonderen, spezifischen Raupen und Schmetterlinge. Ebenso achte man auf Vektoren, die sich in Sagen, Legenden oder unscheinbaren Zufällen äußern, um ein Verständnis der unsichtbaren geistig-seelischen Wesensglieder der Pflanze zu erwerben.

Mit solchen Übungen kann man den in Scherben gegangenen Krug der traditionellen Heilkräuterkunde neu töpfern. Mit dieser Methode lassen sich zwar kein Doktorhut und kein Arztdiplom ergattern, wer aber das Wesen der Pflanzen erkennen will, den wird dieser Weg nicht enttäuschen.

Auch durch einen zerebralen Gewaltakt lassen sich die Heilkräuter nicht auf einmal auswendig lernen. Man fängt mit wenigen an und entwickelt ein liebendes Verhältnis zu ihnen. Die weise Kräuterfrau Maria Treben ist der Ansicht, dass man nicht mehr als sieben, acht oder neun Kräuter aus Gottes Apotheke braucht, um sämtlichen Leiden zu Leibe zu gehen. Man muss sie aber gut kennen und ihnen vertrauen, wie man beste Freunde kennt und ihnen vertraut.

Wie man sammeln soll

Mit der Grünen Welle, dieser notwendigen Gegenbewegung zu Naturzerstörung und Artenschwund, ist ein ganzer Haufen mehr oder minder guter Kräuterbücher in die Auslagen der Buchläden geschwemmt worden. Es wäre unsinnig, dem noch ein weiteres hinzuzufügen und zum zigsten Mal niederzuschreiben, wie man sammelt, trocknet und sachgemäß aufbewahrt. Hier nur ein Überblick über das Wesentliche:

1. Genaue Bestimmung

Am allerwichtigsten ist die genaue Bestimmung des Wildgemüses oder der Heilpflanze. Das bedeutet gleichzeitig, dass man die Giftpflanzen genauestens kennt, um jede Verwechslung auszuschließen. Dabei sollte man sich die Zeit nehmen und die lateinischen Benennungen der wichtigsten Arten kennenlernen. Warum? Weil in verschiedenen Gegenden, manchmal schon im nächsten Tal, die Volksnomenklatur anders ist, so dass das Katzenkraut hier den Baldrian meint und dort die Katzenminze; Löffelkraut ist entweder die Löffelkresse oder die Osterluzei; und wie viele Weißwurze und Schwarzwurze, Wolfskräuter und Bitterwurze, Fieberkräuter und Brechwurze gibt es in der Volksheilkunde! Manchmal könnte eine Verwechslung gefährlich sein.

2. Respekt vor den Pflanzen

Die alten Kräutersammler hatten immer Ehrfurcht vor den Pflanzen. Sie pflückten deswegen nie mehr, als sie brauchten, und ließen immer einige stehen, damit sie sich wieder vermehren konnten. Um den uneingeschränkten Sammeltrieb zu bremsen, hatte man oft volkstümliche Regeln. Man sammelte nur, wenn jemand die Heilpflanze wirklich brauchte, oder man sammelte nur, was man in einem Jahr benötigte. Länger als ein Jahr halten die Pflanzen sich sowieso nicht, sondern verlieren fortschreitend ihre Kraft. Die Cheyenne dürfen nie mehr als vier Arten auf einmal bei ihren Sammelausflügen nehmen.

Viele delikate Kräuterarten verschwinden leider, da sie sauren Regen, Industrieabgase und andere Beeinträchtigungen ihrer Lebenswelt nicht vertragen können. Aber auch rücksichtslose kommerzielle Ausbeutung hat solche Heilpflanzen wie den insektenfressenden Sonnentau *(Drosera rotundifolia)*, ein Keuchhustenmittel, in Irland fast zu einer Seltenheit gemacht. Im Appalachengebirge sind der Fenchelholzbaum *(Sassafras officinale)*, Goldsiegel *(Hydrastis canadensis)*[1] und der Ginseng *(Panax quinquefolium)* fast verschwunden. Seit Präsident Nixon die Beziehungen zu China wieder aufnahm, führt die USA jährlich den in den Wäldern gesammelten Ginseng im Wert von 40 Millionen Dollar nach Asien aus. Ähnlich ist es in den Alpen, da werden Enzian und Nießwurz seltener. Der wahre Kräuterfreund sollte sich nicht mitschuldig machen, sondern helfen, die Wildkräuter zu schützen, sie anzupflanzen und ihre Saat auszustreuen. Anstelle eines langweiligen Rasens könnte man beispielsweise Heilkräuterbeete anlegen.

3. Sammelregeln und Opfergabe

Es ist der Geist der Pflanze, der heilt, nicht die Stoffe – erzählte mir der Medizinmann Tallbull –, daher ist es ein wichtiger Bestandteil des Kräutersammelns, dass man der Pflanze mit einer Stimmung der Dankbarkeit begegnet. Völkerkundler berichten ohne Ausnahme, dass das Sammeln und Wurzelgraben immer von Dankgebeten, Liedern und Zauberformeln begleitet wird. Die Indianer brachten den Kräutern immer etwas Tabak als Gabe. Arthur Hermes, ein wurzelkundiger Bauer im Schweizer Jura, hält die gepflückte Heilpflanze zwischen den Händen, verscheucht die überflüssigen Gedanken und konzentriert sich einen Moment auf den größten Heiler, den Christus, den Herrn des Universums. Rolling Thunder, ein Schamane der Shoshone-Indianer, erklärt, dass ein Heilkraut, welches ohne Dankopfer aus dem Boden gezogen wird, nur abgeschwächte medizinische Wirkung zeitigt. Menstruierende sollen keine Kräuter pflücken; entgürtet und entschuht soll man bei Sonnenaufgang zu den Pflanzen gehen, nur mit der linken Hand die Wurzeln herausziehen (Römer) oder nur mit der rechten Hand (Gallier). Solche uns oft so eigentümlich anmutenden Praktiken begegnen uns immer wieder. Sie lassen sich aus der achtungsvollen Grundstimmung, die wir hier besprochen haben, erklären.[2]

4. Der richtige Zeitpunkt

Man muss die Pflanzen zum rechten Zeitpunkt sammeln! »Wüsste man im gewöhnlichen Leben nur die Stunden und Zahlen zu treffen, man könnte mit dem geringsten Heilmittel die schwersten Krankheiten heilen«, sagte einmal die »Seherin von Prevorst«, Friederike Hauffe. Dem stimmen wohl alle traditionellen Kräuterkundigen zu. Immer wieder stoßen wir auf Sammelregeln, die genaue Tageszeit, Tag, Mondstellung und -phase sowie Jahreszeit angeben. Manche kommen uns recht seltsam vor, wie die Regel, den Hauswurz *(Sempervivum tectorum)*, dessen Saft man bei Hautflechten, Hühneraugen, Stichen und Verbrennungen benutzt, beim ersten Donner des Jahres, in der Zeitspanne zwischen dem Blitz und dem Krachen des Donners, zu pflücken. Die Regel, dass man Heilkräuter bei Neumond und vorzugsweise um die Sommersonnenwende sammelt, ist uralte indogermanische Überlieferung. Da wir nun von »biologischen Uhren« wissen und dass die biochemischen Reaktionen der Pflanze in Übereinstimmung mit den »zirkadianischen« Tagesrhythmen, den Mond- und Sonnenrhythmen, schwanken, erscheinen diese Sammelregeln etwas weniger dem Aberglauben zu entspringen.[3] Ebenso wie Obst in einer ganz bestimmten Zeitspanne – weder grün noch überreif – zu ernten ist, hat das Heilpflanzensammeln seine Optimalzeit. Die meisten Kräuterbücher enthalten einen Sammel- und Erntekalender, an den man sich, wenn es einem noch nicht in Mark und Bein sitzt, halten sollte. Ganz allgemeine Regeln sind die folgenden:

- Blätter werden am Morgen, nachdem der Tau verdunstet ist, gepflückt. Im Monatskreislauf werden sie am besten bei zunehmendem Mond (nicht Vollmond!) und günstiger Konstellation (Wasserzeichen!) geerntet.
- Wurzeln gräbt man in den Abendstunden, nachdem die von den Blättern tagsüber eingesogenen Kräfte und Wirkstoffe in den Wurzeln gespeichert sind. Bei abnehmender Mondphase, wenn der Mond in einem Erdzeichen steht, soll man sie holen.
- Wurzeln sammelt man in der Winterruhe, ehe die Kräfte sich im Sprießen, Blühen und Fruchten vertun. Rinden sammelt man im Frühling oder Herbst, wenn die Bäume noch im Saftfluss sind. Knospen holt man im Frühjahr und Blüten wenn sie gerade aus den Knospen hervorbrechen.

5. Gesunde Pflanzen sammeln

Pflanzen sind das getreue Abbild der Kräfte und Einflüsse ihrer Umwelt. Ist die Umwelt gesund, sind es auch die Pflanzen. Schädlinge, Pilzbefall oder Zwergwüchsigkeit sind Anzeiger, dass etwas im Boden, im Wasser oder in der Luft nicht gesund ist. Daher sammele man keine durchlöcherten, verfärbten oder missgebildeten Kräuter, die biochemische »Stressreaktionen« signalisieren. Nur gesunde Pflanzen vermitteln volle Heilkraft!

Wo man sammelt

Da auf Bergeshöhen die Sonneneinstrahlung unmittelbarer ist, die Luft frischer und oft der Boden kieseliger (Urgestein!), sind die dort oben gesammelten Pflanzen heilkräftiger als die aus dem Flachland. Das strahlende Sonnenlicht und die vom Kieselboden zurückgestrahlte Wärme verwandelt die Pflanzenalchemie in heilkräftige, duftende Harze, bittere Würze und ätherische Öle.

Wildpflanzen sind denjenigen, die im Garten gezogen werden, vorzuziehen. Weil sie sich ihre artgemäße Umwelt selber aussuchen können, kommt ihre Wesensart besser zum Ausdruck. Wenn man Heilkräuter anbaut, dann so natürlich wie nur möglich: also biologisch oder bio-dynamisch, ohne Gifte und ohne Kunstdünger, der die Pflanzen nur ödematös aufschwemmt.

In Industrie- und Stadtgebieten ist es von vornherein problematisch, Kräuter und Wildgemüse zu sammeln. Die Giftgase, die den Industrieschloten entweichen, enthalten, neben den verschiedenen schädlichen Kohlenwasserstoffverbindungen, Schwefel- und Stickoxiden, auch Schwermetalle wie Aluminium und Kadmium. Früher lagerten diese seltenen Metalle tief in der Erde oder waren in unschädliche Verbindungen gebannt. Im Laufe der milliardenjährigen biologischen Evolution brauchten sich die Organismen wenig damit auseinanderzusetzen. Aber plötzlich gelang es der Technik, unsere unzüchtigen Konsumgelüste zu befriedigen, und diese Stoffe wurden, wie ein böser Dschinn aus der Flasche, befreit. Nun werden sie von Pflanzen angereichert, wandern durch die Nahrungskette und schädigen unsere Lungen, Nieren und Nerven, da wir entwicklungsgeschichtlich nicht darauf eingerichtet sind.

Besonders vorsichtig muss man an vielbefahrenen Straßen sein, denn die Autos und Motorräder sind regelrechte Giftkisten. Gallenkrebserzeugende Asbestfasern lösen sich von den Bremsen.

Schwermetalle, besonders Blei, das im Körper konzentriert chronische Magen-Darm-Beschwerden hervorruft, und andere Auspuffbestandteile verpesten einen 50 bis 100 Meter breiten Streifen zu beiden Seiten. Jedes grüne Blatt ist eine kleine Lunge, die dauernd Gase mit ihrer Umgebung austauscht. Wie unsere Haut kann auch das Blatt flüssige Stoffe aufnehmen, wie Versuche mit flüssiger Blattdüngung zeigen: Also gelangen Gifte in die Pflanzen hinein, die aber nicht sofort ausgeschieden, sondern in Sonderzellen in den Stängeln, Rinden und Wurzeln gespeichert werden.

Aber auch auf den Feldern weitab von Auspuffgestank und paffenden Essen gelangen Giftstoffe in die Kräuter: Nitratansammlungen bei Stickstoffüberdüngung; höchstgiftige halogenierte Kohlenwasserstoffverbindungen von»Pflanzenschutzmitteln«, die den Kerbtierchen den Rest geben oder das Unkraut abtöten sollen. Es liegen genügend Forschungsergebnisse vor, so dass man die Schädlichkeit dieser chemischen Produkte kennt. Vierzig Jahre nach dem Vietnamkrieg ist es eine bewiesene Tatsache, dass das dioxinhaltige Pflanzengift 2, 4, 5-T, mit dem man den Dschungel entlaubte, Krebs, Fehlgeburten und Missbildungen verursacht. Oft kommen die durch die Chemikalien ausgelösten Störungen als unbestimmte Beschwerden zum Ausdruck. Es handelt sich um Unwohlbefinden, welches der Arzt oft als »psychogen«, also als Einbildung des Patienten, diagnostiziert.

Trotz Beteuerungen der Chemiehersteller ist die Anwendung von »Pflanzenschutzmitteln« ein grober Eingriff ins Naturgefüge. Auch in folgenden Jahren, nachdem die Giftmoleküle angeblich abgebaut und neutralisiert sind, merkt man noch den Schaden: Chlorosis (weiße Blätter) bei den Rosazeen, Missbildungen, Verdopplung des Chromosomensatzes, größere Schädlingsanfälligkeit, das Verschwinden der empfindlicheren Arten. Man braucht kein Mystiker sein, um solche Störungen der ätherischen Lebenskräfte zu bemerken. Es ist fürwahr traurig, dass man neuerdings so etwas beim Kräutersammeln bedenken muss. Also Heilkräuter in wilden Gegenden, weitab von Verkehr und Industrie sammeln.

Aufbewahrung

Kräuterbündel sollten in einem trockenen, luftigen, schattigen Raum so schnell wie möglich getrocknet werden. So entzieht man Bakterien und Pilzen, die das Kraut zersetzen, das lebensnotwendige Element. Trockenkräuter dürfen nicht schimmelig werden oder sich braun verfärben, sondern die Blätter sollen eine grüne Farbe behalten und die Blüten frisch bunt bleiben. Falls die Luft zu feucht ist, kann man die vorgetrockneten Kräuter noch kurz in die Ofenröhre stecken – bei ungefähr 30 Grad. Aber nicht zu lange! Man will die flüchtigen Öle nicht vertreiben. Was so schön stark duftet, sind eben diese Öle. Direkt im Sonnenlicht sollen die Kräuter weder getrocknet noch aufbewahrt werden, weil fotochemische Veränderungen die Heilkraft herabmindern.

Man kann auch Auszüge herstellen, indem man die heilkräftigen Wirkstoffe in Alkohol, Öl oder Zucker konserviert. Kräuterabsude kann man verdampfen lassen, bis man schließlich ein Pulver hat. Bei all diesen Maßnahmen entzieht man den Kleinlebewesen ihre Lebensgrundlage, indem man ihnen Wasser oder Luft abschneidet oder sie im Zucker einem überstarken osmotischen Gefälle aussetzt. Die einfachste und beste Methode bleibt jedoch die älteste: das Aufbewahren der getrockneten ganzen Pflanze in luftdicht geschlossenen Glasbehältern. Unnötiges Manipulieren, Zermahlen, Zerstampfen oder Verfeinern vergrößert nur die Gesamtoberfläche, an der die oxydierende Luft oder die Mikroben ansetzen können.

Je länger man die Drogen aufbewahrt, desto mehr schwindet die Qualität. Also auf keinen Fall mehr sammeln, als man im Laufe eines Jahres braucht. Im nächsten Jahr gibt es dann wieder frische Ware. Maria Treben bevorzugt immer die frische, lebende Pflanze bei ihren Behandlungen. Das taten auch die alten Ärzte und die Medizinmänner, indem sie für jeden Einzelfall die Wurzel frisch gruben und die Kräuter frisch pflückten.

Die Verabreichung der Heilkräuter

1. Am einfachsten, bekanntesten und urtümlichsten ist das Aufgießen eines **Tees**. So haben es Großmütter seit je gemacht: Eine Prise – also was man mit drei Fingerspitzen fassen kann – kommt in die Tasse, wird mit kochendem Wasser übergossen und abgedeckt, damit sich die ätherischen Öle nicht verflüchtigen. Nach längerem Ziehen wird der Tee abgeseiht, vielleicht mit Honig oder Kandiszucker gesüßt und heiß getrunken. Das macht man dreimal am Tag – die magische Dreizahl – zu den Kardinalstunden des Tages, am Morgen, Mittag und Abend. Die Aufgüsse sollten stets in Steingutgefäßen gebraut werden, denn Metall oder Kunststoff kann mit der Flüssigkeit chemisch reagieren und die Wirkung beeinträchtigen.

2. Bei einer **Abkochung** setzt man die Droge in kaltem Wasser an und bringt es langsam zum Sieden. Offensichtlich eignet sich dieses Verfahren nicht, wenn die Kräuter flüchtige ätherische Öle enthalten. Die schleimhaltigen Blätter und Blüten der Malve oder des Eibisch werden abgekocht, um ein erweichendes, hustenbekämpfendes Mittel herzustellen. Ebenso verfährt man beim Enzian, um die magenwirksamen, fiebersenkenden, tonischen Bitterstoffe herauszulösen. Auch die gerbsäurehaltigen Wurzeln der Hundsrose oder des Blutwurzes *(Potentilla)* setzt man kalt an und lässt sie bis zu zehn Minuten kochen.

3. **Kalte Auszüge** macht man bei weichen Drogen wie Baldrianwurzeln, Hagebutten oder Leinsamen, deren Wirkstoffe durch Erhitzung zerstört werden können. Meistens lässt man sie über Nacht im Wasser einweichen, erwärmt den Auszug auf Körpertemperatur und seiht ihn ab. Auszüge können aber auch in Wein, Öl oder klarem Alkohol (Wodka, Korn) gemacht werden. Ein bekanntes Beispiel ist das rote Johannisöl, ein kräftiges Mittel gegen Nervenschmerzen und -entzündungen jeglicher Art. Schweizer Sennen, deren Armnerven vom Sommermelken überstrapaziert werden, sammeln das gelbblühende Johanniskraut, legen es in ein Glasgefäß mit Sonnenblumenöl ein und stellen es für zwei Wochen in die Sonne, bis das Öl sich weinrot färbt. Ebenso bekannt ist das wundheilende Gundermannöl. Das Kraut wird in kaltgeschlagenem Oliven- oder Sonnenblumenöl ebenfalls für einige Tage in die Sonne gestellt.

4. Eine **Tinktur** ist ein Auszug in Alkohol. Das geschnittene Kraut wird mit Wodka, Korn oder Whisky ausgelaugt, damit die wasserunlöslichen Öle und Harze erhalten bleiben. Minzöle, von denen der Melissengeist der Karmeliterinnen das bekannteste ist, sowie Magenbitter gehören in diese Kategorie. Sie werden tropfenweise eingenommen.

5. **Säfte** zum Sofortverbrauch werden durch Austropfen der Pflanzen oder Auspressen der Früchte gewonnen. Will man die Säfte länger aufbewahren, friert man sie ein, trocknet oder versetzt sie mit Zucker *(Sirup).*

6. **Salben** und **Pomaden** zum Einreiben sind Präparate, in denen die Wirkstoffe in Fetten oder Wachs gelöst sind.

7. Warme oder kalte **Umschläge** oder Kataplasmen bestehen aus zerstampften Kräutern oder geraspelten Wurzeln, die äußerlich auf die Haut appliziert und mit einer Mullbinde befestigt werden, wie etwa die geraspelte frische Beinwellwurzel bei Knochenprellung.

8. Bei den Indogermanen galt die Kuh als heilig. Noch heute werden in der ayurvedischen Heilkunde Indiens Milch, Butter,

Sauermilch, Kot und Urin der Kuh mit Vorliebe zum Herstellen von Heilmitteln verwendet. Auch bei den Germanen galt die Milch als Allheilmittel; viele Kräuter wurden in heißer Milch verabreicht. Wir schätzen immer noch die Zwiebel- und Knoblauchmilch bei Erkältungen und Lungenentzündungen. Gänsefingerkraut wird zur Behandlung von Durchfall und bei Magen- und Darmkrämpfen immer noch in Milch angesetzt und aufgekocht.[4] Die fette Ziegenmilch eignet sich hervorragend als Lösemittel der ätherischen Öle bei Gundermann und ähnlichen Pflanzen. Paracelsus schreibt in seinem *Herbarius*, dass »die Arznei, anfänglich roh, ohne Zusatz, zu gebrauchen [...] den Jungen in Milch gesotten, den Alten in Wein, ein halb Lot in einem Trunk gebraucht, und dreimal davon eingenommen [...] So haben's die Alten gebraucht.«[5]

9. Das Rauchen der getrockneten Heilkräuter ist nicht ursprünglich Bestandteil der europäischen Heilkunde, sondern geht auf die amerikanischen Ureinwohner zurück. Die Lungenmembranen eignen sich zum Aufnehmen besonderer Substanzen. Man raucht zum Beispiel Hanf beim Grünen Star (Glaucoma) oder die „Asthma-Zigarette" aus Bilsenkraut-, Huflattich- und Königskerzenblättern bei Asthmabeschwerden. Auch als **Räucherungen** können Heilkräuter sinnvoll eingesetzt werden.

10. Hildegard von Bingen kannte und schätzte noch die **Kräuterwecken**. Dabei wurden die Heilpflanzen, mit in den Teig geknetet, zu kleinen Broten gebacken.

11. Das Brauen von **Kräuterbieren** – Schafgaben-, Gundermann-, Brennnessel-, Engelwurzbier usw. – gehörte einst zum Heilwissen der Hausfrauen.

Die Kunde der Arzneimittelherstellung und -anwendung, wie sie von Großmüttern den Töchtern und Enkelinnen überliefert wurde, kann man bis in die Steinzeit zurückverfolgen. Sie war, ebenso wie das Nähen, Färben, Gerben, Kochen, die Geburtshilfe, die Kinderpflege und die Liebesmagie, ein wesentlicher Aspekt der Frauenkultur und diente dem Gedeihen und Wohlergehen der Großfamilie und der Sippe. Mit den neuzeitlichen gesellschaftlichen Umwälzungen, der Professionalisierung der Gesundheitspflege durch Ärzte und Pharmazeutikakonzerne ist dieses Erbe der Frauenkultur in den westlichen Industriestaaten weitgehend verschwunden.

In den sogenannten Drittweltländern versucht man mancherorts, die alten Heilmittelüberlieferungen zu erhalten, aber dabei auch die neuen Erkenntnisse zu nutzen. »Auf beiden Füßen gehen« nannte es der Vorsitzende Mao, dessen Barfußärzte sich in den alten Heilkräutern ebenso wie in der Ersten Hilfe und einfachen westlichen Methoden auskannten. Auch Mahatma Gandhi, ein überzeugter Anhänger der Naturheilkunde, sah die alten Traditionen als die angemessene Form des Heilwirkens in den dezentralisierten Dörfern Indiens.

Alchemistische Präparate

Bedeutend schwieriger als die Bereitung von Tees, Auszügen und Salben der heilkundigen Frauen ist das Herstellen von Destillaten, Elixieren und Kräutersalzen. Diese Künste der Mönche und Alchemisten haben ihre Wurzeln in den Künsten der Araber und diese wiederum in der Kunst der Toteneinbalsamierung und der Parfümkunst der alten Ägypter. Wie die Astrologie, so sind auch die Begriffe und Praktiken der Alchemie in die Arzneiherstellung eingeflossen. Paracelsus, der die Kräuter und einfachen Hausmittel der weisen Frauen und Bauern schätzte, suchte jedoch leidenschaftlich deren Wirkung auf spagyrische Art zu steigern, um aus ihnen das *Arkanum*, das Lebenselixir, den Alkahest oder das Universalheilmittel herauszupräparieren, ebenso wie man gemeine unedle Erze in Gold transmutieren wollte.

Grundsatz der Alchemie ist der Glaube, dass alle Stoffe aus einem ursprünglichen Urstoff *(prima materia)* hervorgegangen sind, der sich in die vier Elemente (Erde, Wasser, Luft, Feuer) differenzierte. Diese vier Elemente haben sich ihrerseits, unter den Einflüssen der Gestirne und Planeten, in die Vielfalt der pflanzlichen, mineralischen und tierischen Substanzen differenziert. Alles Existierende wird nur als unreine Mischung dieser Elemente verstanden. Nun, so folgerten die Alchemisten, solle es möglich sein, durch verschiedene Manipulationen – Kochen, Sieden, Veraschen, Gären, Verrotten, Faulen, Zerreiben – die differenzierten Substanzen wieder zu ihrem Ursprung, dem Chaos oder der Urmaterie, zurückzuführen. Dann müsse sich der Stoff neu kombinieren lassen, so wie der Mensch es haben wolle. So könne man die reinen von den unreinen Stoffen scheiden! Man könne Gold machen, das Lebenswasser, den Stein der Weisen, die universale Medizin! *»Solva et Coagula«* (Löse und füge wieder zusammen) hieß die Losung. Das ist der große Traum, den man an den schlammigen Ufern des Nils, im arabischen Wüstensand und hinter den engen Stadtmauern Europas träumte. Es ist der Wunschtraum, der zur modernen Chemie führte. Nachdem die schlauen Lehrlinge die roten und grünen Löwen, die Einhörner, die chemische Hochzeit des Königs Sol und der Königin Luna, feurige Drachen und anderen mystischen Unfug der alten Meister durch Ziffern und Zahlen ersetzt hatten, war es so weit: Das Geheimnis der Moleküle und Atome war erschlossen! Nun konnte man den Stoff zertrümmern und so wieder aufbauen, wie es sich sogar die Natur nie hätte träumen lassen. Das Pillenzeitalter war da!

Dieses *Solva et Coagula* wandten die mittelalterlichen Alchemisten auch bei Heilpflanzen an, um aus ihnen die reine Essenz herauszuläutern und die Unreinheiten zu tilgen. So wurden edle Kräuter und Wurzeln zerstampft und in Destillierkolben *(Alembic)* gestopft. Um die flüchtige, leichte »Seele« herauszulösen, wurden sie gekocht und der heiße Dampf, der die ätherischen Öle enthält, in ein Abkühlungsgefäß geleitet. Beim Kondensieren teilt sich die gewonnene Flüssigkeit säuberlich in Wasser und das darauf schwimmende flüchtige Öl – die sulpherische Essenz.

Aber mit dieser Trennung, die heutzutage jeder Schüler im Labor nachmachen kann, hört die *operatio* noch nicht auf. Nun muss auch der »Geist« (*spiritus*, Merkur) herausgeläutert werden. Das geschieht, indem man die »Suppe«, die nach dem Auszug des Öls übrig geblieben ist, mit Hilfe von etwas Zucker zum Fermentieren bringt. Nachdem sie genügend alkoholisiert ist, wird die Kräutersuppe im Alembic mehrmals gebrannt (destilliert), um das »kleine Wässerchen«, das Lebenswasser *(aqua vitae)* oder den »Likör« zugewinnen.

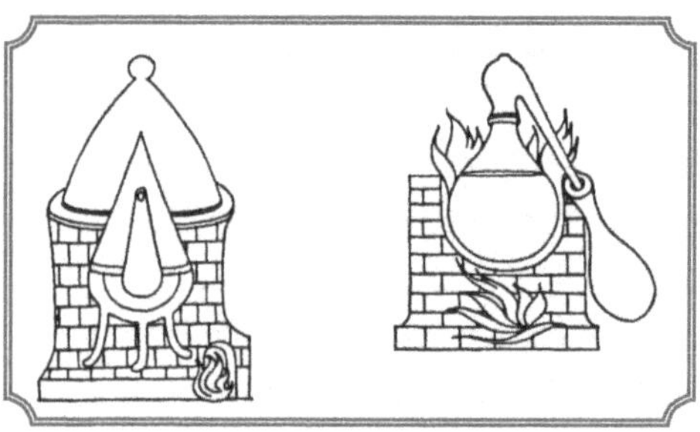

Athanor und Alembic

Nachdem auf diese Weise der »Spiritus« die Pflanze verlassen hat, werden die übrig gebliebenen Kräuterreste in einem Ofen *(Athanor)* »kalziniert«, das heißt so lange geröstet, bis nur noch Asche übrig ist. Diese Asche ist der Leib, die physische Substanz, das Salz *(sal)* der Pflanze. Dieses Salz, das oft als Pülverchen eingenommen wurde, kann in einem weiteren Vorgang noch in wasserlösliche und -unlösliche Bestandteile getrennt werden.

Was ist nun geschehen? Die ganzheitliche Pflanze wurde von den Alchemisten in ihre drei wesentlichen Bestandteile (Essenzen) zerlegt:

1. **Sulphur**, die Seele *(anima)* der Pflanze, in alten Manuskripten als Löwe dargestellt, ist das flüchtige Öl.

2. **Mercurius**, der Geist der Pflanze, destilliertes Vergärungsprodukt, wurde früher als Vogel, oft Adler, dargestellt. (Alkoholische Getränke werden immer noch als geistige Getränke oder Spirituosen bezeichnet. Man kann wohl sagen, dass jemand, der davon zu viel genießt, einen »Vogel« bekommt.)

3. **Sal**, das Salz, der mineralische Körper der Pflanze, wurde oft als Totenschädel dargestellt.[6]

Zum Puffen und Sieden, Destillieren und Kohibieren hatten die Schäfer, Kräuterweiber und Wurzelseppen weder Geduld noch Begabung. Die gescheiten Mönche aber wurden sehr bald adept, besonders was das Brauen und Brennen der Liköre, Essenzen und Geister betraf. Manches Kloster wurde berühmt und reich durch seine Schnäpse. Die Weine gehörten ja schon zur sakramentalen Kultur des Abendlandes. Da war es ein kleiner Schritt zu den Spirituosen. Die Benediktiner scheinen schon im 7. Jahrhundert Kräuterschnäpse gebrannt zu haben. Um 1510 entwickelte der Mönch Bernardo Vincelli eine geheime Formel zur Ehre des Allerhöchsten. DOM – *Deo Optimo Maximo* – steht immer noch auf den Flaschen, in denen sich, nach unbekannten Verhältnissen gemischt, die Essenzen von Ysop, Kardamom, Engelwurz, Pfefferminze, Thymian, Bergwohlverleih, Tannenzapfen, Myrrhe, Safran, Muskat, Frauenhaarfarn und anderen Kräutern befinden. Chartreuse ist ein ebenso geheimnisvolles geistiges Getränk, das von den schweigenden Karthäusermönchen (bei Grenoble) hergestellt wird. Der grüne Chartreuse enthält 250 zum Teil sehr exotische Kräuter und Gewürze, der gelbe enthält 187. Auch viele Magenbitter und mit Kräutern gewürzte Branntweine gehen auf mönchischen Eifer zurück.

Alchemistische Präparate mit sonderbaren Bezeichnungen waren die Wunderdrogen der damaligen Zeit. Da gab es zum Beispiel »trinkbares Gold« *(aurum potabile)*, zusammengebraut aus Ringelblume, Rosmarin, Sonnentau, Sonnenröschen und anderen

Kräutern, die die Signatur der Sonne trugen. Ein Wunderwasser *(agua mirabilis)* mit Zimt, Galantwurzel, Ingwer, Thymian, Rosmarin, Muskat und anderen in Rotwein angesetzten Kräutern galt als verjüngendes Allheilmittel. Wir hören von einem Himmelstau, hergestellt aus Kräutern, die zum Mond oder zu Merkur gerechnet werden, wie Maiglöckchen, Blutweiderich, Dost, Eisenkraut und Baldrian. Der unheimliche Abt Trithemius von Sponheim (1462 bis 1516) erfand einen verjüngenden Trunk *(elixir vitae)*, der neben Kalomel (Quecksilbermineral) teure importierte Gewürze wie Zimt, Muskatblüte sowie Enzian, Zymbelkraut und Baldrian enthielt. Das Verjüngungselixier, von dem man sich Lebensverlängerung und das Wiederaufflackern der Leidenschaften erhoffte, scheint dem Abt wenig geholfen zu haben, wenn man genauer auf seine Lebensdaten schaut – er wurde 54 Jahre alt.

In den Hausmitteln, der Homöopathie und der heutigen Heilpraxis lebt noch manches aus den alchemistischen Sudelküchen weiter. Die »Schwedischen Bittertropfen«, für die sich die Kräuterfrau Maria Treben starkmacht, sind ein Beispiel. Sie wurden vor 250 Jahren von einem schwedischen Arzt – der, wie Maria Treben gerne erzählt, im 104. Lebensjahr beim

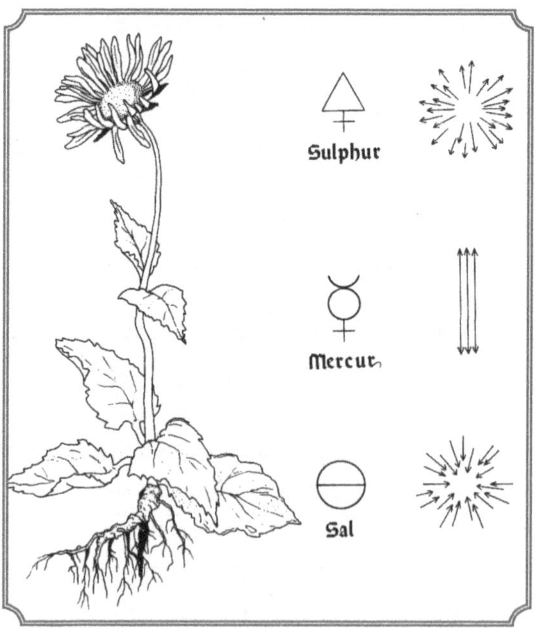

Sulphur, Mercur und Sal in der Pflanze

Sturz vom hohen Ross ums Leben kam – nach einem alten paracelsischen Rezept zusammengestellt.

Auch die »Biochemie« des Oldenburger Arztes Dr. Schüßler wurzelt im paracelsischen Sal-Begriff. Dr. Schüßler lehrte, dass Erkrankungen dadurch zustande kommen, dass es den Körperzellen an einfachen Nährsalzen, die tropfenweise eingenommen werden müssen, mangele.

Rudolf Steiner spricht von einem »Sulphurprozess« im Blühen, Duften und Verstäuben der Blumen, von einem »Merkurprozess« in den Atmungs- und Assimilationsvorgängen in den grünen Stängeln und Blättern und einem »Salzprozess« in den Wurzeln. Die anthroposophische Heilkunde bringt diese Prozesse in der Pflanze in Beziehung zu ähnlichen Prozessen im Menschen, die in der Verdauung, in Kreislauf und Atmung sowie in Hirn und Nerven vor sich gehen. Auch hier leben noch alchemistische Begriffe.

Die natürliche Kur

Die synthetischen Produkte der Pharmachemie, die wir heutzutage einnehmen, spiegeln unsere ganze Lebenseinstellung wider. Sie sollten möglichst sofort wirken und die Erkrankungssymptome – Fieber, Ermattung, Kopfschmerzen, Husten – gleich beseitigen. Kranksein macht nicht nur keinen Spaß (Spaßhaben als einer der modernen Lebenswerte!), sondern kostet Zeit in einer Gesellschaft, wo Zeit Geld ist. Damit man möglichst schnell wieder dabei ist, schlägt man in vollem Vertrauen mit der chemischen Keule auf die Symptome ein und tötet die für die Unbequemlichkeit verantwortlich gemachten Keime ab. Diese Einstellung gehört mit zur Hast, die uns mit dem Wecker aus dem Schlaf jagt, mit Kaffee und Zucker funktionsfähig rüttelt, per Fingerdruck über Verkehrs- und Wetterlage – man braucht nicht mehr aus dem Fenster zu gucken –

informiert und wissen lässt, ob die Welt noch existiert, ehe wir im Auto zum Job flitzen. Abends ziehen wir die Bremsen mit Cocktails oder Bier, damit wir wenigstens noch ein bisschen entspannen. Vorbei sind die Tage, als der Hahnenschrei den Morgen ankündigte und, falls man wohin zu fahren hatte, das Pferd gefüttert, gestriegelt und eingespannt werden musste. Die altmodischen Kräuterkuren, Bäder, Wadenwickel und Tröpfchen scheinen ebenfalls dieser Vergangenheit anzugehören. Da sind die Pillen, Antibiotika und – »schnippschnapp, weg ist's!« – die chirurgischen Eingriffe patenter, flotter, zeitgemäßer. Nur hat man es bei den letztgenannten Maßnahmen mit einem Manipulieren und Unterdrücken, aber keinem richtigen Heilen, keinem Ausheilen zu tun. Bloßes Unterdrücken und Ausschalten dessen, was wir nicht leiden mögen, anstatt es erkennen zu wollen, kennzeichnet die heutige Gesellschaft allzu oft.

Aus diesem Grunde lehnte auch Mahatma Gandhi die westliche Medizin ab. Indem sie die Symptome verdrängt und die Ursachen maskiert, raubt sie dem Menschen die Einsicht über den Zusammenhang seiner Worte, Taten und Gedanken mit seinem Gesundheitszustand. Schwarze Magie nannte er das und Karma-Verneinung, die das läuternde Element des Schicksalerleidens verhindere. Anstatt zur Einsicht zu kommen, erlaubt diese Medizin dem Menschen, ohne sein Verhalten wandeln zu müssen, einfach weiterhin einem ungesunden Lebenswandel zu frönen.

Das Abtöten der Krankheitskeime ist an sich auch keine Heilung. Schon Max von Pettenkofer (1818–1901), ein Zeitgenosse Louis Pasteurs und Robert Kochs (der Väter der Bakterientheorie), zeigte, dass eine vorher vorhandene Veranlagung oder Schwächung der Lebenskraft da sein müsse, die den Bakterien einen Nährboden bietet. Diese Kleinlebewesen erzeugen ebenso wenig eine Krankheit wie Fliegen einen Misthaufen oder einen schmutzigen Abort.[7] Um seine These zu unterstreichen, ließ er sich eine virulente Cholerakultur aus Paris kommen, schmierte diese vor seinen erschrockenen Studenten und Kollegen auf ein Butterbrot und verspeiste es – ohne den Brechdurchfall zu bekommen.

Gesundheit ist folglich nicht durch Unterdrückung der Krankheitszeichen, sondern durch Pflege einer heilsamen Lebensweise und einer gesunden Umwelt zu erlangen. Insofern man es mit rückständebeladener Nahrung, Luft- und Wasserverseuchung, Maschinenlärm und allgemeinem Stress zu tun hat, handelt es sich um Probleme, die das Vermögen des Einzelmenschen überfordern. Sie werden nur auf gesamtgesellschaftlicher Grundlage zu lösen sein. Das verlangt politische, wenn nicht gar revolutionäre Veränderungen. Aber trotzdem kann der Einzelne vieles tun, um seine Gesundheit zu erhalten. Dazu geben uns die Reformköstler und Naturheilpraktiker vernünftige Ratschläge:

- Regelmäßige, ausgeglichene Mahlzeiten, in deren Mitte Obst, Gemüse und Getreide stehen.
- Genügend Körperbewegung – Morgenturnen, Jogging, Tai Ch'i, Gartenarbeit, Holzhacken oder lange Spaziergänge.
- Frische Luft; auch das tägliche Auslüften der Wohnräume.
- Entspannung – das Bedürfnis danach fand Ausdruck im Einläuten des Feierabends, nach dem alles Tagwerk ruhen musste, in den Sonn- und Feiertagen und in Asien in regelmäßigen Yoga- und Versenkungsübungen.
- Genügend Schlaf, in Harmonie mit den kosmischen Tagesrhythmen (Schlaf vor Mitternacht). Schlafbedürfnis und Schlafmenge sind bei jedem verschieden, machen aber im Durchschnitt acht Stunden pro Tag aus.

Diese Regeln gelten für die Gesunden wie für die Kranken. Wenn es trotzdem zu einer Krankheit kommt, kann man sich einer Kur unterziehen. Eine Kur kann mehrere Wochen dauern und gibt dem Organismus Zeit, die körpereigenen Kräfte zu mobilisieren.

Genesungsvorgänge werden durch Kräuter, Diät und Bettruhe unterstützt. Die Ruhe erlaubt dem Menschen, sich in Muße mit seiner Lebenssituation zu befassen, sie in aller Tiefe zu durchdenken. Mit Körnerbrei, Haferschleim, Obstsäften und Mineralwasser, ohne starken Kaffee, Schwarztee, Alkohol, Tabak und stark reizende Gewürze schont sich der Patient. Ist keine Genesung mehr möglich, gibt diese kostbare Zeit dem Patienten die Gelegenheit, seine Angelegenheiten zu richten und sich auf die Ewigkeit vorzubereiten. Eine solche Behandlung würdigt den Menschen als karmisch bedingte, geistig-seelisch-physische Wesenheit und reduziert ihn nicht auf eine fehlfunktionierenden Biomaschine.

Eine Kräuterkur dauert allgemein vier bis sechs Wochen. Nicht so sehr die Stärke des Tees oder die Menge der Tassen ist wichtig (Mehr hilft nicht mehr!), sondern die Regelmäßigkeit, mit der man sie trinkt. Sie gliedern sich in den Biorhythmus der Leibesvorgänge ein und regen diese an. Man hat eine recht große Auswahl geeigneter Kräuter für jede Art von Beschwerden. Stellt sich im Laufe der Kur keine Besserung ein, soll man es mit einem anderen Kraut versuchen. Auch die sogenannten Allheilmittel, die stärkend auf den Gesamtorganismus wirken, kommen bei einer Kur in Betracht. Da der Körper eine Ganzheit, nicht eine Montage einzelner Organe ist, helfen auch solche Heilpflanzen, die nicht auf spezifische Organe abzielen.

II. Von den Lebensmitteln zu den Giften

Alle Pflanzen sind nützlich. Das zu leugnen würde bedeuten, dem Schöpfer die Weisheit abzusprechen. Bösartige Giftpflanzen und nutzlose Gewächse gibt es an und für sich nicht. Diese Bezeichnungen entsprechen eher den Vorstellungen, die wir in unseren Schädeln herumtragen, als dem wirklichen Sachverhalt in der Natur. Genau genommen sind, vom menschlichen Standpunkt aus – welchen anderen können wir denn auch einnehmen (Ist der Mensch nicht das Maß aller Dinge?) –, alle Pflanzen zugleich Nutzpflanzen und Giftpflanzen. Das entspricht dem paracelsischen Lehrsatz: »Alles ist Gift. Allein die Dosis macht's!« Also alles, was der Mikrokosmos (Mensch) vom Makrokosmos (Natur) in sich aufnimmt, ist »wider den Menschen«. Es muss erst vom *Archeus*, dem inneren Alchemisten, umgewandelt werden. Schierling in der geeigneten Dosis ist Heilmittel. Brot kann tödliches Gift sein: In der Hungersnot von 1918 starb Dostojewskis Witwe an Brotgenuss. Zwei Laib frischgebackenes Brot hatte sie in ihrem Heißhunger verschlungen, so dass ihr Magen barst. Allein die Dosis macht's!

Heilpflanzen als solche gibt es eigentlich nicht. Jede Pflanze kann die Gesundheit fördern oder beeinträchtigen. Vom menschlichen Standpunkt aus können die Pflanzen anhand eines verschiebbaren Kontinuums erfasst werden: An einem Pol dieser Skala befinden sich die ganz nützlichen Pflanzen, die Hauptnahrungsmittel oder Stapelpflanzen (angelsächsisch *stapol*, friesisch *stapul* = stützender Pfeiler), das Brotgetreide als »Stab des Lebens«. Am entgegengesetzten Pol sind die äußerst gefährlichen Giftpflanzen, die schon in winzigster Dosis tödlich wirken. Dazwischen liegen abgestuft die Wurzelgemüse, Blattgemüse, Teekräuter und Gewürze.

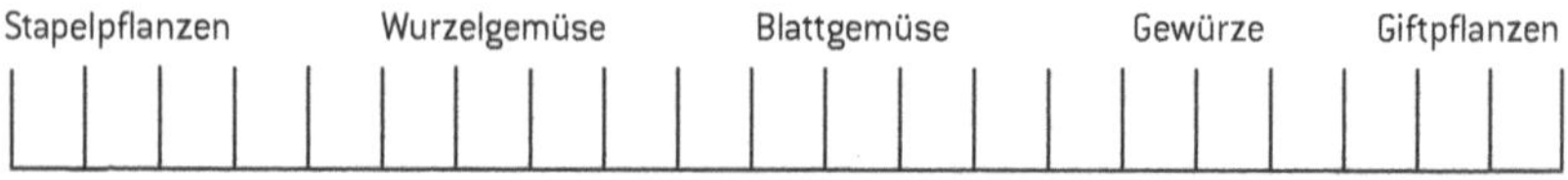

Die leichten, Luft, Licht und Wärme hingegebenen Getreidegräser sind des Menschen wahre Lebensstütze. Auf ihnen beruhen die Zivilisationen, die seit dem Neolithikum bestehen: Weizen im Westen vom Punjab bis zum Mittelmeer, Reis im Fernen Osten, Hirse in Äthiopien, Mais in Mittelamerika und Emmer, Roggen und Gerste im kühlen Norden. Überall werden die Körner als Göttergaben verehrt, wenn nicht als Stoff gewordene Götter: »Das ist mein Leib, der für euch gegeben wird« (Lukas 22, 19). Das Brot, überall heilig, besiegelt den Bund Gottes mit dem Menschen, der Sonne mit der Erde und des Menschen mit dem Mitmenschen. Der Kumpan (lat. *cum + panis*) oder Kumpel ist jemand, mit dem man Brot isst.

In der Gegenwart eines Brotlaibes fluchten die alten Bauern nie. Die englische Bezeichnung für Herrin, »Lady«, bedeutete ursprünglich »Brotkneterin«! Den Indianern wie den alten Römern ist das Korn die Inkarnation der großen Göttin *(Demeter)*. In Asien ist es nicht anders: Wenn die Burmesen »Buddha, Buddha« sagen, meinen sie Reis und Yams, erzählte mir U Maung Maung, der Dichter vom Irrawadi.

Nur in den Randgebieten, bei den Kopfjägern in den Dschungeln der melanesischen Inseln, in Südostasien und auf den Südseeinseln nehmen Yams- und Tarokknollen diese Rolle als Stab des Lebens ein. In Südamerika ist es die Maniokwurzel im Amazonasgebiet und die Kartoffel auf den nebeligen Höhen der Anden. Bei solchen Stämmen war es oft der Brauch, dass Jünglinge oder Gefangene – die Rolle des Knollengottes spielend – geopfert und, wie eine

Saatknolle, in kleine Stücke zerhauen und dann in den Äckern vergraben wurden, um die nächste Ernte zu sichern.

Gemüse (ursprünglich »Zugemüs«) sind keine Hauptnahrungsmittel, sondern es handelt sich, wie die Bezeichnung schon verrät, um eine Beilage, die mit dem Mus, also dem Getreide, gegessen wurde. Früher ernährte sich das einfache Volk fast nur von Brei, Mus, Brot und Milch. Nur die Wohlhabenden konnten sich Fleischbeilagen leisten; sie waren es auch, die die Gemüse als Speise an sich zu schätzen begannen. Heutzutage haben die grünen, bunten, stärke- und vitaminreichen Beilagen einen großen Teil des Tellers erobert. Aber man sollte es nicht übertreiben. George Oshawa, Gründer der makrobiotischen Ernährungslehre, warnt vor einseitigem Gemüsekonsum unter Zurückstellung der Getreidespeisen. Gemüse lassen die Ausgeglichenheit der Stapelpflanzen vermissen, in ihnen sind Yin- und Yangkräfte einseitig übertrieben. In dieser Eigenschaft rücken sie in Richtung der eigentlichen Heilpflanzen. Ja, viele wirksame Hausmittel bestehen, wie wir sehen werden, aus bekannten Gartengemüsen.

Gemüse sind manchmal schwer zu verdauen oder verursachen Blähungen. Solche Einseitigkeiten kann jedoch der geschickte Koch mit Hilfe der Gewürzpflanzen, die etwas weiter rechts auf unserer Skala liegen, ausgleichen. Die Stapelpflanzen, Getreide und Knollen, können anstandslos täglich genossen werden – sieht man von der tragischen Geschichte der Dostojewskowa ab! Bei Gemüsen geht das nicht: Jeden Tag Spinat oder Gänsefuß essen entzieht den Zähnen und Knochen Kalk (wie die Melde-Krankheit in den Hungerjahren nach dem Krieg); Spargel jeden Tag ruiniert die Nieren; und wer jeden Tag Karotten isst, bekommt eine rotgelbe Hauttönung, wie ein ehemaliger Kettenraucher herausfand, der jedes Mal, wenn er sich eine Zigarette anstecken wollte, stattdessen eine Möhre kaute. Wenn Kinder, trotz Drohungen besorgter Eltern, ihren Spinat oder ihre Erbsen nicht vom Teller putzen wollen, sind es wohl die noch einigermaßen intakten Instinkte, die sich dagegen wehren.

Zum Glück bringt die gute Natur die jeweiligen Früchte und Gemüse nur zu gewissen Jahreszeiten hervor. Bei naturnahen Menschen, die ihre Nahrung im Einklang mit den Rhythmen des Makrokosmos zu sich nehmen, besteht keine Gefahr der Unausgeglichenheit. Im Gegenteil, die Einseitigkeit mancher Gemüse wirkt unter diesen natürlichen Umständen tonisch und anregend. Die frischen Blatt- und Wildgemüse, Ampfer, Brennnessel, Löwenzahn und die grünen Blätter des Frühlings regen die Drüsen an und entschlacken das Blut, treiben den Winter aus Mark und Bein. Die zuckerhaltigen Beeren und Früchte des Sommers geben uns die Sofortenergie, die wir bei sommerlicher Aktivität, beim Heuen, Ernten, Wandern oder beim Sport brauchen, während die stärkehaltigen Wurzeln und fetten Nüsse und Samen unseren Körper auf die Winterkälte vorbereiten.

So reinigt man den Leib, hält ihn gesund und lebt in Einklang mit der Natur. Man steigt sozusagen mit den Knollen, Wurzeln und Samen im Herbst und Winter in die Erde und hat teil an den Samenkräften dieser Saturnzeit. Im Frühling erlebt man in den Salaten und Blattgemüsen die merkuriale Sprießkraft der Natur.

Nahrungspflanzen im Jahreskreislauf

Im Sommer trägt uns die Pflanze in sonnige, lichte Höhen. Wir erleben die Wonnezeit der duftenden Blüten und Heilkräuter, ehe es der Getreidereife entgegengeht und dem Herbst, wenn Jupiterkräfte Obst und Wein süßen. Es handelt sich dabei nicht bloß um ein intellektuelles Auffassen, sondern um ein inniges Miterleben. Nahrung wird Kommunion mit göttlichen Mächten, die im ewigen Kreislauf der Natur ihr Wirken offenbaren. Durch Teilnahme erleben wir eine höhere Gesundheit.

Gefriertruhen, chemische Konservierungsmittel und den Südländern abgehandelte Importe haben den modernen Menschen aus diesem kosmischen Rhythmus herausgehoben. Er tanzt den Reigen mit den Naturwesen nicht mehr mit. Eigentlich sollte er, wie es die Makrobiotiker raten, auf die aus dem jahreszeitlichen Zusammenhang herausgefallenen Nahrungsmittel verzichten.[8]

Nun ist es aber Zeit, dass wir auf unserem Kontinuum etwas weiterrücken. Wir kommen zu den Pflanzen, die halb Gemüse, halb Gewürz sind, wie Fenchel, Koriander oder Sellerie. Klare Abgrenzungen sind da nicht zu erwarten. Bald kommen wir zu den echten Gewürzen, und schon sind wir bei den Heilkräutern. Bei diesen Pflanzen muss man mehr achtgeben als bei den Gemüsen, denn sie wirken noch viel einseitiger – aber das ist es gerade, was ihre Heilkraft ausmacht. Am zimperlichsten muss man bei der Dosierung der giftigen Heilpflanzen sein. Fingerhut, Tollkirsche, Nieswurz, Herbstzeitlose und andere Giftkräuter, mit denen die Apotheker und Hexenmeister umgehen, werden von den Großmüttern und weisen Frauen selten, wenn überhaupt, verwendet. Bei einfachen Heilkräutern kommt man ohne Weiteres mit Anweisungen wie »einen Teelöffel pro Tasse, dreimal täglich« aus, aber bei Giften muss man peinlich genau mit Kleinstmaßen messen, mit Unzen, Drachmen, Skrupel und Gran, damit der Ausgang nicht zur Einfachfahrkarte in den Hades wird.[9]

Die Wirkstoffe

Dass die Heilwirkung der Pflanzen nicht allein aufgrund der chemischen Wirkstoffe, die die Analyse ermittelt hat, erklärt werden kann, zeigt schon die Homöopathie, die erfolgreich mit Mitteln arbeitet, die so weit verdünnt sind, dass es oft fraglich ist, ob überhaupt noch ein einziges Molekül der ursprünglichen aktiven Substanz in den Tröpfchen oder Zuckerkügelchen zu finden ist. Ethnobotaniker wie Richard Schultes von Harvard haben die Wüsten und Urwälder der Erde durchkämmt und, wo sie nur konnten, die Medizinmänner, Brujos und Curanderos über ihren Heilmittelschatz befragt. Als die mitgebrachten Kräuter schließlich im Labor geprüft wurden, war die Ausbeute enttäuschend mager. Von den Tausenden von Pflanzen waren es kaum mehr als 10%, die irgendwelche aktiven chemischen Wirkstoffe enthielten.[10] Auch das berühmte ostasiatische Allheilmittel, der Ginseng, enthält laut chemischer Analyse bloß ein Dutzend Schaumstoffe, deren Wirkung sich gegenseitig aufhebt. Oft werden bei den Naturvölkern die Arzneipflanzen auch gar nicht eingenommen, sondern geräuchert oder als Amulette um den Hals getragen. Sie bringen den erwünschten Erfolg trotzdem. Man kann auch nicht eine andere beliebige Pflanze anstelle der rituell vorgeschriebenen verwenden.

Es ist allgemein bekannt, dass die Königskerzenblüte auswurfsfördernde, schleimlösende Saponine und Schleimstoffe enthält und daher ein gutes Lungenmittel ist. Im Mittelalter wurde sie jedoch nicht etwa eingenommen, sondern bei abnehmenden Mond mit der Sonne im Löwen wurde ein Stück Wurzel gestochen, in Gold eingehüllt und als Amulett getragen.

Mein Gewährsmann und Freund, der Cheyenne-Medizinmann, betont immer wieder, dass der Heiler der Geist der Pflanze sei, mit dem man reden und den man mitleidig stimmen müsse.

Die chemischen Stoffe, von der der weiße Wissenschaftler spricht, lassen ihn kalt. Er fügt jedoch hinzu, dass die Kraft des Pflanzengeistes sich zu bestimmten Zeiten stärker manifestieren kann als zu anderen.

Trotz dieser Überlegungen sollte man sich jedoch nicht scheuen, die Entdeckungen der Biochemie zu Hilfe zu nehmen. Stoffzergliederung bietet eben einen anderen Blickwinkel. Warum sollte es nicht sein, dass die Kräftewirkungen der Pflanzen sich auch in einem molekularen Substrat niederschlagen?

Die heilsamen, lebenserhaltenden Eigenschaften der Getreidekörner und Wurzelknollen beruhen von diesem Standpunkt aus gesehen auf den gespeicherten Produkten des *primären Stoffwechsels* der Pflanze. Es handelt sich um verschiedene Zucker, Stärken, Eiweiße und Fette. Bei Wurzeln und Knollen kommen mitunter ungewöhnliche Zucker vor. Inulin, zum Beispiel, eine polysaccharide Fruktose, eine Zuckerart, die Zuckerkranke leicht verdauen können, befindet sich im Topinambur *(Helianthus tuberosus)*, in der Rampionwurzel *(Campanula rapunculus)*, der Knolle der Dahlie, in Schwarzwurzel und Bocksbart – allesamt gut schmeckende Wurzelgemüse.

Je weiter man die Skala entlang zum Pol der Giftpflanzen rutscht, umso eher hat man es mit den Produkten des sekundären Stoffwechsels zu tun. Die Gemüse, die durch eine Reihe organischer Säuren (Askorbinsäure [Vitamin C], Oxalsäure, Zitronensäure, Kieselsäure usw.) gekennzeichnet sind, nehmen, wie erwartet, eine Mittelstellung ein.

Bei den Tieren werden die Produkte des sekundären Stoffwechsels durch Leber, Milz, Niere und Blase entgiftet, deaktiviert, gefiltert und schließlich in Harn und Schweiß ausgeschieden. Pflanzen haben keine Innenorgane und können folglich diese Stoffwechselabfälle nicht einfach ausscheiden. Stattdessen sammeln sich diese Abfälle in Sonderzellen (Öl-, Alkaloid-, Milchsaftzellen) oder in besonderen Hohlräumen (Vakuolen) zwischen den Zellen an, wo sie als Hydroxyl-, Methyl-, Methoxyl- oder Ringverbindungen biologisch »entsorgt« werden. Diese so neutralisierten Substanzen sind verbrauchte Eiweißstoffe, die zu Alkaloiden verkommen, giftigen Rückständen, die sich mit Pflanzenzuckern zu Glykosiden oder Saponinen verbinden, oder zu Kohlehydraten, die durch Pflanzenchemie in Gerbstoffe, ätherische Öle, Harze und Balsamen verwandelt werden. Unseren Sinnen erscheinen diese Verwandlungen als Düfte, Farben, Geschmack und andere Eigenschaften, die jeder Pflanzenart ihre eigentümliche Physiognomie oder Signatur geben, die dann der Pflanzenkenner an ihnen ablesen kann.

Diese so aufgespeicherten Stoffe sind »tot«, das heißt, sie sind nicht mehr Teil des lebenden Stoffwechsels, des Flusses der ätherischen Kräfte in den Pflanzen. Als tote Stoffe eignen sie sich deshalb auch vorzüglich für Untersuchungen der materialistisch eingestellten Chemiker. Sie lassen sich – im Gegensatz zu lebendigen ätherischen Kräften – leicht herauskristallisieren, isolieren, molekularisch entschlüsseln und schließlich aus Kohlenteer oder Petroleum künstlich nachmachen. Aber auch dieses Nachbilden in der Retorte, nach genauer chemischer Formel, ist nicht dasselbe, was in der Pflanze geschieht. Die Stoffbildung in den Lebewesen geht in kühlen Temperaturbereichen (zwischen 30 und 40 Grad Celsius) bei normalen Druckverhältnissen vor sich. Im Labor benötigt man große Hitze und den Druck von mehreren Atmosphären. Bio-Katalysatoren, Enzyme, Chelate und Fermente leisten die Arbeit der »kalten« Lebenschemie, während toxisch aktive Zwischenprodukte abgefangen und »gepuffert« werden. In natürlichen Kräuterdrogen sind die Bio-Katalysatoren und das Puffervermögen noch vorhanden. Aus diesem Grund bevorzugt man solche natürlichen Mittel gegenüber den hochraffinierten oder synthetischen Chemikalien. Die Kräuter sind eben noch ein Teil der Natur, wie auch unser Organismus ein Teil der Natur ist. Sie wirken schonend und schlagen nicht wie die sprichwörtliche chemische Keule ein. Es besteht weniger Gefahr der Vergiftung oder der iatrogenen Komplikationen.

Dieses im Gedächtnis behaltend, wollen wir uns die Substanzgruppierungen, diese »entsorgten« Sekundärstoffwechselprodukte, wie sie die nüchternen Enkel der Alchemisten herausgearbeitet haben, vor Augen führen und dabei nicht vergessen, dass wir es mit Kräften und Wesen zu tun haben, die ihre Signatur in die Pflanzenstoffe schreiben.

Glykoside

(griechisch *glykos* = süß) sind Verbindungen von Pflanzenzuckern mit zuckerfremden Bestandteilen. Diese zuckerfremden Bestandteile – Stoffwechselabfälle – werden, wenn wir sie einnehmen, beim Verdauen befreit, das heißt wirkungsträchtig. Es gibt viele solche Zuckerverbindungen, die medizinisch wirksam sind. Bekannt sind die giftigen, herzwirksamen Glykoside, die aus dem Frühlingsadonisröschen, aus Maiglöckchen, Kronwicke, Schwalbenwurz, Fingerhut, Pfaffenhütchen oder Nieswurz gewonnen werden. Einige der wichtigsten Gruppierungen sind die folgenden:

Blausäureglykoside: Die Steinobstgewächse, zu denen die Kirschen, Zwetschgen, Pflaumen, Aprikosen, Pfirsiche und bitteren Mandeln gehören, enthalten giftiges Zyan (Blausäure) – zum Glück aber nur abgekapselt in den steinharten Kernen. Leingewächse *(Linaceen)* und Geißblattgewächse *(Caprifoliaceen)* sowie einige Gräser enthalten ein Gift, das bekannt ist aus englischen Mystery Stories, den Kapseln der Spione und dem Massenselbstmord der Sekte des Reverend Jones in Guyana. 900 Menschen starben, nachdem sie das Gift in Brausewasser zu sich genommen hatten. Die

Blausäure löst sich im Verdauungsprozess heraus und hemmt die Zellatmung. Vergiftungserscheinungen reichen von Kopfschmerzen bis zur Herzlähmung. Dazwischen liegt die Hölle der Atemnot; Schwindel, Hitzewallungen, starke Errötung und Geifern. In geringen Mengen regt das Gift jedoch die Verdauung an (eine bittere Mandel kauen stoppt den Schluckauf) und bereitet Wohlbehagen, wie es bei Giften häufig der Fall ist. Nachtisch mit bitterem Mandelgeschmack und Mandelmilch (ein Lieblingsgetränk Rudolf Steiners) bezeugen das. Das von Dr. Ernst Krebs (!) entwickelte Krebsheilmittel *Laetril* (Nitriloside, Vitamin B_{17}) wird aus Aprikosenkernen gewonnen. Im Körper verhält sich diese Blausäurezuckerverbindung neutral, bis sie mit Krebszellen in Berührung kommt. Ein Enzym (Betaglucosidase), das dem chaotischen Stoffwechsel der kranken Zellen entstammt, löst die Blausäure heraus, die dann die Atmung dieser bösartigen Zellen unterbindet.[11]

Phenolglykoside: In diese Gruppe gehört das *Salicin* der Weidenrinde, ein Vorläufer des synthetischen Aspirins, das ebenso auf das Wärmezentrum im Mittelhirn wirkt und daher als Fiebermittel Verwendung findet. Auch die harndesinfizierende Wirkung des Bärentraubenblättertees und des Heidekrauts geht auf ein Phenolglykosid zurück, das, wenn der Zucker sich abspaltet, den Harn zu sauer für die darin lebenden Bakterien macht. Verwandt sind die *Anthraglykoside*, aus denen rote und orange Farbstoffe gewonnen werden. Sie befinden sich in Pflanzen wie Sennesblätter, Aloe, Faulbaumrinde und den Rhabarberwurzeln, die, wenn man sie einnimmt, die Peristaltik, also die rhythmische Bewegung der Muskeln des Verdauungskanals, anregen. Sie wirken nach mehreren Stunden, zum Beispiel über Nacht, da es die Kolibakterien sind, die den Zucker verdauen und die Reizstoffe befreien. Seit den alten Ägyptern werden sie als Abführmittel, zum Blutreinigen und zu Entfettungskuren gebraucht.

Saponinglykoside: Saponine (lat. *sapo* = Seife) sind Stoffe, die die Oberflächenspannung des Wassers so vermindern, dass man Schaum schlagen kann. Das saponinhaltige Seifenkraut wurde in Europa, ebenso wie die nordamerikanische Seifenlilie (*Chlorogalum* spp.), zum Waschen der Haare und der Textilien benutzt. Starke Saponine, wie die Wurzeln der Kermesbeere, verursachen Hämolyse – die Zerstörung der roten Blutkörperchen –, eine Eigenschaft, die Wildbeuter zum Fischfang nutzen, indem sie zerstampfte Wurzeln in Tümpel werfen. Die kiemenatmenden Fische »ersticken« dadurch. Medizinisch wirken Saponine schleimhautreizend, eignen sich daher als Brechmittel, Niespulver oder Diuretika (Bier!). Sie beschleunigen die Aufnahme anderer Wirkstoffe, werden daher gerne anderen Kräutertees beigemischt. Diese tonische Wirkung kommt wohl auch im Ginsengtee zum Ausdruck. Saponine in Hafer, Spargel, Bohnen, Tomaten, Spinat und anderen Gemüsen helfen der Verdauung.

Flavonglykoside: Die Flavone (lat. *flavus* = gelb) sind gelbe Farbstoffe. Pharmakologisch haben sie recht unterschiedliche Wirkungen. Einige unterstützen die Wirkung des Vitamin C, andere haben Einfluss auf Herz, Kreislauf und Leber, andere wirken diuretisch, kapillarerweiternd, blutdrucksenkend, gerinnungshemmend oder galleanregend. Man findet sie im Kerbel, Heidekraut, Hirtentäschelkraut, in Birkenblättern, Hamamelisblättern, Holunderblüten, Ginster, Weißdorn sowie im Ackerschachtelhalm, in Lindenblüten und vielen anderen bekannten Heilkräutern.

Cumaringlykoside: Duftendes Heu, würziger Tabakduft, der Geschmack der Waldmeisterbowle, Lavendel im Kleiderschrank, der süße Geruch des mit Labkraut und Steinklee gestopften Kissens, mit dem man das Herz des Bettlägerigen erfreut, das Aroma etlicher Schirmblütler – überall gewahren wir die Wirkung der

Cumarinverbindungen. Die Bezeichnung stammt von dem »kumaruna« der Tupi-Indianer: So nannten diese den südamerikanischen Tonkabohnenbaum, aus dem ein Vanillegeschmacksersatz gewonnen wird. Im Steinklee *(Melilotus officinalis)*, den man früher gerne zwischen die Wäsche legte, um Motten fernzuhalten, wirkt eine Kumarverbindung, ein Anti-Vitamin K, das die Blutgerinnung verhindert. Frisst eine Kuh zu viel davon, wenn sie gerade kalbt oder sich verletzt hat, kann sie verbluten. In dieser Eigenschaft schenkt uns die Pflanze ein Mittel gegen Thrombose.

Auch viele Rötegewächse *(Rutaceen)*, wie der Waldmeister und das Labkraut, enthalten Kumare. Brause mit Waldmeistergeschmack, ein beliebtes Kindergetränk in Sachsen und Thüringen, wird nicht mehr hergestellt, seitdem Tierversuche den Verdacht aufbrachten, dass Kumarin lebertoxisch sein könnte.[12] Eigenartigerweise soll Klettenlabkraut, eine damit eng verwandte Pflanze, nach altem Volksglauben krebshemmend wirken. Das Labkraut, mit dem man einst Kissen stopfte, heißt auch Herrgottsstroh, weil man meinte, dass das Christkindlein in der Krippe darin gebettet war.

Solanine sind giftige Glyko-Alkaloide, die man in den unreifen Früchten, Blättern und Stängeln der Nachtschattengewächse findet, zum Beispiel in grünschaligen Kartoffeln. Innerlich verursachen die solaninhaltigen Nachtschatten schwere Verdauungsstörungen, äußerlich werden sie als Abkochung gegen Ekzeme verwendet.

Senföl-Glykoside findet man in den Kreuzblütlern. Senföl entfacht die Hitze der Senfwickel und gibt Mostrich und Meerrettich die Schärfe. Die schwefeligen Stoffe haben antiseptische Wirkung, fördern die Verdauung und beeinflussen die Schilddrüse. Auch die Zwiebelgewächse sind mit diesen schwefeligen Glykosiden versehen und entfalten eine ganze Palette heilender Eigenschaften.

Ätherische Öle

Die aromatischen leichten Öle verflüchtigen sich ohne Rückstand, daher belegte man sie mit dem griechischen Wort *aither*, was so viel wie »Himmelsluft« bedeutet. Sie werden durch Wasserdampfdestillation aus Minzen, Korbblütlern, Schirmblütlern und anderen Pflanzen gewonnen. Da die Öle wasserunlöslich sind, müssen sie in Alkohol, Ölen und Fetten aufbewahrt werden.

Medizinisch wirken diese »Himmelslüfte« regelrechte Wunder. Der Körper nimmt sie direkt durch Haut oder Schleimhäute auf, von wo aus sie über Blut und Lymphe zu den inneren Organen gelangen, wobei sie das Immunsystem anregen. Ausgeschieden werden sie durch die Lunge und den Harn, weshalb viele dieser ätherischen Öle bei Lungenerkrankung oder Nieren-/Blasenleiden effektiv sind. (Man ist nicht geneigt, die Lunge als Ausscheidungsorgan zu betrachten, aber wenn man den Atem eines Kranken oder eines Knoblauchessers riecht, wird man davon überzeugt!) Einige ätherische Öle werden als Salben eingerieben, andere als heiße Dämpfe eingeatmet (Eukalyptus, Kamille bei Erkältungen; Ziest bei Kopfschmerzen), wieder andere heißen Bädern zugesetzt (Salbei, Lavendel, Fichtennadel), wo sie beruhigend und entzündungshemmend wirken. Einige fördern die Verdauung (Wermut, Minze, Kalmus und viele Schirmblütler); einige verhindern Blähungen (Carminativa, zum Beispiel Meisterwurz, Schafgarbe, Kamille, Fenchel, Anis); einige regen die Galle an (Pfefferminz); einige fördern oder hemmen den Milchfluss stillender Mütter; andere wiederum treiben die Monatsblutung (Emmenagoga, wie Petersilie), sind aber deshalb für Schwangere gefährlich – wegen der Abtreibungsgefahr. Naturvölker reiben sich mit Blättern ein, die ätherische Öle enthalten, die Stechinsekten vertreiben. Die meisten dieser Öle sind bakterienhemmend oder -tötend.

Alkaloide

Nun nähern wir uns der Hexenküche. Diese komplexen Verbindungen greifen stark – erregend, abregend, heilend oder verheerend – in körperliche und seelische Vorgänge ein, hauptsächlich über das »alte Hirn«, das vegetative Nervensystem. Auf wiederholten Genuss dieser Gifte reagiert der Körper, indem er seinen biochemischen Haushalt darauf einstellt. Das Ergebnis ist die Sucht (Kaffee, Tabak, Opium!). Eben wegen ihrer kräftigen – früher sagte man »heroischen« – Wirkung und weil die Wirkstoffe auch im Trockengut gut erhalten bleiben, sind diese Drogen die beliebtesten Arzneimittel. Sie müssen sorgfältig dosiert werden.

Alkaloide entstehen in Pflanzen mit ungewöhnlichem Stickstoff-Stoffwechsel. Diese basischen Stickstoffverbindungen werden im Labor als weiße, bitterschmeckende Pulver herauskristallisiert. Wo Pflanzen mit ätherischen Ölen jeweils immer nur ein charakteristisches Öl erzeugen, kommt es bei Alkaloidpflanzen oft zur Bildung Dutzender Alkaloide in derselben Art. Berüchtigte Alkaloidpflanzenfamilien sind die Nachtschatten-, Hahnenfuß-, Röte-, Hundsgift- und Mohngewächse.

Viele dieser Stoffe sind uns schon aus Schlagzeilen, Abenteuerromanen oder von unseren eigenen Süchten her bekannt. Hier wollen wir nun einige dieser gefährlichen Typen wie bei einer Polizeivorführung antreten lassen, damit wir wissen, mit wem wir es zu tun haben:

- **Akonitin:** ein Herzgift vom Blauen Eisenhut *(Aconitum napellus)*, aus dem die Pharmaindustrie Herz- und Nervenmittel gewinnt. Aconitin ist eines der stärksten Pflanzengifte und wurde angeblich von den Kelten als Pfeilgift verwendet.
- **Atropin:** Gift der Tollkirsche *(Atropa belladonna)*, findet

Verwendung bei Augenoperationen zur Pupillenerweiterung und als Antispasmodikum.

- **Chelidonin:** ein auf die glatte Muskulatur entspannend wirkendes, galletreibendes Alkaloid aus dem Schöllkraut *(Chelidonium majus)*; der frische Saft gilt als wirksames Warzenmittel.
- Ephedrin: Als Heilmittel eingesetzt, wirkt das Alkaloid stimulierend auf den Sympatikus; es vermindert den Appetit, erhöht den Blutdruck, wirkt asthmaberuhigend und schlafhemmend. Es wird aus den Zweigen des Meerträubels *(Ephedra sinica)*, bekannt als Mormonentee in den USA, als Ma Huang in China, extrahiert.
- **Koffein:** ein harntreibendes Analeptikum (Anreger des zentralen Nervensystems); ein dem Urin verwandtes Purin, das aus dem arabischen Kaffeestrauch, den Blättern des Schwarztees, dem paraguayischen Mate-Tee und den afrikanischen Kolanüssen extrahiert wird. (Die Unverträglichkeit des Kaffees ist weniger auf den Koffeingehalt zurückzuführen als auf Gerbstoffe und gewisse Rückstände von Pflanzenschutzmitteln. »Koffeinfreier« Kaffee wurde aus rein kommerziellen Gründen geschaffen.)
- **Kodein:** ein aus Mohn gewonnenes schmerzbetäubendes Mittel, das auch beruhigend auf das »Hustenzentrum» im Hirnstamm wirkt.
- **Kurare:** ein muskellähmendes Gift, das südamerikanische Jäger für ihre Blasrohrpfeile aus der Strychnosrinde herstellen.
- **Nikotin:** ein pulsbeschleunigendes, blutdruckerhöhendes Gift aus der Tabakpflanze. Insektengift.
- **Morphin:** die allererste, durch den Apotheker F. A. Sertürner um 1804 aus dem Mohn isolierte »pflanzliche Alkalie« (Akaloid). Das Pulver, das er wegen seiner Eigenschaften nach dem antiken Gott des Schlafes und der Träume benannte, hat bis heute eine stürmische, düstere Geschichte als Rauschgift, aber auch als Schmerztilger hinter sich.

- **Quinin:** fiebersenkendes, schmerzlinderndes Malariamittel aus der Rinde des Chinchonabaumes.
- **Skopolamin:** ein weiteres Nachtschattenalkaloid, das wie Atropin eine dämpfende Wirkung auf das Zentralnervensystem hat.
- **Strychnin:** ein anregendes, schließlich tödliches Gift aus dem tropischen Brechnussbaum. Rattengift.

Gerbstoffe (Tannin)

Gerbstoffe sind organische Säuren, die man in den Rinden, Wurzeln und Blättern vieler Pflanzenarten findet. Mit ihnen kann man Tinte herstellen (aus der Gerbsäure der Eichengallen) und Leder geschmeidig gerben. Je nach Pflanzenart hat man verschiedenste Rot-, Gelb-, Beige-, Braun- und Schwarzschattierungen. Die zusammenziehende, austrocknende, festigende, Eiweiß ausflockende Wirkung, die das Gerben ermöglicht, findet auch medizinische Anwendung.

Gerbstoffe wirken adstringierend; sie ziehen Schleimhäute und Gewebe zusammen. Bei Geschwüren, Irritationen, Verbrennungen, Frostbeulen und Entzündungen wirken sie reizmildernd, festigend und austrocknend. Da sie Eiweiße ausflocken, dämmen sie Blut- und Gewebsflüssigkeitsverluste ein und lassen schützende Grinde formen. Daher wirken sie als Gegengifte bei Alkaloidvergiftungen. Solange diese eiweißhaltigen Giftstoffe noch im Magen sind, verbinden sich die Gerbsäuren mit ihnen und neutralisieren sie. Als Gegengifte eignen sich starker Schwarztee, Odermennig-, Frauenmantel-, Eichenrinden- oder Brombeerblättertee.

Äußerlich kann man Gerbstoffe als Waschungen oder in Sitzbädern verwenden. Innerlich nimmt man sie gegen Durchfälle; man gurgelt mit gerbsäurehaltigen Tees bei Halsschmerzen und Zahnfleischblutungen, verwendet sie zur Scheidenspülung oder als

Zäpfchen bei Mastdarmkrampfadern. Leberkranke sollten vorsichtig sein; die Leber kann Gerbsäure schwer vertragen. Leicht verstopfend wirken sie auch.

Die Blätter, Wurzeln und Rinden, aus denen man die Gerbsäuren lösen will, sollten nicht länger als zehn Minuten gekocht werden, damit sie nicht ihre Wirkung einbüßen.

Gerbstoffhaltige Drogen sind reichlich in den Heide-, Schmetterlingsblütler-, Rosen- und Weidengewächsen vorhanden. Man findet sie unter anderem in Brombeerkraut, Eichenrinde, Hamamelisblättern, Essigbaumrinde und -beeren, Heidelbeerkraut, Himbeerblättern, Walnussschalen, Frauenhaarfarn, Frauenmantel, Weidenröschen, Braunellen und Fünffingerkräutern.

Bitterstoffe (Amara)

»Bitterstoff« ist ein Sammelbegriff für bitter schmeckende Substanzen, die hauptsächlich in den Korbblütlern (Astern, Disteln, Beifußarten), Enziangewächsen und Lippenblütlern vorkommen. Sie regen die Verdauungsdrüsen (Speicheldrüsen, Bauchspeicheldrüsen, Magen, Galle und Leber) an, indem sie indirekt über die Mundschleimhäute die Nerven des Parasympathikus reizen. Die Bittertees, Aperitifs, Magenliköre und -weine (Wermutwein, Kalmuswein) sollten in kleinen Schlucken ungefähr eine halbe Stunde vor der Mahlzeit eingenommen werden, um ihre volle Wirkung zu entfalten. Sie helfen bei vielen Störungen des Magen-Darm-Traktes, bei Magendruck, Sodbrennen, Aufstoßen, Blähungen, Stuhlträgheit, Gallensteinen, Gallenblasenentzündung, Gelbsucht, Leberkrankheiten und gelegentlichen Darmwürmern. Bei stärkeren Bitterstoffdosen verkehrt sich die Wirkung ins Gegenteil, die Verdauungstätigkeiten verlangsamen sich. Bei starken Rauchern und Biertrinkern wird die Wirkung herabgesenkt.

Wermutlikör (Absinth), der aus den Blüten und Blättern des Wermuts, zusammen mit Engelwurz, Kalmus, Sternanis und anderen aromatischen Kräutern, gebraut wurde, verursacht nicht wiedergutzumachende Nervenschäden. In der Belle Epoche war dieser grüne Likör das Getränk der Avantgarde und wirkte sich in den Kompositionen damaliger Künstler wie Toulouse-Lautrec und Degas aus. Heute darf sein Thujon-Gehalt nicht mehr über 35 mg/kg liegen.

Bekannte Lieferanten des Bitterstoffs sind Enzianwurzel, Löwenzahn, Benediktinerdistel, Tausendgüldenkraut, Engelwurz, Hopfen, Magenwurz, Schafgarbe und viele andere.

Schleimstoffe

Die pflanzlichen Schleimstoffe sind ebenfalls keine chemisch einheitlichen Stoffe. Sie sind lediglich schleimig und quellen im Wasser auf. Sie haben daher eine erweichende, reizmildernde und einhüllende Wirkung, die bei Entzündung der Schleimhäute, des Rachens oder Magen-Darm-Kanals wertvoll ist. Die Schleime ersticken förmlich die Bakterien. Wegen ihrer Quell- und Gleitwirkung sind sie schonende Abführmittel (Agar, Bocksdorn, Leinsamen, Flohsamenwegerich). Huflattich, Spitzwegerich, Isländisches Moos und besonders Eibisch und Malve erleichtern, wegen der erweichenden Wirkung, den Reizhusten. Auch Beinwell und Aloe Vera enthalten Schleimstoffe, die zusätzlich mit anderen Heilsubstanzen angereichert sind und narbenfreie Wundverheilung fördern. Die fleischigen Blätter der Hauswurz, mit denen man Hühneraugen, Hautflechten und Verbrennungen behandelt, gehören ebenfalls mit zu dieser Gruppe.

Aber nun ist es höchste Zeit, dass wir das Labor verlassen. Lenken wir unsere Schritte zuerst einmal in den Garten, in den gewöhnlichen Gemüsegarten hinter dem Haus, denn, nicht wahr: »Grau, teurer Freund, ist alle Theorie, und grün des Lebens goldner Baum!«

III. Medizin aus dem Garten

Wenn ihr durch Diät heilen könnt,
verschreibt keine anderen Mittel!
Der persische Arzt Rhazes (850–925)

Für den Wurzelkundigen fängt die Heilmittelapotheke schon im Garten hinter dem Haus an. Die Unkräuter und sogar die alltäglichen Gemüse entpuppen sich als einige der besten Freunde der leidenden Menschen. Die strikte Trennung von Nahrungspflanze und Heilpflanze verschwimmt, wenn wir genauer hinschauen. Bei den Chinesen, die bekanntlich alles verwerten, was da im Garten wächst und kriecht, ist das selbstverständlich. Der alte Hippokrates formulierte, was früher jede Hausfrau instinktiv wusste, folgendermaßen: »Lasst eure Heilmittel Nahrungsmittel sein und eure Nahrungsmittel Heilmittel!«

Liliengewächse

Schon im Knoblauchbeet begegnet uns ein medizinisches Wunder. In Ost- und Südeuropa, in Indien und China glaubt man, dass dieses Gewürzheilmittel die Vampire und bösen Nachtgeister, die an unserer Lebenskraft schmarotzen, vertreiben. Nordwesteuropäer stören sich an dem Mundgeruch, der dem Knoblauchgenuss folgt. Kein Geringerer als Shakespeare schmäht ihn als »vulgär«. Aber an der Heilkraft dieser unscheinbaren Pflanze ist nichts Vulgäres: Der Knoblauch enthält wichtige Mineralien und Vitamine (A, B_1, B_2, PP, C). Er gehört dem Planeten Mars an, nicht nur wegen seines scharfen Geschmacks und den schilfartigen Blättern, die wie Speerspitzen aus dem Boden treiben – die alten Angelsachsen nannten ihn deshalb Gerlauch (garlic) –, sondern wegen seiner hitzigen, schweißtreibenden, urintreibenden, auswurffördernden, anregenden und antiseptischen Wirkung. Er jagt Würmer aus den Gedärmen, was uns heutzutage wenig beeindruckt, was aber früher, auch noch in den Kriegsjahren, wichtig war. Im Ersten Weltkrieg behandelten die Sanitäter Wunden mit Knoblauchsaft – er ist stark antiseptisch. Es gibt kaum ein besseres Mittel, den Blutdruck zu senken und Arterienverkalkung zu verhindern. Ein Hausmittel für Herz und Kreislauf ist der Knoblauchwein.[13] Maurice Mességué, der berühmte Kräutermann aus der Gascogne, schreibt, dass Knoblauch – was könnte man anderes von einer Marspflanze erwarten – die männliche Potenz steigere. Einem potenzschwachen Mann rät er, sich das Rückgrat mit Knoblauchzehen einreiben zu lassen. In Mességués Heimat ist es Brauch, den Jungen bei der Taufe einen Tropfen Branntwein und etwas Knoblauch über die Zunge zu streichen. Dann werden sie lebenstüchtig und viril heranwachsen, wie die Kampfhähne, denen man auch Knoblauch ins Futter mischt.[14] Es muss schon etwas damit auf sich haben, denn die Sannyasin, die Hindumönche, haben einen regelrechten Horror vor Knoblauch und Zwiebeln. Sie fürchten, ihre Gelübde zu vergessen und der Bogenschützenkunst des Liebesgottes zu erliegen.

Die Marshitze des Knoblauchs treibt auch die Grippe aus dem Leib und entschleimt die Lungen, wenn man ihn in Milch gekocht trinkt. Wer den Geschmack der Knoblauchmilch nicht mag, soll etwas Petersilie oder Kaffeesatz nach dem Genuss kauen.

Ein ebenso kräftiges, wenn nicht noch kräftigeres Heilmittel ist die Zwiebel *(Allium cepa)*. Als Venuspflanze regt auch sie die Liebe an – Zwiebelsuppe, meinen die Franzosen, sei ein Aphrodisiakum – und treibt den Harn. Sie hilft innerlich bei Erkältungen, Katarrh, Husten und Schwindsucht, in Milch gekocht gegen Würmer, mit Honig gegen Beschwerden beim Harnlassen, als Tinktur bei Blähungen und als Wein (ebenso gemacht und eingenommen wie Knoblauchwein) bei Gicht und Grippe. Weil sie diuretisch wirkt, reinigt sie pickelige Haut. Heiße Zwiebelumschläge ziehen bei Entzündungen und Sinusverstopfungen Gifte aus den Geweben. Weiterhin regt dieses Liliengewächs die Verdauungstätigkeit und den Gallenfluss an und wirkt blutdrucksenkend.

Der Frühlingsspargel *(Asparagus officinalis)* ist ebenfalls ein Liliengewächs, reich an Vitaminen, Aminosäuren, Saponinen und Gerbstoffen. Als rechte Venuspflanze ist er auch ein starkes harntreibendes Mittel – so stark, dass er denjenigen, die an Nierensteinen, Blasen- oder Vorsteherdrüsenentzündung leiden, die Freude verderben kann. Als Frühjahrskurpflanze spült der Spargel die Schlacken, die mit Gicht, Rheuma und Wassersucht verbunden sind, aus dem System und regt Leber und Bauchspeicheldrüse an.

Gänsefußgewächse

In den zwanziger Jahren des letzten Jahrhunderts glaubte man wieder einmal, das universelle Gesundheitsmittel und den Brunnen der ewigen Jugend gefunden zu haben. Diesmal war es Chlorophyll, das Blattgrün, das auf mysteriöse Weise die Lebenskraft der Sonne einfängt. Bei Hollywood-Stars wurden grüne Hautcremes, grüne Zahnpasta und grünes Mundwasser höchst populär. Maskottchen dieser Modetorheit war der Seemannsknirps Popeye, der bei jeder Keilerei gleich zu einer Dose Spinat griff. Schluckte er den chlorophyllreichen Inhalt, strafften sich die Muskeln wie aufgeblasene Luftballons, und wehe dem Gegner! Kinder, die sich instinktiv gegen den Übergenuss von Spinat wehren, sollten sich Popeye zum Vorbild nehmen und durch das vitamin- und eisenreiche Gemüse zu kräftigen Amerikanern heranwachsen. So wollte es der hinter dieser Kampagne stehende Gemüsegroßhandel. Spinat enthält tatsächlich Eisen, Jod, Kalk, die Vitamine C, B_1, B_2, K, PP und Folsäure, die besonders gut für Schwangere ist. Er ist leicht stuhlgangfördernd, blutdrucksenkend, hat aber auch leider viel Oxalsäure wie die Ampferarten und Rhabarber. Oxalsäure soll von denjenigen gemieden werden, die schlechte Nieren haben oder an Gicht oder Zuckerkrankheit leiden, denn sie kann zu Steinleiden führen. Ironischerweise bindet die Oxalsäure auch das Eisen, für das der Spinat so berühmt ist, und verhindert die Kalkaufnahme. Eine so großartige Heilpflanze, wie man einst glaubte, ist der Spinat also doch nicht. Ein frisches Spinatgericht schmeckt aber trotzdem gut!

Kohlgewächse (Brassicaceen)

Im Kohlbeet stoßen wir wieder auf ein echtes Wunderheilmittel, das schon die Römer als Allheilmittel lobten, das die französischen Bauern »medecin des pauvres« nennen und dessen täglichem Genuss (zum Frühstück als Suppe) die Russen ihre Vitalität zuschreiben. Der Kräuterarzt Hieronymus Bock verschrieb Urin, den man nach Rotkohlgenuss ausscheidet, als treffliche Arznei gegen Geschwüre, Abszesse und Geschwulste. Aber man braucht den Kohl nicht erst durch die Niere gehen zu lassen, um seine Heilkraft zur Geltung zu bringen.

Frischer Kohlsaft, fünfmal täglich zwei Wochen lang, ist das allerbeste Heilmittel gegen Magengeschwüre. Ein Wickel aus feingehackten Kohlblättern zieht das Gift aus lästigen Ausschlägen und triefenden Wunden. Heiß aufgelegte Kohlblätter mildern das Leiden bei Muskelzerrungen, Neuralgien, Ischiasschmerzen und Rheuma.

Ebenso wie ein Senfwickel kann ein Kohlwickel, auf die Brust gelegt, bei Bronchienerkrankungen helfen.

In der französischen Schweiz benutzt man Mailänder (Wirsing) Kohl bei Gürtelrose, Geschwüren und Wunden. In meinen biodynamischen Gemüsegarten in Genf kamen täglich Familienangehörige, die ihrem Großvater zur Linderung eines Hautkrebses frische Wirsingblätter holten.

Kohl und Sauerkraut haben genug Vitamin C, so dass wir auf Südfrüchte verzichten könnten, wäre dies nötig. Die holländischen Seeleute auf den damaligen Segelschiffen brauchten keinen Skorbut zu fürchten, denn Sauerkraut gehörte mit zur Verpflegung. Auch Captain Cook verlor auf seiner Entdeckungsreise weder Mann noch Zahn an diese gefürchtete Krankheit, weil er Kohl mithatte. Sauerkraut, roh oder gekocht, ist ein gegen Verstopfung bewährtes Darmreinigungsmittel, das die Darmflora begünstigt.

Die schwefelige Meerrettichwurzel *(Amoracia rusticana)* ist ein Kreuzblütler, den man nicht nur mit Fleischsoßen in Zusammenhang sehen soll. Ein Umschlag mit frischgeraspeltem Meerrettich kann rheumatische Schmerzen mildern und, auf die Stirn gelegt, Migräne verhindern. Meerrettichsaft mit etwas Zitrone – nichts für schwache Mägen – hält den Asthmaanfall an. Meerrettich als Sirup mit der doppelten Menge Honig zubereitet ist ein Tonikum für die Milz sowie ein bewährtes Hustenmittel. Ein altes Hausrezept gegen die Wassersucht ist harntreibendes Meerrettichbier: Eine Handvoll Meerrettich wird in eine Maß Bier geraspelt, mit Zucker gesüßt und über Nacht ziehen gelassen.

Der Schwarze Rettich *(Raphanus nigra)*, den stämmige Münchner gerne gerieben und gesalzen zu ihrem Gerstengebräu nehmen, ist auch eines der besten Mittel gegen Steinleiden (Gallen-, Nieren- und Blasensteine) und Arterienverkalkung. Wie viele Indienreisende erfahren konnten, hilft der tägliche Genuss eines Rettichs beim Ausheilen der Leberentzündung (Hepatitis).

Die Brunnenkresse *(Nasturtium officinalis)* ist eine regelrechte Vitaminpille, die zudem blutreinigend (bei Rheuma, Gicht und Hauterkrankungen!), harntreibend und fiebersenkend wirkt. Sie ist besonders reich an Vitamin C, wie ihr Vetter, das Löffelkraut *(Cochlearia officinalis)*, und ebenfalls ein bewährtes Heilmittel gegen Skorbut. Das zerquetschte Kraut kann, ebenso wie der Wirsingkohl, bei schlechtheilenden Geschwüren aufgelegt werden. Man sollte jedoch beim Pflücken der Brunnenkresse, die in frisch fließendem Wasser wächst, darauf achten, dass keine Schafe in der Nähe weiden. Schafe und Wasserschnecken sind die Zwischenwirte der Leberegel.

Die gelbblühenden Kreuzblütler senken ihre schwefelige Feuerkraft in die feuchten, kühlen Landschaften des Nordens. Im Fall der Brunnenkresse und des Meerrettichs dringen sie bis in die Sümpfe und Bäche vor. In gleicher Art und Weise bringen sie das Luft- und das Feuerelement in die Körper, die vom schweren, kalten Erdelement und vom feuchtkalten Wasserelement überrumpelt worden sind und nun der Wassersucht, dem Rheuma oder Erkältungen erliegen – allesamt kalte, wässrige Krankheiten.

Doldengewächse (Umbelliferen)

Die Doldengewächse, die man wegen ihrer regenschirmähnlichen Blütenstände auch Schirmblütler nennt, sind reich an Alkaloiden und ätherischen Ölen. Ihre duftenden, fleischigen Pfahlwurzeln, hohlen Stängel und fein gefiederten, würzig schmeckenden Blätter enthalten Arzneimittel, Gewürze und stärkste Gifte. Sie wirken allesamt hemmend oder fördernd auf die menschliche Drüsentätigkeit. Die Gartengemüse – Karotte, Sellerie, Pastinake, Petersilie oder Fenchel – bilden dabei keine Ausnahme.

Der Sellerie *(Apium graveolens)*, den die Europäer als Knolle, die Amerikaner als Stängel bevorzugen, wirkt appetitanregend, harntreibend, aufweichend, antirheumatisch und, wenn man Maurice Mességué glauben darf, als Anreger der Leidenschaft:[15]

Si femme savait ce que le celeri fait a l'homme,
Elle irait en chercher de Paris jusque'à Rome.
(Wüsste die Frau was der Sellerie mit dem Mann macht,
würde sie von Paris bis nach Rom laufen, ihn zu holen.)

Da es aber immer zweier zum Tangotanzen bedarf, heißt es weiter:

Si l'homme savait l'effet du celeri,
Il en remplirait son courtil.
(Würde der Mann die Wirkung des Selleries kennen,
würde er seinen Garten damit füllen.)

Dazu gibt uns Maurice auch noch die Zutaten des Liebestrunks von Tristan und Isolde: zuallererst viel Sellerie, dann die Hoden eines zweijährigen weißen Hahnes, Alraunblüten, Trüffeln (nun weiß man endlich warum die *bon vivants* so närrisch hinter diesem Pilz her sind), eine Languste, schwarzen und roten Pfeffer, Kümmel, Thymian und Lorbeerblätter. Vive l'amour!

Im nüchternen Japan dagegen ist der Sellerie ein Rheumamittel: Der Leidende bekommt drei Wochen lang nichts als Sellerie zu essen. Ein Hausmittel gegen Rheuma verordnet Selleriesaft, gemischt mit Karotten- oder Tomatensaft. Auf jeden Fall entschlackt der Sellerie den Körper, indem er angesammelte Gifte über die Nieren hinausspült. Selleriestängel sind in Hollywood bei den Sternchen beliebt, weil sie die schlanke Linie schützen. Hat man Hunger, isst man einen kalorienarmen, faserreichen Stängel, der dazu auch noch den Darm putzt.

Die Möhre *(Daucus carota)*, die die Pastinake als eines der beliebtesten Gemüse im Laufe des 19. Jahrhunderts aus dem Gartenbeet verdrängte, ist ein Freund der Mütter und Säuglinge. Kleinkinder können an den rotgelben Wurzeln ihre Zähne entwickeln und bekommen gleichzeitig einen ganzen Schwung Mineralstoffe, Pflanzenzucker und Vitamine (B_1, B_2, B_5, PP, B_6, D, E, A – was einem hilft, im Dunkeln zu sehen). Karottensamen, auch die der wilden Möhre, regen den Milchfluss stillender Mütter an, sind gleichzeitig leicht diuretisch, aphrodisisch für Männer und, wie die verwandten Kümmel- und Anissamen, blähungsverhindernd. Schwangere sollten die Samen jedoch meiden. Geriebene Möhre kann die Haut bei Pickeln und Ausschlägen reinigen (sie hat aber nicht die Kraft des Kohlblattes). Als Mittel gegen Pfriemenschwanzwürmer und Spulwürmer eignet sich roh geriebene Möhre zusammen mit Knoblauch bestens. Sogar die Möhrenblätter sollten nicht weggeworfen werden, man kann sie als Suppengrün oder zur Mundspülung bei empfindlichem Gaumen verwenden.

Auch beim Fenchel *(Foeniculum vulgare)* hat Venus ihre Hand im Spiel, denn diese liebliche Pflanze regt die Milchabsonderung der Brüste an und reguliert (ebenso wie Samen und Kraut der Möhre und Petersilie) die Menstruation. Wie weitere Vettern in der Doldenblütlerfamilie wirkt Fenchel appetitanregend, harntreibend, wurmtreibend, verdauungsfördernd, karminativ und wundheilend. Italienische Meistergärtner haben diese Gewürzpflanze, die als Unkraut im Mittelmeergebiet wächst, zu einem delikaten Gemüse gezüchtet, welches man als Rohkost oder mit Buttersoße gekocht selbst dem Kaiser vorsetzen könnte.

Auch die Gewürzkräuter dieser Familie haben medizinische Eigenschaften. Petersilie ist ein wassertreibendes Stomachicum und Emmenagogum; es verstärkt die Periode, soll aber nicht von Schwangeren genommen werden. Koriander, Kraut wie Samen, wirkt entkrampfend auf Magen und Darm. Kerbel wurde früher bei Augenentzündungen (Ophtalmien) verwendet und ist Hauptbestandteil der »herbes fines« der französischen Küche.

Aber schauen wir nun zu ganz anders gearteten, schweren wässrigen Pflanzen im Nachbarbeet.

Kürbisgewächse (Cucurbitaceen)

Die schlängelnde, wässrige Gurkenpflanze *(Cucumis sativus)* ist eine rechte Mondpflanze. Renaissancegelehrte schreiben, dass neben Schnecken, Wassertierchen, Silberpappeln und Gurkengewächsen auch unsere Haut eine Mondensignatur trägt. Da man oft Gleiches mit Gleichem heilen kann, sollten wir nicht erstaunt sein, wenn sich Gurkensaft als eines der besten Hautpflegemittel erweist. Der Saft wirkt erfrischend, reinigend und glättend. Bei Sonnenbrand und Ausschlag helfen kühle Gurkenscheibchen besser als sämtliche Cremes, die im Labor zusammengekünstelt werden. Bekannte Schönheitsseifen haben Gurkensaft als Zutat. Außerdem öffnet die Gurke einen trägen Darm, löst Nierensteine und treibt Harn – empfehlenswert bei Nierenentzündung, Wassersucht oder Fettleibigkeit.

Der Kürbis, roh gegessen, hat ähnliche harntreibende und stuhlgangfördernde Eigenschaften. Kürbiskerne sind ein wirksames Mittel gegen Bandwürmer. In einer viertägigen Kur isst man jeweils 30 Kerne auf einmal.

Korbblütler (Kompositen)

Auch in dieser Familie begegnet uns eine Fülle bekannter Gartenpflanzen, die unsere Vasen schmücken und unsere Kochtöpfe füllen. Dass auch hier wertvolle Heilmittel anzutreffen sind, ist weniger bekannt. Es gibt mondenhaft milchige Korbblütler wie Lattich, Chicorée oder Bocksbart; solche, die würzig aromatische Jupitereigenschaften haben, und schließlich die grauen, bitteren, saturnhaften Beifußarten.

Die Wurzel der Chicorée *(Zichorie, Cichorium intybus)*, die man gerne im Winter treibt und als Salat oder Gemüse isst, hat ebenso wie ihre wildwachsende Vorfahrin abführende, gallentreibende und blutreinigende Eigenschaften. Die Zichorie, die eigentlich eine hochgezüchtete Wegwarte ist, wirkt ausleitend bei Schwermetallbelastung und ist, wie die Löwenzahnwurzel, ein hervorragendes Lebertonikum. Der Bocksbart *(Tragapogon pratensis)*, der wegen seiner zarten, mild schmeckenden Wurzeln schon seit dem 15. Jahrhundert angebaut wird, ist ebenfalls blutreinigend und harntreibend. Der weiße Saft des Salats oder Lattichs (lat. *lac, lacteus* = Milch) hat schmerzlindernde, beruhigende und schlaffördernde Eigenschaften. Mességué verschreibt seinen schlafgestörten Patienten einen ganzen Kopfsalat zum Abendessen. Salat scheint so sehr zu beruhigen, dass er auch den Trieb beruhigt, weswegen man ihn in der Gascogne »herbe des sages« oder sogar »herbe des eunuques« (Eunuchenkraut) nennt. Anderseits enthält er neben Mineralsalzen, Spurenelementen und Vitaminen auch Vitamin E, das wiederum die Fruchtbarkeit anregt. Gewissenlose Opiumhändler strecken das Opium mit dem Milchsaft des wilden Lattichs.

Lassen wir nun den Stamm der schläfrigen, milchigen Mondkorbblütler und wenden wir uns den feurigen, mars-/jupiterhaften Gartendisteln, der Cardy *(Cynara cardunculus)* und der Artischocke, *(Cynara scolymus)* zu. Die beiden großen silbernen Disteln, die sonst den Kochtopf zieren, sind hervorragende Leber- und Gallenmittel, die gleichzeitig günstig bei Zuckerkrankheit und Arterienverkalkung wirken. Die Wurzeln, Blätter und Stängel der Artischocke sind so gallenbitter, dass sie Milch sofort gerinnen lassen. Eben das macht sie zum wirksamen Leber- und Verdauungsmittel. In

Madeirawein wirkt der Saft der Blätter als Rheumamittel (drei Teelöffel Saft pro Glas Wein). Bei stillenden Müttern hemmen die Wirkstoffe dieser Pflanze jedoch die Milchsekretion.

Schmetterlingsblütler (Faboideae)

Halten wir auf unserem kleinen Gartenspaziergang noch bei den Bohnenstangen an. Die getrockneten Hülsen der grünen Bohne *(Phaseolus vulgaris)* sind stark harntreibend und werden in der Volksmedizin bei Eiweiß im Harn *(Albuminuria)* sowie als blutreinigendes Mittel bei Diabetes benutzt. Die Hülsen werden zehn Minuten in Wasser gekocht. Davon wird täglich fünfmal ein Glas, in einer zehntägigen Kur, getrunken. Bei Adernverkalkung werden 100 g Hülsen zehn Stunden lang ausgelaugt und dann vier Tassen täglich einen Monat lang getrunken. Gartenbohnen soll man nicht ungekocht essen, denn sie enthalten Blausäureglykoside, die Erbrechen und Magenkrämpfe auslösen, sich allerdings beim Kochen verflüchtigen.

Nachtschattengewächse (Solanazeen)

Wie bei allen Nachtschattengewächsen sind die grünen Teile der Auberginen (Eierfrucht), Tomaten und Kartoffeln giftig. Aber ihre Zweige und Blätter können wie die des eng verwandten bittersüßen Nachtschattens äußerlich bei Herpes, Ekzemen und chronischen Hautleiden als Umschlag oder Tee zum Waschen benutzt werden. Mit einem Stückchen roher Kartoffel, über Nacht in den After eingeführt, heilt man Hämorrhoiden.

Gartenunkräuter

Ehe wir unseren kleinen Streifzug durch die Beete beenden, wollen wir noch einen Blick auf die unerwünschten, unerkannten Pflänzchen, die zwischen den Reihen wachsen, werfen. Auch hier haben wir es mit verkappten Heilern zu tun. Was da als Unkraut im Beet unter den Büschen oder an der Hausmauer wächst, kann wichtiger Bestandteil der Frühlingskur werden, die den Kreislauf von Schlacken befreit und die Drüsen anregt. Wir setzen selbstverständlich voraus, dass Herbizide oder Insektizide im Garten nicht verwendet werden. Wie bei anderen Heilkräutern achtet man auch hier auf einfache Regeln: Man pflückt Blätter und Stängel am Vormittag, wenn der Saft steigt; Wurzeln hingegen am späten Nachmittag, wenn der Saft hinuntergeht. Man sammelt alles zur rechten Jahreszeit und »veredelt« so wenig wie möglich. Was hat man da alles für schmackhafte, zarte, bittere, saure, milde, würzige, vitaminreiche Blättchen zur Verfügung, die sich für den Frühlingssalat oder als Suppe eignen. Hier nur einige Namen der Kräuter, die sich so verwenden lassen:[16]

Ampfer	Hederich	Schafgarbe
Bachehrenpreis	Hirtentäschelkraut	Scharbockskraut
Bärlauch	Hopfentriebe	Taubnessel
Barbarakresse	Huflattich	Vogelmiere
Beinwell	Klette	Wegerich
Bibernelle	Knoblauchrauke	Wegwarte
Brennnessel	Löffelkraut	Weidenröschen
Feldsalat	Löwenzahn	Wiesenbocksbart
Franzosenkraut	Mädesüß	Wiesenknopf
Frauenmantel	Malve	Wiesenschaumkraut
Gänseblümchen	Nachtkerze	
Gänsefingerkraut	Pastinake	
Giersch	Portulak (Bürzelkraut)	
Gundermann	Sauerampfer	

Planetarische Koch- und Salbenbereitungskunst

Es sollte klar sein, dass nicht allein die im Chemielabor herauskristallisierten Wirkstoffe die Gesundheit herbeiführen. Es kommt auch darauf an, dass ein Wille zur Gesundheit beim Patienten vorhanden ist – verzwickte seelische Umstände können mit im Spiel sein: Schuldgefühle, die durch Krankheit abgebüßt werden, Selbstmitleid oder das unbewusste Verlangen, von anderen geliebt und umsorgt zu werden. Ebenso kommt es darauf an, dass die Heilmittel in regelmäßigen Abständen, die sich in die körpereigenen Biorhythmen einordnen, eingenommen werden. Nicht minder wichtig ist die Gesinnung, mit der man die Heilpflanzen, seien es Gemüse oder Wildkräuter, sammelt, und die Einstellung, mit der man sie bereitet.

Der letztgenannte Punkt ist für das moderne Denken am schwierigsten zu erfassen. Wenn ein Wissenschaftler mittels elektrolytischer Zersetzung des Wassers zwei Teile Wasserstoff (H_2) und einen Teil Sauerstoff (0) gewinnt, ist es völlig schnuppe, was er sich dabei denkt, was er gerade empfindet oder welchen Pfeifenträumen er nachhängt. Das Resultat, so lehrt es die materialistische Wissenschaft, wird immer das gleiche sein. Kein traditioneller Heiler oder Salbenhersteller wird jedoch diese Ansicht teilen. Besonders bei den Heilmitteln, deren Wirkung sich in die Schattenbereiche des Unterbewussten, der Krankheit, des Traums bis an die Grenze des Todes erstreckt, bei denen so viel an nicht-materiellen Kräften und Seelisch-Geistigem mitschwingt, ist die »objektive« materialistische Anschauung fehl am Platz. Als Völkerkundler kann ich die materialistische Anschauung nicht teilen. Zu oft hört man ethnographische Berichte oder erlebt aus eigener Erfahrung unwahrscheinliche Koinzidenzen des menschlichen Denkens, Fühlens und Wollens mit den »rein physischen« Ereignissen. Durch Knochenzeigen in

Richtung eines Feindes unter konzentriertem Aussprechen eines Fluches können australische Zauberer den sofortigen Tod herbeiführen. Das Stecken von Nadeln in eine dem Opfer nachgeformte Wachspuppe kann fürwahr heftige Schmerzen erzeugen (Hexenschuss!), und das nicht nur im afrikanischen Voodoo. Durch das Besprechen eines einzigen Haares, erzählte mir ein Cheyenne-Medizinmann, kann ein Jüngling die Liebe einer jungen Frau »fangen«. Welcher wahre Christ würde die Wirkung des fürbittenden Gebets leugnen? Auch in unserem Kulturkreis ist es nicht lange her, dass man das Verschreien, Vermeinen, Verhexen oder Berufen kannte. Noch heute kennen wir »Berufkräuter«, mit denen man die negativen Folgen eines bösen Willens, Blicks oder Gedankens unschädlich machte. Frauenflachs, Dürrwurz *(Erigeron)*, Schafgarbe, Kreuzkraut *(Senecio)*, Ziest und andere meist gelb oder violett blühende Pflanzen wurden benutzt, um den »beschrienen« Kranken zu waschen.

Was im negativen Sinne gilt, gilt auch im positiven. Durch wohlwollende Konzentrationen, Eile und Zerstreutheit bannend, fügt man den Heilpflanzen bei ihrer Zubereitung ein gewisses Etwas zu. »Salbenkochen ist ein heiliges Geschäft«, verkündet die Allgäuer Kräuterfrau Susanne Fischer. Dabei benutzt man aus ganz praktischen Erwägungen Holzlöffel zum Rühren und kocht in Porzellan, Emaille oder feuerfesten Glastöpfen. Metalllöffel und -töpfe reagieren chemisch mit den wertvollen Feinsubstanzen und beeinträchtigen ihre Wirkung.

Wenn Hippokrates, der große Weise der ärztlichen Zunft, fordert, dass unsere Nahrungsmittel Heilmittel und unsere Heilmittel Nahrungsmittel sein sollten, wollen wir uns nun einen Blick auf die Zubereitung beider erlauben. Dazu wollen wir einen Waldweg hoch über dem Neuenburger See im Waadtland zu einem Bauernhof hinaufwandern. Dort, neben einem uralten Megalithenhügel, wohnte einer meiner verehrten Lehrer, ein alter »Druide« namens Arthur Hermes.[17] Er versuchte, dort ein andächtiges Leben in

Einklang mit den Pflanzen, Tieren, Elementarwesen und den Rhythmen der Sterne zu führen. Wie er seine vegetarische Kost kochte, will ich hier berichten, denn nach denselben Prinzipien werden die Heilkräuter gesammelt und zubereitet.

Arthur Hermes erntete seine Gemüse und Kräuter nicht nur zur rechten Jahres- und Tageszeit, sondern auch nach der planetarischen Signatur der Wochentage. An dem Tag, an dem der jeweilige der sieben Planeten herrscht, werden jene Pflanzen gesammelt, deren Signatur sie tragen. Am Montag also holte er sich aus seinem wild wuchernden Garten diejenigen zarten, blassen oder wässrigen Gemüse, die die Mondensignatur aufweisen. Am Dienstag werden die scharfen, roten, spitzigen Gewächse, die dem Mars gehören, wie Brennnessel oder rote Rüben, gebraucht; am Mittwoch sind es die Merkurpflanzen; am Donnerstag die gelben Jupiterpflanzen, am Freitag grüne Venuspflanzen, am Samstag schwere, dunkle, bittere Gemüse und Kräuter, schließlich am Sonntag Sonnengewächse.

Dieses bedachte Sammeln ist nur der Anfang. Das Vorbereiten und Kochen wird in eine »Mondchemie« und eine »Sonnenchemie« eingeteilt. Wurzeln, in den Abendstunden gesammelt, werden gesäubert und über Nacht in Wasser eingeweicht. Das ist ein Mondprozess, der auch in den Kaltwasserauszügen bei der Heilmittelherstellung (wie bei Wurzelauszügen beim Baldrian) angewendet wird. Der Sonnenprozess dagegen findet unter Anwendung von Hitze statt. Das Erhitzen und langsame Sieden wird als kunstvolle Weiterführung des natürlichen Reifevorgangs aufgefasst, ebenso wie das Dünsten in der Pfanne.

Aber damit ist die planetarische Kochweise noch nicht zu Ende. Sie erfährt eine Steigerung, indem man auf die Qualität der Hitzequelle achtet.[18] Jede Holzart entwickelt beim Brennen ihre eigentümliche Wärme und Flammenfarbe und einen eigenen Duft. Weiden- oder Pappelholz brennt kühl, Eichenscheite brennen dagegen viel heißer und das marshafte Weißdornholz am heißesten.

Jede Baumart gehört einem bestimmten Planeten an. Es ist folgerichtig, dass man die Montagsmahlzeit oder Heilpflanzen mit Mondensignatur mit Mondenholz, wie Pappel, Weide oder Kirsche, bereitet. Am Dienstag feuert man den Ofen mit Marshölzern wie Eiche, am Mittwoch mit Merkurhölzern wie der Ulme, am Donnerstag mit Jupiterholz wie Ahorn, am Freitag mit dem Birkenholz der Venus und am Samstag mit grauem Buchenholz oder harzigem Tannenholz. Der alte Hermes, der mitten im Mischwald am Osthang des Schweizer Jura wohnte, konnte sich so etwas leisten; den Städtern bleibt es versagt. Auf keinen Fall soll man mit Strom, einer »dämonischen Energiequelle«, seine Nahrungsmittel oder Heilmittel kochen.

Auch die Stimmung, in der man isst oder in der man die Medizin zu sich nimmt, ist, nach Ansicht Arthur Hermes', der Gesundheit zu- oder abträglich. Die Mahlzeiten auf dem Druidenhof waren immer irgendwie ein Sakrament. Ein Sträußchen Wildblumen, das sanfte goldene Leuchten einer Bienenwachskerze sind mit dabei, und feierliche Worte bringen weitere Dimensionen ins Bewusstsein:

»Das Brot vom Korn«, sprach die alte Bauernstimme, »das Korn vom Licht, das Licht von Gottes Angesicht! Früchte der Erde aus Gottes Schein, lasst Licht auch werden im Herzen mein!« oder: »Erdenspeise, Erdenbrot«, sagte dieser Mensch, der die Erde kannte und liebte, »unserm Leibe bist du not. Wenn wir dich mit Freuden essen, sei der Himmel nicht vergessen, der in aller Erdenkraft Wunder wirkt und Leben schafft!«

Dabei stand immer ein Pott Kräutertee mit auf dem Tisch. Selbstgesammelte Schafgarbe, Johanniskraut, Schachtelhalm, Brennnessel, Wegwarte oder Minze helfen »die Seele richtig mit dem Leib zu verbinden«.

Wildgemüse

Wie wir schon erfahren konnten, ist der Gegensatz Edelpflanze – Unkraut ein ausgedachter, kein echter. Kürbis, Bohnen und Mais mussten die Indianerinnen pflanzen, aber das andere Grün, das dazwischen wuchs, war eben Ausdruck der Großzügigkeit der Götter – da wuchsen freizügig Salatpflanzen, Suppengewürze und Medizinpflanzen! Auch der herkömmliche Bauerngarten, wie bei Arthur Hermes, hört nicht an den Beeträndern auf, sondern erstreckt sich auf Feldweg, Wiese und Wald.

Ein Wildgemüse ist eine Nahrungspflanze, die einfach nicht – nicht mehr oder noch nicht – kommerziell angebaut und feilgeboten wird. In den mageren Kriegs- und Nachkriegsjahren besann man sich wieder auf diese Naturgeschenke. Brennnesselsuppe, Meldenspinat, Topinambur und Schilfrohrsprosse wurden auch auf den Meißner Porzellantellern der guten Bürger serviert. Auch in »guten Zeiten« durchkämmen die Franzosen die Felder im Frühling und verwandeln Unkraut in Gaumenfreuden wie Kerbelsuppe mit Rahm, Löwenzahnsalat mit gekochtem Ei oder Sauerampfersuppe mit Croutons.

Auf den bunten Gemüseständen Ostasiens wird massenweise angeboten, was bei uns nur noch als Unkraut oder Wildpflanze gilt: die fleischig-delikaten Wurzeln der Klette (in Japan als *Gobo* bekannt); Pfeilkrautwurzeln *(Sagittaria sagittifolia)* aus den Sümpfen; die Knollen, Sprossen oder Blüten der hübschen Taglilie (*Hemerocallis* spp.); verschiedene Wasserliliengewächse (*Nympheae* spp.); die zierlichen, schneckenhausähnlichen Knollen des Knollenziest *(Stachys sieboldi)*; die jungen Blätter oder schwarzglänzenden Samen des wilden Fuchsschwanzes (*Amaranthus* spp.), der als übles Gartenunkraut zu Unrecht verflucht wird; die zarten Sprossen der Wucherblume *(Chrysanthemum coronarium)*, die zu den Zutaten für Chopsuey und Sukiyaki gehören; Glockenblumenknollen *(Campanula rapunculus)*, auch Rapunzel genannt; Judenkirschen (*Physalis* spp.), Neuseeländer Spinat *(Tetragonia expansa)* und etliche andere, die entweder wild bei uns wachsen oder ohne große Schwierigkeiten anzubauen wären.

Während wir mühsam das Bünzelkraut *(Portulaca oleracea)* aus unseren Beeten wegjäten, machen die Griechen einen herzhaften Salat daraus. Zusammen mit geschnittenen Tomaten, Zwiebeln und mit Olivenöl und Basilikum gewürzt, ist dies eine Speise, die kein Tourist abschlagen kann.

Mit der Kartoffel, die pro Hektar mehr Kalorieneinheiten hergibt als jegliche andere Nahrungspflanzenart (einschließlich Getreide), konnten die grauen Heere der Fabrikarbeiter und die Rekrutenarmeen der aufwärtsstrebenden Industriegesellschaften durchgefüttert werden. In den Anstrengungen dieser Entwicklung ging die gärtnerische Muße sowie das Interesse an den weniger ertragreichen und arbeitsaufwendigeren Wurzelgemüsen verloren, die früher in den Haus- und Bauerngärten ihren Platz hatten. Möhren, Rettiche und Rote Bete haben sich zwar gehalten, aber Pastinake, Petersilienwurzel, Schwarzwurzel und Topinambur sind schon weniger bekannt geblieben. Die Bocksbartwurzel *(Tragopagon porrifolius)*, Gierlin oder Merk *(Sium sisarum)*, der Knollige Kälberkropf oder Kerbelrübe *(Chaerophyllum bulbosum)*, Rapunzel, Klettenwurzel, Knollenziest, Nachtkerzenwurzel *(Oenothera biennis)*, auch Schinkenwurzel genannt, und andere Wurzelgemüse sind fast nur noch als Wildpflanzen bekannt.

Die »Rationalisierung« des Gemüsebaus, die den Forderungen des Handels nach zeit- und arbeitsaufwandsparenden, leicht transportierbaren und haltbaren Frischpflanzenerzeugnissen entspricht, hat auch andere Pflanzen von den Beeten verdrängt. Fast nur als Unkräuter finden Bünzelkraut, Koriander, Senf, Malve, Gartenmelde *(Artiplex hortensis)*, Ampfer, Giersch und andere Pflanzen, die auch ihre medizinisch wertvollen Seiten haben, in den Gärten Platz. Das Verdrängen dieser Pflanzen ist Teil der allgemeinen kulturellen Verarmung, die unsere Zivilisation ergriffen hat. Wir können sie aber wieder einführen oder in der freien Natur, sofern Gifte die Landschaft nicht verseuchen, sammeln.

Wer mit Wildgemüsen und -gewürzen in seiner Diät Erfahrung gemacht hat, wird über die Vitalität und Energie, die ihm da zufließt, staunen müssen. Die aufgedunsenen Kunstdüngergemüse und Importgewürze bleiben dabei auf der Strecke.

IV. Kräuter zum Würzen und zur Gesundheitspflege

»Warum bleiben die jungen Bauern der Scholle nicht treu?«, fragte mit einer Nuance Bedauern in der Stimme der Altbauer Arthur Hermes. Ohne die finanzielle und arbeitsmäßige Überlastung zu leugnen, antwortete er auf seine didaktische Frage: »Weil nicht mehr auf den Tisch kommt, als die eigene Scholle hervorbringt!«

Schollentreue. Heimatliebe. Verbundenheit mit seiner natürlichen Umwelt in Arbeit und Liebe. Das sind tiefer gefasste Begriffe als der von Angst vor der bevorstehenden Katastrophe geprägte Begriff der bloßen »Selbstversorgung«. Heimat und Erde – Begriffe, auf die unsere Lehrer und Beamten wie elektrisierte Pawlow'sche Versuchstiere panisch reagieren. Es riecht gefährlich nach Blut-und-Boden-Mythos; da klappert's im Schrank! Und doch ist die Liebe zur heimatlichen Kultur und Natur das eigentliche Gegenteil der Mentalität, bei der alles austauschbar, verkäuflich und veräußerlich ist, das Gegenteil von Kolonialismus und Imperialismus, der raubtierartig aus allen Ecken und Enden der Erde Rohstoffe rafft, das Gegenteil von Industrien und Marktzwängen, die diese endlichen Stoffe immer rascher verschleißen, das Gegenteil des Weltsystems, in dem seit Ende des Weltkrieges über 60% der Wälder der Erde und eben so viele Prozent der Humusreserven zerstört wurden und in dem die letzten Naturvölker zu zerlumpten, veralkoholisierten Slumbewohnern degradiert werden.

Heimat ist kein ein Sammelbecken für Sentimentalitäten, kein Deckmantel für Fremdenfeindlichkeit. Der Begriff drückt viel mehr ein Einssein mit, ein Geborgensein in seiner natürlichen und kulturellen Umwelt aus. Diese Seinsweise kennzeichnet Natur- und Bauernvölker, bei denen jeder Hügel, jeder Feldstein, jeder Baum und Bach Göttliches, Zauberträchtiges und Übersinnliches hindurchschimmern lässt. Die Kräuterkundigen dieser Gesellschaften sind keine bloßen Pharmakologen, sondern auf ganz besonders innige Art und Weise mit ihrer Heimat verbunden. Sie kennen wie niemand anders den eigentlichen, unauswechselbaren Charakter der Menschen, Sagen, Lieder, Geister, Pflanzen und Tiere dieser Heimat. Eine solche Einstellung ist mir immer wieder bei echten Kräuterkundigen aufgefallen, auch bei bekannten wie Maurice Mességué, Maria Treben, Mellie Uyldert, Susanne Fischer, Pfarrer Künzle oder dem Shoshone-Medizinmann Rolling Thunder.

Das Gegenbild zu diesem Heimatgefühl erleben wir im »American-Way-of-Life«, in dem alles Business ist, alles käuflich, alles auf den gemeinsamen Nenner des Dollars oder des mit quantifizierter Information gespeisten Computerchips reduziert ist. Hier begegnet uns eine Gesellschaft, die nicht mehr an die Erde gebunden ist. Selbst der Präsident träumt von Sternenkriegen im All. Es sind die Nachfahren verarmter Pächter und verelendeter Handwerker, die ihre europäische Scholle verlassen mussten, die aber im Indianerland mit der ständig nach Westen sich ausdehnenden Siedlungsgrenze *(Frontier)* nie wieder richtige Wurzeln fanden. Der Heimatbegriff verkam dabei zum sentimentalen Kitsch einer Walt-Disney-Produktion oder fand Niederschlag in den Gemälden eines Norman Rockwell, der eine artige Welt pinselte, die es nie auf dieser Erde gab. Aber unterlassen wir es, jemanden schlecht zu machen. Schließlich handelt es sich auch hier um den Versuch, neue Menschenmöglichkeiten zu erproben.

Heimatverbunden war auch der ruhelose Wanderer Paracelsus. Als gewissenhaften Arzt störte ihn eine Einstellung, die den Menschen seiner Heimat entfremdet. Das ist nicht bloßer Chauvinismus, sondern hat seine guten Gründe: Als Lebewesen stehen wir unmittelbar im Leben unserer Umwelt. Wir sind mit den Elementen und den ätherischen und siderischen Strömungen dieser Umwelt verbunden. Wir müssen mit ihr in Harmonie leben. Aus ihr entstehen – *ubi malum, ibi remedium* – die Krankheiten wie auch die Medizin. »Nicht aus brüderlicher Liebe holen die Kaufherren teure, und verdorbene, Drogen und Gewürze von über dem Meer«, schimpft der Hohenheimer, »dabei haben wir alles, was wir brauchen, in unseren Gärten, Wiesen und Wäldern.«[19] Diesem Ruf sind viele Reformer gefolgt. Auch Arthur Hermes fand alles, was er für seine planetarische Küche und seine Hausapotheke brauchte, nur wenige Schritte vor der Haustür.

Reformkost, die planetarische Küche sowie die Makrobiotik meiden scharfe, importierte Gewürze ebenso wie übermäßigen Gebrauch von Zucker und Salz.[20] Warum nun die Sucht des modernen Mitbürgers nach Kristallzucker, Salz, Pfeffer und starken Gewürzen? Vielleicht können unsere gestressten Nerven die feineren Geschmacksnuancen nicht mehr fein wahrnehmen? Vielleicht sind die Geschmacksknospen der Zunge wegen Nikotin- und Alkoholüberreizung, des Tragens künstlicher Gebisse, der Gewöhnung an Schnellimbissfraß und zuckerige Getränke langsam ruiniert worden und verlangen nun kräftigere Reize? In diesem Tumult einen delikaten Geschmack herausschmecken zu wollen, ist wie nach einem Rockkonzert, nach dem Besuch einer Artillerieübung oder einer Startpiste für Düsenflugzeuge zu versuchen, dem Lied einer Nachtigall zu lauschen. Es ist fast unmöglich und braucht allmähliche Umgewöhnung. Ähnliches kann man auch zu den medizinischen Handelspräparaten, die das weiße Voodookästchen im Badezimmer füllen, sagen. Dass neben ihnen die Kräutertees und

-wickel der Oma scheinbar keine Wirkung haben, spricht eher für die Abgestumpftheit unserer Empfindungs- und Reaktionsfähigkeit.

Falls wir uns von den teuren, scharfen Gewürzen trennen wollen, ist hier eine Liste Küchenkräuter, mit denen man auch den gewieftesten Feinschmecker entzücken kann. Diese Gewürzkräuter kann man leicht selber sammeln oder im Gärtchen unter dem Küchenfenster anpflanzen. Einige sind zudem hübsche Stauden, Bienenweiden und Nektarquellen für die Schmetterlinge:

Lippenblütler	Schirmblütler	Rosengewächse	Liliengewächse	Korbblütler	Kreuzblütler
Majoran (Dost)	Anis	Gänsefingerkraut	Knoblauch	Beifuß	Senf
Mellisse	Dill	Frauenmantel	Bärlauch	Estragon	Brunnenkresse
Pfefferminze	Fenchel	Nelkenwurz	Luftzwiebel	Ringelblume	Meerrettich
Thymian (Quendel)	Kerbel	Wiesenkopf	Schnittlauch	Wermut	Löffelkraut
Rosmarin	Koriander			Schafgarbe	Rauke
Lavendel	Kümmel				Knoblauchrauke
Salbei	Liebstöckl				Gartenkresse
Ysop	Petersilie				
Gundermann	Sellerie Engelwurz				

Zu anderen Familien gehören Borretsch, Wacholderbeeren, Portulak, Teufelskralle, Kalmus, Paprika und Chilipfeffer.

Gewürze und Duftstoffe

Die alte Karawanenroute, die »Seidenstraße«, die von China und Indien über den Nahen Osten nach Alexandria führte, kann ebenso gut »Gewürzstraße« genannt werden. Einige Geschichtswissenschaftler sind sogar der Meinung, dass die Römer ihre Partherkriege geführt haben, damit der ständige Fluss der Gewürze und Spezereien nicht versiege. Gewürzhandel brachte den italienischen Handelsstädten Venedig, Genua, Florenz und Pisa den Reichtum, der die Renaissance finanzierte. Die Sucht nach Gewürzen trieb waghalsige Unternehmer wie Kolumbus, Vasco da Gama und Magellan auf das hohe Meer, nachdem Türken den Handelsweg über den Mittleren Osten versperrt hatten.

Dadurch stürzte das mittelalterliche Weltgebäude ein: Die Welt wurde rund, die Seeungetüme verschwanden, und eine neue Welt, über die die Bibel nichts auszusagen hatte, tauchte aus den Wellen des westlichen Meeres auf – das Wiedererstehen von Atlantis, die Neue Welt, die der Nürnberger Kartenmacher Waldseemüller »Amerigo Vespuccis Land« nannte. Es folgten die Kolonialkriege der Spanier, Portugiesen, Holländer, Franzosen und Engländer; es folgten Welthandel und bürgerliche Neuordnung, Imperialismus und Anti-Imperialismus! Was für eine verhängnisvolle Entwicklung wegen einiger trockener Pflänzchen!

Die Gewürze waren aber auch unglaublich gewinnbringend. Die Handelshäuser, die den Portugiesen Vasco da Gama um das Kap nach Indien schickten, machten ihre Investition sechzigmal wieder quitt (6000 % Gewinnspanne). Im Mittelalter war ein Pfund Ingwer ein Schaf wert, ein Pfund Muskatblüte ein halbes Rind, und die Pfefferkörner wurden einzeln gehandelt, so wie Zigaretten oder Kaffeebohnen nach dem Weltkrieg. Händler brachten Nelken, Ingwer, Pfeffer, Zimt und Muskat auf die Märkte der größeren Städte, wenn besondere Messen für die Stadtheiligen oder die Christmette gelesen wurden. So teuer waren diese Kostbarkeiten, dass die Knechte nur davon träumen und die reicheren Bauern und Bürger sie sich nur an ganz besonderen Feiertagen leisten konnten. So kamen Pfeffer- und Gewürzkuchen, Ingwerkekse und auch Mandelbrot (Marzipan, ursprünglich eine arabische Erfindung) in unser Weihnachten. So wurden die Lebkuchen der Handels- und Messestädte wie

Basel, Nürnberg und Lübeck besonders berühmt. Der Adel gab so viel seines Goldhorts für diese bezaubernden Düfte und Gaumenkitzel aus, dass das Gold knapp wurde, während im Orient wunderschöne Paläste und Moscheen entstanden. Die Geschichte scheint sich zu wiederholen – aber diesmal wegen des Erdöls!

Wie können wir uns diese Sucht, die an Wahnsinn grenzt, erklären? Die utilitaristisch veranlagten Historiker heben gerne hervor, dass Gewürze zuallererst dringend gebraucht wurden, um Fleisch und andere Nahrungsmittel aufzubewahren und um den Duft der nicht mehr ganz so frischen Nahrungsmittel zu tarnen. Das ist eine Vorstellung (Gott sei Dank haben wir Hygiene und Kühlschränke entdeckt), die, zusammen mit der von offenen Kloaken, Schweinen, Hühnern, Kot und Gestank in den Gassen, lange das Bild des Mittelalters geprägt hat. So schlimm war das wohl nicht! Was nicht gleich nach dem Ernten und Schlachten aufgegessen wurde, konnte leicht getrocknet (Obst), gepökelt (Heringe, Schweinefleisch) oder eingesäuert werden. An den Querbalken verräucherter Küchen wurden die Würste, Schinken und Fische geradezu golden würzig. Es stimmt zwar, dass viele Gewürze (z. B. Nelken) keimhemmend oder -tötend wirken, aber das ist wohl nicht der einzige Grund, warum man die teureren Pflanzenstoffe einführte.

Gewürze sind Appetitanreger. Speicheldrüse, Magensäfte, Bauchspeicheldrüse und Galle werden belebt. Aber auch das ist längst kein Grund, solche teuren Substanzen einzuführen, denn regen die einheimischen Küchenkräuter nicht ebenso den Appetit an? Es wird mit exotischer Würze aber auch ein anderer Appetit angeregt. Es ist wahrscheinlicher, dass es darum geht. In vielen anthroposophischen Heimen für Behinderte darf nicht mit Pfeffer gekocht werden. Nicht umsonst singen die Wolgadeutschen:

Ich pfeffere eure junge Frau,
Ich weiß, die hat das Pfeffern gern.
Ich pfeffere sie aus Herzensgrund,
Gott halte die junge Frau gesund!

Aber auch dazu braucht man nicht unbedingt orientalische Würze. Die Hebammen und alten Mütter kannten etliche Pflänzchen, die im Wald wuchsen und das Liebesleben kräftig anregen konnten.

Auf rationelle Weise lässt sich die Frage um Gewürze kaum klären. Geruch und Geschmack liegen unterhalb der Schwelle der Ratio. Entwicklungsgeschichtlich gesehen ist das Riechen und Schmecken primitiv. Es ist im alten Hirn veranlagt. Wir teilen es mit den primitivsten Tieren. Wurm und Larve schmecken sich durch die Welt. Ohne Gedanken. Einen langen Entwicklungsweg müssen Fische, Lurche, Kriechtiere und Säuger hinter sich bringen, ehe sie mit dem Denken anfangen.

Zuvorderst ist immer die Nase. Wenn der Brocken vor den Nüstern gut riecht, wird automatisch das Maul aufgesperrt. Die Geschmacksknospen entscheiden in zweiter Instanz, ob es sich lohnt zu schlucken oder zu spucken.

Das Geruchsorgan kann bedeutend feinere Nuancen unterscheiden als das Geschmacksorgan. Physiologen sind der Ansicht, dass sehr wenige Geschmacksempfindungen hauptsächlich von der Zunge herrühren: sauer, süß, salzig, bitter, vielleicht auch scharf und metallisch. In der Volksmedizin werden die Geschmäcke den Elementen zugeteilt, von denen es fünf in China, vier im Westen gibt.

Geruchsempfindungen, die ihrerseits unsere Geschmackswahrnehmungen beeinflussen, gibt es Tausende. Es ist Wissenschaftlern jedoch nicht gelungen, diese objektiv, quantifiziert darzustellen. Man vermag sie nicht wie Geräusche oder Lichteinheiten auf messbare Schwingungsgrößen zu reduzieren. Versuche, sie mit bestimmten chemischen Zusammensetzungen, mit dem Vorhandensein bestimmter funktioneller Gruppen, mit Löslichkeits- und Konzentrationsverhältnissen oder dem elektrischen Leitvermögen in Zusammenhang zu bringen, sind fehlgeschlagen. Nur durch den Bezug auf Ähnlichkeiten und durch subjektive Assoziationen mit anderen Gerüchen kann man sie beschreiben: »Klettenwurzel schmeckt wie Artischocke«, »Schöllkraut riecht wie rohe Leber«, »Schierling stinkt wie Mäuseharn«, oder »Ponderosakiefernnadeln duften nach reifen Mandarinen«.

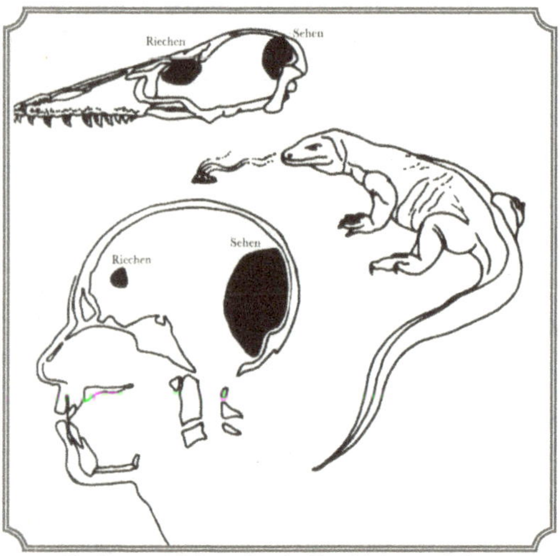

Riechen und Schmecken im Vergleich zum Sehen

Sehr primär, sehr tief in der Seele, liegen das Riechen und Schmecken – viel tiefer als Hören und Sehen. Es handelt sich um Empfindungen, die ebenso subjektiv wie objektiv sind. Es ist die Tür zum Unterbewusstsein, das Tor zu den Instinkten. Man hat eine Nase, einen Riecher für irgendetwas; man kann jemanden nicht riechen; Gerüchte – noch nicht objektiv erfasste Sachverhalte – gehen herum; jemand hat »Geschmack«; die kluge Frau weiß, dass der Weg zum Männerherzen über den Magen, über Riechen und Schmecken geht. Düfte sind Boten der Seele: Wie regen sie die Seele an, die Frühlingsdüfte, der Duft der Meeresküste, der Alpen, des Tannenwaldes, die exotische oder einheimische Kochart! Jedes Volk und jede Landschaft haben ihren charakteristischen Geruch. Durch den Geruch erkennen Ratten ihre Genossen und Nester.

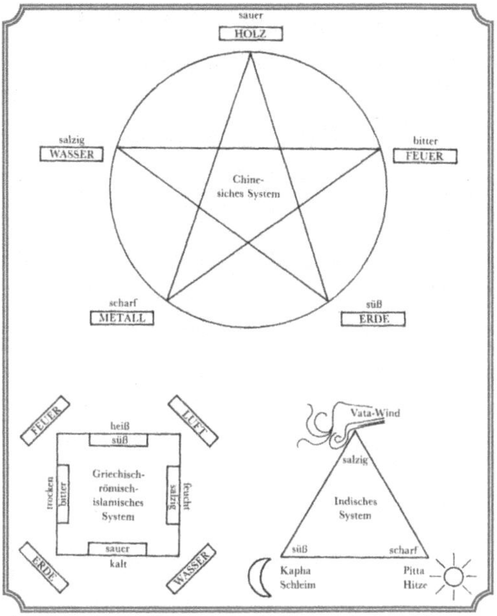

Geschmacksempfindungen und Elemente in verschiedenen Systemen der Volksmedizin

Geruch und Zeit: Ein einziger Lufthauch kann Jahrzehnte zunichtemachen und im Augenblick den Kohlenkeller des Großvaters oder den Haarduft der ersten Freundin in seiner ganzen Frische und Einmaligkeit erneut hervorzaubern.

Die Priester und Hierophanten der großen Religionen kennen diese Wirkung nur allzu gut. Gedämpftes, rötlich flackerndes Licht, rhythmischer Singsang und Gebimmel, verbunden mit Weihrauchdüften, überwinden die Schranken des kritisch objektivierenden Bewusstseins. Weihrauchfahnen der katholischen Priester, der buddhistischen und hinduistischen Mönche ebenso wie der Tabak und Beifußqualm der Indianerschamanen führen in die tiefere, ursprünglichere Welt. Wenn auch das Gesicht täuscht, die Gerüche täuschen selten: Man erkennt die Teufel an ihrem unangenehmen schwefeligen Gestank; die Engel, die Heiligen hingegen verbreiten Wohlgeruch. Die Gandharvas, die Engelwesen der Hindus, leben vom Nektarduft der Blüten. Die vedischen Götter ernähren sich von dem Rauch und den Düften der Kräuter, Kuhfladen und der Butter, die im sakralen Feuer geopfert werden.

Aber Täuschungen sind trotzdem möglich. Große Verführerinnen betören ihre männliche Beute mit einem Tüpfchen Parfüm (Grundstoff des Parfüms ist oft Ambra, eine graue, pathologische

Ausscheidung des Wals). Schulmädchen riechen ganz toll nach blühenden Fliederbüschen oder Veilchenwiesen, aber die Femme fatale benutzt Mengen, die unterhalb der Wahrnehmungsschwelle liegen. Tief im Unbewussten der männlichen Psyche erreicht sie die Zauberwirkung.

Schakale und Wölfe reiben sich am Aas, um ihren Genossen mitzuteilen, was sie gefunden haben. Blumen teilen sich durch Nektardüfte den bestäubenden Insekten mit. Wir haben es mit einer Kommunikation zu tun, die unterhalb der Schwelle des Wortes, der Objektivität, des Ego stattfindet!

Aromatherapie

Aus dem Vorhergehenden können wir folgern, dass Düfte nicht nur vom Großhirn registriert werden, sondern vor allem auf die entwicklungsgeschichtlich älteren Hirnzentren einwirken. Dass längst vergessene Begebenheiten durch Düfte wieder hervorgerufen werden, dass Atmung, Verdauung, sexuelle Erregung und andere autonome Funktionen stimuliert werden, lässt die Vermutung aufkommen, dass Gerüche über die Schaltstelle des Hypothalamus im Mittelhirn auf endokrine Drüsen und auf das vegetative Nervensystem Einfluss nehmen können. In diesem dunklen, dem Tagesbewusstsein unzugänglichen Bereich entstehen Spannungen und Unausgeglichenheiten, die eines Tages als Krankheiten an die Oberfläche kommen oder schließlich als chronische Leiden in Erscheinung treten.

Dass aromatische Kräuter in diesen Bereich eindringen können, begründet die Duftstofftherapie oder osmologische Heilkunde. Mit Labkraut, Steinklee, Waldmeister, Dost und anderen duftenden Kräutern stopft man die Kissen der Bettlägerigen: Es lässt sie wissen, dass sie gut versorgt sind, nimmt ihnen den Schwermut und vertreibt die bösen Geister. Ein Büschel Lavendel in der Betttüchertruhe lässt die Laken frisch riechen und hilft bei der Therapie. Akazienduft (Cassiaöl) wirkt günstig auf Herz und Milz; Eberrautenduft hilft bei Erkrankungen der Geschlechtsteile; Kampfer wirkt heilend bei Nervenleiden; Bohnenblütenduft hilft bei Nierenleiden; Narzisse, Fichtennadeln, Anis und Heidekrautöl sind günstig bei Lungenleiden. Die Rose wirkt vielseitig, vor allem auf die innersekretorischen Drüsen.[21]

Der abgebrühte Materialist wittert vermutlich Scharlatanerie, denn die in den Körper eindringenden Wirkstoffe sind weniger als wenig. Wie sollten sie überhaupt wirken? Von der Homöopathie her könnten wir uns versichern lassen, dass die Wirkung umso stärker ist, je feiner der Aggregatzustand. Im Geruch teilt die Pflanzenseele uns ihre heilwirkende Lebenskraft mit; so wird es der traditionelle Wurzelkundige auffassen.

Kräuterbäder

Pfarrer Sebastian Kneipp (1821–1897) gilt als Wiederentdecker der Wasserkuren (Hydrotherapie). Kaltwasserkuren, Krankenheilung durch Schwitz- und Sitzbäder, Brausen und Fußbäder sind in fast allen Kulturkreisen bekannt. Berühmt sind die heißen Bäder der Japaner, die türkischen Bäder und die Saunas der Finnen, die alle eine krankheitsvorbeugende Wirkung haben. Noch heute reinigen sich die Indianer von Ansteckungen und vertreiben die Krankheitsdämonen in Schwitzbädern, in denen Wasser über glühende Steine gegossen wird. Auch Zweige des Steppenbeifußes (*Artemisia* spp.) werden auf die Hitzequellen gestreut, was dem Wasserdampf einen würzigen Geruch gibt. Als Vorbereitung auf die Reinigung trinken die Indianer den schweißtreibenden Holunderblüten- oder Pferdeminzblütentee *(Monarda fistulosa)*. Wer die Hitze nicht erträgt, kaut dabei Süßholzwurzel *(Glycyrrhiza)*.

Sebastian Kneipp, ein Theologiestudent aus ärmlichen Verhältnissen, wurde plötzlich lungenkrank. Lungentuberkulose! Das war in der damaligen Zeit eine Menschheitsgeißel, gefürchtet wie heutzutage nur der Krebs – ein Todesurteil! Zufällig findet der Betroffene in der Münchner Hofbibliothek ein altes, verstaubtes Buch, geschrieben von einem Dr. med. Johann Sigmund Hahn, Arzt in Schweidnitz (Schlesien), mit dem Titel *Unterricht über die Kraft und Wirkung des frischen Wassers in die Leiber der Menschen* (1738). Daraufhin badet er nächtlich – er will nicht gesehen werden – in der eiskalten Donau im Winter 1849, wickelt sich warm ein und schläft. Es ist seine Einweihung in den asklepischen Kult der Naturheilkunde! Schließlich wird er gesund und entwickelt sich zum Seelsorger, der sich auch um die körperlichen Leiden und Gebrechen seiner Schäflein kümmert. Er entwickelt für sie ein ganzes System von Bädern und Güssen – die Gießkanne wird sein Symbol –, verbunden mit Wickeln, Bewegungstherapie (Gymnastik und Wandern), Gesundheitskost und Beachtung der natürlichen Lebensrhythmen. Uns interessieren hier vor allem seine Bäder mit Heilkräuterzusätzen. Es sind hauptsächlich warme Dreiviertel-Bäder, in denen der Kranke bis zu einer Viertelstunde sitzt.

Bäder mit Quendel-(Thymian-)Zusatz haben eine schleimlösende Wirkung; Thymian ist ja auch Bestandteil vieler Hustensäfte. Ein Rosmarin-Zusatz regt den Kreislauf an. Baldrian-, Melissen- oder Malvenbäder haben eine beruhigende Wirkung auf nervöse Menschen.

Schafgarbebäder sind wegen ihrer entzündungshemmenden und krampflösenden Wirkung für Frauenleiden und Unterleibsbeschwerden bestens geeignet. Entzündungswidrig und beruhigend ist auch ein Bad mit Kamillentee. Gegen Hautleiden helfen Kamillenbäder und -wickel sowie Bäder mit Abkochungen von Eichenrinde oder Walnussblättern. Letztere haben eine gerbende, zusammenziehende Wirkung, die sich bei Ausschlägen, Flechten, Sonnenbrand und Erfrierungen bestens auswirkt. Zinnkraut- oder Schachtelhalmbäder helfen, Blasenbeschwerden und Unterleibserkrankungen auszuheilen.

Heublumenbäder sind in den Alpenländern ein beliebtes Mittel bei Erkältungen, Gicht, Rheuma, Blasen-Nieren-Beschwerden und Grippe. Unter Heublumen versteht man die trockenen Stängel, Blütenköpfe, Blättchen und den Staub verschiedener Wiesenblumen, die sich unter dem Heuschober ansammeln. Wenn das Heu an das Vieh verfüttert ist, fegt man diese gut riechenden Überreste zusammen und bewahrt sie unter Verschluss auf, bis man eine Abkochung aus ihnen nötig hat.

Ebenso bekannt wie das Heublumenbad ist das verjüngende, entzündungsheilende Fichten- oder Tannennadelbad. Der Schweizer Kräuterpfarrer Künzle lässt die Tannenschössli drei Stunden kochen, ehe sie ins Bad getan werden. Eine Rheumakur des Kräuterpfarrers besteht aus dreißig Bädern mit einem Zusatz aus Wacholderbeeren, Farnwurzeln, Brennnesseln und Heublumen, die zusammen gekocht werden. Haferstroh wirkt ähnlich wie Heublumen, aber etwas milder.

Die alten Wundärzte behandelten Knochenbrüche und Quetschungen mit subkutanen Blutungen mit Bädern und Wickeln aus Kunigundenkraut, Gundermann, Ringelblume, Braunelle, Blutwurz und Beinwell.[22]

Die Kräuterbäder wirken dadurch, dass die heilenden Essenzen durch die Haut aufgesogen werden – die Wärme öffnet die Poren. Gleichzeitig werden Ausscheidungen an das Wasser abgegeben.

Küchenkräuter

Die Makrobiotiker teilen Nahrungspflanzen nach den ihnen innewohnenden *Yin-* oder *Yang*-Eigenschaften ein. Die Anthroposophen sprechen von *irdischen* oder *kosmischen* Impulsen, die in den Pflanzen zum Ausdruck kommen. Diese Gegensatzpaare stimmen überein mit dem, was man im Mittelalter mondhaft oder sonnenhaft, *lunarisch* oder *solarisch*, nannte. Die würzigen Küchenkräuter, ausgezeichnet dadurch, dass sie Duft und Geschmack konzentrieren, aber wenig groben Stoff besitzen, sind eindeutig als yang-kosmisch-solarisch zu bezeichnen. In dieser Eigenschaft ergänzen und gleichen sie die schweren – an Kalorien, Kohlehydraten und Eiweiß reichen – Stoffe der yin-irdisch-lunaren Gegenseite aus. Sie machen letztere verträglicher und leichter zu verdauen. Dieses Verlangen nach Ausgleich im Kochen gibt uns den Schlüssel zum Verständnis

Yin-Speise	Yang-Gewürz (ergänzt Yin-Speise)
Gurke, Fisch	Dill
Sauerkraut	Wacholderbeeren
Käse	Kerbel, Kümmel, Schnittlauch
Gänsebraten, Schweinebraten	Beifuß
Trockene Bohnen	Paprika, Chilipfeffer, Bohnenkraut
Tomatengerichte	Basilikum
Rindfleisch	Lorbeer, Meerrettich
Kartoffeln, Quark	Petersilie
Rührei	Schnittlauch
Fleischbrühen, Chutney	Koriander (Samen u. grüne Blätter)
Fisch, Salm	Fenchel
Suppen, Fleischbrühen	Liebstöckl
Hammelfleisch	Minze
Braten, Fischgerichte	Rosmarin
Grüne Bohnen	Bohnenkraut
Weißwein	Waldmeister
Kohl, Kartoffeln	Kümmel

der Kunst des Speisewürzens. Anhand nebenstehender Tabelle können wir uns ein Bild machen, wie yin-terrestrisch-lunarische Speisen durch yang-kosmisch-solarische Gewürze ergänzt werden.

Gemäß der Naturkunde der Renaissance entstehen die bunten Farben, Aroma, flüchtige Öle, Süßigkeit und Würze – also die imponderablen qualitativen Eigenschaften der Pflanzen – durch den Einfluss der entfernten, »obersonnigen« Planeten (Mars, Jupiter, Saturn), die hauptsächlich in den Elementen der Luft und des Feuers wirksam sind. Die »untersonnigen«, erdnahen Planeten (Mond, Merkur, Venus) bringen, indem sie über die Elemente Erde und Wasser wirken, diejenigen Eigenschaften zum Ausdruck, die mit den ponderablen Quantitäten, also mit Stoffansammlung, mit gewichtiger Masse, mit den Kohlehydraten und Eiweißen, zu tun haben. Die Gegenüberstellung wird klar, wenn man einen feuchten Regenwald, wie in Britisch-Kolumbien oder Nordeuropa, mit der kargen Mittelmeerküste oder den hohen Sierras vergleicht. Hier finden wir wuchtige grüne Masse, dort dürftige, trockene, aber bunte, duftende Blütenteppiche aus Quendel, Lavendel, Andorn, Salbei und Dost. Hier sind die Erden- und Wasser-Elemente vorrangig, dort die Luft- und Feuer-Elemente.

Gewürzkräuterfamilien

Aus den Tausenden von Pflanzenfamilien sind es lediglich vier, die uns mit dem Großteil unserer Küchen- und Gewürzkräuter beschenken. Es sind die Minzen (*Labiatae* oder Lippenblütler), die Doldenblütler (*Umbelliferae* oder Schirmblütler), die Korbblütler *(Compositae)* und die Kreuzblütler *(Cruciferae)*.

In einer geheimen Alchemie, die die Laboranten noch nicht entziffert haben, verwandeln die Lippenblütler das aus dem Himmel einströmende Sonnenlicht und die Sonnenwärme in duftende, flüchtige Öle. Wenn wir uns bei »kalten« Leiden (Rheuma, Gicht) oder bei Erkältungen mit Minzölen einreiben oder Pfefferminztee trinken, ist es diese umgewandelte Licht- und Wärmeenergie, die uns geschenkt wird. Normalerweise bilden sich Öle und Düfte nur in den Blütenkelchen und Früchten der Pflanzen. Die Minzen jedoch ziehen diesen Blütenprozess tief in ihr Blattwerk und ihre Stängel hinein. Die sulpherisch blühenden Kreuzblütler tun dies ebenfalls auf ihre Art: In Senföl gewandelte Wärme wird in fleischigen Blättern und – wie beim Meerrettich – sogar in Wurzeln gespeichert.

Die Doldenblütler haben dagegen ein besonderes Verlangen nach Licht und Luft, weniger nach Wärme. Man betrachte die blühende Möhre oder den Dill: Sie explodieren wie Feuerwerke in das Licht hinein und saugen sich gleichzeitig voll Luft. Die hohlen Stängel sind luftige Gebilde, die sich zum Flötenbasteln eignen. Beim Wasserschierling wird die Luft sogar bis in die Wurzel hineingezogen, wo sich Hohlräume bilden. Die Samen vieler Schirmblütler wirken auch in unseren Därmen windtreibend (karminativ) oder windabsorbierend. Eigenschaften wie Farbe, Fruchtfleisch, Aroma und duftende Öle, die normalerweise in den Blüten-/Fruchtbereich gehören, sind bei den Schirmblütlern bis in den Wurzelbereich gerutscht. Dort finden wir die aromatischen Engelwurzwurzeln, die duftenden roten und gelben Karottenwurzeln, die fleischig würzigen Pfahlwurzeln der Petersilie und der Pastinake. Am eigentlichen Blütenpol ist dann weder Kraft für bunte Blütenblätter noch für volle süße Beeren übrig. Es bleiben lediglich kleine, harte, trockene Samen.

Die Korbblütler weichen zwar nicht so stark von dem pflanzlichen Urbild ab wie andere Gewürz- und Heilpflanzen, aber auch sie zeigen eine starke Tendenz zugunsten der obersonnigen Planeten, des Lichts und der Wärme. Völlig der Sonne ergeben, gedeihen und vergehen sie mit dem jährlichen Bogen, den die Sonne durch den Tierkreis zieht. Sie drehen sogar ihre Köpfchen, die harmonisch aus unzähligen kleinen Blüten zusammengesetzt sind, direkt der Sonne zu.

Gewürze und Heilkräuter dieser Art speichern Sonnenlicht und Sommerwärme. Indem wir sie als Tee oder Salbe zu uns nehmen, treiben sie Kälte und Erdenschwere aus unseren Gliedern. Eine heiße Schale Lindenblüten- oder Kamillentee an dunklen Winterabenden bringt uns einen Gruß des vergangenen Sommers – jeder Schluck lässt einen Sonnenstrahl in unserem Innern aufleuchten.

Kräuteressig, -butter und -salze

Man durchblättere ein altes französisches Kochbuch und wird erfahren, dass das Geheimnis der renommierten Küchenchefs die Soßen sind, das Geheimnis der Soßen aber sind die Gewürze und die Kräuteressige. Vinaigres aux herbes! Davon gibt es viele: einen rötlichen Essig mit Basilikum, Knoblauchessig, Estragonessig (für Fischgerichte), Dillessig, Pimpinellenessig und viele andere.

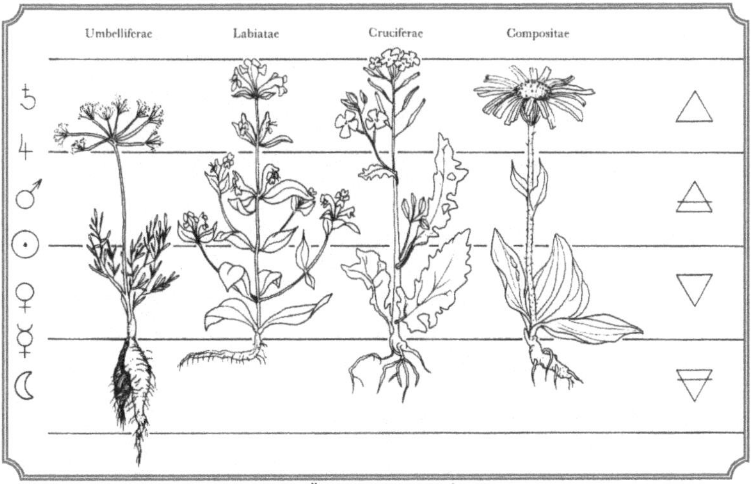

Planeten und Ätherarten in Gewürzpflanzen

Mit Butter, frischen Kräutern und einem Wiegemesser kann der in die Küche verbannte Künstler seinen schöpferischen Fähigkeiten freien Lauf lassen. Da gibt es Schnittlauch-Petersilien-Butter (vielleicht mit Sardellen!); oder man zerwiege Bohnenkraut und knete es in Butter. Man versuche Butter mit frischem Dill und Majorankraut oder Anke mit Maggikraut oder Estragon, Thymian, Gundermann und Petersilie auf frisches Brot gestrichen!

Da die Augen ebenfalls mitessen, kann man den Speisen etwas Farbe aus dem Küchengarten mitgeben. Ringelblumenblütenblätter und Kapuzinerkresseblüten können der Butter, dem Käse oder der Suppe ihre goldgelbe Farbe verleihen. Den grünen Salat kann man mit dem Himmelblau der Borretschblüten, dem Lila der Schnittlauchblüten, dem leuchtenden Orange der Kapuzinerkresse oder mit einigen Rosenblättern zieren.

Zuletzt noch die Kräutersalze: Man trockne die Kräuter (Basilikum, Rosmarin, Salbei, Koriander, Paprika, Majoran usw.), zerstoße sie im Mörser und mische sie mit Meersalz. Damit kann man »dufte« würzen!

V. Der Kräutergarten

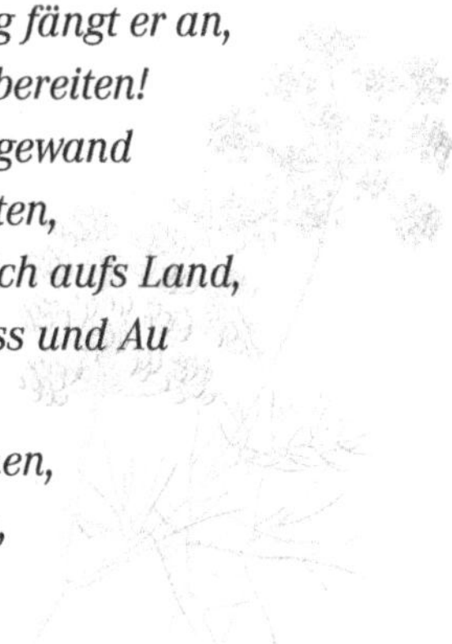

[...] Gott segne mir den Mann
In seinem Garten dort! Wie zeitig fängt er an,
Ein lockres Bett dem Samen zu bereiten!
Kaum riss der März das Schneegewand
Dem Winter von den hagern Seiten,
Der stürmend floh und hinter sich aufs Land,
Den Nebelschleier warf, der Fluss und Au
Berg in kaltes Grau
Versteckt, da geht er ohne Säumen,
Die Seele voll von Ernteträumen,
und sät und hofft.

Goethe

Für viele ist der Gartenspaten der Schlüssel zum Paradies. Bei den vielfältigen Arbeiten, dem Harken, Hacken, Säen, Jäten und Ernten, sind Leib, Seele und Geist – der ganze Mensch – angesprochen ... innerer Frieden und Zuversicht senken sich dabei in die Seele. Man erlebt das göttliche Walten im Makrokosmos; man ist Mitarbeiter an der Schöpfung! Im Kräutergarten erlebt man das auf ganz besondere Weise.

Viele Gärtner bewegt es, aus dem großen Buch des Makrokosmos abzuschreiben und die gute Botschaft den Mitmenschen zu vermitteln. Auch mir ist dieser Drang nicht fremd, aber wir wollen hier nicht die ausgezeichneten Anweisungen vieler Gartenbücher wiederholen, sondern schlicht einige Erfahrungen herausstreichen. Es sind Erfahrungen, die ich bei Schweizer Bauern und bei Gärtnern in Palästina, Indien, China und Amerika über die Jahre hinweg für das Anlegen von Kräutergärten sammeln konnte.

Uns ist schon bekannt, dass Gewürzkräuter im Allgemeinen viel Sonne und Wärme brauchen, aber was Wasser und Boden betrifft, keine hohen Ansprüche stellen. Oft sind Kräuter (wie Kamille, Lavendel, Thymian, Schafgarbe, Gundermann, Huflattich) sogenannte »Pionierpflanzen«. Es sind die ersten, die einen trockenen, verkrusteten, von Humuserde entblößten Boden besiedeln. Sie vertragen also harte, magere Böden ohne Weiteres. Natürlich gibt es auch weniger bescheidene Kräuter wie die Pfefferminzarten, Estragon, Beinwell, Alant oder Liebstöckl, die fettere Böden ganz gerne mögen. Dann gibt es auch solche, wie Magenwurz (Kalmus), Wasserminze, Kunigundenkraut, Bachbunge und Brunnenkresse, die ausgesprochen sumpfige Böden oder gar fließendes Wasser benötigen. Manche Kräuter wie Kamillen, Chrysanthemen und Schmetterlingsblütler mögen leicht alkalische Böden, die Heidekrautgewächse, Bärentrauben *(Arctostaphylos uva-ursi)* oder Sauerampfer mögen leicht saure Böden.

Der Kräutergarten ist dementsprechend eine ökologisch vielfältig gegliederte Angelegenheit. Da hat man neben trockeneren, höher gelegenen Beeten, in denen Steine die Wärme speichern und ausstrahlen, auch nasse, tiefer liegende Plätze, vielleicht einen Sumpf oder gar ein fließendes Bächlein. So kann der Kräutergarten in seiner halb wilden Art der schönste aller Gärten sein, an Duft, Farbe und an Abwechslung reich. Blumen und blühende Kräuter – Salbeiarten, Monardien, Ringelblumen, Borretsch, Kamillen, Goldruten, Wegwarten – lassen ihn zum rechten Meditationsgärtchen werden, in dem Menschenseelen, deren innere Sinne offen sind, die Elfen und Blütengeister spielen sehen und in dem Elementarwesen eine Heimat finden können.

Bodenqualität und Düngung

Beim Vorbereiten der Beete lockere man den Boden tief und gründlich mit der Grabforke, ohne dabei die Krume zu wenden. »Holländern« oder »rigolen« nennt man das. Ist der Boden tief gelockert, können die sprießenden Pflänzchen auch ihre Wurzeln ungehindert in die tieferen Bodenschichten schicken, in denen sie Wasser und Nährstoffe finden. Kräutersaaten, besonders die Doldenblütler und Minzen, nehmen sich viel Zeit zum Keimen; manchmal bis zu vier Wochen. Petersilie, sagt man, fährt dreimal zur Hölle und zurück, ehe sie keimt. Aus diesem Grund ist es wichtig, dass die Saatbeete unkrautfrei bleiben, dass man vorher die Wurzelunkräuter sorgfältig herausharkt oder herausliest. Besonders die Quecke und die Windenwurzeln sind hartnäckig. Jedes Wurzelstückehen fängt wieder zu wachsen an. Wenn man mit einem Motorkultivator durch die Beete fährt und dabei diese Wurzeln zerstückelt, kann man sie sogar stark vermehren. Der rechte Kräuterkenner fürchtet sich jedoch nicht vor ihnen. Die Queckenwurzeln werden gesammelt, gewaschen und in kurze Stücke geschnitten, dann getrocknet. Sie geben eines der besten Diuretika, eines, das nur von den Maisgriffeln *(Zea mais)* als harnsäuberndes Mittel übertroffen wird. Die Ackerwindenwurzeln *(Convolvulus arvensis)* können ebenfalls getrocknet und einem Abführtee beigemischt werden.

Ehe man das vorbereitete Beet besät, kann man es ungefähr zwei Wochen lang brach liegen lassen. Die während dieser Zeit aufkeimenden Unkräuter können vernichtet werden. Man wartet auf eine günstige Mondstellung, ehe man die gewünschten Kräuter in markierte Reihen sät. Unter einem günstigen Mond versteht man die Zeit kurz vor dem Vollmond, wenn der Mond in den Luft- oder Feuerzeichen des Tierkreises steht (Luft: Zwillinge, Wassermann,

Waage; Feuer: Löwe, Widder, Schütze). Diese Zeichen begünstigen das Ausbilden der Aromen und ätherischen Öle.[23]

Wasserlösliche Kunstdünger (NPK-Salze) quellen die Pflanzenerzeugnisse auf, machen sie schwer. Das ist ganz gut, wenn man seine Ware nach Gewicht verkauft. Bei Kräutern aber wollen wir keine aufgedunsene Masse – wir müssen das gespeicherte Wasser später sowieso durch Trocknen wieder loswerden –, sondern Qualität, das heißt Würze und aromatische Öle. Wir müssen also die Wirkung der schweren Elemente (Erde, Wasser) zugunsten der leichten (Luft, Feuer) zurückdrängen.

Ein Verständnis der ökologischen Lebensgesetze gibt uns zu erkennen, dass die Pflanzen und Tiere der verschiedenen Biozönosen aufeinander abgestimmt sind. In den regenarmen Beifußsteppen westlich des Mississippi leben Gabelböcke (eine amerikanische Antilopenart), die mit Vorliebe die an bitteraromatischen Ölen *(Cineol)* reichen Rauten und Beifußarten *(Artemisia tridentata, A. ludoviciana* usw.) fressen. Ihr Dung und Harn kommt diesen herben, silberblättrigen Gewächsen wieder zugute. Sie brauchen einander! Das Gleiche gilt in den karstigen Gebieten des Mittelmeers und Kleinasiens, wo Ziegen und Schafe mit ölhaltigen, südländischen Kräutern und harzigen Pinien lebensgemeinschaftlich verbunden sind und Ölpflanzen wie Oliven, Mohn, Raps und Sesam düngen.

Auch auf Bergeshöhen, wo Kräuter besonders würzig sind, sind Bergziegen und Wildschafe zu Hause. Diese »trockenen« Horntiere mit ihrer fetthaltigen Milch und fettigen Wolle (Lanolin) tragen dieselbe obersonnige planetarische Signatur wie die harzigen aromatischen Pflanzen, mit denen sie verbunden sind. Aus diesen Beobachtungen können wir schließen, dass die Ausscheidungen dieser Tiere wohl die besten Düngemittel für aromatische Kräuter sein müssen. Tatsächlich lässt man die Schafe die Minzefelder Oregons düngen und die Unkräuter abweiden. Der Kräutergärtner, der sich keine Ziegen oder Milchschafe halten kann, kann mit Hasen vorliebnehmen. Auch sie geben einen ziemlich feurigen Mist. Pferde- oder Kuhmist lassen sich natürlich auch nicht von der Hand weisen. Zu duftendem, krümeligem, schwarzem Humus kompostiert, unterstützen sie das Pflanzenwachstum in ausgeglichener Weise. Als Mischung in Saatkästen, in denen man kräftige Setzlinge züchten will, bewährt sich solcher Kompost besser als direkte Düngung für erwachsene Pflanzen.

Bienen gehören in jeden Kräutergarten. Sie bestäuben nicht nur die Blüten; sie haben auch eine besonders positive Ausstrahlung, die Schädlinge fernhält und die allgemeinen »Kräfteschwingungen« des Gartens auf ein höheres Niveau bringt. Der süße Honig und das wahrhaft goldene Leuchten der Bienenwachskerze verraten die edle jupiterhafte Signatur dieser fleißigen Kerbtiere.

Es bedarf kaum Erwähnung, dass Gifte, Unkrautvernichter und »Pflanzenschutzmittel« irgendwelcher Art im Kräutergarten absolut nichts zu suchen haben! In einem biologisch ausgeglichenen Garten treten »Schädlinge« auch nicht auf. Schädlinge sind sowieso nie Ursache, sondern nur Symptom eines gestörten Naturhaushalts, einer Verminderung der ätherischen Lebenskräfte. Insekten aller Art müssen da sein – wie auch andere Tiere (Vögel, Lurche, Säuger) sind sie Ausdruck der Gartenseele, Offenbarungen der im Garten wirkenden makrokosmischen Astralität. Ihre Ausscheidungen wirken im komplexen bio-chemischen Gefüge als Anreger, Katalysatoren und Helfer bei der Steuerung biologischer Vorgänge in den Pflanzen.

Eine Bodendeckung (Mulch) hat allgemeine Vorteile: Sie unterdrückt die Unkräuter, lässt weniger Wasser verdunsten – man braucht weniger zu gießen – und, da sie nicht mit Erde bespritzt werden, bleiben die Kräuter beim Regenguss sauber. Bei fleischigen Kräutern wie Beinwell, Liebstöckl, Fenchel, Rhabarber, Estragon, Shungiku *(Chrysanthemum coronarium)*, Koriander oder Estragon ist eine Bodenbedeckung aus altem Heu, Stroh, abgesichelten

Unkräutern oder gemähtem Gras günstig. (Es sei denn, man hat Probleme mit den gefräßigen Spanischen Wegschnecken – in dem Fall ist es besser, auf Mulch zu verzichten). Da eine Mulchdecke die winzigen Bodenorganismen mit ernährt, düngt sie auch den Boden (diese schwereren Pflanzen können Dünger vertragen). Aromatische südländische Kräuter wie Rosmarin, Salbei oder Thymian freuen sich dagegen über eine Bodenbedeckung aus Sand oder Kieselsteinchen: Die Quarzkristalle nehmen die Sonnenkräfte auf und strahlen sie intensiviert auf die Pflanzen zurück.[24]

Auch die gegenseitigen Beeinflussungen, die Pflanzenarten charakteristischerweise über Wurzelausscheidungen und Dunststoffe aufeinander ausüben, sollten im Nebeneinander und Nacheinander des Kräuteranbaus beachtet werden. Da haben aufmerksame Gärtner über die Jahrtausende allerlei Erfahrungen gemacht, die jetzt auch wissenschaftlich bestätigt werden.[25]

Brennnessel, Taubnessel, Fingerhut, Schafgarbe und Hanf haben ganz allgemein eine erfreuliche Auswirkung auf andere Kräuter und auf Gemüse. Man lässt sie gerne hier und da zwischen den angebauten Pflanzen stehen. Der Kräutergärtner Franz Lippert konnte experimentell nachweisen, dass die Brennnessel in Mischkultur mit aromatischen Kräutern deren Gehalt an ätherischen Ölen bedeutend vermehrt (auf bis zu 20% bei Baldrian, 80% bei Engelwurz, 20% bei Majoran, 10% bei Salbei und über 10% bei Pfefferminze).[26] Die Bulgaren pflanzen Knoblauch unter ihre Rosenstauden, damit sich die Menge des edlen Rosenöls in den Blütenblättern erhöht. Borretsch und Erdbeeren begünstigen einander. Kräuter wie Salbei, Lavendel, Rosmarin und Thymian, die sowieso in der Natur Pflanzengemeinschaften bilden, sollte man auch im Garten zusammen im Beet wachsen lassen. Dasselbe gilt bei Frauenmantel, Augentrost und Quendel, die in den Naturwiesen Gemeinschaften bilden. Anis und Koriander vertragen sich auch gut.

Es gibt jedoch auch »Asoziale« unter den Kräutern. Fenchel, Kümmel, Wermut und Beifuß verdrängen ihre Nachbarn. Sie mögen ihr Beet für sich allein. Dann gibt es bestimmte Feindschaften: Senf behindert die Tollkirsche. Dafür behindert Beinwell den Senf. Raute und Basilikum vertragen sich ebenso wenig wie Pfefferminze und Kamille.

Nachbarschaftswirkungen der Kräuter bestehen auch mit Bäumen. Wer guten Waldmeister züchten will, pflanze ihn unter Buchen. Fingerhut, Maiglöckchen und andere Waldpflanzen, die herzwirksame Glykoside enthalten, wirken anregend auf das Baumwachstum. In der Schneeschmelze nach dem Winter werden die Glykoside aus den dürren Kräutern in dünnen Lösungen in den Boden gelaugt und regen im Frühling den Säftestrom an – ganz wie im menschlichen Mikrokosmos, in dem geringe Dosierungen des Tees ebensolcher Kräuter den Flüssigkeitsstoffwechsel anregen.[27]

Ähnliche verborgene Beziehungen zwischen aromatischen Kräutern und anderen Pflanzen bestehen im Gemüsegarten. Die Biodynamiker pflanzen gerne Blumen- und Kräuterränder um die Gemüsebeete. Das harmonisiert, entmutigt Schädlinge und bringt die qualitative Wirkung der obersonnigen Planeten zur Geltung. Ebenso wie im Kochtopf gleichen die »kosmischen« Yangpflanzen die irdische Schwere der Yinpflanzen, der Gemüse, aus. Ja, oft schmeckt gerade das gut zusammen, was auch im Beet gut miteinander auskommt. Hier einige dieser harmonischen Beziehungen:

Bohnenkraut	hilft	Bohnen
Basilikum	hilft	Tomaten
Hanf	hilft	Kohlgewächsen
Knoblauch	hilft	Rosen, Doldenblütlern
Nessel	hilft	Pfefferminzen
Kerbel	hilft	Radieschen
Fuchsschwanz, Stechapfel	hilft	Kürbissen
Zwiebel, Schnittlauch	hilft	Sellerie, Möhren, Petersilie
Borretsch	hilft	Salat, Erdbeeren

Dagegen behindern Dill und Möhren einander, Zwiebelgewächse behindern Bohnen und Erbsen, und Sonnenblumen und Topinambur hemmen das Gedeihen der Kartoffeln.

Der Nutzen der Kräuter im Gartenbau ist damit bei Weitem noch nicht erschöpft. Falls das biologische Gleichgewicht des Gartenorganismus gestört ist und Pilzbefall oder Insektenfraß als Krankheitssymptome festzustellen sind, kann der Gärtner – ebenso wie der Arzt beim kranken Menschen oder Tier – zu den Heilkräutern greifen. Stängelfäule, Schimmel, Mehltau und andere Anzeichen, dass die Mondkräfte (Yin) überwiegen, werden durch Besprühungen mit Kamillentee, Schachtelhalmtee oder Knoblauchauszug behoben. Braunfäule bei den Tomaten kann durch Aussprühen von verdünntem Baldriansaft verlangsamt werden. Auch der Japanische Riesenknöterich *(Fallopia japonica)*, ein vielfach bekämpfter Neophyt, erweist sich als Freund der Gärtner: Ein Auszug aus den Wurzeln wirkt vorbeugend bei Mehltau, Blattpilz und Feuerbrand.[28]

Wenn Raupen oder Blattläuse massenweise auf den Plan treten, kann man mit Aufkochung aus den getrockneten Blättern und Blüten verschiedener Kräuter allopathisch gegen sie vorgehen. Es eignen sich dazu Rainfarn, Chrysanthemen, Astern, Margeriten, Petunien, Schmuckkörbchen, Mädchenaugen, aber auch der Pfeifentabak. Aber bitte sachte! Vergessen wir nicht den Ausspruch des Gartenfreundes Johann Wolfgang von Goethe:

In der Natur ist ein ewiges Auf und Ab von Nützlingen und Schädlingen. Lasst sie nur alle, dann frisst das eine das andere auf!

Vermehrung

Manche feinen Kräuter sind gar selten anzutreffen. Manche seltenen befinden sich sogar am Rande des Aussterbens. Wer soll sie retten, damit ihre Kraft weiterhin den Menschen Heil bringen kann? Die Naturschutzorganisationen oder ein dafür zuständiger Regierungsausschuss? Nein, da müssen wir selber tätig werden. Wir können solche Pflanzen züchten, ihre Samen und Ableger an andere Gärtner und Pflanzenfreunde weiterreichen. Wir können uns nicht auf Gen-Banken oder botanische Gärten verlassen. Auch bei selteneren Kräutern sollte man sich weniger auf kommerzielle Saatguterzeuger verlassen, die vorwiegend zu den großen Erdöl- oder Pharmakonzernen gehören und sich auf hochgezüchtete, genetisch einseitig verarmte Sorten spezialisieren. Wir müssen hier selber tun, was wir können![29]

Verschiedene Wildkräutergärtnereien, wie Rühlemann's *(www.kraeuter-und-duftpflanzen.de)*, Hof-Berggarten in Herrischried (Schwarzwald), Kräutergarten Artemisia in Stiefenhofen (Allgäu), die Blumenschule im Schongau (Bayern), um nur einige zu nennen, bieten seltene, wertvolle Heil- und Wildkräuter an.

Wärmeliebende Kräuter wie Majoran, Basilikum, Thymian oder Katzenminze kann man schon, ehe der alte Winter sich in die Berge zurückgezogen hat, in Mistbeetkästen, Gewächshäusern oder in der Wohnstube unter dem Fenster in Kästen aussäen. Die Temperatur der Erde in den Saatkästen sollte um 20 Grad sein. Zum Keimen und Einwurzeln mischt man eine geeignete Erde aus zwei Teilen reifer Gartenerde, einem Teil Sand, einem Teil reifen Kompost, einem Teil Torf. Torf enthält Substanzen, die zum Wurzeltreiben anregen.

Einige Kräuter, die direkt ins Gartenbeet gesät werden, sind:

Anis	Kerbel	Fenchel	Sauerampfer
Borretsch	Koriander	Portulak	Sommerbohnenkraut
Dill	Kresse	Petersilie	Shungiku
Kamille	Kümmel	Salbei	Wiesenknopf

Durch Stecklingsvermehrung erhält man seltene Varianten oder besonders hervorragende hybride Kreuzungen. Man kann zum Beispiel wohl Estragon aussäen, aber er wird bei Weitem nicht den vollen Geschmack altbewährter Pflanzen haben, die man einst als Ableger oder Steckling gezogen hatte. Stecklinge kann man im Wasser Wurzeln treiben lassen, ehe man sie einpflanzt. Hier einige durch Stecklinge vermehrbare Kräuter:

Lavendel	Minzearten	Wermut
Quendel	Rosmarin	Estragon
Majoran	Salbei	Winterbohnenkraut

Folgende Kräuter können durch Teilung der Wurzelstöcke im Frühling vermehrt werden:

Monarda	Liebstöckl	Rainfarn
Melisse	Beifuß	Waldmeister
Schnittlauch	Brennnessel	Estragon
Beinwell	Knoblauch	Luftzwiebeln
Ysop	Minze	Schafgarbe
Frauenmantel	Römische Kamille	Meerrettich

VI. Der Garten der Hekate

Du schnöder Trank aus mitternächtgem Kraut,
Dreimal vom Fluch Hekates betaut:
Shakespeare (Hamlet III, 2, 260)

Nun verlassen wir den wohlbestellten Garten, den Baumgarten, das wogende Ährenfeld des braven Landmanns. Wir wandern in die Wildnis, wo kein Pfarrer Brot und Wein segnet, wo kein Turmgeläute mehr zu hören ist, wo höchstens Hirte oder Jäger den Pfad noch kennt, dort, wo die alte Kräuterfrau mit dem Weidenkorb seltsamen Wurzeln und Pilzen nachspürt. Wir sind am Gegenpol zu den sonnigen Stapelpflanzen angelangt – wir befinden uns im Zaubergarten der Hekate.

Wer ist sie, die Hekate? Sagenforscher berichten, dass sie zur Triade der griechischen Vegetationsgöttinnen gehört. Diese Dunkle regiert neben Demeter, der hehren Göttin des Korns, des Obstes, des Ehestandes und der häuslichen Ordnung, und neben Persephone, der Tochter Demeters, die als vergöttlichte Pflanzenseele das halbe Jahr beim Totengott Pluto und während der lichteren Jahreshälfte oberirdisch in der blühenden Sommervegetation weilt. Wie eine indische Götzin erscheint Hekate mit drei furchterregenden Gesichtern und mit vier Armen, die einen Strick, eine Fackel, einen Dolch und eine Giftschlange halten. Sie schickt den Menschen Irrsinn und lässt die Geister auf sie los, aber zugleich schenkt sie dem Krieger Sieg in der Schlacht und dem Richter und Ratgeber notwendige Weisheit. Von Hexen und Zauberern wird sie an dreifachen Wegkreuzungen oder auf dem Friedhof nachts bei Neumond angerufen. Zu dieser Zeit soll man auch ihre Pflanzen pflücken.

Als Meisterin der Hexen ist sie auch Lehrerin der Erzhexe Kirke, die sich einen Wolf und einen Löwen als Hausgenossen hält und ihre Zeit spinnend und Zaubergesänge singend verbringt. Mit betörenden Säften und einer Rute verwandelte sie einst die Genossen des Odysseus in Schweine. Der viel gewanderte Odysseus selbst entrinnt ihrer List, denn er ist selber kräuterkundig. Der heilende Gott Hermes

[...] gab mir die heilsame Pflanze,
Die er dem Boden entriss, und zeigte mir ihre Natur an:
Ihre Wurzel war schwarz, und milchweiß blühte die Blume;
Moly wird sie genannt von den Göttern.
Sterblichen Menschen ist schwer sie zu graben,
Doch alles vermögen die Götter.
Homer: Odyssee, Zehnter Gesang

Hekate ist ebenfalls Mentor der eifersüchtigen Medea, die ihren Bruder zerstückelte, um ihren Liebhaber, den Argonauten Jason, vor dem Zorn ihres Vaters zu retten. Als Jason sie verlässt, um eine andere zu freien, webt sie ihrer Nebenbuhlerin einen Hochzeitsschleier, der sich in Flammen verwandelt, während sie in einem von geflügelten Drachen gezogenen Wagen in die Lüfte entschwindet.

Das Bild der Hekate schreckte die Christen ebenso wie das ihrer holderen Schwestern Artemis und Aphrodite oder auch das der Hollen, Wanedisen und Freyas im kühlen Norden. Wer mochten sie anders sein als Teufelinnen und ihre Kräuter Teufelsgewächse! Artemis, deren Name in der »Mutter aller Pflanzen«, der *Artemisia* (Beifuß) nachklingt, ist die jungfräuliche Jagdgöttin, Beschützerin der Geburt und Herrin der wilden Tiere und wildwachsenden Heilpflanzen. Ihr gehört der Vollmond, wogegen der dunkle Mond und die Giftpflanzen der Hekate gehören.

Kräuter, die dem Menschen zur Erfüllung seiner Wollüste und Wunschträume verhelfen, nennen wir Aphrodisiaka. Sie sind das Geschenk der goldenen Aphrodite, der Schaumgeborenen, entstanden aus dem Samen des Urhimmelgottes Uranos, dessen von Zeus abgehacktes Zeugungsglied in den Ozean gefallen war.

In einem neueren Zeitalter belegten prüde Kirchenfürsten die Anhängerinnen dieser Göttinnen mit dem Bann. Aus »weisen Frauen« wurden »Hexen« – und manchmal auch zahme Nonnen – gemacht, aus »Wissenden« wurden »witches«, wie man die bösen Hexen in England nennt. Dadurch wurde der Unterschied zwischen der heilkundigen heidnischen Priesterin und der von Neid und Missgunst besessenen bösen Zauberin absichtlich verwischt. Mit Hexen konnten die Priester Furcht verbreiten. Nur noch heimlich bediente sich das Bauernvolk des Wissens dieser Frauen: wenn es um Geburtskräuter oder Liebeszauber ging – denn davon wussten die Kirchenmänner wenig – oder um Heilung und Abwehrzauber.

Im Mittelalter fürchtete man sich zunehmend vor den Jüngerinnen der Hekate. Dieselben einheimischen Kräuter, die den weisen Frauen einst heilig waren, wurden nun gegen die Verdächtigen selber angewendet:

Doste, Hartheu, weiße Heid
Tun der Hexe alles Leid!

Angelika, der Erzengel in Pflanzengestalt; Raute, jenes bittere Kraut, womit man den letzten Trunk des Heilands würzte; das Rosen-Marienkraut; die Lilie, die Gabriel bei der Verkündigung hielt; Wacholder, Dill, Knoblauch und andere Pflanzen, die in Klostergärten von betenden Nonnen gepflegt werden, sollten den bösen

Einfluss der Hexen vereiteln, ebenso wie die Hostie, das Weihwasser und der Rosenkranz.

Man hatte vergessen, dass der Gebrauch der zauberabwehrenden Pflanzen selber tiefe Wurzeln im vorchristlichen Heidentum hatte. Das gilt auch für die Pflanzen, die fromme Brüder aus dem Süden mitbrachten oder die in der Bibel erwähnt werden. Rosmarin hatte ursprünglich auch nichts mit der Rosen-Maria zu tun, sondern war eine der schaumgeborenen Fruchtbarkeits- und Liebesgöttin geweihte Pflanze, deren Name vom lateinischen *ros* (Tau) und *maris* (Meer) – also »Meertau« – herrührt. Rosmarin als Bestandteil des Brautkranzes hat auch heutzutage noch mit der Fruchtbarkeitsgöttin Aphrodite zu tun. Mistel und Wacholder, wie auch andere immergrüne Pflanzen, wurden schon im keltisch-germanischen Heidentum als heilstiftend erkannt und mit anderen Kräutern über Haustür und Stalltor gesteckt, um Unholde abzuhalten. Und wer wagt zu sagen, ob diese unscheinbaren Gewächse nicht auch wirklich die reisenden Astralleiber übelwollender Hagedisen und anderer unverkörperter Wesen abweisen?

Der Gegensatz zwischen soliden Nahrungspflanzen einerseits und giftigen Heil- und Zauberpflanzen anderseits, den wir uns mittels unserer Skala vor Augen führen, wird auch bei anderen Völkern als Bestandteil ihrer Kosmologie wahrgenommen. Bei den Pflanzervölkern trifft man oft kosmische Zwillinge an, wobei der eine die guten Pflanzen erschafft, der andere die Un- und Zauberkräuter dazwischensät. Bei den alten Griechen standen auf der rechten Seite der Sonnengott Apollon und die Korngöttin Demeter, dagegen links der Wein- und Rauschgott Dionysos und die Hekate. Christus als Herr des Weins und des Brotes steht dem Luzifer mit seiner Schlangengestalt und dem Giftapfel gegenüber. In Altmexiko war der Gegensatz in der Feindschaft des Adlers zur Klapperschlange ausgedrückt. In Indien haben wir das Bild des Vishnu, des Erhalters der Schöpfung, und das des Shiva, des Zerstörers. In all diesen großartigen Imaginationen drückt sich die urbildliche Dynamik von Tag und Nacht, Sonne und Mond, Nahrungs- und Gift-/Heil/Zauberpflanze, kosmischer Ordnung und chthonischem Chaos, zentriertem, gesammeltem (Ich-)Bewusstsein und zerstreutem, außergewöhnlichem Bewusstsein (Bewusstseinswandlung) aus.

Shiva

Um das Wesen der Pflanzen zu verstehen, die uns Gifte und Gegengifte, Apotropika (zauberabwehrende Mittel), Psychotropika (bewusstseinsverändernde Mittel), Aphrodisiaka und andere Veränderer der Sinne und der Körperfunktionen schenken, sollten wir uns mit dem Bild des Shiva, der dunklen Seite des universellen Gottes, befassen. Seine Ikonographie zeigt ihn in rasendem Tanz inmitten eines Feuerrings oder in tiefer Trance sitzend, mit Trommel und Dreizack, umschlungen von Kobraschlangen und mit einer Mondsichel, die seine langen, ungekämmten, mit Asche bestreuten Zottelhaare schmückt. Über Zarathustra, der die alten arischen Götter zu Widersachern machte, kam das Bild des wilden, im Feuer tanzenden Shiva mit seinem Dreizack als das des Teufels (griechisch *diabolos* = der Durcheinanderwerfer) in den Westen. Als Herr der wilden Tiere fügte er sich gut in das Bild der gehörnten Götter, die schon für die steinzeitlichen Jägerkulturen belegt sind, wie auch der keltische Cernunnos, der noch im Mittelalter als »Bock«[30] von den »Hexen« verehrt wurde. Auch der germanische Wotan/Odin war ein schamanischer Zaubergott, dessen Name etymologisch mit dem alt-vedischen »Rudra« (der vor Wut Heulende) – ein Beiname Shivas – zusammenhängt. Rudra, wie Wotan, führt die wilden Geisterheere der Toten und der Natur- und Elementarwesen an. Wenn die Drachenschiffe an den Küsten des Abendlandes erschienen und die gehörnte Helme tragenden Nordmänner mordend, plündernd und vergewaltigend über die Dörfer herzogen, wer mochte da noch am Teufel zweifeln?

Den Christen und Moslems mag Shiva der Erzfeind sein, aber seinen Getreuen ist er Mahadev – der Große Gott! Als Bhairava ist er der Zerstörer alles dessen, was veraltet, verkrustet, verhärtet und verdammt ist. Mit Feuersbrunst und Fieberseuchen ist er der Verwandler der Dinge. Als Nataraja mit Tanz und Trommel ist er der Vater der Schamanen, der Überwinder kalter Objektivität. Mit Shakti, die als Göttin seine Schöpferkraft veräußert, feiert er ununterbrochen den Höhepunkt der Liebeswollust und ist somit der große Befruchter des Weltalls. Sein Reittier, der Stier Nandi, unterstreicht diesen Aspekt der Fruchtbarkeit. Aber er ist nicht nur Herr des Rausches und der Ekstase, sondern auch, als Shankar, Quelle der tiefsten Ruhe und des wahren Friedens. Er ist das Auge in der Mitte des Sturms! Als aschebeschmierter Asket sitzt er in vollkommener Seelenruhe auf dem Tigerfell und weilt versunken in *Sat, Chit, Ananda* (Wahrheit, Weisheit, Wonne). Mag sein Blick dem Inneren zugewandt sein, der Tiger hat seine Augen hellwach offen – ein Symbol der Wachsamkeit auf allen Ebenen des Seins.

Als am Anfang der Zeiten die Götter und Dämonen, mit der Weltenschlange als Seil und dem Weltenbaum als Quirl, den Ur-Ozean butterten, entstanden wunderbare Dinge: Es erschienen die Heilige Kuh, die erste Milch und Butter, die himmlischen Nymphen *(Apsarasas)*, die anmutige Glücksgöttin Lakshmi – Schaumgeboren wie Aphrodite –, das Ambrosia der Götter und vieles mehr. Aber auch alles Gift und aller Geifer der Welt wurden herausgequirlt. Die ganze Welt wäre vernichtet worden, hätte es Shiva nicht auf sich genommen, das Gift zu trinken. Sein Hals wurde blau von dem ätzenden Übel – daher sein Beiname »Blauhals« oder Nilakantha –, aber er erwies sich als der Herr der Gifte. Giftschlangen und Giftpflanzen unterstehen ihm. Mit Kobras schmückt er sein Haar und seine Arme.

Gott Shiva wird das Gift,
wie er versprochen, ewig halten,
Und immerdar der Ozean
des wilden Feuers walten;
Die Schildkröt trägt die Erd auf
ihrem Rücken ohne Schwanken:
Bei dem, was er versprochen,
soll der Gute nimmer wanken!
Bilhana;
Übers.: Helmut von Glasenapp

Shankar-Shiva

In Indien, wo die Wirklichkeit keineswegs durch logische Widersprüche gemindert wird, ist Shiva der absolut einzige Herr des Universums, ebenso wie Vishnu! Vishnu, wie Zeus die himmlische Ordnung verkörpernd, ist Stifter der Zivilisation und der Vernunft. Er wird mit dem Adler *(Garuda)* dargestellt, nicht, wie Shiva, mit Schlangen, Hunden, Raubkatzen oder dem Stier.

In der westlichen Welt wird das göttliche Absolute nur in seiner lichten, vernünftigen, geordneten, positiven Seinsweise angebetet. Die dunkle, magische, destruktive, unsinnige Seite des Seins wird unterdrückt, ja in den dunkelsten Abgrund des Unbewussten verbannt, wo sie dann tatsächlich satanische Macht gewinnt und die Seelen mit absoluter Furcht erfüllt. Unsere westliche Einstellung gegenüber bewusstseinsverändernden, Wollust stiftenden, Ekstase und Rausch erzeugenden Pflanzendrogen und psychedelischen Pilzen wird auf diesem Hintergrund verständlich. Ebenso werden die Vorschriften und Tabus, mit denen verschiedene Kulte, Gemeinschaften und Gesellschaften den Verzehr von Nahrungsmitteln und Genussstoffen bestimmen und regeln, verständlich. Wir haben es mit der Dialektik zwischen dem ordnenden, integrierenden Pol und dem entgegengesetzten Pol des sich auflösenden, metamorphosierenden Bewusstseins zu tun.

Fromme Priester und unbeugsame Staatshüter sind die Beauftragten der rechten, ordentlichen Seite. Die Schamanen, Hexen und Zauberer sind die Vermittler der anderen Seite. Puritanische Christen, orthodoxe Muslims und Buddhisten verdammen nicht nur den Gebrauch bewusstseinsverändernder Drogen, sondern oft auch den Genuss von Alkoholika und scharfen Gewürzen. Verstörte, der Auflösung nahe gekommene Menschen, durch Krieg und Umsturz Traumatisierte, Menschen, die von Drogenabhängigkeit und quälenden persönlichen oder sozialen Umständen loskommen wollen, zieht es immer wieder zu den ordnungsbesessenen puritanischen Sekten, mögen es die Hare-Krishna-Anhänger von ISKON, die Moonies, die christlichen Fundamentalisten, die Dornacher Anthroposophen, die »Rechten« oder die Marxisten sein. Auch die Makrobiotiker des Prof. Georges Oshawa mit ihrer nüchternen Vollkorn- und Salzdiät gehören zu denen, deren Ziel die Bewusstseinszügelung ist. Dagegen scheut sich das bunte Volk Shivas, die Gaukler, Seher, Blumenkinder, Künstler, Anarchisten, Gammler und Hippies, nicht vor den bewusstseinsverdrehenden magischen Pflanzendrogen. Gott ist alles; daher gehört ihm auch das Dunkle (oder zu Helle), das Unvernünftige, das scheinbar Abscheuliche – das meint wenigstens eine Sekte der Shivaiten, die es als Zeichen ihres Glaubens nicht verabscheuen, verkohlte Leichenreste von den Scheiterhaufen am Ganges anzubeißen.

Die vorhergehende Betrachtung möge uns nun begleiten, wenn wir uns behutsam auf Zehenspitzen in dieser mondlosen Nacht in den Zaubergarten der Hekate hineinwagen. (Hekate wird wohl dieselbe schreckliche Dämonentöterin sein wie Kali, die Begleiterin Shivas.) Wir wagen uns hinein, um außerhalb des bürgerlichen Alltags und des allgemeinen Selbstverständnisses andere Möglichkeiten kennenzulernen. Dies gehört mit zum Einweihungsweg in die tieferen Bereiche der Kräuterkunde.

Gift als Begriff

Das Wort »Gift« bedeutet, ähnlich wie das aus dem Lateinischen stammende Wort »Dosis«, eine Gabe. Noch Goethe benutzte das Wort im Sinne eines Geschenks. Gift wird gegeben. Es wird gewöhnlich als Trunk überreicht (*poison* heißt es im Französischen und Englischen, von lat. *potio* = der Trunk). Mit solchen zweifelhaften Gaben war es früher, als es noch keine Leichenbeschauung gab, relativ einfach, einen Rivalen aus dem Weg zu schaffen. Wer mochte da entscheiden, worum es sich bei dem auftretenden Krampf, Anfall oder plötzlichen Tod handelte? Fürsten und Könige hatten ihre Vorkoster. Sklavinnen, die von klein auf allmählich an Gift gewöhnt wurden und daher gefeit waren, wurden im Nahen Osten teuer gehandelt. In der Hofkultur der Renaissance, besonders um die machtlüsternen Borgia und Medici, wurde das Vergiften eine nahezu perfektionierte Kunst. Tödliche Dosen wurden in Handtüchern und Ringen verabreicht. Der Gastgeber konnte dabei, unter Wahrung allen Charmes und höflicher Etikette, zuschauen, wie sein Opfer verreckte, ohne sich Seidenkleider und Spitzen mit Blutspritzern zu beflecken.

»Gift« ist also eher ein soziologischer Begriff. Rein pharmakologisch kann die Substanz Heil- oder Todesmittel sein – es kommt auf die Dosis an. Das griechische Stammwort *pharmakon* bedeutet gleichzeitig Heilmittel, Gift oder Zaubermittel, und der Pharmazeut (griech. *pharmakeutes*) ist sowohl ein Hersteller von Arzneimitteln als auch ein Giftmischer. Dosis und Antidosis, Gift und Gegengift sind in demselben Wort vorhanden und finden angemessenen sinnbildlichen Ausdruck in den beiden einander gegenüberstehenden, einander angeifernden Schlangen des Äskulapstabes.

Dieselbe Zweideutigkeit lebt in der, inzwischen außer Brauch geratenen, mittelhochdeutschen Bezeichnung »Lachentoum« (altenglisch *leechdom*), die Heilmittel, Zauber- und Hexentrunk bedeutet.

Die janusgesichtige, ambivalente Rolle der Gifte als Heilmittel machte solchen Geistern wie Samuel Hahnemann zu schaffen. Immer wieder regten sich Impulse zur giftfreien Therapeutik. Auch Goethe konnte sich nicht der Satire enthalten. Im *Faust* preist ein alter Bauer den »hochgelahrnten« Herrn Doktor dankbar, währenddessen dieser seine Zweifel hegt:

[...] Hier war die Arzenei, die Patienten starben,
Und niemand fragte, wer genas.
So haben wir mit höllischen Latwergen
In diesen Tälern, diesen Bergen
Weit schlimmer als die Pest getobt.
Ich habe selbst das Gift an Tausende gegeben:
Sie welkten hin, ich muss erleben,
Dass man die frechen Mörder lobt.

Goethe, Faust, „Vor dem Tor“

Wer da glaubt, dass sich etwas an der zweifelhaften Natur der Pharmazeutika geändert hat, der irrt gewaltig. Kein Arzt hat mehr einen Überblick über die mehr als 70.000 Präparate, die die Giftmischergilde aus ihren Kesseln und Retorten hervorzaubert. Hier geht der Profit wortwörtlich über Leichen. Es wird zu viel verschrieben, die Nebenwirkungen, Gegenreaktionen und Synergismen (das Zusammenwirken von Chemotherapeutika im Sinne einer gesteigerten oder neuartigen Wirksamkeit) sind zu wenig verstanden.[31] Es ist – trotz modernster Techniken der Computersimulation – unmöglich zu ermitteln, wie sich mehr als zwei Medikamente im Körper synergetisch verhalten.

Der Begriff *Toxikum* geht auf das griechische Pfeilgift (*toxon* = Pfeil) zurück, das aus der äußerst giftigen Eibe *(Taxus)* gewonnen wurde. Da die Kelten und Germanen glaubten, kein Gift sei stärker als das der Eibe, benutzten sie Amulette aus Eibenholz zur Abwehr von Krankheiten, Unheil und schwarzer Magie. Allein schon die Eiben-Rune *(Eiwas)* hatte diese Kraft.

Ein altgermanisches Wort, das noch bis ins Mittelhochdeutsche lebte, ist *ban* oder *bane*. Es bezeichnet ein Gift, das Tod, Untergang und Verderben in sich birgt. Im Englischen lebt es noch in vielen Pflanzennamen: *baneberry* (Christophskraut, *Actaea*), *wolftbane* (Rittersporn), *dogbane* (Hundsgiftgewächs) oder *henbane* (Bilsenkraut).

Das Wort »Droge« entstammt nicht dem persischen *Drug*, dem Lügendämon (etymologisch verwandt mit unserem »Trug«), wie es Feinde der bewusstseinserweiternden Substanzen gerne hervorheben, sondern schlicht dem niederdeutschen Wort *drogen*, also »trocken« beziehungsweise »Trockenware«.

Giftpflanzen

»Giftpflanze« ist ebenso wenig ein absoluter Begriff wie »Unkraut«, »Heilpflanze« oder »Nutzpflanze«. Diese Einteilungen überschneiden einander. Auch die giftigsten Pflanzen sind mitunter Nahrungsmittel. Die Cassava *(Manihot utilissima)*, ein Wolfsmilchgewächs mit blausäurehaltiger Knolle, wird von südamerikanischen Pflanzern zerrieben, ausgepresst und erhitzt. Die auf diese Weise entgiftete stärkehaltige Knolle, aus der wir auch Tapioka gewinnen, ist das Hauptnahrungsmittel dieser Völker. Wenn wir unsere Mohnsemmel essen, denken wir dabei ja auch nicht an den narkotischen Saft der Mohnpflanze. Wem ist bewusst, dass die grüne Gartenbohne Blausäure enthält und durch Kochen erst entgiftet werden muss? Wer denkt, dass alle Teile der Kartoffelstaude, außer der Knolle, und alle Teile der Tomatenpflanze, außer der roten Beere, ein Gift (Solanin) enthalten, das Darmentzündungen mit Halskratzen, Fieber und Durchfall hervorruft? Wer denkt beim Verspeisen eines leckeren Rhabarberkompotts daran, dass die Blätter selber tödlich giftig sind?

Die Oxalsäure in den Rhabarberblättern bindet den Kalk zu kleinen spitzen Kristallen, die sich in der Niere ansammeln. Das Vergiftungsbild ist ein Sinken des Kalkspiegels im Blut, Übelkeit, Erbrechen, Magenschmerz und Durchfall.[32] Medizinisch werden die Wurzeln stuhlgangregelnd verwendet: in kleinen Dosen wirken sie verstopfend, in größeren abführend.

Die Kermesbeere, eine kräftige nordamerikanische Staude, die nun auch unsere Gärten ziert, wurde von Indianern und den Hinterwäldlern im Appalachengebirge als schmackhaftes Frühlingsgemüse zubereitet. Noch immer stechen die dortigen Bewohner im Frühling die spargelähnlichen Spitzen. Erwischen sie ein Stückchen Wurzel dabei, kann es ihnen übel ergehen.

Der Wunderbaum (Rizinus), den wir in unseren Gärten als einjährige Zierstaude, in den tropischen Ländern als hochgewachsenen Baum antreffen, gibt uns das schon den alten Ägyptern bekannte Rizinusöl – ein mildes, bekömmliches Darmreinigungs- und Abführmittel. Die ganze Pflanze, außer dem Öl, enthält eines der stärksten Gifte, das man kennt. Ein Gegengift ist noch nicht gefunden worden. Drei Samen können ein Kind umbringen. Das reine Ricin ist so giftig, dass 1µg/kg genügen, um einen Erwachsenen ins Jenseits zu schicken – eine Tatsache, die den Geheimagenten nicht entgangen ist! Vor einigen Jahren wurde ein BBC-Korrespondent auf offener Straße in London mit einer ricinpräparierten Regenschirmspitze vom bulgarischen Geheimdienst erledigt.

Leider haben wir modernen Menschen keine sicheren Instinkte mehr. Wir können nicht – wie das Reh oder Rind – erkennen, ob ein Strauch giftig ist oder nicht oder welche seiner Teile zu welchen Jahreszeiten genießbar sind. In der Menschwerdung haben wir Instinktsicherheit gegen kulturell/gesellschaftlich übermitteltes, bewusstes Wissen ausgetauscht. Wenn sich Ahnungen und Gefühle bezüglich bestimmter Wildpflanzen regen, ist es angebracht, vorsichtig zu sein und lieber einen Kräuterkenner oder wenigstens ein illustriertes Botanikbuch zurate zu ziehen. Es ist zu riskant, ohne sicheres Wissen Pflanzen zu verwenden.

Zum Glück sind die wenigsten Pflanzen giftig! Es ist daher ratsam, die wenigen ausgesprochenen Giftpflanzen zuerst kennenzulernen. Dasselbe gilt beim Pilzsammeln. Wenn man die wirklich giftigen Pilze erst einmal kennt, kann man sich viel zuversichtlicher an die übrigen heranwagen.

Befasst man sich über Jahre hinweg innig mit Pflanzen, dann wächst die oberflächliche Bekanntschaft einem tieferen Erkennen entgegen. Man merkt, wenn man die Pflanze in allen ihren Erscheinungsformen kennt, dass sich doch etwas wie »Instinkt« von Neuem ausbildet. Eigenartige Duftausströmungen, knallige, ungewöhnliche Farben, die Architektur und andere pflanzliche Merkmale werden dabei aussagekräftig. Dazu wollen wir einige Gedanken, die August Strindberg von der Feder lässt, mit ihm teilen:

> *Als ich in einem botanischen Garten die größte Mohnart* Papaver speciosissimum *sah, mit der unheimlich blutroten Farbe auf den gekreuzten Kornblättern; und auf dem Boden des Kelches die vier schwarzen Flecke, welche die Giftetikette des schwarzen Kreuzes bildeten, erhielt ich den Eindruck, dass der Glaube der Alten an* Signatura rerum*: dass sich die den Dingen innewohnende Wirkung im Habitus ausdrücke, ganz richtig ist. Als ich aber das mit Riefen versehene Samenhaus des Mohns sah, das der römischen Vase einer Hygieia gleicht, mit einem Stundenkreis auf dem Deckel, sagte ich mir: Durch Sehen und Einsehen (Intuition) haben die Menschen von Arzneigaben Kenntnis erhalten. In jahrelangen Beobachtungen fand ich lauter Bestätigungen. Wenn man das schreckliche Bilsenkraut sieht, mit seiner Kadaverfarbe und der violetten Leichenbläue, so sieht man Tod und Wahnsinn. Aber die*

Natur ist mild und freigiebig; sie legt das Heilmittel neben das Gift. Man sieht am Dezimalbruch der Dosis, wie sich die Wirkung ändert, rückt das Dezimalkomma nach rechts, ist es die Todesdosis, rückt es nach links, gibt es Leben und Gesundheit.[33]

Was tut man, wenn man sich vergiftet?

Um unbekannte Pflanzen zu bestimmen, beschaut man sie nicht nur, man schnuppert und kostet (was allerdings beim Schierling oder Sturmhut sehr gefährlich sein kann!). Ganz allgemein reagieren unsere Geschmacksknospen abwehrend auf unbekömmliche Pflanzen – oft ist schon der Geruch eine Warnung. Ist der Geschmack scharf, beizend oder – als Anzeiger der Alkaloiden – bitter, haben wir es sicherlich mit einer unbekömmlichen Pflanze zu tun.

Was tut man, wenn man trotzdem aus Versehen das falsche Gewächs erwischt hat? Zuallererst einmal die Ruhe bewahren, denn Angst und Panik heben die Symptome hervor und lassen sie ins Unendliche wachsen. Man verliert sich in eine hysterische Reaktion und steigert dadurch noch weiter den Puls, kalte Schweißausbrüche und andere panische Körperfunktionen. Dass in England oder den USA, wo Pilzspeisen unbeliebt sind, das Erscheinungsbild der Pilzvergiftung viel drastischer ist als in Mittel- oder Osteuropa, lässt sich eher auf der Grundlage psychologischer Angstreaktionen und selektiver Perzeption erklären als durch rein pharmakologische Wirkung.

Wesentlich mehr Menschen erleiden den Gifttod durch die vom Arzt verabreichten Medikamente als durch Wildpflanzen. Nach Angaben des FDA (Federal Food and Drug Administrations National Clearing House for Poison Control Centers) wurden in den USA zum Beispiel in dem typisch verlaufenden Jahr 1975 nur 186 Hospitalisierungen und drei Todesfälle durch Giftpflanzenvergiftung bekannt.[34] Man vergleiche das mit den 40.000 Verkehrstoten in demselben Land – das sind jährlich fast so viele wie gefallene GIs während des Vietnamkriegs. Das ist natürlich nichts im Vergleich zu den gegenwärtig schätzungsweise bis zu 800.000 Sterbefällen in den USA, die durch fehlerhaftes ärztliches Handeln, Krankenhausinfektionen und Medikamentenunverträglichkeit verursacht werden.[35] (Auf die Bundesrepublik umgerechnet wären das um die 80.000 iatrogene Todesfälle – im Vergleich zu 15 Fällen der Vergiftung durch Pflanzen (2010).[36]

Natürlich gibt es Fälle von Vergiftungen, die bei Zehntausenden Fieber, Durchfall, Erbrechen und Kopfschmerzen verursachen, die aber nie gemeldet werden. Gifttiere wie Schlangen jagen den Menschen Schrecken ein, obwohl sie weit weniger Opfer fordern als unsere Technologie und unsere Lebensweise – denn sie gehören zur Wildnis, sind heimtückisch und dunkel, jenseits der Zivilisation. Leicht lassen sich verdrängte Daseinsängste und primitive Furcht auf sie übertragen. Also, was macht der Pflanzenforscher, wenn es ihn doch einmal erwischt?

- Der Magen ist sobald wie möglich zu entleeren, indem man den Finger in den Rachen steckt, sich mit einer Feder im Hals kitzelt oder indem man ein Brechmittel verabreicht, zum Beispiel warmes Essig- oder Senfwasser oder Ipekakuanha-Sirup. Ist der Vergiftete jedoch bewusstlos, sollte man das unterlassen, damit er nicht beim Brechen am Auswurf erstickt. Nach dem Übergeben sollte sehr viel Wasser getrunken werden, um den Verdauungskanal auszuspülen und das verbliebene Gift zu verdünnen.
- Man neutralisiert das Gift oder vermindert die Aufnahme, indem man Tierkohle – 20 bis 50g in einem Glas Wasser – verabreicht.
- Gerbstoffe, wie sie in einem starken Schwarztee vorkommen, wirken bei Alkaloidvergiftung als Gegengift. Sie flocken

die eiweißhaltigen Alkaloidstoffe aus. Bei Zyanvergiftungen, wie sie sich durch den Verzehr von bitteren Mandeln und den Kernen von Kirschen, Pfirsichen oder Pflaumen ergeben, hilft eine massive Dosis (fünfzigmal die Dosis des eingenommenen Gifts) von Vitamin B_{12} (Cyanokobalimin).

Das »Universelle Gegengift«, das *Mithridatum*, das in vielen alten Kräuter- und Magiebüchern erwähnt wird, scheint ins Reich der Fabel zu gehören. Das Mithridatum geht auf den König von Pontes (Kleinasien), Mithridates VI. (120–63 v. Chr.), zurück. Dieser König war dadurch giftgefeit, dass er von klein auf jeden Tag das Blut von Enten trank, denen man verschiedene Gifte ins Futter gemischt hatte. Das mag ihn vor Vergiftungen bewahrt haben, aber nicht vor den Römern, die sein Reich bedrängten. Um der Schmach der Gefangenschaft und dem Triumphzug durch die römische Hauptstadt zu entgehen, stürzte er sich in sein Schwert.

Pflanzen, die lieber Tiere wären

In den Lehrtexten steht, dass Pflanzengifte vorrangig Abwehrmittel gegen Scharen hungriger Herbivoren und fressgieriger Insekten sind. Eine solche Ansicht scheint aber eher eine auf die Natur übertragene darwinistische Phantasie ängstlicher Akademiker zu sein. Wir erleben nämlich, wie schnell sich der relativ einfache Stoffwechsel der Insekten auf DDT und andere sogenannte »Pflanzenschutzmittel« einstellen kann. Außerdem gibt es viel mehr Pflanzengattungen, die ganz und gar auf Giftabwehr verzichten. Auch zeigen Forschungen, dass Insektenausscheidungen eine wohltuende Wirkung auf ihre Wirte haben. Von Kühen begraste Weiden wachsen besser als die unbegrasten. Pflanzen und Tiere sind eben nicht Konkurrenten im erbarmungslosen darwinistischen

Kampf ums Dasein. Die Natur entfaltet sich als Koevolution, im Miteinander, nicht im Gegeneinander.

Pflanzengiftsubstanzen sind lediglich Ausscheidungsprodukte, Absonderungen der Stoffwechselvorgänge. Da Pflanzen keine besonderen Ausscheidungsorgane wie Leber, Nieren oder Lungen besitzen, speichern sie diese Stoffe in besonderen Zellen in ihren Stängeln, Wurzeln oder Blättern, wo sie mit organischen Säuren zu Salzen neutralisiert werden.

Man kann das Giftigwerden bestimmter Arten auch aus der Stellung der Pflanze im Naturganzen, aus ihrem Platz in der aristotelischen Stufenleiter der Wesen heraus in den Griff bekommen. Die Pflanze vermittelt zwischen der »toten« Gesteinswelt unter ihr und der beseelten Tierwelt über ihr. Pflanzenwurzeln lockern und beleben das Gestein, indem sie mit ihm ringen. Am anderen Pol, beim Blühen und dem Hervorbringen von Frucht und Samen, streckt sich die Pflanze zum Tierreich hin. Duftende Blütenkelche öffnen sich den Bienen und Schmetterlingen und nehmen dabei ihre Eigenschaften so weit an, dass Rudolf Steiner mit Recht beobachten konnte:

Schaue die Pflanze!
Sie ist der von der Erde gefesselte Schmetterling.
Schaue den Schmetterling!
Er ist die vom Kosmos befreite Pflanze.[37]

Samen sind selber oft »beflügelt«, oder sie sind hartschalige Nachahmungen von Käfern. Die urbildliche Pflanze öffnet sich dem Licht und der Wärme, die ihr aus dem Kosmos zuströmen, hat aber keine inneren Organe wie die Tiere, um dieses Kosmische zu verinnerlichen. Ein schwacher Versuch der Organbildung findet in den Blütenkelchen und Samenhülsen statt, aber dabei bleibt es auch: der Sprung zur Beseelung, zur Verinnerlichung, zum Tierwerden scheitert.

Dies ist schon früh in der Embryonalentwicklung veranlagt. Pflanzen und Tiere fangen mit dem befruchteten Ovum an und entwickeln sich zur Hohlkugel *(Blastula)*. Aber da scheiden sich schon die Wege: Bei den Tieren stülpt sich diese Zellkugel ein und formt die Anlage des Leibesinneren, in dem die Organe sich ansiedeln können. Derartige Innenorgane bleiben der Pflanze versagt. Der äußere Kosmos, Wind, Wetter und Jahreszeiten sowie außerirdische Einstrahlungen bestimmen das vegetative Leben, nicht innere zentralgesteuerte Organe. Selbstverständlich hat der Makrokosmos ebenfalls einen gewaltigen Einfluss auf das Leben der Tiere. Verfolgen wir aber die Entwicklungsstufen vom Wurm zum Säugetier, so erleben wir eine zunehmende Emanzipierung von den äußeren Einflüssen, zunehmendes Empfindungsvermögen, gepaart mit zunehmendem Bewusstsein. Es ist zweifellos eine Entwicklung zum Beseeltsein hin, zum Mikrokosmos der inneren Gefühle, der Emotionen, der bewussten Zuneigungen und Abneigungen. Ist es wirklich zu weit gegriffen, wenn wir annehmen, dass Tiere »inkarnierte« Seelen haben, während das, was wir bei den Pflanzen »Seele« nennen, von außen her auf sie einwirkt? Schon die Alten lehrten, dass die Seelen der Pflanzen von den Sternen (griech. *aster* = Stern; daher »Astralität«) her bewirkt werden. Dieselben alten Weisen sagten daher, dass die »Aster«, die vom Himmel aus Einfluss auf die Pflanzen ausüben, beim Mikrokosmos Mensch (und bei den Tieren) von innen als Organe wirken.

Was hat das aber mit unserem Thema der Giftpflanzen zu tun? Wir folgen hier den Gedankengängen Rudolf Steiners, der die Beobachtung macht, dass diejenigen Gewächse, die giftiger Natur sind, »zu stark astralische Impulse in sich aufgenommen haben«, dass sie sozusagen »begierig sind, tierische Eigenschaften anzunehmen«. Sie sind unzufrieden, nur als ätherische Lebenserscheinungen zu existieren. Sie wollen den nächsten Schritt der Evolution vorwegnehmen.

»Normale« Pflanzen entwickeln sich im Jahreskreislauf nach einem ausgewogenen Schema. Als Abbild der Sonnen-, Mond- und Erdenverhältnisse sprießen sie aus ihrer Knospenhülle, wenn der Lenz sie wachküsst, wachsen freudig, bis sie nach geraumer Zeit zu blühen anfangen, und erzeugen im Herbst ihren Samensegen. Die Gift- und Heilpflanzen dagegen sind ebenso abartig oder außergewöhnlich wie die Krankheitszustände, die sie heilen, oder wie die Schamanen und Zauberinnen, die sie anwenden. Die Christrose *(Helleborus)* und die Zaubernuss *(Hamamelis)*, zwei mächtige Heilpflanzen, blühen im Winterschnee. Die Herbstzeitlose und die Pilze verstecken sich fast das ganze Jahr hindurch im Erdboden, als ob sie sich von den zwingenden Einflüssen des Sonnenhöhenflugs befreien wollten. Die Pilze, diese Wunder psychotropischer Chemie, scheinen fast gar nichts mit der Sonne zu tun haben zu wollen. Sie bilden nicht einmal grüne Blätter, sondern leben tierähnlich als Saprophyten von Fäulnis oder als Schmarotzer von anderem Leben.

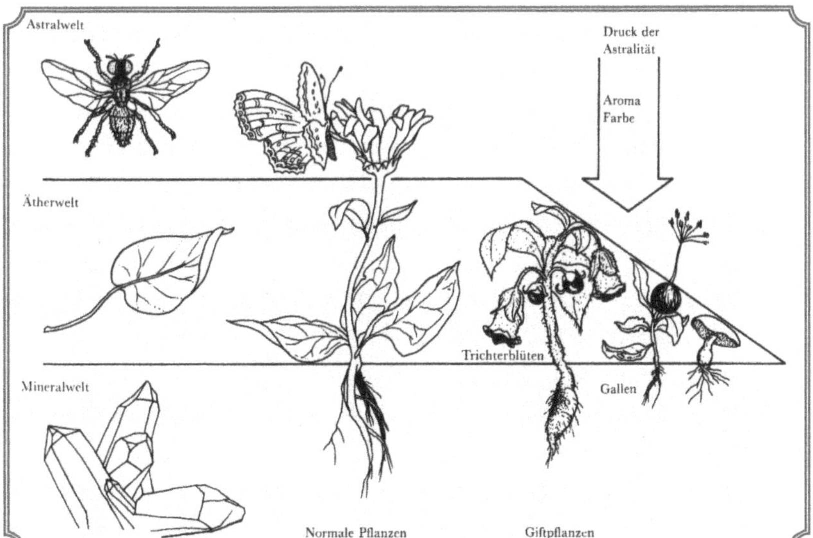

Inkarnation des Astralischen in Giftpflanzen

Nur wenn die Witterung feucht ist, weckt sie der Mond. Dann recken sie ihre bunten Häupter aus dem Dunkel hervor, versenden trillionenfach ihre Sporen und vergehen ebenso schnell, wie sie entstanden.

Das rege saftstrotzende Wachstum der grünen Pflanze ist Ausdruck der reinen ätherischen Bildekraft. Die Astralität wirkt darauf hemmend. Das wird offensichtlich, wenn man betrachtet, wie das zügige Wachstum der Vegetation sich gegen den Blütenpol zu verlangsamt und dann ganz aufhört; denn hier im Bereich der bestäubenden Insektenwelt stößt es an die Grenze zum Reich der beseelten Wesen. Da lässt seine Kraft nach. Über diese Schwelle kann die Pflanze nicht. Das Wachstum findet lediglich einen Abschluss in der Samenbildung und sinkt erschöpft zurück, um im nächsten Jahreskreislauf sich von Neuem in ätherischer Lebenskraft zu entfalten.

Aber da gibt es eben diese verwegenen Giftpflanzentypen, die sich doch über die Schwelle in ein »tierisches« Dasein schummeln, die Astralisches in sich aufnehmen wollen. Bei typischen Vertretern dieser zur Giftbildung neigenden Pflanzen, bei den Nachtschatten, Schmetterlingsblütlern oder Wolfsmilchgewächsen, hört das kräftige vegetative Wachsen keineswegs mit dem Blühen auf. Das Astralische schießt sozusagen in das Weben der ätherischen Kräfte hinein oder, um es anders auszudrücken, die astralen Kräfte werden direkt in die ätherischen Lebensbereiche hineingesogen, gierig, wie ein Säufer den Alkohol in sich hineinkippt. Und wie dieser verlieren auch diese Pflanzen oft ihre Aufrichtekraft; sie werden zu Kriechern oder Schlingpflanzen oder nehmen eine krampfhaft rigide Haltung an, wie die Wolfsmilchgewächse mit ihrer übertrieben geometrischen Struktur.

Je stärker die Astralität hineinpulsiert, umso tierähnlicher gebärden sich die Pflanzen, erzeugen organähnliche Gebilde – wie beispielsweise die durch Insektenstich verursachten Gallen – oder werden gar selber zu eiweißhungrigen Insektenfressern. Die kalifornische Krugpflanze (Darlingtonia) stülpt eine krebsrote, wie eine Kobraschlange aufgepuffte Haube über den Trichter, an dessen Grund Verdauungssäfte auf unvorsichtige Kerbtiere warten. Der Stich der Gallwespe ins flache grüne Blatt und die daraufhin folgende Entwicklung eines tierähnlichen roten oder gelben Hohlorgans ist wohl das eindeutigste Beispiel für den Einfluss der Astralität auf das ätherische Wachstum.

Wenn wegen Wasser- oder Nährstoffmangels oder durch den plötzlichen Einbruch herbstlicher Kälte die vitale Ätherkraft der Pflanzen zurückgedrängt wird, dann verfärben sich die Blätter bunt, und die Insektenschädlinge wagen sich merklich stärker an die Pflanzen heran. Auch hier zeigt sich das dynamische Kräfteverhältnis zwischen Astralität und Ätherizität. Bei den Giftpflanzen hat man auch ohne Nährstoffmangel oder Temperatursturz ähnliche Erscheinungen: Buntfarbigkeit, gallenähnliche Bildungen; dazu kommen tierische Merkmale: starke, oft unangenehme Dünste und Düfte, Stacheln und »Haare«, tief eingestülpte Blütenkelche und natürlich die toxischen, der animalischen Chemie verwandten Stoffwechselprodukte.

Die niederen Tiere, also die angrenzende Stufe der aristotelischen Scala naturae: Bienen, Wespen, Spinnen, viele Käfer, die wirbellosen Wasserbewohner, Quallen, Giftschlangen, weisen ebenfalls Giftstoffe auf. Darüber, bei den entwicklungsgeschichtlich höher stehenden Vögeln und Säugern gibt es keine Gifttiere. Wir finden die Giftstoffe eben an diesem Übergang, an der Schwelle vom Pflanzlichen zum Tierischen, wo das Ätherische und das Astrale sich überschneiden.

Schreiten wir weiter zu ätiologischen Erwägungen. Erkrankt der Mensch, so handelt es sich um eine Unausgeglichenheit zwischen dem Ätherleib und dem Astralleib, also zwischen den vegetativen Lebensprozessen und dem seelischen Steuerungsvorgang.

Physiologisch ist dieser Steuerungsvorgang eng mit den Funktionen des Mittelhirns, des limbischen Systems und besonders des Hypothalamus verbunden. Hier wird zwischen dem inneren Haushalt der Drüsen und dem autonomen Nervensystem einerseits und den inneren und äußeren Reizen, den Emotionen (das heißt starken Stress-, Hass-, Sucht-, Leidenschafts- und anderen seelischen Zuständen) andererseits vermittelt. Giftpflanzen, die ja zugleich die stärksten Heilpflanzen sind, verraten dem geschulten Auge ein ebenso absonderliches Verhältnis zwischen dem Astralen und Ätherischen, wie man es beim Kranken findet. Da sie eine ähnliche Signatur haben, bringt man sie miteinander, entweder allopathisch oder homöopathisch, in Verbindung.

In diesem Licht erscheinen uns die getrockneten Spinnen, Quallen, Tigerpenisse, Schlangenbouillons, Krötenhäute und anderen unappetitlichen Mittel, die man in den chinesischen Apotheken neben dem Sortiment giftiger und weniger giftiger Kräuter sieht, auch nicht mehr so abwegig. Es sind eben diejenigen Pflanzen und niederen Tiere, in denen das astrale und das ätherische Prinzip sonderlich vermischt sind, die unsere besten Heilmittel ausmachen. Krötenhaut enthält zum Beispiel Bufotoxin, eine Steroidverbindung mit digitalisähnlicher Herzwirkung, also einer Wirkung, die der von Fingerhutpräparaten gleicht. Bienengift enthält ebenso wie die Brennnessel Ameisensäure und wirkt therapeutisch als Antirheumatikum – Imker haben keine Rheumabeschwerden. Diese Ansicht rückt wohl auch die Sudelköcherei der alten Hexen in ein besseres Licht – all die Schlangen, Kröten, Spinnen und Giftpflanzen, die bei günstigen Mondverhältnissen in die Kessel kamen. Das Gerücht, Schmalz von den Leibern christlicher Wickelkinder sei zur Herstellung von Kräutersalben verwendet worden, geht wohl aufs Konto der Inquisitoren.

Rudolf Steiner gibt in diesen Bereichen interessante Anregungen, mag man sich auch an seiner Pädagogenmentalität manchmal stoßen. In seinem Weltbild sind auch die chemischen Elemente Abdrücke übersinnlicher Weltprinzipien auf physischer Ebene. Da ist Kohlenstoff Träger der physischen Struktur in Pflanzen, Sauerstoff Träger des Lebens (Manifestation des Weltäthers) und Stickstoff Träger des Astralisch-Seelischen in der Erscheinungswelt. Ohne Sauerstoff kein Leben; ohne Stickstoff kein Empfinden, kein Seelen- und Gemütsleben.[38]

Nun trifft es aber auch tatsächlich zu, dass das tierische Gewebe viel mehr Stickstoff (Eiweißverbindungen) enthält als das pflanzliche. Pflanzen bestehen bis zu 97% aus Wasser (H_2O) und Luft (CO_2), also aus Kohlenstoff (C), Sauerstoff (O) und Wasserstoff (H). Die vergleichsweise viel geringer vorhandenen Elemente, darunter Stickstoff (N_2), sind eher Katalysatoren oder Durchgangselemente, die an Stoffwechselvorgängen beteiligt sind und sich in den Samen als Aminosäuren oder pflanzliche Eiweiße ansammeln. Mit einem Stickstoffüberschuss werden die Pflanzen kaum fertig, weil ihnen, wie gesagt, die Ausscheidungsorgane fehlen.

Alkaloidpflanzen entpuppen sich als diejenigen, die einen besonderen Hang zu ungewöhnlichem Stickstoffstoffwechsel und ungewöhnlicher Stickstoffakkumulation haben. Nitrogene Stoffwechselzwischenprodukte werden durch Säuren neutralisiert und gespeichert. (Wenn wir diese Pflanzen einnehmen, lösen wir die neutralisierten Gifte durch unseren Stoffwechsel wieder auf!) Was da neutralisiert und abgelagert wird, sind »entartete« Aminosäuren und »degenerierte« Eiweißstoffe, die wir schlechthin Alkaloide nennen. Rudolf Hauschka, Vorsteher des WALA-Heilmittel-Laboratoriums, verdeutlicht diesen Degenerationsvorgang des Eiweißes durch das Aufreihen der kruden Bruttoformeln verschiedener Giftpflanzen[39]:

Eiweiß	C_7	H_{11}	$O_{2,5}$	N_2
Coffein	C_7	H_9	O_2	$N_{3,5}$
Atropin	C_7	H_9	O	$N_{0,5}$
Morphin	C_7	H_8	O	N
Strychnin	C_7	H_7	O	N
Nikotin	C_7	H_{10}	-	$N_{1,5}$
Cyan	C_7	-	-	N_7

Hauschka konstatiert mit dieser Reihe den fortschreitenden Verlust der Lebensstoffe (Sauerstoff und Wasserstoff) in Richtung der Leichengifte (Ptomaine). Ptomaine-Vergiftungen wirken ähnlich wie Atropin-, Strychnin-, Kolchizin- und andere durch pflanzliche Alkaloide verursachte Vergiftungen.

Wir können ohne Weiteres sagen, dass die ungewöhnliche Astralität der Alkaloidgewächse beim Menschen stark dort eingreift, wo Leib und Seele ineinander übergehen. Drogen dieser Pflanzen können betäuben *(Narkotika)* oder Schmerz lindern *(Anästhesia, Analgetika)*, können das Gemüt oder bestimmte Leibesfunktionen beruhigen oder reizen, können Traum oder Wahn auslösen *(Psychosomimetika, Psychedelika)* und Schlaf oder Hellwachsein erzeugen. Es sind alles Einwirkungen auf das Seelenleben und auf Seelenfunktionen.

Die giftigsten Pflanzen

Hier ein kurzer Überblick über die giftigsten Pflanzen:

1. An erster Stelle der folgenschweren Vergiftungen stehen die Pilzvergiftungen, die zustande kommen, wenn man leichtsinnigerweise ähnlich aussehende Arten verwechselt. Als besonders heimtückisch erweist sich der Knollenblätterpilz, den man leicht mit dem Egerling (Champignon) verwechselt. Die Vergiftungserscheinungen treten erst 8 bis 40 Stunden später ein. Da ist es bereits zu spät! Leber und Nieren sind schon irreparabel geschädigt! Da hilft auch kein Brei aus Kaninchenmagen und -hirn, wie es ein Volksheilmittel verschreibt. (Selbstverständlich sind Pilze keine Pflanzen, sondern gehören einem gänzlich anderen Naturreich, den *Fungi*, an. Allgemein werden sie jedoch als »Pflanzen« betrachtet.)

2. Die Familie der Doldenblütler, die uns mit Gemüsen (Fenchel, Möhren, Sellerie usw.), Gewürzen und Heilpflanzen reichlich beschenkt, reicht uns auch einen Strauß äußerst giftiger Gewächse. Am giftigsten ist der gefleckte Schierling, dessen Saft dem gotteslästernden Vernunftmenschen Sokrates 399 v. Chr. vom Ältestenrat Athens als Todesurteil verordnet wurde. Das Alkaloid *Coniin* lähmt Muskeln, Nerven und Atmung, wobei Bewusstsein und Herztätigkeit jedoch bis zuletzt erhalten bleiben. Das Kältegefühl, das von unten herauf den Leib hoch zieht, bezeichnete der sterbende Philosoph als die herannahende Kälte des Hades. Zum Glück hat diese Giftpflanze eine merkwürdige Signatur: einen abstoßenden, an Mäuseharn erinnernden Geruch und kränklich aussehende weißlich-grüne Stängel (!), die rot-lila gefleckt sind. Insgesamt hat sie eine eher graue Aura. Die griechischen und arabischen Ärzte stellten Schierlingstinkturen gegen Geschwüre, Ischias und Hodenentzündungen her. Die Drüsentätigkeit wird dadurch stark gehemmt: Äußerlich angewendet kann die Tinktur den Milchfluss zum Versiegen bringen und vorzeitigen Samenerguss *(Ejaculatio praecox)* verhindern. Schierlingsumschläge um die Hoden kommen einer Kastration gleich. In kundigen Händen wird dieses schreckliche Gift zu schmerzstillender und beruhigender Medizin.

Ein ebenso giftiger Doldenblütler ist der Wasserschierling *(Cicuta virosa)*. Unerfahrene Sammler können mitunter seine Wurzeln mit wildwachsenden Pastinaken oder anderen Knollen verwechseln. Der Genuss führt zu Schwindel, Berauschung, Pupillenerweiterung, Krämpfen, unstillbarem Durst, Zungenlähmung, Keuchen und schließlich zum Tod oder – in einem mir bekannten Fall eines Cheyenne – zur permanenten Behinderung. Ein Stückchen Wurzel, nicht größer als eine Walnuss, kann schon ein Rind töten. Aber auch hinter dieser schrecklichen Giftpflanze steht die Heilpflanze, deren Präparate bei Starrkrampf, Gicht, Rheumaschmerzen und Krebs eingesetzt werden.

Zur selben Familie gehört die giftige Hundspetersilie *(Aethusa cynapium)*, die gelegentlich als Gartenunkraut (!) wächst. Sie sieht der Petersilie ähnlich, riecht aber unangenehm, und die Blätter sind heller und glänzender.

3. Die Nachtschattengewächse stehen den berüchtigten Doldenblütlern in der Giftigkeit um nichts nach. Es ist naheliegend, dass die Benennung dieser Familie von den Nachtschatten – furchteinflößenden Nachtgespenstern – abgeleitet ist.

Die Tollkirsche *(Belladonna atropa)* hat wohl mehr Menschen umgebracht als der Schierling. Zehn ihrer nachtschwarzen Beeren bringen den erlösenden Tod, nachdem der Unheilbare von Durst, Schwindel, Wahnsinn und Muskelstarre geplagt worden ist.

Bilsenkraut *(Hyoscyamus niger)* – auch Teufelsauge, Schlafkraut, Hühnertod, Zigeunerkraut genannt – hat einen ekelhaften, rohen Geruch, klebrige, zottig behaarte Blätter und einen schmutzigrandigen Blütenkelch mit violettem, nach geronnenem Blut aussehendem Blütenboden: Wer würde sich das schon einverleiben wollen? Symptome der Vergiftung sind Durst, Kopfschmerzen, Schwindel, Übelkeit, Wahnsinn, Muskelstarre und Koma. Aber die mittelalterlichen Hexen und die Schamanen wussten das Bilsenkraut als Schlüssel zur Elementarwelt zu benutzen, als Flug- und Zauberdroge, ebenso wie den Stechapfel *(Datura stramonium)*. Ein trockener Rachen, verschwommenes Sehvermögen, heiße, trockene Haut – alles Zeichen der Aktivierung des sympathischen Nervensystems – wurden hingenommen, um sich in Tiere zu verwandeln und durch die Lüfte zu fliegen.

4. Auf feuchten Wiesen und in schattigen Wäldern begegnen wir krautigen Pflanzen mit buttergelben, lila oder blauen Blüten und interessanten Blättern, die in laufender Metamorphose von fleischig runden Laubblättern in Blütenblätter übergehen, die Hahnenfüßen

ähneln. Und da haben wir auch ihren Namen erraten: Hahnenfußgewächse. Trotz ihres freundlichen Grüns sind die verschiedenen Hahnenfüße, Trollblumen, Dotterblumen, Rittersporne, Küchenschellen und Windröschen mehr oder minder giftig. Viele sind ätzend scharf, verursachen Hautbrennen, Blasen, sogar Geschwüre. Die hübsche blauviolette Kuhschelle kann, wenn man sie einnimmt, den Verdauungskanal entzünden, Nieren und Herz angreifen.

Aber kein Hahnenfuß kann den Eisenhut oder Sturmhut *(Aconitum)* an Giftigkeit übertreffen. Bei den alten Germanen hieß diese Pflanze mit den helmförmigen oberen Hüllblättern ihrer blauen (oder gelben) Blüten Tyrshelm oder Wolfsbane. Tyr (Ziu) war der Gott, der den Fenriswolf bezwang, indem er ihm mutig seinen Arm in den Rachen legte, damit die anderen Asen das Untier fesseln konnten. Die Pflanze war also ein Wolfstöter, mit dessen Gift Köder vergiftet wurden. Wilde keltische Krieger beschossen die Römer mit Pfeilen, die mit diesem Gift bestrichen waren. Plinius nennt das Eisenhutgift »pflanzliches Arsen«. Aus dem Speichel des dreiköpfigen Höllenhundes Cerberus, sagt man, habe die Erzzauberin Hekate die Pflanze gemacht. Auf der Insel Cheos wurden einst nutzlose Alte zu einem aus dieser Wurzel bereiteten Trunk verdammt – klassische Altersfürsorge!

Das Alkaloid Akonitin ist so giftig, dass ein Fünfzigstel Granum (1 granum = 65 mg) einen Vogel tötet, ein Zehntel Granum (6,5 mg) einen Hasen in fünf Minuten erledigt und zwei bis vier Gramm frische Wurzel einen Erwachsenen töten – falls dieser die fleischige Wurzel mit Meerrettich oder Sellerie verwechselt und sie kostet. Schon wenn der Saft der Wurzel durch einen kleinen Ritz in die Haut eindringt, bringt dies Hautkribbeln, Übelkeit, Atemschwierigkeiten, Blässe und unregelmäßigen Herzschlag mit sich. Als Gegenmittel wirken, falls genügend Zeit vorhanden ist, Atropin, eine Digitalisinjektion, Magenspülungen und Einläufe mit verdünntem Branntwein.

Das Christopherkraut *(Actaea spicata)* ruft ebenfalls Übelkeit, Erbrechen, Darmentzündung und Delirium hervor, wenn man es einnimmt. Den Cheyenne-Indianern ist es ein heiliges Kraut, dessen Wurzel sich in den allerheiligsten der Medizinbündel befindet. Bei jeder Zeremonie und jedem heiligen Tanz nehmen die Tänzer ein Stückchen Wurzel in den Mund, denn das Christopherkraut ist der mythische Stammvater und Kulturheros »Sweet Medicine« *(Motsi'iun)* selber. Als Motsi'iun mit der Schöpfung fertig war und nachdem er 445 Jahre mit seinem Volk verbracht hatte, verschwand er unter der spiegelnden Oberfläche eines Sees. Er ließ jedoch diese heilige Pflanze zurück mit den Worten: »Das ist mein Leib, auf dass ihr mich nicht vergesst!« Ein verbündeter Sioux-Medizinmann, der im vorigen Jahrhundert einem Sonnentanz beiwohnte, nahm bei der Zeremonie ein Wurzelstückchen in den Mund. Da er nicht wusste, dass er nicht schlucken sollte, starb er einen qualvollen Tod. Winzige Mengen der Wurzel werden von stillenden Müttern als Aufguss getrunken, damit ihren Kindern die Kraft und Weisheit Motsi'iuns in der Milch übertragen wird. Bei uns benutzte man eine Wurzeltinktur bei Gelenkrheumatismus und bei gewissen Frauenkrankheiten in homöopathischer Dosierung.

5. Zu den besonders giftigen Pflanzen gehören auch einige Liliengewächse. Die Herbstzeitlose *(Colchicum autumnale)* ist ebenfalls ein »pflanzliches Arsen«. Zwar kann der Apotheker daraus Tinkturen für die Arthritis- und Krebstherapie gewinnen – sie enthält eine Substanz, die die Zellteilung hemmt. Fünf ihrer Samen jedoch sind bereits tödlich. Das Maiglöckchen *(Convallaria majalis)* enthält ein Herzgift. Der weiße Germer *(Veratrum album)*, den man früher gerne als Abführ-, Schwitz-, Brech- und Niesmittel bei Cholera und anderen schweren Krankheiten, die »heroische« Mittel erforderten, verwendete, ist ein Mordgift, mit dem man auch einst Pfeile präparierte. Ein bis zwei Gramm des trockenen Wurzelstocks

oder zwei bis drei Blätter verursachen den Tod. Besonders gefährlich ist diese Pflanze, weil sie leicht mit dem gelben Enzian verwechselt werden kann. Also, Nachtschatten, Doldenblütler, Lilien, Hahnenfüße, Wolfsmilchgewächse, Schmetterlingsblütler und natürlich auch die Pilze – der angehende Kräutermensch kenne sie gut, dass sie niemandem ein Leid antun!

VII. Die Weisheit der Frauen

Man hieß sie Heid, wo ins Haus sie kam,
das weise Weib: sie wusste die Künste:
sie behexte Kluge, sie behexte Toren;
immer ehrten sie arge Frauen.

Edda, Der Seherin Gesicht

Liest man die Berichte der Völkerkundler und betrachtet man die Tonscherben, Kohle- und Knochenreste der Urgeschichtler, findet man immer wieder die Tatsache bestätigt, dass Männer anderen Aufgaben nachgehen als Frauen. Bei den Urvölkern gehören Großwildjagd, Feld- und Weidewirtschaft sowie das Kriegshandwerk in den Lebensbereich der Männer, während Kräuterheilkunde, Gartenbau und Kochkunst vorwiegend von den Frauen betrieben werden. Wir haben keinen Grund anzunehmen (wie es einige Romantiker, Marxisten und Feministen so gerne tun), dass ein urtümliches Matriarchat unabhängiger, promisker Weiber nach Amazonenart einst über die Ursippen geherrscht hat, um dann später von besitzergreifenden Männern und dem Patriarchat überrumpelt zu werden.

Nüchterne Anthropologen vertreten dagegen die Meinung, dass die Menschen in den Jahren ihres Wildbeuterlebens ihre Arbeit auf möglichst praktische Art eingeteilt haben. Da fiel den Frauen, die oft schwanger waren oder ein Kind auf dem Arm trugen, die Arbeit des Feuerholz-, Wurzeln-, Früchte- und Kräutersammelns zu.

Den Männern, die über längere Schritte und etwas mehr Muskelkraft verfügten, oblag es, dem Wild nachzupirschen oder Feinde in die Flucht zu schlagen. In den »primitiven« Gesellschaften ist es immer noch so.[40]

Neuere Forschungen zeigen, dass die Knollen, Beeren, Nüsse und Wildgemüse, die die Frauen auf ihren täglichen Sammelausflügen herbeischaffen, rund 80% der Gesamtnahrung der Wildbeuterstämme ausmachen. Das Fleisch, das die Männer erjagen, ist dagegen eine Seltenheit. Es wird zeremoniell, die Regeln der Verwandtschaftsbeziehungen berücksichtigend, verteilt. Dabei kann es vorkommen, dass der Jäger, der das Wild eigentlich erlegte, keinen oder nur einen ganz kleinen Teil mitbekommt. Fleisch als Eiweißquelle wird also als etwas Besonderes behandelt – wie immer noch bei uns der Sonntagsbraten (bei den Nordeuropäern zerteilt der Hausherr immer noch in Gegenwart der ganzen Familie den Festtagsbraten). Die pflanzliche Nahrung ist dagegen eine alltägliche, gewöhnliche Angelegenheit, zum engeren Familienherd gehörig.

Dieses Muster lebt auch bei den sesshaften Pflanzervölkern weiter: Männer jagen – Wild wie Köpfe. Frauen, nun matrilinear organisiert, pflanzen Jams, Cassava, Taro oder Mais zusammen mit ihren Schwestern, Nichten und Töchtern. Die Felder, die der Mutterlinie (Matriclan) gehören, liegen nahe bei den Häusern, wo man ein Auge auf spielende Kinder oder streunende Haustiere haben kann, wo gekocht, getöpfert, gesponnen, gewebt und gefärbt wird.

In den späteren bäuerlichen Gesellschaften befassen sich die Bäuerinnen mit Haushalt, Kleinvieh, Garten, Kleidung und Wäsche, dem Kochen und der Heilkunde. Die Männer übernehmen die Sorge für die großen Herden und das schwere Pflügen der Felder, machen Politik und befassen sich mit der Außenwelt.

Aus diesem Überblick geht hervor, dass es hauptsächlich das Weibervolk war, das sich mit den Pflanzen und Kräutern befasste.

Eine vieltausendjährige Erfahrung mit den schweigenden grünen Geschöpfen der Erdenmutter ist Bestandteil und Erbe der traditionellen Frauenkultur. In den Jahrhunderttausenden, in denen sich die Kulturentwicklung vollzog, entwickelte sich so etwas wie eine Männerkultur und eine Frauenkultur. Diese ergänzten und befruchteten sich gegenseitig und sind auf keinen Fall antagonistisch zu verstehen. Da webten die Männer – im europäischen Mittelalter – das Garn, das die Frauen gesponnen hatten, oder es bemalten die Frauen die Truhen mit Blumenmotiven, die die Männer getischlert hatten.

In dieser Gliederung haben die Völker teil am Aufbau des Universums: Männer- und Frauenwelt sind die Sonnen- und Mondhälften der Schöpfung, Yang und Yin, Purusha und Prakriti. Diese Einteilung wird in jeder Generation mit Hilfe von Einweihungsritualen und Schulungen erneut gestaltet. Ältere Männer erziehen die jungen, lehren sie die Geheimnisse der Jagd, der Waffen, der Stammesgesetze und den Umgang mit den andersweltlichen Wesenheiten. Die harte Schulung endet mit Mannbarkeitsriten, wobei Schamanen oder Priester die Ausdauer, den Mut und das erworbene Wissen auf die Probe stellen. Maskentänze, Schwirrhölzer, Rasseln und Trommeln, zusammen mit bewusstseinsverändernden Drogen, bringen dabei das Übersinnliche in greifbare Nähe. Bei den Mädchen geht es nicht so streng zu. Schon früh helfen sie den Müttern, Tanten und Großmüttern. Dabei lernen sie allmählich, wo und zu welcher Jahreszeit die besten Wurzeln wachsen. Sie lernen die heilenden und zauberhaften Pflanzen kennen. Sie erfahren die Geheimnisse der *Magna Mater*: Liebeszauber, Fruchtbarkeit, Geburt, Stillen, Entwöhnen, Monatsbluten und vieles andere, was die Männer gar nicht interessiert oder für sie tabu ist.

Dieses Wissen wird selbstverständlich nicht vermittelt wie naturwissenschaftliche Kenntnisse, sondern beruht auf einem täglichen Miterleben, das seine Bestätigung in den Bildern der

Legenden, Mythen, Erzählungen, im Tanz und in bildlichen Darstellungen findet. Bei besonders begabten Frauen scheint es, als ob die Ahnfrau, die Göttin selbst, sich in ihnen verkörpert und durch sie spricht. Eine solche Frau wird als »femme sage«, »witch-woman«, als weise Frau oder Schamanin verehrt. Bei uns gab es einst auch diese magischen Frauen, als Hebammen, Dorfbasen, Badnerinnen, Heilkundige und Seherinnen erschienen sie.

Es gab aber auch, und gibt es noch, Regeln, die verhindern sollen, dass das Heilwissen in geschlechtsbestimmte Esoterik zerfällt. »Heilformeln soll man anderen nur insgeheim, ohne Zeugen mitteilen; Frauen bloß Männern, Männer bloß Frauen«, heißt es in einem von Jacob Grimm festgehaltenen Spruch.[41] Es ist tatsächlich auch oft so, dass Männer ihre Heilgabe von Frauen erhalten. Schon der Recke Wate lernte die Heilkunde von einem Weibe, wie es im Gudrunlied heißt: »Sie haeten in langer zite d vor wol vernomen, daz Wate arzet waere von einem wilden wibe!«

Liebeszauber

Für die männliche Hälfte des Menschengeschlechts ist der Zeugungsakt eine einfache, unumwundene Angelegenheit. Schon die einfache Vorstellung – ein Playboy-Foto genügt – eines jungen, hübschen, langbeinigen, großbusigen, hilflosen oder sonstwie ausgestatteten und zugerichteten weiblichen Wesens regt zur Fortpflanzungstätigkeit an. Nach Befriedigung verebbt die Erregung ebenso schnell, wie sie kam.

Für die weibliche Hälfte der Menschheit ist der Zeugungsakt dagegen bloß der schlichte Anfang eines jahrelang dauernden Sexualgeschehens: Es folgen neun Monate Schwangerschaft, Wochenbett und bis zu drei Jahre Stillzeit. Rein physiognomisch muss die weibliche Sexualität viel »innerlicher« sein als die des Mannes.

Diesbezügliche Themen haben Frauen auch schon immer viel mehr interessiert als die Abstraktionen, mit denen sich die Männer herumschlagen: Sogar emanzipierte Wissenschaftlerinnen, wie die Anthropologin Margret Mead, verfassen Schriften und sammeln Statistiken, die mit dem Freien, Buhlen, Kinderkriegen, Stillen und leider auch mit Abtreibungen und Verhütung zu tun haben. Frauenkräuter, Geburtskräuter, Schönheitskräuter, Liebeszauberkräuter und Weissagekräuter waren daher schon seit Urzeiten den weisen Frauen bekannt und begleiteten den weiblichen Lebensweg.

Die jungfräuliche Maid legte sich gerne zum Johannesfest ein Hartheuzweiglein unter das Kissen, damit ihr liebster Schatz ihr im Traum erscheinen würde. In England war es die Schafgarbe, die im Mittelalter *supercillium veneris* (Augenbrauen der Liebesgöttin Venus) hieß, mit der der Wahrtraum beschworen wurde. Dazu murmelte das Mädchen im Zauberton:[42]

Thou pretty herb of Venus' tree, thy true name is Yarrow,
now who my bosem friend may be, pray tell me tomorrow.
(Du schönes Kraut vom Venus-Baum, dein wahrer Name ist Garbe,
Nun wer mein Allerliebster ist, bitte zeige es mir Morgen.)

Auch zum Traualtar begleiten Kräuter die junge Frau. Besonders gerne steckte man Rosmarinzweige in den Brautkranz – als Pflanze der Liebesgöttin Aphrodite galt Rosmarin schon im Altertum als fruchtbarmachend und lebenserhaltend. Beifuß (geweiht der Artemisia, der Beschützerin der Geburt) und Raute streute man der Braut in die Schuhe, damit kein Unhold ihr etwas Unrechtes tue. Die Jungfer, die beim Hochzeitsfest den Brautkranz auffängt, den die Braut in die Menge wirft, wird bald darauf auch heiraten. In der Mark Brandenburg murmelte die Braut während der Traurede des Pfarrers:

Mann, ich habe Senf und Dille,
Wenn ich rede, schweigst du stille!

Stellt es sich heraus, dass der Mann ein Schürzenjäger oder jähzornig ist und dass er weder durch Minne noch durch Zaubergesänge oder durch Kochkunst zu besänftigen ist, gibt es noch stärkere Pflanzenmagie. Ein Manuskript aus dem 15. Jahrhundert berichtet von der Besprechung einer Alraunwurzel:

Alrawn du vil güet
Mit trawrigen müet
Rüef ich dich an
Daz du meinen leidigen man
bringst darzue
das er mir kein leid nimmer tue.

Es sollte nicht erstaunen, dass im Zusammenhang mit der Magna Mater – wie immer sie auch erscheinen mag: als Freya, Ishtar, Isis, Demeter, Parvati oder Heilige Jungfrau – der ithyphallische Gott in der esoterischen Frauenkultur eine wichtige Rolle spielt. Die »Hexen« Europas, Vermittlerinnen eines uralten Fruchtbarkeitskultes, feierten orgiastische Feste in wilden, entlegenen Gegenden (Brocken, Blocksberg, Blockula in Schweden, Puy-de-Dôme in Frankreich), wobei sie den gehörnten Gott umtanzten, dessen Phallus zur Vereinigung ständig bereit war. Aus der Antike und dem Nahen Osten hören wir von den Kulten des Adonis, Attis oder Tammuz. Trunkene, ekstatische Mänaden tummelten sich mit Dionysos, Pan und den hörnernen Satyrn. Überall unter den mächtigen Banyanbäumen Indiens, in Tempeln und an den Gestaden der Flüsse sieht man das *Lingam*, das gewaltige zeugende Glied des großen Shiva, wie es aus der *Yoni* (Vulva der Göttin) kraftstrotzend herausragt. Täglich beim Sonnenaufgang sieht man, wie das

Frauenvolk liebevoll das Lingam-Yoni mit frischen Blumen und Blättern des Bel-Baumes umlegt, mit *Ghee* (geklärter Butter) oder *Sindur* (rotem Ocker) bestreicht, mit Gangeswasser begießt, mit Reis bestreut und es singend und Mantras sagend im Uhrzeigersinn umwandelt.

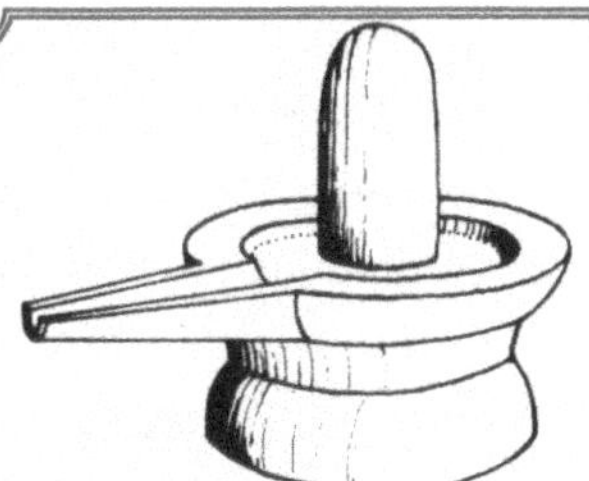

Lingam-Yoni

In der westlichen Welt haben Kirche, besonders in ihrer puritanischen Variante, Aufklärung und die Prüderie des viktorianischen Zeitalters die Kulte der Fruchtbarkeit und Zeugungskraft durch die Riten der lebensfeindlichen technokratischen Zivilisation abgelöst.

Die simplen Wildbeuterstämme, Pflanzer und Hirtenvölker kennen alle den Liebeszauber durch Amulette und Kräuter. Erotika und raffinierte Aphrodisiaka spielen eine große Rolle, hauptsächlich in komplexen Gesellschaften, in denen das Heiratsalter in das dritte Jahrzehnt verlegt wird, oder wo die sogenannte Vielweiberei herrscht. In überbevölkerten Agrarländern wie China oder Irland, wo der Brauterwerb teuer ist und vieler Jahre bedarf, oder in Afrika, wo oft mehrere Frauen von einem Gatten befriedigt werden müssen, beschäftigt man sich mit potenzsteigernden Mitteln am meisten.

Zu den Pflanzen und Pilzen der Liebesgöttin gehören jene, deren Aussehen an den Phallus gemahnt, wie die gemeine Stinkmorchel *(Phallus impudicus)*. Aus einem sogenannten Hexenei erhebt sie sich wie eine Erektion; aus dem Köpfchen tropft der stinkende sporentragende Schleim. Eine überaus stark beeindruckende Signatur! Auf Ähnlichkeitsdenken oder »mystische Partizipation« geht auch der Gebrauch phallisch prall angeschwollener Gemüse wie Spargelspitzen, Süßkartoffeln oder Möhren zurück; ebenso wie der hodenähnlicher Gestaltungen wie Knoblauchzehen, Trüffel oder der Doppelknolle der einheimischen Orchidee (griech. *orchis* = Hoden), dem Knabenkraut; ebenso der Gebrauch von

Pflanzen, deren fischartiger Geruch an die der Geschlechtsteile erinnert, wie das stinkende Mutterkraut *(Chenopodium vulvaria)* oder die gelbe Wiesenraute, die angeblich nach vergossenem Samen riecht; genauso wie von Kräutern, die an erogene Körperstellen erinnern, wie der Venusnabel *(Umbilicum rupestris)*, dessen Blätter dem Nabel einer Frau ähneln sollen. Man vergesse auch nicht die Alraune *(Mandragora)*, die, als Wurzelmännlein oder -weiblein mit allen Geschlechtsmerkmalen versehen, angeblich aus dem Samenerguss eines Gehenkten erwächst. Im Alten Testament lesen wir, wie sie von Rachel zu Verführungs- und Fruchtbarkeitszwecken gebraucht wurde. Unter den Frühlingsblumen soll besonders das Stiefmütterchen *(Viola tricolor)* – die Engländer nennen es »Love-lies-bleeding«, »Love Idol«, »Cuddle-Me« – die Menschen liebestoll machen. Man vergesse auch nicht die mit Muskat, Nelken und anderen duftenden Kräutern parfümierten Liebesbäder der mittelalterlichen Blütezeit.[43]

Wissenschaftler, auf ewiger Suche nach den chemischen Wirkstoffen, haben nur Nasenrunzeln und mitleidiges Lächeln für solche dubiosen Liebeselixiere übrig. Sie weisen auf sogenannte Liebesmittel, die früher einmal in Mode waren: Spanische Seeleute glaubten, es sei der Kakao, der die Indianermädchen so mannstoll mache; lange hegte man den Verdacht, dass Tomaten (Liebesäpfel!) und Kartoffelbeeren ebenso wirkten. Ja, doziert der Psychologe, jede Neuheit, Seltenheit oder Kostbarkeit, jeder teure, exotische Gaumenkitzel – Trüffeln, Champagner, Kaviar, Austern – könne den Eros beflügeln. Es sei eben alles nur Einbildung! Aber was vermag die Einbildung nicht alles! Für feinfühlige Seelen genügt ein zartes Kräutlein, als Amulett um den Hals getragen. Gröbere Naturen ohne viel Einbildungskraft bedürfen eben unsanfterer Mittel, die stark bis in die Physis greifen, um sich anzuregen.

Zu den letzteren gehört das Kantharidin, eine hautreizende Drüsenabsonderung der Spanischen Fliege, die die Blutgefäße im

Becken anschwellen lässt, eine schmerzhafte Erektion des Penis oder der Klitoris mechanisch verursacht und dabei die Nieren und den Darm schädigt. Ebenso grob ist die Urtikation, das Beschlagen der Geschlechtsteile mit der Brennnessel – ein Vorgehen, das sich besser zur Behandlung von Rheuma bewährt. Pflanzenschleime, die die mechanische Reibung mildern oder die Schleimhaut desensibilisieren und daher zu einer zeitlichen Verlängerung des Aktes führen, sind auch gefragt. Salep, aus den hodenähnlichen Knollen des Knabenkrauts gewonnen, ist nicht nur schleimig, sondern von einem regelrechten erotischen Nimbus umgeben: Es ist die Nahrung der Satyrn. Das Knabenkraut, dessen Blüten einer Vulva ähneln, gehört nach astrologischer Auffassung zur Venus und wurde nach der griechischen Legende durch die Vereinigung einer Nymphe mit einem Satyr gezeugt.

Die wahrhaftigen Liebestränke, die die Liebenden beflügeln, wirken nicht auf grob mechanische oder physikalische Weise, sondern entbinden die Phantasie, die sensuelle Bilder in den Seelen aufsteigen lässt. Darin verstanden sich die alten Hexen besonders gut. Sie benutzten nicht nur symbolträchtige Pflanzen in ihren Liebestränken, sondern solche, deren Alkaloidgehalt den Menschen leicht in halbtranceartige Zustände versetzt, in denen unterdrückte, unbewusste Wünsche zur Geltung kommen und Suggestionen nicht widerstanden werden kann. Um das zu erzielen, griffen sie mit Vorliebe zu den Nachtschattengewächsen: Tollkirsche, Stechapfel, Bilsenkraut (in Analogie übertrug man die Erwartung erogener Wirkung auch auf andere Nachtschatten, nämlich die Tomate und die Kartoffel).

Von den Insekten bis zu den Säugern verströmen brünftige Weibchen verlockende Düfte, die in den Männchen automatisch die Begierde aufkommen lassen. Wirken die Parfüme, Cremes, Badezusätze und anderen aus Blumen und Pflanzenteilen gewonnenen, alchemistisch aufbereiteten Duftstoffe, mit der uns eine

Milliardenindustrie überhäuft, nicht ähnlich? Da gibt es etwas für jeden Geschmack, vom unschuldigen Veilchenduft bis zum betörenden »Odor di Femina«.

Übergangsriten und die Kunde der weisen Frauen

Ehe die Herren Doktoren und Chirurgen das Recht der Geburtshilfe an sich rafften und das Gebären zur Krankheit und zum Geschäft machten, waren es die weisen Hebammen, die der Wöchnerin beistanden. Ihr Amt hatten sie von ihren Müttern, Großmüttern und Urgroßmüttern geerbt. Damit waren ein Generationen überspannendes Wissen um die Frauen im Dorf und ein tiefes Vertrauen vorhanden. Sie wussten, in welchen Familien besondere Schwierigkeiten zu erwarten und welche Vorkehrungen zu treffen waren. Sie konnten die Kräuter individuell dosieren und die seelsorgerischen Zaubersprüche zielgerecht anwenden.

Ihr Wissen war auch im Allgemeinen vollkommen genug, dass sie selten ein Kind verloren. Kindersterblichkeit wurde erst später, zu Beginn der Neuzeit, problematisch.[44] Da verbluteten Mütter wegen unnötiger chirurgischer Eingriffe, Kinder wurden durch Zangen deformiert, und das Kindbettfieber grassierte. Letzteres – das konnte Ignaz Semmelweis 1847 beweisen –, weil sich der Arzt nach Leichensezierung oder ähnlicher schmutziger Arbeit mit ungewaschenen Händen ans Wochenbett oder zur Vaginaluntersuchung begab.

Doch trotz ihres erfolgreichen Wirkens musste die Hebamme dem »Fortschritt« weichen. Sie war lediglich ein Überbleibsel eines abergläubischen Zeitalters. Kräuterkundig und zaubermächtig, war sie einst eine Priesterin, deren Aufgabe es war, jungen Seelen über die Schwelle ins Diesseits zu verhelfen. Oft suchte sie in pechschwarzer Nacht zur günstigen Sternstunde ein besonderes Kraut. Oft musste sie tief in der Nacht durch Feld und Hain zur Entbindung eilen. Sie schien im Dunkeln sehen zu können, über die Nachtschatten zu gebieten und brauchte sich nicht, wie das gemeine Volk, vor den Nachtgeschöpfen, den Eulen und Fledermäusen zu fürchten.

Bei den Indogermanen, wie bei vielen Naturvölkern, leitete die weise Frau den heiligen Vorgang, der die Ahnenkette neu knüpft. Während der Wehen löste man in Haus und Hof alle Knoten, schnürte Bänder auf und öffnete Schlösser und Türen. Während der ganzen Zeit sprach sie Zauberrunen (später waren es fromme Gebete). »Schutzrune lerne, wenn du schwangere Frauen von der Leibesfrucht lösen willst«, heißt es in der Edda. Lieder konnte sie singen, die die Seelen der Anwesenden beruhigten und Schutz gegen Trud, Mahr und Schratt gewährten. Weissagen konnte sie und die Zeichen, die sich einstellten, deuten.

Die Hebamme legte das neugeborene Kind auf den Erdboden, um in »mystischer Partizipation« – wie es Anthropologen nennen – anzudeuten, dass das Kind ebenso aus der Mutter Erde geboren wird wie aus dem Schoß der leiblichen Mutter. Ein Kind hatte demnach immer drei Mütter: diejenige, die es neun Monate lang unter dem Herzen trug, die Mutter Erde und die mittlere Mutter (engl. *midwife* = mittleres Weib), die als Hebamme (althochdt. *hebban* = heben + *ana* = Ahnfrau, Großmutter) auch die Ahnfrau darstellt. Dreimal in Sonnenrichtung umwandelte die Hebamme das auf dem Boden liegende Kind – dreimal, wie auch die arischen Priester das heilige Feuer. Dabei schaute sie, ob das Kind auch lebensfähig sei. Dann hob sie es auf, zeigte dem Kind den Mond, die Sterne oder die Sonne, die Bäume, Tiere und Berge der umliegenden Natur und verband es auf diese Weise mit dem Makrokosmos, ehe es dem Vater in die Arme oder der Mutter an die Brust gelegt wurde. Die Sippe dankte der gütigen Frau mit Wecken und verzierten Broten, die bei den alten Germanen krötenförmig gebacken waren. (Die Kröte galt als Symbol der Gebärmutter, der Frosch als Embryo oder Neugeborenes, das der Storch Adebar aus dem Ursumpf hervorholt.)

Kräuter spielten bei Schwangerschaft und Geburt immer eine Rolle. Sie gehören auch mit zu den Nahrungsmitteln, die auf der ganzen Welt während der Schwangerschaft eingenommen werden. Cheyenne-Frauen trinken Tee von der Bitterwurz (*Lewisia rediviva*, eine Gattung der *Portulacaceae*), die von einer angesehenen alten Frau, deren Leben nicht durch Unglück getrübt wurde, gesammelt wird. Eine amerikanische Hebamme verschreibt den adstringierenden, gewebefestigenden Himbeerblättertee, der einen Monat vor dem Kreißen täglich getrunken werden soll, damit sich die Gebärmutter leichter auf die Wehen einstellen kann. Manchmal wird kurz vor der Niederkunft harntreibender Petersilientee gegeben, der jedoch auch zur Abtreibung missbraucht werden kann.

In schwierigen Fällen hatten die alten Hebammen das Mutterkorn *(Claviceps purpurea)* zur Hand, welches Kontraktionen der Gebärmutter bewirkt, das Kind schnell und schmerzlos ans Tageslicht bringt und größeren Blutverlust verhindert, indem es anschließend das Blutgewebe der Gebärmutter zusammenzieht, das heißt die Kapillargefäße verengt. Mutterkorn ist aber gefährlich. Es kann nur von einer Wissenden angewendet werden, und zwar im dritten Stadium der Wehen, sonst kann es der Tod der Mutter und des Kindes sein. Mutterkorn ist ein schmarotzender Pilz, der die Roggenähre befällt. In Brot gebacken hat dieser Pilz einst viel Unheil gestiftet. Als »heiliges Feuer« oder Antoniusfeuer gingen die Vergiftungen ganzer Gemeinden in die alten Chroniken ein. Krämpfe, Geisteswirren (Mutterkorn enthält LSD) und Durchblutungsstörungen, die Finger und Zehen absterben lassen (Wundbrand), veranlassten die Betroffenen, den heiligen Antonius als Nothelfer anzurufen. Dieser frühchristliche ägyptische Einsiedler, der erfolgreich dem Ansturm ganzer Höllenheere widerstand, die seine Zelle in

Flammen aufgehen ließen, würde wohl auch mit diesem unsichtbaren Feuer fertig – glaubten die Bauern.

Duftende »Frauenkräuter« oder »Marienkräuter« streute man häufig der Wöchnerin ins Bett. Beifuß, Mariendistel, Frauenflachs, Bettstroh, Quendel, Johanniskraut, Frauenminze, Gänseblümchen, Mariengras und andere Heilkräuter erfreuten und erfrischten nicht nur, sondern hielten durch Neid und Missgunst verursachten Schadzauber fern und verhinderten die Unterschiebung eines Wechselbalgs durch böse Eiben, Zwerge oder Zauberer.

Sitzbäder und Waschungen mit Frauenmantel, Kamille (*Matricaria chamomilla*; von lat. *mater, matrix* = Mutter, Gebärmutter) und anderen Frauenkräutern werden nach der Geburt zur Reinigung der Geschlechtsteile vorgenommen. Mit einem Tee aus Petersilienblättern oder Beifuß wird die Nachgeburt ausgetrieben. Durch Wickel mit Frauenmantel-, Efeu- oder Schachtelhalmaufgüssen gewinnen die überdehnte Bauchdecke ihre Straffheit und die Beckenmuskeln ihre Geschmeidigkeit wieder.

Muttermilch – verwandelte Blutsubstanz, die dem Säugling Gesundheit für Leib und Seele mitgibt – fließt manchmal nicht reichlich genug. Auch da wissen die kräuterkundigen Frauen Abhilfe. Kräuterbiere und -tees aus den Samen verschiedener Doldenblütler (Dill, Anis, Kümmel, Fenchel oder Möhrensamen: 30 bis 50 g pro Liter Wasser, drei Tassen täglich) lassen den Lebensborn nicht versiegen. In Südeuropa und dem Balkan wird die Geißraute (*Galega officinalis*; griech. *gala* = Milch + *agein* = treiben) als Tee (20 g blühendes Kraut pro Liter Wasser, drei Tassen täglich) zur Förderung der Milchabsonderung getrunken. Eisenkraut, Dill, Kümmel und Basilikum sollen in ähnlicher Weise wirken.

Um den Milchfluss zu drosseln, legt man Umschläge aus einer Abkochung des Immergrüns *(Vinca minor)* auf die Brüste. Dasselbe erzielt man mit Wickeln frischer, erhitzter Blätter des bittersüßen Nachtschattens *(Solanum dulcamara)* oder mit Kompressen frischer zerdrückter Schwarzerlenblätter *(Alnus glutinosa)*, auch mit Kerbel, Minze, Bingelkraut, Rainkohl (*Lapsana communis*; engl. »nipplewort« = Brustwarzenkraut), Vogelmiere, Petersilie und gewöhnlichem Kreuzkraut *(Senecio vulgaris)*. Schließlich werden zum Entwöhnen des Kleinkinds bitter schmeckende Kräuter auf die Brüste gestrichen. Dem Kind wird mit einem Märchen klargemacht, warum es nicht mehr so weitergehen kann. So erzählen afrikanische Mütter beispielsweise, dass eine Hexe die Milch gestohlen habe.

Für Frauenleiden verschiedener Art hat Venus ein ganzes Arsenal bereitgestellt. Gegen Weißfluss *(Leucorrhoea)* gibt es adstringierende, keimhemmende Aufgüsse, die als Scheidenspülung lauwarm (Körpertemperatur) eingeführt werden können. Da kommen sofort Frauenmantel, Kamille und Schafgarbe in den Sinn; aber auch Schlangenknöterich *(Polygonum bistorta)*, kriechender Günsel *(Ajuga reptans)*, Eichenrinde, Mistel, Quittenblätter, Gilbweiderich *(Lysimachia vulgaris)*, Walnussblätter, Brombeerblätter und Sanikel (*Sanicula europaea*; lat. *sanare* = heilen).

Bei zu starker Monatsblutung hilft Sauerdorn; bei schmerzhafter Blutung *(Dysmenorrhoea)* der Dost, die Edelraute *(Artemisia abrotanum)*, die Römische sowie die Echte Kamille und die krampflösende, harntreibende Rinde des gewöhnlichen Schneeballs *(Vibrum lantanta)*. Bei zu schwacher Blutung werden Andorn *(Marrubium vulgare)*, Beifuß, Fieberklee, Gänsefingerkraut, Himbeerblätter, Kamille, Kreuzkraut, Löwenschwanz, Ringelblumen und viele andere zu Hilfe genommen.[45] Als regelfördernden Tee empfiehlt die Allgäuer weise Frau Susanne Fischer Rosmarin, Weinraute, Frauenmantel, Eisenkraut und Kamille.[46]

Schmerzenden Brüsten werden zwanzig Minuten lang geraspelte Möhren oder angewärmte Kerbelblätter aufgelegt, oder sie werden eine halbe Stunde lang mit einer Kompresse aus gekochten Sellerieblättern oder Storchenschnabelblättern *(Geranium robertianum)* bedeckt. Auch für Hängebrüste hatte man Rezepte: Frauenmanteltinktur, Quendelabsud oder Hirtentäschelabsud.

Ähnliche Kräuteranwendungen lassen sich als Bestandteil der traditionellen Frauenkultur in allen Kulturkreisen aufweisen. David Zeisberger, der im 18. Jahrhundert als Missionar der Mährischen Brüdergemeinde bei den nordamerikanischen Waldlandindianern lebte, bringt in seinem Tagebuch sein Erstaunen zum Ausdruck, dass bei den Wilden die Geburt leicht und unkompliziert vor sich gehe und dass die alten Weiber zahlreiche pflanzliche Mittel kennen würden, um die Wehen zu erleichtern und die Milchsekretion zu fördern. Diese Tatsache war für den Europäer schwer zu fassen, da sein Glaube verlangte, dass das »Weib in Schmerzen gebären« soll, als vom zornigen Jehova auferlegte Strafe für die Ursünde.[47]

Massenhafte Empfängnisverhütung ist wohl ein modernes Anliegen. Die sogenannte Bevölkerungsexplosion ist eine neuzeitliche Erscheinung. In ursprünglichen Gesellschaften war das Leben, insbesondere das Menschenleben, heilig. Der Säugling wurde als Wiederverkörperung der Ahnen, als Bereicherung der Gemeinschaft, als künftige Hilfskraft willkommen geheißen. Dennoch wurde in vielen archaischen Gesellschaften der Abstand zwischen den Kindern ausgedehnt, besonders bei Wildbeutern und Nomaden, die in Harmonie mit oft delikaten Ökosystemen lebten, weniger in Bauerngesellschaften, die Arbeitskräfte benötigten. Die Cheyenne, ein nomadischer Großwildjägerstamm, hegten die Überzeugung, dass sich die Zeugungskraft der Eltern erst nach sieben Jahren vollständig erhole. Edle Familien, die auf moralisch und physisch vollwertige Nachkommen bedacht waren, mieden während dieser Jahre den geschlechtlichen Verkehr.[48] Viele Völker fordern Enthaltsamkeit während der ein bis drei Jahre des Stillens. Andere wiederum beachten den lunarischen Menstruationszyklus, indem sie während der »heißen« empfängnisfreudigen Tage, wenn der Eisprung erfolgt, nicht miteinander schlafen. Schließlich war das Aussetzen von kränklichen, lebensunfähigen Neugeborenen bei vielen Völkern, nicht nur den alten Römern und Griechen, eine Gepflogenheit.

Die Isländer behielten sich ausdrücklich das Recht vor, die Sitte der Kindesaussetzung beizubehalten, als sie um die Jahrtausendwende das Christentum annahmen.[49]

Selbstverständlich kannten die Hebammen neben den fruchtbarkeitssteigernden auch die fruchtabtreibenden Kräuter. Die von den Pharmakonzernen angeheuerten Ethnobotaniker sind ihnen dabei auf der Spur. Man sucht sichere, profitträchtige Verhütungsmittel ohne schädliche Nebenwirkungen. Die südamerikanische Aloe, die Poleiminze, der Rainfarn, das Mutterkorn, die Petersilie, die Traubensilberkerze *(Cimifuga racemosa)*, der Beifuß und der unangenehm riechende Sadelbaum *(Juniperus sabina)*, Stinkwacholder oder Dämonenbaum, den man im Elsass Unglücksbaum nennt, gehören zu den vielen Pflanzen, die einen Schwangerschaftsabbruch einleiten können. Sie sind aber alle riskant, die meisten davon stark giftig. Die Indianer des Westens benutzten den auch in Europa wachsenden Steinsamen (*Lithospermum* spp.) zur Empfängnisverhütung. Ein Auszug aus den steinharten Samen dieses Rauhblattgewächses bringt den normalen Zyklus des Eierstocks eine Woche lang zum Stocken, indem er das von der Hirnanhangdrüse stimulierte Sexualhormon unwirksam macht.

Die neulich aufgestellte These, dass die mittelalterliche Kirche und Staatsmacht die weisen Frauen als Hexen vor allem deswegen verbrennen ließ, weil diese Empfängnisverhütung, freie Sexualität und Lust ohne Kinderkriegen propagierten und dadurch die patriarchalische Ordnung bedrohten, trifft wohl nicht ganz zu. Die Unterstellungen der dominikanischen Inquisitoren bezüglich Impotenz durch Nestelknüpfen, Beischlaf mit Incubi oder Succubi und »Verderben der Frucht« reichen nicht zu diesem Schluss. Die These ist wohl eine auf die Vergangenheit übertragene neuzeitliche Problematik.[50]

Das Kräuterwissen als Bestandteil der weiblichen Kultur wurde in den Spinnstuben, beim Wäschewaschen am Bach, ja sogar in den bürgerlichen Kaffeekränzchen weitervermittelt. Außer Priestern oder neugierigen Gelehrten kümmerten sich kaum Männer um diese »Weiberdinge«. Die Überlieferungen der Kräuterkunde gehen – zusammen mit Märchen, Wiegenliedern, Rätseln und Spielchen, mit denen man die Kinder zu Bett brachte, sie aufweckte, ihnen Lebensweisheiten mitgab – in vorchristliche Zeiten zurück und erhielten sich trotz übereifriger Mönche, prüder Reformer und fantasieloser Aufklärer. Dem Ansturm des Industrie-/Technologie-/Geschäftszeitalters, das die Menschen ihrem Boden entriss und sie in Büros und Fabriken der Städte pferchte, das die Sippen- und Familienbande auseinanderzerrte, Herd und Heimat zum Kitschbegriff verkommen ließ, das die Alten zu Narren macht, die man in Altersheime steckt, und die Kinder jahrelang in langweilige Institutionen sperrt, die man Schulen nennt, konnte die Frauenweisheit nicht standhalten. Da hat das Doktorenkollegium die alten Wehmütter beseitigt und dabei die Schwangerschaft zur spitalreifen Krankheit gemacht, die Betäubung und Chirurgie verlangt. Das Stillen wurde kommerziell ausgebeutet, wobei geschickte Werbung der Multis die Mütter weltweit aufklärte, dass das Säugen ihre Brüste deformiere und die wissenschaftlich zusammengestellte Babyformel sowieso viel mehr Nährstoffe und Vitamine als die Muttermilch enthalte. In der sogenannten Dritten Welt, wo zwar die Formel modern ist, wo es jedoch oft an heißem Wasser zum Waschen der Babyflaschen mangelt, wirkte sich die Formelnahrung katastrophal aus: Viele Säuglinge starben.

Für alle Frauenangelegenheiten ließen sich die Herren Studiosi etwas einfallen. Hängebrüste erhielten durch Silikoneinpflanzungen wieder die gewünschte straffe Form – leider wandert der Kunststoff und verursacht Ausbuchtungen an falschen Stellen. Unregelmäßige Menstruation kann mit der »Pille« geregelt werden – was aber leider selten gesagt wird, ist, dass dieses Wundermittel so stark in den feingestimmten Hormonhaushalt hineinpfuscht, dass die Gefahr von Thrombosen- und Tumorbildung besteht.[51] Und die Spirale, diese »würdige Nachfolgerin« der Antibabypille? 1985 verklagten über 12.000 Frauen eine Herstellerfirma. Jahrelange schwere Unterleibsinfektionen und daraus resultierende Unfruchtbarkeit waren Folgen dieser mit Widerhaken versehenen, in die Gebärmutter eingeführten Plastikdinger.

Für jene Leser, die sich intensiver mit den Frauenkräutern, ihren Wirkungen, Signaturen und Anwendungen beschäftigen wollen, sei auf das Lexikon der Frauenkräuter von Margret Madejsky hingewiesen. (Siehe Bibliographie)

Pflanzen zum Färben

Ehe sich die Tuchmacher zu Zünften zusammenschlossen, war es in der Regel das Frauenvolk, das sich mit dem Spinnen, Weben und Färben beschäftigte. Das sollte uns nicht überraschen, denn die Herstellung der Kleidung, die den Menschen wie eine schützende Hülle umgibt, gehört wie andere für- und vorsorgende Tätigkeiten zur weiblichen Sphäre: die Pflege des heiligen Herdes (der ja oft als Ahnensitz gedacht wird); das Bereiten der Nahrung und das Brotbacken, das die Gesundheit der Familie gewährleistet; die Pflege der Kranken, der Kinder und Alten! Die Kleidung hatte für den Menschen ja nie bloß zweckmäßigen Charakter: In jeden Dreh der Wirtel oder des Spinnrads, in jeden Stich der Nähnadel, in jede Masche floss ein Gedanke, ein keuscher Wunsch, eine Hoffnung der Frau mit in den Stoff hinein. Oft waren es auch Lieder oder gar Zauberworte, die bei der Arbeit geäußert wurden.

Beim Färben ist es ebenso. Nie wurden die Farben willkürlich nach dem neusten abstrakten Modegeschmack gewählt. Farben gelten überall als Ausdruck übersinnlicher Kräfte. Ihre Eigenschaften übertragen sich auf die Träger. Universell haben die Farben archetypischen Charakter: Blau ist der Himmel, Rot das Blut, Schwarz die Nacht, Grün das Gras, Braun die Erdscholle, Gelb die Sonne und Weiß die Milch oder der männliche Samen. In jedem Volk hatten die Grundfarben noch zusätzliche Bedeutungen. Neun – dreimal die heilige Drei – Hauptfarben kannten die alten Indogermanen; fünf die Chinesen; vier die Uramerikaner. In der mittelalterlichen Welt kannte man sieben, analog zu den sieben Planeten, sieben Wochentagen und dem siebenfarbigen Regenbogen. Rot wird da zum Inbegriff der Liebe; Blau ist die Treue; Weiß die Unschuld; Schwarz die Trauer und das Alter; Grün die Hoffnung oder der Neid; Gelb ist Reichtum oder auch Neid.[52]

Bei den Farben der traditionellen Kleidung wurde nichts der Willkür überlassen. Sie zeigen den gesellschaftlichen Stand an, das Alter, den Heimatort, den Ehestand und vieles andere. Das sanfte Braun der mitteleuropäischen Trachten bringt die liebevolle Verbundenheit mit der Scholle, das Grün die damit verbundene Zuversicht und Hoffnung zum Ausdruck. Da die Frauen die Farbtöne aus den Pflanzen der umliegenden Wiesen, Wälder und Felder gewannen, hatten die Trachten einst einen unverwechselbaren eigentümlichen Charakter, ebenso wie das einheimische Bier, das Brot, die Hausform und die Mundart. Es war, als ob die Natur der jeweiligen Landschaft ihre Menschen ebenso mit den heimatlichen Farben schmückte wie die Blumen, Schmetterlinge oder Vögel. Das kräftige Rot und Blau der lappländischen Tracht zum Beispiel rührt von der im hohen Norden wachsenden Lackmusflechte her. Wie das Lackmuspapier erzeugt sie in einer alkalischen Beize Blau, in einer aziden Rot.

Die Färbepflanzen wurden gesammelt oder in Gärten neben den Faserpflanzen, dem Lein und Hanf, angebaut. Seit der Steinzeit haben die Europäer den Färberwaid *(Isatis tinctora)*, einen Kreuzblütler, der nun vergessen an Wegrändern wächst, zum Färben bevorzugt. Die britischen Kelten färbten nicht nur ihre Gewänder mit dem Waid, sondern ritzten ihre Haut und rieben den Saft hinein, der dann blaue Markierungen hinterließ. Die blautätowierten Krieger zogen nackt in die Schlacht – um die magischen Zeichen nicht zu verdecken – und erschreckten die Römer nicht schlecht, wie wir bei Caesar lesen können:

> *Alle Britannier aber bemalten sich mit Waid, der eine blaue Farbe erzeugt und ihren Anblick im Kampfe umso schrecklicher macht.*
> (Caesar, Der Gallische Krieg, Buch V, 14)

Je nach der Stärke der Flüssigkeit, der Art der Beizmittel und der Behandlungsdauer kann mit dem Waid schwarz, tiefblau oder hellblau gefärbt werden. Zusammen mit Färberwau *(Reseda luteola)*, einer gelbfärbenden Resedenart, erzielt man verschiedene Grünschattierungen. Die geschickte Handhabung dieser Färbemittel (»sächsisches Grün«) machte die Stoffe der thüringisch-sächsischen Tuchmacher weit über die Landesgrenzen begehrt. Das Gelb des Wau verlieh einst den Roben der jungfräulichen Vestalinnen, die das heilige römische Staatsfeuer hüteten, seine edle Farbe. Andere Gelbtönungen stammten von der Apfelbaumrinde, dem Schöllkraut, Labkraut, Maiglöckchen, den Weidenblättern und dem Färbeginster *(Genista tinctora)*, der zudem als harntreibendes, abführendes und brechreizerzeugendes Heilmittel verwendet wurde. Rotschattierungen ergaben sich aus den Roten Beten, aus Labkrautwurzeln und Stechpalmblüten. Eine Unzahl von Gewächsen färbte grün, darunter Spinat, Brennnessel und Wegerich. Neben Waid verwendete man auch Heidelbeeren und die Stängel des Buchweizens, um Blau zu färben. Kirschbaumwurzeln und Holunderbeeren geben ein Rotblau. Mit Löwenzahnwurzeln und schwarzen Johannisbeeren kann man ein Rotviolett erzeugen. Die Pflanzen, mit deren Gerbsäuren man Leder gerben kann, geben den Stoffen rostbraune, beige, gelb-, rot-, hell- und dunkelbraune Töne. Die Mehrzahl dieser

Färbepflanzen sind gleichzeitig geschätzte Heilpflanzen. Dieselben Substanzen, die für das Färben verantwortlich sind, sind gleichzeitig diejenigen, die im Körper agieren.

Auch beim Waschen der fertigen Webereien kam ein Pflänzchen, das zugleich ein blutreinigendes, gallen-, harn- und schweißtreibendes Mittel ist, den damaligen Frauen zu Hilfe. Es handelt sich um das rosablühende Seifenkraut *(Saponaria officinalis)*. Dieses an Saponinstoffen reiche Kraut erweist sich als besonders schonendes Waschmittel für Wollfasern. In den Museen wäscht man alte Wandteppiche immer noch damit.

Mit dem Aufkommen des merkantilistischen Handels weichen die Seifenkrautfelder der Walker und die Waid- und Waubeete der Schönfärber den kräftigeren Färbemitteln des Orients. Eingeführt wurde Safran *(Crocus sativus)*, dessen Narben den leuchtend gelben Farbstoff enthalten, mit dem die buddhistischen Mönchsgewänder gefärbt werden. Es ist zugleich das teuerste Gewürz – 130.000 Blüten ergeben nur etwa zwei Pfund Safran! Florenz und Basel wurden durch den Safranhandel übermäßig reich. Aus dem Nahen Osten kam auch der Krapp *(Rubia tinctorum)*, ein Rötegewächs *(Rubiaceae)* wie das Labkraut und der Kaffeestrauch (hält man ein Glas schwarzen Bohnenkaffee gegen das Sonnenlicht, sieht man auch da die Neigung zur roten Farbe). Die Hosen der französischen Armeen und die Uniformjacken der Briten verdankten ihre Knallröte dieser Wurzel. (Zweck der blutroten Uniformteile war es, dass das verströmende Blut der von feindlichen Kugeln getroffenen Soldaten nicht auffiel; das half der Kampfmoral.) Krapp, das sich gut in Europa anbauen lässt, hat ebenso wie der Kaffee diuretische und adstringierende Eigenschaften, die sich günstig auf Nierensteine auswirken. Brasilholz, Indigo und andere eingeführte Färbemittel mussten aber schließlich auch das Feld räumen. 1867 wurde aus Kohlenteer die chemische Entsprechung des Farbstoffes im Krapp, das Alizarin, zum ersten Mal synthetisch hergestellt. Das Zeitalter der Petroleum- und Kohlenteerchemie stand wie ein Riese vor der Tür. Als es anbrach, war kein Platz mehr für die herkömmlichen Färbepflanzen, ebenso wenig wie für die alten Heilpflanzen: Damit wurde ein weiterer beträchtlicher Teil der altüberlieferten Frauenkultur der Vergessenheit überantwortet.

Faserpflanzen

Wer sich in der Völkerkunde oder Volkskunde auskennt, wer gern die Märchen der Gebrüder Grimm hört, dem entgeht nicht, welche wichtige Rolle die Faserpflanzen einst in der Frauenkultur gespielt haben, ehe Flachs *(Linum usitatissimum)* und Hanf *(Cannabis sativa)* von den Industriefasern und der Baumwolle verdrängt wurden. Schon der Anbau war Sache der Frauen. Beim Fastnachtstanz machten die Bäuerinnen besonders hohe Sprünge – so hoch sollte er wachsen – und riefen dazu: »Wachs, Flachs, wachs!« In Böhmen suchten sich die Frauen zum Fastnachtstanz die längsten Tänzer aus, damit der Flachs ebenfalls lang werde.

Mit Schürzen und Röcken, die so lichtblau waren wie die Flachsblüte, wurde die Leinsaat ausgesät. In einigen Gegenden wurde sogar splitternackt gesät oder wenigstens barfuß. Man achtete auf die Tierkreiszeichen: Der Mond sollte in den haarigen Zeichen, im Widder oder Löwen, sein. Ein Flachssegen wurde über die grünende Leinsaat gesprochen:[53]

Goot grieß dich, liewes Flächsla,
Goot ga dir a gut Gewächsla,
Und loß dich wachsa bis ans Knie
On noch a bisla wetter hin. (Schlesien)

Was da für Handfertigkeit dazugehörte, den Flachs zum strahlend weißen Leinen zu machen! Nach der Ernte musste er geriffelt, geröstet, gewässert und dann in der »Brechelstube« gebrochen werden. In Bayern gab es den Brechhaustanz, der den Takt der Arbeit begleitet und sinnbildlich nachahmt. Wenn der Flachs dann geschwungen und mit der Hechel gekämmt war, war er spinnfertig. Das Spinnen fiel in die dunkle Jahreshälfte nach Michaelis (24. September):

Michael steckt das Licht an
Das Gesind muss zum Spinnen ran.

Spindel und Spinnrad wurden zum Inbegriff des Weiblichen schlechthin. Die Magna Mater in ihrer nordeuropäischen Erscheinung als Frau Holle wird oft mit dem Spinnrad dargestellt. Man vergesse nicht, dass bei den Germanen und Kelten die drei Schicksalsmütter Spinnerinnen sind, die das Lebensgarn eines jeden lebenden Wesens, auch der Götter, hervorspinnen. In Grimms Märchen erscheinen die drei Nornen noch einmal als hässliche Spinnerinnen, eine mit einem Plattfuß vom Flachstreten, eine mit einer Hängelippe vom Fadenlecken und eine mit einem breiten Daumen vom Fadenzwirbeln.

In der Spinnstube wird eifrig gesponnen und dazu gesungen. Die Großmütter geben ihre Erfahrungen und Lebensweisheiten weiter, und alle Vorfälle und Ereignisse werden besprochen:

Was das ganze Jahr verschwiegen bleibt,
Kommt auf in der heiligen Brechtelzeit! (Kärnten)

Dabei schafft sich die Jungfrau den wichtigsten Teil ihrer Brautausstattung: die schneeweißen Leintücher, die dann stolz die Wäschetruhe füllen werden. Mit dieser Arbeit trägt sie ihren Fleiß und ihre Handfertigkeit zur Schau.

Spinn, spinn, spinn Tochter mein,
Morgen kommt der Freier dein!

Wenn ein Mädchen zwischen zwei Freiern zu entscheiden hat, kann sie in der Spinnstube eine Flachssträhne in der Mitte knoten und beide Enden gleichzeitig anzünden. Der Richtige wird derjenige sein, dessen Feuer zuerst den Knoten erreicht.

Am Gertrudentag (17. März) ist die Spinnzeit für das Jahr vorbei. Von der heiligen Gertrude, die als »erste Gärtnerin« auch Schutzpatronin der Gärtner ist, heißt es in Tirol:

Gertraud führt die Kuh zum Kraut,
das Ross zum Zug, die Bienen zum Flug.

Da sie angeblich durch ihr Gebet einst störende Mäuse und Ratten vertrieb, die sie beim andächtigen Spinnen störten, wird sie mit Maus und Rocken als Attribute dargestellt. So heißt es:

Getraud mit der Maus
Treibt die Spinnerin aus.

Auch um den Hanf gibt es zahlreiche Bräuche, die Aussaat und Ernte begleiten. Aus dem Hanfhahn, dem Geige oder Hemp, wie man die männliche Pflanze nennt, werden Säcke und gröbere Arbeitskleider gemacht, ebenso wie aus der verwandten Brennnesselpflanze. Vom Nesselstoff erfahren wir auch im Märchen der sechs Schwäne. Sechs Prinzen, die die böse Stiefmutter in Schwäne verwandelt, werden von ihrer treuen Schwester erlöst:

[...] die Bedingungen sind zu schwer. Du darfst sechs Jahre lang nicht sprechen und nicht lachen und musst in der Zeit sechs Hemdchen für uns aus Sternenblumen (Brennnesseln)

zusammennähen. Kommt ein einziges Wort aus deinem Mund, so ist alle Arbeit verloren. (Grimms Märchen)

Die Arme wird es schaffen, denn, so will es der Volksglaube, eine reine Jungfrau kann die stachlige Pflanze anfassen, ohne sich zu brennen! Die Nessel (das Wort ist mit »Netz« und »nähen« verwandt und geht auf die indogermanische Wurzel *ne* = knüpfen, weben zurück) wurde bei den Germanen vor der Einführung des Flachses zur Herstellung von Geweben aller Art benutzt.

Diese Gespinstpflanzen sind allesamt zugleich nützliche Hausmittel. Man denke an Leinöl oder Hanföl. Zerriebene angewärmte Leinsamen sind ein mildes, schonendes Abführmittel. Sie bewähren sich auch als Wickel bei Geschwüren und Furunkeln. Hanf ist ein wertvolles krampflösendes und beruhigendes Mittel. Ein Hanfblütenaufguss ist hilfreich bei Geschlechtskrankheiten (Tripper, Herpes) und bei Prostatitis oder Blasenentzündung. Die Brennnessel, deren Frühlingstriebe zu einer gutschmeckenden, vitaminreichen Suppe gekocht werden können, findet Heilanwendung als Blutreiniger, Haarwaschmittel und – wegen ihrer Toxalbumine – als Mittel gegen Rheuma und Ischias. Die schmerzenden Körperstellen werden mit frischen Nesseln geschlagen. Aus den gelblichen Wurzeln lässt sich eine Tinktur zur Behandlung von Prostata-Problemen herstellen.

Die Karde *(Dipsacus fullonum)* gehörte ebenfalls den Tuchmacherinnen. Mit den getrockneten Blütenköpfen wurde die Wolle gestrählt oder »gekardet«, um die Fasern in eine Richtung zu bringen, damit sie gesponnen werden konnten; auch benutzte man die Karden, um Mantelstoffe aufzurauhen und zu verfilzen, um diese wärmer zu machen. Auch bei dieser Pflanze handelt es sich um eine wichtige Heilpflanze. Ein Tee oder eine Tinktur aus der Wurzel entschlackt und treibt bakterielle Endotoxine aus dem Körper. Inzwischen wurde die Weberkarde als wirksames Heilmittel bei Borreliose wiederentdeckt.[54]

Im Dunkeln des Mondes

Wer die guten, heilkräftigenden Pflanzen kennt, kennt notwendigerweise auch die bösen, die tötenden. Die barmherzige gütige Magna Mater wirft einen dunklen Schatten als Hekate, Kali, Hel oder Lilith. Die berüchtigtsten Vergifter sind immer die Frauen gewesen. Den Männern – wenn es sich nicht um Feiglinge handelt – liegen die demonstrative Kraftanwendung und das Blutvergießen eher, wenn sie einen Rivalen oder einen Feind vernichten wollen.

Berühmt-berüchtigte Vergifter erscheinen in der Geschichte immer wieder. Nero holte sich die alte Giftmischerin Lokuste, um sich seines Rivalen Claudius zu entledigen. Ein manierlich zubereitetes Pilzgericht sollte ihm den Kuss des Todesengels vermitteln. Claudius erbrach die Speise aber sofort und schrie um Hilfe. Da eilte die falsche Alte mit dem vermeintlichen Gegengift herbei. Es war jedoch die bittere Wassermelone *(Citrullus colocynthus)*, die seine Därme auseinanderplatzen ließ.

Die bezaubernde Lucrezia Borgia ist wohl die bekannteste Giftmischerin der Renaissance, obwohl andere Damen, wie Katherina von Medici, die die italienische Giftkunst am französischen Hof einführte, ihr nicht weit nachstehen. So häufig verwendete man das meuchlerische Gift, dass man es leichtfertig »poudres de succession« nannte. Wehe dem unliebsamen Ehegatten!

In Indien war, im Gegensatz zu anderen Ländern, das Vergiften der Ehemänner so gut wie unbekannt. Das rührt wohl weniger vom Glauben her, dass der Ehemann die Inkarnation Gottes ist, als von der Tatsache, dass die Witwe sich, wenn sie aufrichtig war, auf den Scheiterhaufen ihres Mannes warf und sich mit ihm verbrannte, wie es der *Sati*-Brauch vorschrieb.

Das Kräuterbündel der Freya

Mit Hilfe des Seelenvogels Adebar holt die Hebamme das Kindlein aus dem Ursumpf. Mit ihrer Seherkraft begleitet sie die neue Seele, die vom Mond aus, sich durch das Tor der Gebärmutter ringend, in das Licht der Welt hineintritt. Ebenso hat die weise Frau die Fähigkeit, eine müde gewordene Seele, die diese Welt verlässt, über die Schwelle in die Totenwelt zu begleiten. Dort, im Reich der Schatten, wo es kein Innen und Außen mehr gibt, wo Vergangenheit und Zukunft ungetrennt wesen, liegen die Keime des Kommenden. Der Frau, die unbewusst damit in Berührung steht, sagt man die vielbesungene »weibliche Intuition« nach. Diejenige, die mit wacher Geistesklarheit in diese Welt schauen kann, ist jedoch eine Seherin, eine Wahrsagerin. Der Ruhm der Seherinnen und Druidinnen der keltisch-germanischen Vergangenheit ist bis heute noch nicht verblasst – man denke an die Völva der Eddas, die Albruna oder Veleda, die den Aufstand der Batavier gegen die römischen Besatzer leitete; man denke auch an die weissagenden Sibyllen oder die Pythia von Delphi.

In den traditionellen Stammesgemeinschaften finden wir Volks- oder Landesgottheiten, ebenso Ahnen- und Sippengottheiten, zu denen sich alle bekennen. Aber es gab auch solche, die nur einem gewissen Teil des Stammes bekannt waren: die Götter der Krieger, Frauengottheiten oder solche, die sich nur dem Einzelnen offenbaren. Bei den alten Nordeuropäern teilten die Asen – die Himmels-, Kriegs- und Wettergötter – ihre Herrschaft mit den Wanen, die mit der Fruchtbarkeit, der Erde, dem Frieden und mit dem Weissagen zu tun haben. Die holde Freya – Göttin der Liebe, der Heilkräuter und des Hellsehens, Beschützerin der Frauen – und ihr Bruder Freyr – ein Sonnengott, dessen fruchtbarmachende Eigenschaften im Phallus und im Eber verkörpert sind – gehören zu der Göttersippe der Wanen. Wurden die Asen eher von den Männern verehrt (Odinkult!), so waren es die Wanen, besonders Freya – deren Name noch heute in den Worten *Frei*tag, freien und Frau (althochdeutsch »Frowa« = Herrin) weiterlebt –, die von den weiblichen Stammesgenossen verehrt wurden. Freya wurde zusammen mit Frigga, der Gemahlin Odins und Schirmherrin des Ehestandes und der Familie, von den Frauen verehrt. (In der Volksmythologie werden beide Göttinnen oft verwechselt oder verschmelzen zur selben Gestalt.) Wie der indischen Shastri, die ebenfalls Beschützerin der Frauen und der Geburt ist, waren ihr die Katzen heilig. Zwei Wildkatzen zogen Freyas Wagen.

Der Freyakult lebte weiter bis ins Mittelalter: Einerseits fand er Unterschlupf in den »Hexenzünften«, die altes heidnisches Wissen vermittelten, anderseits ging er im Marienkult auf. Auch die ritterliche Minne enthält einige Elemente:

Danheuser was ein Ritter gut,
wann er wolt Wunder schawen,
er wolt in Fraw Venus Berg
zu andern schönen Frawen.
(Tannhäuserlied, 13. Jahrhundert)

Als sich im Volk die Freya zur Maria wandelte, wurden die Freyakräuter Marienkräuter; Freyagold wurde Mariengold *(Calendula)*; Freyahaar wurde Mariengras. Der germanische Erntebrauch der Weihung des Kräuterbündels mit sieben, neun oder siebenundsiebzig Heilkräutern im Spätsommer wurde im 9. Jahrhundert durch »Unser Frauen Würzweih«, das im August zu Mariä Himmelfahrt stattfindet, abgelöst. Diese nun christlichen Kräuter finden in den Alpenländern immer noch eine ziemlich heidnische Anwendung: Sie werden bei Krankheit und Behexung in Haus, Feld und Stall, in den Rauhnächten und als Gewitterschutz gebraucht.

Angeblich sollen »Hexen« sogar versuchen, »unheilige« Pflanzen (Alraun, Beifuß, Brunelle oder Stechapfel) bei der kirchlichen Kräuterweihe in den Kräuterbündeln zu verstecken und mitsegnen zu lassen.

Katzen, Heilwurzeln, Verjüngungskräuter und -bäder, Wahrsagerei, Liebes- und Fruchtbarkeitszauber gehörten ja schon immer diesen »Hagazussa« und »Wicca« und ihrer Göttin. Ebenso der (Hexen-)Besen, der ja nichts anderes ist als das Kräuterbündel der Wurzengräber oder das Reisigbündel, mit dem man an besonderen Tagen Kühe und Frauen schlug, um sie fruchtbar zu machen. Das lebte alles in den »Hexenbünden« weiter. Für diejenigen, deren hellseherische Fähigkeiten schwach entwickelt waren, enthielt das Kräuterbündel auch jene psychotropen Rauschkräuter, mit denen der Seelenflug zuwege gebracht werden konnte. Das Bild der nackten, besenreitenden Hexe, die in der Vollmondnacht durch den Schornstein zum Sabbat ausfliegt, stammt von dem Brauch, sich mit magischem Kräuterfett einzureiben, um im Trancezustand (lat. *transitus* = hinübertreten) am übersinnlichen Geschehen teilzunehmen.

In den alten strohbedeckten keltisch-germanischen Flechtwerkbauten gab es nur zwei Öffnungen – die Fenster (lat. *fenestra*) wurden erst später aus der römischen Baukunst übernommen –: das Haupttor, durch das die Menschen und die Haustiere, also die Lebenden, ein- und auskehrten, und das Windauge (engl. *window*, gotisch *augadauro* = Augentor), aus dem der Rauch des Herdes abzog. Dies war das Tor der Toten, der Geister und Ahnen. Hier kamen und gingen die Ahnen (althochdt. *ano* = Großvater; griech. *annis* = Großmutter; lat. *anus* = Greisin) und beschenkten die Lebenden mit Ahnungen. Im heiligen Herdfeuer hatten sie ihre Wohnstätte. Durch dieses Geistertor flog die »Hexe«, die Feuerhüterin, in die Geister- und Elementarwelt hinaus. Hier saß schlummernd das Urgroßmütterchen und träumte einer anderen Welt entgegen. Das Windauge wurde einst mit geschnitzten Drachen oder Pferdeköpfen, die den bösen Geistern den Eingang verwehrten, geschmückt. Früher wurden die Köpfe der geopferten heiligen Pferde am Firstbalken beim Windauge angebracht: Sie schützten vor Blitzschlag und konnten weissagen. Der alte Brauch klingt noch nach im Märchen von der Gänsemagd und dem weissagenden Kopf ihres Pferdes Falada.

Mit den magischen Kräutern, die es den Menschen erlauben, mit weissagenden Pferden zu reden oder den Rauchfang hinauszufahren, wollen wir uns nun beschäftigen.

VIII. Bewusstseinswandelnde Kräuter und gesellschaftliche Sanktionen

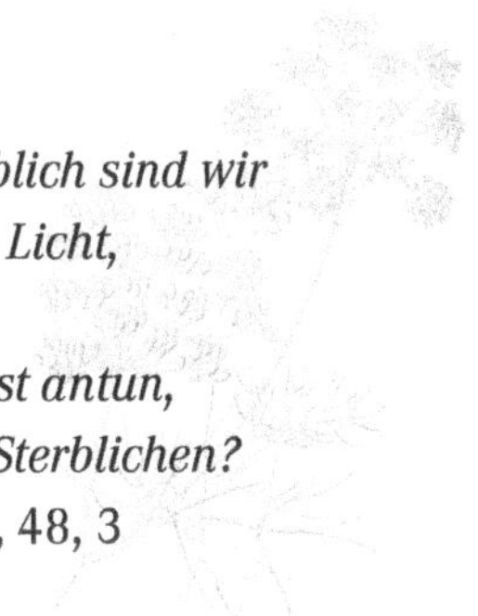

Wir haben Soma getrunken, unsterblich sind wir geworden, gekommen sind wir zum Licht, aufgefunden haben wir die Götter.
Was könnte uns jetzt noch Missgunst antun, was, o Unsterblicher, die List eines Sterblichen?

Rigveda VIII, 48, 3

Im goldenen Zeitalter, als die Erde gerade geboren war, hatten die Menschen hellere Sinne, da wandelten sie mit den Göttern und hielten Zwiesprache mit ihnen. Im Laufe der Zeit verdunkelte sich allmählich die strahlende Schöpfung und mit ihr die Seelen. Im silbernen Zeitalter waren es nur noch wenige, die Edlen und Reinen, die Dichter und Rishis, die mit den Göttern verkehren konnten. Aber auch dieses Zeitalter endete. Da beratschlagten die thronenden Götter und sandten den Menschen Kraftkräuter als Brücken zu übersinnlichen Welten. Mit diesen Helfern konnten die Menschen mit den führenden geistigen Mächten in Verbindung bleiben oder aber auch mit mächtigen Dämonen und abgefallenen Wesen verkehren. Denn nun hatte sich die ursprüngliche Schöpfungsganzheit entzweit: Dem Menschengeschlecht wurde die Fähigkeit zur freien Entscheidung auferlegt. Schwarze und weiße Magie entstanden.

Nun dämmert das vierte Zeitalter, die dunkle Eisenzeit, die die Inder das Kali-Yuga nennen. Die nordische Seherin spricht von der Schwertzeit, Beilzeit, Windzeit, Wolfzeit, »bis die Welt vergeht, nicht einer will den anderen schonen« (Edda). In dieser Dunkelheit sieht der Mensch kaum mehr die Himmlischen. Wer nicht den einzigen Zorngott der Theologen anbetet, leugnet die Götter überhaupt. Unter diesen Umständen verkommen die gottgeschenkten Zauberpflanzen zu bloßen Rauschmitteln, die, ihrem sakralen Kontext enthoben, von Verbrechern teuer gehandelt werden und die Seelen noch weiter verwirren. Von den Professoren werden die Wirkungen nur noch auf physikalisch-chemischer Grundlage erklärt.

Der Blick durch verbotene Fenster

Ein artikuliertes Gewebe von Ideen und Imaginationen bildet die Grundlage jeder menschlichen Gesellschaft. Diese Imaginationen, gefestigt und aufrechterhalten durch die Dichter und Priester, die über Sinnbilder, Riten, Rituale, Gebräuche, Kunst, Schulen und Traditionen gebieten, beantworten die Grundfragen des Lebens: Wer sind wir? Was tun wir? Wohin bewegen wir uns und warum?

Mantras und Zaubersprüche führen das menschliche Bewusstsein von morgens bis abends, bis in den Schlaf hinein, von frühster Kindheit bis ins Greisenalter: Nicht nur Schlagwörter, Spruchbänder und feierliche Reden wirken so, sondern Radioschlager, die sich im Hirn bei jeder treffenden Gelegenheit wie automatisch wiederholen, tagtägliche Begrüßungsworte, Klatsch, Tratsch, Werbung und Unterhaltung in den Medien; alles trägt dazu bei, eine kulturelle Wirklichkeit aufrechtzuerhalten, die zur Wirklichkeit schlechthin wird. Dabei bewachen die Mitglieder der jeweiligen Gesellschaft einander aufs Schärfste: Abweichungen wird mit Stirnrunzeln, Augenbrauenheben, Fingerzeigen und Faustballen sowie mit

Auslachen, Meiden, Hassblicken und schließlich mit Einsperren oder gar Todesdrohungen begegnet. Wer die allgemein anerkannte Wirklichkeit in Frage stellt, der stellt Gott, Menschheit und Welt in Frage und kann letzten Endes nicht toleriert werden. Diese Wirklichkeit mit Alleingültigkeitsanspruch wird nicht nur gedacht und sinnbildlich dargestellt, sondern ganz konkret gelebt. Sie wird förmlich hineingefressen! Sie wird schon auf der physikalisch-chemischen Ebene durch bevorzugte und vorgeschriebene Nahrungsmittel, Getränke, Gewürze und Medikamente zur bekannten, »richtigen«, eigentlichen Welt, die eben »in Ordnung ist«, gemacht.

Geht man diesem Gedanken etwas weiter nach, sieht man, dass die Mitglieder verschiedener Gesellschaften – und zu einem geringeren Grad verschiedener Klassen und Kasten – in verschiedenen »Welten« oder »Wirklichkeiten« leben. Fast alle Gesellschaften sehen ihre »Welt« als die einzig echte, würdige an: Die anderen sind immer irgendwie schmutzig, unordentlich, kindisch, minderwertig, den Tieren (Affen) näher oder von Gott verschmäht. Man muss diese Untermenschen entweder »retten«, »bekehren«, ihnen »helfen«, sie »erziehen« oder, wenn sich das als unmöglich erweist, sie »vernichten« und »ausrotten«. Diese Einstellung charakterisiert ebenso primitive Stammesgesellschaften (ihre Eigenbezeichnung bedeutet meistens »wahre Menschen« oder schlicht »Menschen« im Gegensatz zu den abwertenden Bezeichnungen der anderen) wie die historischen und auch modernen säkulären Weltanschauungen des Marxismus, Zionismus, Hitlerismus oder des American way of life. Unter allen Kulturen sind sich wohl die Buddhisten der fiktiven Welt der gesellschaftlichen »Wirklichkeit« am ehesten bewusst. Die Welt der gesellschaftlichen Konditionierung ist *Maya* – ist Wahn und Illusion. Den Zauberbann dieser gesellschaftlichen Illusion zu brechen – aber nicht zu zerbrechen –, ist das Anliegen der Meditationspraktiken, besonders im Zen.

Was uns an dieser Diskussion interessiert, ist die bedeutende Rolle, die Kräuter und Giftpflanzen sowie Nahrungspflanzen, Gewürze und Drogen bei der Erhaltung oder Zerstörung verschiedener Wirklichkeitsauffassungen spielen. Wir wollen untersuchen, wie Pflanzen geeignet sind, Bewusstseinszustände zu unterstützen oder zu unterwandern, und wie die »Priester«, die um das Monopol der Weltanschauung kämpfen, dabei mit Geboten und Verboten beschäftigt sind.

Ich sehe schon, wie dem harten Empiriker, dem der Glaube an eine objektiv erfassbare Welt vorschwebt – die als einzige harte, konkrete Wirklichkeit gilt –, die kurzgeschorenen Haare zu Berge stehen. Für einen Völkerkundler jedoch, der die anderen Kulturen nicht nur von außen her mit Rekorder, Kamera und methodologischer Messlatte betrachtet hat, sondern in »Haut und Knochen« der Bergbauern, der Indianer und Inder gekrochen ist und die Qual der Loslösung vom eigenen Weltbild erfahren hat, ist die Idee der absolut objektiven Wirklichkeit gar keine so sichere Angelegenheit. Fieberträume unter tropischen Himmeln, Welpensuppe als Mahlzeit, Leichen im Ganges und vieles andere haben diesen Ethnologen zum Grenzgänger gemacht, zum Bürger mehrerer Welten. Das widerfährt auch anderen. Jemand, der eine schwere Krankheit überstanden hat, zu tief in die Drogenszene gerutscht ist, der als Vertriebener oder Auswanderer den Sprung in eine neue Ordnung nicht so recht schafft, dem liegt die Vermutung gewiss nicht fern, dass es eben Welten und Welten gibt.

Die Welt der sich »modern« nennenden Bourgeoisie mit ihrer Hast und Geschäftigkeit, mit ihrem hektischen Konsum, der auf die Minute berechneten Arbeitszeit, ihrem schwarz-weißen, linearen Intellektualismus und Materialismus besteht auf der Basis bestimmter Drogen und Nahrungsmittel: Kaffee, Zucker, Spirituosen, eiweißüberschüssige Nahrung und hochraffinierte oder synthetische chemische Zusammensetzungen – Vitaminpillen, Barbiturate,

Beruhigungs-, Schlaf- und Aufputschmittel. Rudolf Steiner wird wohl recht haben, dass ohne Kaffee, die arabische Wunderdroge, manche Zeitungsspalte leer bliebe. Ja, auch diese Seite wäre wohl knapper gefasst, hälfe nicht das Koffein, die lebenden Imaginationen mit dem steten Hammerschlag der Schreibtasten abzutöten und als kleine schwarze Leichname, sorgfältig aneinandergereiht, auf das weiße Papier zu bannen.

In der christlich-feudalistischen Welt des Mittelalters waren es Biere und Weine, Brot und Brei, dazu einige Wald- und Feldkräuter, die die Grundlage der Welt der sturen, stummen Bauern und analphabetischen Fürsten untermauerten. Die Kaffee-Tabak-Barbiturat-Welt von heute bezeichnet diese Vergangenheit, in der ein Heiligenbild oder Kruzifix mehr aussagte als das beschriftete Blatt, als »abergläubisch«, stumpfsinnig und düster. Aber Gewürze, Kaffee, Tabak, Zucker und Kartoffeln – alle Produkte des neuen Handels und der Kolonien – änderten alles. Die Bauern waren der Kartoffel gegenüber zuerst sehr misstrauisch: Sie verursache Lepra, dachten sie. Feudale Fürsten und Bischöfe vermuteten im Tabakqualm den Gestank des Höllenfeuers. Verschworene Feinde dieser alten feudalen Ordnung – die *philosophes,* Freidenker und Demokraten – trafen sich heimlich in Kaffeestuben und besprachen die neue säkuläre Ordnung: freie Marktwirtschaft, Kapitalismus, Republikanismus, Nationalismus, und schrieben eifrig Feuilletons und Enzyklopädien. Sie waren dabei »high on coffee«! Nach den gesellschaftlichen Umwälzungen des amerikanischen Freiheitskrieges und der Französischen Revolution wird Kaffee zur sozial akzeptierten Droge: Im Geschäft und sogar bei den feinsten Einladungen hat er seinen Ehrenplatz. Er ist brauchbar in der Verhaltenssteuerung: Kaffee und neuerdings koffeinhaltige Colagetränke sowie Kokain putschen auf; Alkohol, oft diskret als Cocktail verkleidet, bremst wieder ab.

Der etwas milder wirkende Schwarztee wurde von den Briten aus guten kommerziellen Gründen dazugesellt. Auch er regt an – buddhistische Mönche halten sich beim stundenlangen monotonen Mantrensingen damit wach –, lässt sich gut lagern und verschiffen und ist profitträchtig (wie es bei Drogen üblich ist). John Wesley, Gründer der pietistischen Methodistensekte, empfiehlt ihn als wahren Christentrunk, der während langer Predigten oder beim Bibellesen das Einschlafen verhindere.

Die Mormonen, die ihrerseits eine neue Wirklichkeit in die Welt setzen wollen – nämlich die Offenbarungen des Engels Moroni, die Joe Smith jr. 1827 im Staat New York auf goldenen Tafeln empfing –, verbieten jegliche Genussmittel wie Kaffee, Tee, Alkohol oder Tabak und beschränken sich auf Kräutertee. Aber so nüchtern, wie sie sich geben, sind diese »Heiligen der letzten Tage« (so die Selbstbezeichnung) auch wieder nicht. Sie haben sich recht schnell an den in ihrem »neuen Jerusalem« in Utah wachsenden Meerträubeltee (*Ephedra* spp.) gewöhnt. Meerträubel enthält das Alkaloid Ephedrin, das das sympathische Nervensystem anregt, die Koronargefäße erweitert und eine leichte Euphorie erzeugt. Auch der von Mormonenmissionaren aus Paraguay mitgebrachte koffeinhaltige Mate-Tee *(Ilex paraguariensis)* erweist sich als Schlager in Mormonenkreisen.

In den Sechzigern, den Jahren der Wirtschaftshochkonjunktur, der Hightech, erschienen die wie von der Venus herabgestiegenen Blumenkinder und Hippies mit ihrer Botschaft von der allgemeinen Liebe, Friedfertigkeit und Harmonie mit der Natur, vom gemeinschaftlichen Leben, biologischen Landbau, von Kräutern und sanfter Geburt. Auch diese Botschaft war mit einer Pflanze verbunden, die einen sakral-sakramentalen Status innehatte: die Hanfpflanze (*Cannabis sativus, C. indica*). In der alternativen Farmkommune Steven's Farm in Tennessee wurde »Marihuana« – so die amerikanische Bezeichnung – als Kommunionspflanze institutionalisiert.

Die Berührung mit anderen Kulturen, vor allem der indischen, ermöglicht durch verhältnismäßigen Wohlstand und billigen Düsenflugverkehr, wirkte sich auf breite Schichten der jugendlichen Bevölkerung in der westlichen Welt aus. Die neuen Wandervögel brachten *Ganja*, zusammen mit den Weisheiten der Gurus, aus Indien mit. Ganja hilft, verkrustete, festgefahrene Gedankenstrukturen zu lösen und wieder in Fluss zu bringen, verfeinert das Fühlen und die anderen Sinne – es gehört Shiva, dem Zerstörer der festen Strukturen und der etablierten Illusionen!

Die Hanfpflanze wurde zum Schrecken des Etablissements: Adam Smith klingt dem Ganjaraucher ebenso wahnsinnig wie Karl Marx. Der scheinbar langweilige, ewig sich wiederholende Singsang der Hare-Krishna-Sekte nimmt dagegen immer neuere und schönere Formen an. Hanfgenuss wurde kriminalisiert, obwohl er nicht süchtig macht und weniger physischen Schaden anrichtet als Kaffee (Herzgift), Tabak (ebenfalls Herzgift) oder Alkohol (Nervengift). Genießer wurden in manchen Staaten zu langjährigen Gefängnisstrafen verurteilt, obwohl sie sonst keine kriminellen Handlungen begangen hatten. Hanfsamen verschwanden aus den Vogelfuttertüten in Amerika.

Kontakt mit der sogenannten Dritten Welt brachte noch andere magische Kräuter: schamanische Hilfsmittel wie *Yahe* oder *Ayahuasca (Banisteriopsis caapi)* aus dem südamerikanischen Dschungel; *Ololiuqui*, eine mexikanische Windenart; *Peyote*, einen mexikanischen Kaktus; den Zauberpilz *Psilosybin* und schließlich das ursprünglich aus dem Mutterkorn isolierte LSD (Lysergsäure-Diäthylamid). Diese Substanzen lassen die erlernten Bewusstseinsstrukturen zerfließen und öffnen den schwindelerregenden Blick auf die weiten Gefilde des »Unbewussten«. Sie bringen die Fülle des Inneren der Welt in einem unbeschreiblichen Ausmaß in Erscheinung. Der englische Wissenschaftler und Schriftsteller Aldous Huxley machte furchtlos Selbstversuche. Er kam zu dem Schluss –

in Anklang an Henri Bergson –, dass das Gehirn weniger zum Erfassen der Wirklichkeit diene als zum Einschränken, Filtern und Auswählen aus der auf uns einströmenden unendlichen Fülle (jener Fülle, die die alten Neuplatoniker das *Pleroma* nannten). Das Gehirn ermöglicht ein funktionelles, zweckorientiertes, egozentriertes Handeln und Denken in der toten Dingwelt, es verschließt der Seele aber den Blick in die nicht festhaltbare, unzerlegbare »übersinnliche« Welt. Diesen Filter, diese Scheuklappe vorübergehend auszuschalten ist, was diese bewusstseinserweiternden Schamanendrogen vermögen. Innenwelt und Außenwelt werden dabei eins und dehnen sich ins Unendliche – ins Ewige – aus. Der eiserne Vorhang, der Innen- und Außenwelt trennt, zerfällt ebenso wie die Grenze zwischen Profanem und Göttlichem, zwischen dem Selbst und dem Nachbarn. Die Gedanken und Gefühle des Mitmenschen werden ebenso offen zugänglich wie die eigenen. Engel gehen ein und aus durch die Tür der Seele. Zeit und Raum dehnen sich aus – und schwinden: Man wird eins mit dem All!

Das sind die Höhepunkte eines Erlebnisses, das uns neue Blicke auf unser Dasein ermöglicht. Hier sieht man das Noch-nicht-Gesehene. Ausgedroschene Hülsen fallen weg, man spürt den Kern. Wer jedoch ängstlich sich an alte Strukturen klammert, wer in alter Schuld, in Hass und Verblendung beharrt, wer auf Macht, Besitz und Ego versessen ist, dem wird die Schamanendroge zur Teufelsdroge. Die Wirkung ist ja schließlich nicht in der chemischen Zusammensetzung der Droge zu orten, sondern in ihrer Fähigkeit, verschlossene Türen der Seele zu öffnen und die Sinne zu schärfen. Dabei kann es vorkommen, dass die dunklen Zonen der Seele – Verdrängungen, Projektionen, Ängste, Abwehr- und Egoschutzmechanismen – einen dämonisch, wie von außen her, anfallen. Das Innere wird ja zum Äußeren! Verdrängte Seeleninhalte stürzen wie Höllenhunde, die ihre Fesseln zerrissen haben, auf einen los. Die im Keller verscharrten Leichen beginnen zu wandeln. Teufel und

Dämonen umgeben einen solchen Menschen. Er wird wahnsinnig. Er mag, wie der Captain Olsen, mit dem der CIA ohne sein Wissen in den fünfziger Jahren LSD-Versuche machte, aus dem Fenster springen und auf der Straße zerschellen. Wer die Welt in »Ich« und feindliches »Nicht-Ich« teilt, dem kommt das Nicht-Ich als giftgeiferndes Riesenschlangenmaul entgegen.

Wer ein unrechtes (a-dharmisches) Leben führt, dem wird so etwas gewiss widerfahren. Aus diesem Grund wurden in traditionellen Kulturen diese Bewusstseinserweiterer und Ausschalter des toten Hirndenkens nur im geheiligten Kontext, nur nach Seelenreinigungszeremonien genommen. Wer rein und klar genug ist, kann mit diesen göttlichen Hilfsmitteln zu Einsichten gelangen. Er wird auch die Verdrängungs- und Abwehrmechanismen, die sich in ganzen Gesellschaften institutionalisiert haben, durchschauen können. Er wird dem blendenden Zauber und den Suggestionen der Machtbesessenen, die das öffentliche Bewusstsein gängeln, nicht mehr erliegen. Die Ängste und die Furcht, die sie beschwören, um dem Volk bestimmte Verhaltensmuster aufzuzwingen, werden durchschaut. Das mit Zuckerplätzchen überzogene Hexenhäusel, in dem die Brutalität lauert, zieht nicht mehr. In diesem »abgehobenen« Zustand, den die entheogenen Substanzen[55] ermöglichen, erscheint der American way of life als ein höllisches Disneyland, der neue Sowjetmensch als graue Entstellung des Menschenbildes und die gängigen Religionsbekenntnisse als fade, abgeschmackte Klamotten. Kein Wunder, dass man »Polizei!« ruft. Kein Wunder, dass die etablierten Autoritäten diese sogenannten Drogen mit allen Mitteln aufs Schärfste bekämpfen!

Das zaghafte Experiment der Sechziger hielt auch nicht lange an. Die Bewusstseinserweiterungsbewegung wurde durch das Geschwätz der Experten, der Soziologen und Psychologen entstellt und »zerklärt« und mittels der neuen »psychedelischen« Rockmusik und der offiziellen Wortführer der »alternativen Szene« in akzeptablere Bahnen geleitet. Die Mafia und ähnliche verbrecherische Geschäftemacher machten Geld mit einem ursprünglich freien Sakrament. Dann kamen noch die harten, tödlichen Drogen (zum Beispiel Heroin und später Crack, Crystal Meth usw.), die mit Bewusstseinserweiterung so gut wie nichts zu tun haben. »Flower Power« wurde in *God's own country* zum Schlagwort der Discjockeys und »Love« ein Werbeslogan. Trotz temporären Herzversagens behielt der American way of life die Oberhand. Unter Ronald Reagan feierte er – nun versehen mit einem mechanischen Kunstherzen und einem Computerhirn – neue Triumphe und griff nach den Sternen.

Restauration! Aber nicht ganz! Großstadtkinder, die nie an Pflanzen oder Erde gedacht hatten, pflanzten ihren Hanf eigenhändig in Balkontöpfe. Einige zogen schließlich aufs Land, um naturnah, gift- und kunstdüngerfrei zu gärtnern. Andere öffneten freundliche Läden, in denen man wieder Kunstgewerbe, Handgemachtes und biologische Kost kaufen konnte. Man befasst sich heute wieder mit einfacher Naturheilkunde, Kräuterkunde und anderen Arten der Krankenpflege, seit die Unmenschlichkeit der großen Spitäler und die Zunahme iatrogener Krankheiten evident wurden. Man fragt wieder die alten Großmütter nach ihren Rezepten, lernt von Indianern und buddhistischen Mönchen, wie man den Pflanzen begegnet und ihren Segen wirken lässt. Man sorgt sich um die Erde und ihre Geschöpfe. Man kocht wieder mal Wildgemüse und lässt sich von den Funktionären der Konsumgesellschaft deswegen nicht klein machen.

Kulturgeschichte der bewusstseinsverändernden Drogen

Die typischen Kräuterdrogen der Wildbeuter und einfachen Hackbauern sind Pfeilgifte und sogenannte Halluzinogene. Die letzteren werden – so belehren uns die Ethnologen – dazu verwendet, den Zugang zur Geisterwelt aufrechtzuerhalten, mit dem »Herren der Tiere«, dem Elfenvolk unter dem Seespiegel, den Ahnen, Göttern und Naturgeistern zu reden.

Oft sind es die Nachtschattengewächse, etliche Pilzarten sowie Ololiuqui, Yahe *(Ayahuasca)*, Iboga *(Tabernathe iboga)* und andere eigentlich schwer verträgliche Pflanzensubstanzen, mit denen die Schamanen »sehen« und »fliegen«, mit denen sie die Krankheitsgeister vertreiben oder entschwundenen Seelenteilen der Patienten nachspüren. Diese Drogen sind Bestandteil geselliger Séancen, die unterstützt werden von dem Singen und Trommeln der Stammesgenossen. Diese »Medizin« wirkt meistens weder euphorisch noch bewusstseinsdämpfend. Ihre Handhabung verlangt viel Erfahrung und Vorbereitung. Sie setzt Selbstkenntnis bei dem Schamanen voraus. Ihre Anwendung wirkt oft erschöpfend und hinterlässt nicht selten einen Kater.

Erst auf der Kulturstufe der Sesshaftigkeit, auf der erbliche Klassenunterschiede und die Mehrwertabgabe von Erzeugnissen den »Fluch der Arbeit« entstehen lassen, sucht man Entspannungsdrogen, die Euphorie und Vergessen ermöglichen. Die Wildbeuter und Brandroder hatten das nicht nötig. Kulturökologische Berechnungen zeigen Folgendes: In der einfachen Sammlerwirtschaft genügen zwei bis drei Stunden pro Tag, um den Nahrungsunterhalt pro Familie zu sichern, um Wurzeln, Nüsse, Beeren zu sammeln und einen Fisch zu fangen.[56] Ansonsten faulenzt man, tanzt, singt, näht, erzählt, liebt oder kommuniziert mit den Geistern. Da ist jedenfalls wenig Bedürfnis vorhanden, künstliche Euphorie zu erzeugen oder sich zu betäuben.

Die Entstehung der Dorf- und Stadtkultur erlaubte eine größere Bevölkerungsdichte und die darauf basierende größere Machtentfaltung der Eliten. Aber das Leben wurde härter: Der Acker musste gepflügt, besät, gehackt, vor Tieren geschützt und abgeerntet werden; die Produktion musste verteilt, verfrachtet und aufbewahrt werden. Der Rücken des Bauern krümmte sich unter der Last. Die Sorge um Wetter, Schädlinge, Steuern und Fürstenwillkür nagte an ihm. Von seiner Arbeit lebten die Händler und Handwerker in den Städten. Von ihr lebten die Kriegerkaste, die für sich Rosse, Jagdrecht und Waffen beanspruchte, und die Priesterkaste, die Gott, Mythen und Symbole monopolisierte. In diesem Stadium der Kulturentwicklung wurde die individuelle Beziehung zu den Geistern und Göttern durch das Dogma der Priesterschaft ersetzt. Vision zählte nun nicht mehr; die Gottheit offenbarte sich in einem Buch, das nur die Priester lesen durften, oder in den Sternen, die nur würdige Hierophanten deuten konnten. Die Schamanendrogen, die Vision und Seelenflug ermöglichen, wurden durch schmerzlindernde, betäubende Stoffe ersetzt: Alkohol (Biere und Weine) in Westasien und den Mittelmeerländern, Opium in Kleinasien, Kokablätter für die Untertanen im Inkareich, Kava *(Piper methysticum)* im Südpazifik, Khat *(Khata edulis)* in Nordostafrika. Hanf hat da eine Mittelstellung: Der Hanfrausch nimmt der Welt ihre spitzen Kanten, kann aber ebenso gut einem schamanisch veranlagten Menschen Seelenflügel geben. Unter Umständen kann das auch der Alkohol: der Wodka der Slawen – man denke an Rasputin –, der Whisky der Iren, der Schnaps der Nordeuropäer oder der Wein der Südeuropäer. Aber im großen Ganzen werden dabei die Sinne vergröbert.

Die »New-Age-Drogen« unserer schrillen, fetzenden Großstadtszene – Speed (Amphetamine), STP, DET, »Uppers«, »Downers« und hochraffinierte oder synthetische Mittel wie Engelstaub, Schnee (Kokain), THC, Heroin – passen glatt in das Zeitalter elektronischer Geschwindigkeiten, zu Supertechnologie, Raketen, Düsenfliegern, Computern, Neon und Umweltkatastrophen. Beim Einnehmen erlebt der Leib oft seine eigene innere Umweltkatastrophe und das Hirn den Krieg der Sterne.

In älteren Kosmologien werden die verschiedenen Ebenen des Bewusstseins, die mannigfaltigen Bereiche der Imagination, als die

Wohnstätten verschiedener Götter oder Widergötter angesehen. Mittels Diät, Versenkung und Pflanzendrogen werden sie dem Menschen zugänglich. Den Speed-Freaks (Weckaminsüchtigen) erscheinen zwielichtige Wesen in fliegenden Untertassen. Die Christen feiern Kommunion mit ihrem Gott, indem sie Wein trinken, der als Blut des Herrn gilt. Die besten Liköre und Weine – die »geistigen« Getränke – stammen ja aus den Klöstern. Fragt man den einfachen Inder, was er unter einem *Isai* (einem Christen) versteht, wird er antworten: Das ist jemand, der Alkohol trinkt.

Ehe der Wein die Kommunionsdroge der Christen wurde, war Bacchus (Dionysos) der Weingott: Sein Einzug in die mediterrane Welt bedeutete einen Gesinnungs- und Weltanschauungswechsel, der anfangs von den Griechen wie von den frühen Römern als äußerst gefährlich bekämpft wurde. Der römische Ältestenrat versuchte 186 v. Chr. den Weingenuss zu verbieten. Kadmos, der König von Theben, stellte sich entschieden gegen den ekstatischen Kult des verweichlichten Jünglings mit dem efeuumrankten Thyrosstab und seinem Gefolge von lüsternen Satyren und kreischenden Mänaden. Des Königs eigene Mutter und seine Schwestern zerrissen ihn im Taumel des Weinrauschs, weil sie ihn für ein wildes Tier hielten. So strafte der Gott den Widerstrebenden – und ein neues Zeitalter hob an.

Heilige Pflanzen, sakrale Drogen und Nahrungsmitteltabus (man denke an die koscheren Speisen der Juden, an die *Halal*-Vorschriften für Moslems usw.) gehören zu jeder Gesellschaft. Um ein Volk zu verstehen, genügt es nicht, die Menschen nur zu beobachten: Man muss sich mit ihnen berauschen, man muss mit ihnen essen und trinken! Das Annehmen von Speise und Trank wird bei vielen Völkern als Friedens- und Freundschaftsgeste verstanden.

Um die australischen Ureinwohner zu verstehen, um die leuchtende Kraftausstrahlung, die viel-dimensionierte Tiefe ihrer Zeichnungen – die dem westlichen Betrachter sonst kindisch primitiv vorkommen – zu erkennen, muss man auch um *Pituri (Duboisia hopwoodii)* wissen. Mit diesem Nachtschattengewächs findet man Eingang zur primordialen »Traumzeit«, dem Ort der Totemtiere, der ewig wesenden Urbilder.

Bei den Büffeljägern der Steppe und der nordamerikanischen Felsengebirge kamen dafür mehrere Pflanzen in Frage: der wilde Tabak (*Nicotiana* spp.), der mit Kinnikinnik gemischt geraucht wurde. Unter Kinnikinnik versteht man eine Mischung aus Bärentraubenblättern, Essigbaumblättern und der getrockneten weißen Innenrinde des roten Hartriegels. Das Rauchen, zusammen mit dem Fasten, dem Einnehmen von Brech- und Schwitzmitteln, den Beifußräucherungen und heißen Schwitzbädern, dem Gebet und dem Martern des eigenen Fleisches, bewegt die Schutzgeister, sich zu offenbaren. Nach dem großen Büffelsterben, dem militärisch-kulturellen Zusammenbruch und der Unterdrückung des revitalistischen Geistertanzes hat sich unter diesen Indianern der aus Mexiko kommende Kult des Peyote-Kaktusses *(Lophophora williamsii)* verbreitet.

Die Mitglieder des Peyotekults, die sich in vielen Reservationen zur »Native American Church« zusammengeschlossen haben, bereiten sich durch Schwitzbäder auf die ganznächtlichen Sitzungen vor. Die verspeisten Knospen dieser Kaktee lassen den »Großen Geist« – manche nennen ihn »Jesus«; die Missionare halten ihn für den Teufel – erscheinen. Dabei kommen echte Heilungen zustande und, wie beim LSD, wahre parapsychologische Fähigkeiten zum Vorschein. Alte traditionelle Medizinmänner wehren sich jedoch ebenso gegen den Peyotekult wie die christlichen Missionare. Der friedliche, passive Kult, der Gewalttat und Alkohol verpönt, passt in den Rahmen der Reservationsindianer, deren alte Kultur zerstört wurde und die den Anschluss an den American way of life nicht finden.

Verbindliche Symbole und moralische Gebote, die einer Gesellschaft ihren geistigen, kulturellen und materiellen Zusammenhang geben, entspringen der übersinnlichen Welt der Götter, Geister, Ahnen, Totemtiere oder, wie es Platon nennen würde, der Ideen. Sie werden »gesehen« und »gehört«, von den Künstler-Priester-Darstellern mit Pinselstrichen, dem Schnitzmesser, mit Liedern, Gedichten, Tänzen oder in sakraler Architektur festgehalten und anderen übermittelt. Will man der sakralen Kunst gerecht werden, will man die Offenbarungen richtig verstehen, muss man auch die Mittel erkennen, die diese visionären Fähigkeiten ermöglichen. Die völlig eindimensionalen, flachen, verknäulten Malereien der Azteken und die Reliefs an den mittelamerikanischen Pyramiden werden lebendig-vibrierend und aussagekräftig unter dem Einfluss von Peyote. Die prall-sinnlichen Skulpturen der Khmer an den Tempeln von Angkor Wat im dampfenden Dschungel Kambodschas seien – so erklärte man es mir – erst mit der Hilfe des Opiums zugänglich. Die indische und moslemische Musik, die dem Bier- und Schnapstrinker als endlos ödes Genudel vorkommt, wird dem Haschisch- oder Ganja-Konsumenten zur himmlischen Rhapsodie. »Psychedelischer Rock«, wie ihn *The Grateful Dead* spielten, wird von Acid angetrieben. Beim Pituri leuchten die australischen Felsenzeichnungen wie heiße Kohlen oder Sterne. Österreichisch-bayrische Barockkunst und Blasmusik werden nach einigen Maß Bier mit Obstlern von Seligkeit animiert. Bach, Mozart und Barockmusik allgemein klingen am besten mit Koffein. Und die nervös pointillistische elektronische Minimalmusik und Neonröhrenkunst der achtziger Jahre muss zusammen mit Kokain konsumiert werden.

IX. Das dritte Auge und der magische Flug

In die Traum- und Zaubersphäre
sind wir, scheint es, eingegangen.
Goethe. Faust, »Walpurgisnacht«

Wenn der Altweibersommer vergangen ist und die langen Spinnenfäden verflogen sind, die man einst für Fusseln von der Spindel der Mondfrau Metjes oder der Frau Holle hielt, dann nahen die rauen, neblig-stürmischen Novembertage. Dann nähern sich die Toten.

In ferner keltischer Vergangenheit sah man in diesen Tagen den düsteren Totengott Samana – wie Odin bei den Nordgermanen – mit seiner Heerschar von Totengeistern daherbrausen. Es war gleichzeitig das endgültige Ende der Erntezeit und der Beginn der kalten, lichtlosen Jahreshälfte. Zu dieser Zeit verbrannten die Kelten – angeblich – Tiere oder auch Menschen als Opfer, und die Druidinnen hoben an zum Flug in die Geisterwelt, um dort die Wiederkehr der Lebenskräfte zu erbitten.

In der christlichen Kultur begeht man das Fest als Allerheiligen und Allerseelen mit Messen, Grabbesuchen, Kerzenanzünden und Speisung der Toten mit Zopfbroten und Armeseelenbroten. Wenn man richtig zuhört, hört man die Toten nachts ihre Geistermessen halten. In Irland, Schottland und Amerika wird der Abend vor dem Totenfest als *Halloween* (engl. *all hallows' eve* = aller Heiligen

Abend) begangen, indem sich Kinder als Arme Seelen, Totengeister, Hexen und ihre gruseligen Begleiter verkleiden und nach Sonnenuntergang an die Türen klopfen, um eine Gabe zu erbitten. Wird die Gabe verweigert, treiben sie allen möglichen Schabernack. Die Häuser werden mit schwarzen Pappkatzen, Hexenfiguren, die auf dem Besenstiel am Mond vorbeifliegen, ausgehöhlten Rüben mit Fratzen und anderem Gruselkram geschmückt. Allerseelen war eben einst einer der großen Hexenfeiertage wie das im Jahreslauf ihm gegenüberstehende Maifest, zu dem in der Walpurgisnacht die Töchter Holles ebenfalls ausfliegen, um Fruchtbarkeitszauber zu treiben.

Seit der Aufklärung will niemand mehr so recht an fliegende Hexen glauben, ebenso wenig wie an fliegende Teppiche. Volkskundler wie Will-Erich Peuckert[57] und S. Ferckel[58] und Völkerkundler wie Carlos Castaneda[59] und Michael Harner[60] haben inzwischen jedoch wieder zeigen können, dass die Hexen mittels ihrer Besen wirklich in den »Mond« – in die Region hinter der Erscheinungswelt – fliegen konnten. In den Kräuterbesen befinden sich bewusstseinswandelnde Drogen, die als Salben eingerieben, geschluckt oder als Rauch eingeatmet werden können. Die Psychologen mögen die Wirkung, die man im Hypothalamus oder anderswo im Nervensystem lokalisiert, auf Schizophrenie, Paranoia, die private Phantasiewelt oder sonstige chemische oder rein physiologische Mechanismen reduzieren; sie mögen den Besen als Phallussymbol deuten – lediglich die indischen Sadhu-Babas, die Cheyenne-Medizinmänner, Schamanen, Spiritisten sowie einige wenige Theosophen und Anthroposophen wissen es besser: Trance ist »out-of-the-body experience« (außerkörperliche Erfahrung); es ist die Astralreise, auf der sich die Seele (Astralleib) teilweise von dem physisch-ätherischen Leib löst. Wie eine Eule kann sie dann nachts durch Wald und Feld fliegen oder auf Gardinenstangen nisten und unbeobachtet andere ausspionieren.

Die Mischung der sieben, neun oder neunundneunzig Kräuter, die das Ausfahren ermöglicht, kann auch geschlechtlich anregen. Die Elementarwelt, in der die Zeugungskräfte und Lebenskeime schlummern, wird sichtbar und zeigt sich etwa in der Art, wie Goethe die fröhliche Orgie der Walpurgisnacht darstellt. Lust und Trieb, auch ungeformte, nicht geborene Wesen werden erlebt. Die Mondensphäre zu durchqueren, bedeutet immer Anregung des Sexus und der Phantasie. Diese Sphäre passiert jeder Mensch kurz vor dem Aufwachen. Das Durchfliegen des »Mondes« ist mit bunt bewegten Träumen und beim gesunden Menschen mit Erektion des Penis oder der Klitoris verbunden. Im Tibetischen Totenbuch, dem Bardo Thödrol, wo die Zeit zwischen Tod und neuer Geburt geschildert wird, liest man, wie die Seele, kurz vor der Wiederverkörperung, die sexuelle Lust ihrer sich sinnlich vereinigenden Eltern miterlebt. Ebenso ist es in der echten Trance oder im schamanischen Flug. In altsteinzeitlichen Höhlengemälden, in den Felszeichnungen der alten Skandinavier und der australischen Ureinwohner wird der in der Geisterwelt wandelnde oder fliegende Schamane immer ithyphallisch dargestellt.

Ithyphallische Felsenzeichnung aus Skandinavien

Die vielbesagte Nacktheit der Hexen passt in dieses erotische Bild. Nacktheit kann symbolisch oder partizipatorisch als das Abwerfen des gewöhnlichen, weltlichen Bewusstseins und als Versuch, die Erdkräfte unmittelbar in sich aufzunehmen, gedeutet werden. Das Nacktsein hat aber wahrscheinlich auch den Grund, dass Hexensalben, die aus Nachtschattengewächsen hergestellt sind, den Körper stark erhitzen, dabei aber gleichzeitig die Leistung der Hautschweißdrüsen hemmen – ein Zustand, in dem Bekleidung unerträglich wird. Dazu kommt auch die »magische Hitze« oder Schamanenhitze, die gegen Eis, Schnee oder Feuerglut unempfindlich macht und als typisches schamanisches Phänomen bekannt ist. Der heiße Schamane geht im Schnee barfuß, greift in kochendes Wasser oder sitzt auf glühender Asche.

Zum Hausbestand der Hexen – man schaue sich die alten Abbildungen an – gehören schwarze Katzen, Kolkraben, Mäuse, Eulen, Schlangen und andere unheimliche oder nachtschweifende Tiere. Das sind die sogenannten Familiare. Diese Tiere geben sich als Vehikel für die Astralleiber der Zauberer her; mit diesen geborgten Leibern schleichen sie durch die Nacht oder fliegen durch die Lüfte. Auch ein Wolf kann ein Familiar sein und als Werwolf das Land verunsichern. Die Germanen kannten den Wolfshäuter (Ulfhetnar) im Zusammenhang mit dem Fliegenpilzrausch; die kanadischen Indianer fürchteten den kannibalistischen Windigo, den Wolfmenschen. Aber auch Menschen mit einem schwachen Ich, also jene, die nicht die geistige Kraft in sich tragen, einem Fremdwillen zu widerstehen, können zu willfährigen Familiaren böser Hexen gemacht werden. Das gibt es nicht nur in Gruselfilmen, in denen »Missgeburten« als ergebene Sklaven der Vampire oder Schwarzmagier auftreten. Ich konnte bei einer meiner ethnologischen Forschungen selber erleben, wie eine Hexenzunft – alles nette Damen – sich ein nach außen hin sauberes, ordentliches, modernes Heim für geistig Behinderte zunutze machte.

Am leichtesten lässt sich die Astralreise bei Vollmond machen, daher die Verbindung des Vollmondes mit fliegenden Hexen. Vollmondkräfte bewirken die Hochflut der Meere, den Vermehrungstrieb niederer Tierarten, aber auch die Leidenschaft im Menschen, wie uns Schutzmänner, Kneipenwirte, Prostituierte und Irrenhauswärter ohne Weiteres bestätigen werden. Der Vollmond regt die Phantasie und die Fruchtbarkeit an! Perversionen, Schlägereien, Wahnsinnstaten und Triebentgleisungen nehmen zu dieser Zeit sprunghaft zu.

Mit der Fähigkeit der Schamanen und Hexen zum Seelenflug lassen sich auch einige archäologische Rätsel erklären. Es handelt sich um die Zeichen und Muster, die so groß sind, dass man sie nur von einer gewissen Höhe über dem Erdboden aus erkennen kann, wie die 50 m lange Spinne in Nasca (Peru), das 112,7 m lange Weiße Pferd in Uffsington (England) oder der Serpent Mound (Ohio), ein Erdwall, der wie eine Schlange mit einem Ei im Maul gestaltet ist. Es handelt sich, wie mir der Cheyenne-Medizinmann Tallbull erklärte, um von Geistern vorgezeichnete heilige Orte, die »gesehen« und nachgebaut wurden. Also wahrscheinlich keine Landeplätze für Dänikens Götter mit ihren fliegenden Untertassen!

Hexenfeiertage

In besonders zauberträchtigen Nächten versammelten sich die Hagedisen zum Reigentanz, Schmaus und Liebesfest. Nachtfeste fanden am ersten Hornung (Februar), am Ersten des Wonnemonats (Mai), des Erntemonats (August) und des Windmonats (November) statt. Es sind die Vorabende alter keltischer Fruchtbarkeits- und Jahresfeste, die ihrerseits auf einer uralten Jahreseinteilung der Megalithkultur beruhen.

Anfang Februar feierten die Kelten das Wiedererwachen des Lebens und das Zunehmen des Lichtes. Es war das freudige Fest der drei Brigitten, der dreifachen Göttin der Heilkunde, der Heilkräuter, der Dichtkunst und des Schmiedens. Noch immer wird die holde indogermanische Göttin in Indien gefeiert – ebenfalls im Februar. Hier erscheint sie mit einem weißen Schwan als Göttin der Dichter und der Gelehrsamkeit, als Saraswati. Ihre Lichtgestalt war dem Volk so lieb, dass die Kirche den 1. Februar zum Tag der heiligen Brigida, der Patronin und Heilerin der Haustiere und des

Viehs, machte und den 2. Februar zu Mariä (oder Unser Frauen-) Lichtmess. In katholischen Gegenden werden an diesem Tag die Kerzen für das ganze Jahr geweiht. Diese geweihten Kerzen sollen vor Hexen, bösen Geistern, Blitz und Hagelschlag schützen. Man zündet zur Ehre der Mutter Gottes an diesem Abend drei Kerzen an. Zur Lichtmess, dem Schnittpunkt zwischen Winter und Frühling, wird geweissagt[61]:

Lichtmess klar und rein,
Pur (Bauer), hast zwei Küh, verkauf die ein!
Lichtmess dunkel und warm,
Pur, stell noch eini z Barm.
Jenisberg, Graubünden

Wenn der Fuchs an Lichtmess seinen Schatten sieht,
bleibt es noch vier Wochen kalt.

Die Imker sagen den Bienen, dass es Frühling wird; die Bauern gehen in den Obstgarten und rütteln die Obstbäume wach. In Mecklenburg tanzten die Frauen einen Flachstanz, damit der Flachs hoch wächst; in Westfalen wurde mit fruchtbarkeitsbringenden Holunderruten geschlagen.

Lichtmess teilt das Jahresviertel zwischen der Wintersonnenwende und der Frühlings-Tagundnachtgleiche in zwei Hälften. Der erste Mai teilt den nächsten Abschnitt zwischen dem Frühlingspunkt und der Sommersonnenwende. In der Nacht zum Maitag ist das berüchtigtste Hexenfest: das Roodmas-Fest der Inselkelten, die Walpurgisnacht, in der die nachtfahrenden Weiber ihren größten Fruchtbarkeitszauber in orgiastischen Tänzen mit den Elementarwesen ausüben. Die Kirche machte diesen Tag zum Tag der heiligen Walburga, einer angelsächsischen Königstochter, die als Äbtissin in Heidenheim zur Schutzheiligen gegen Zauberei wurde. Sie wird mit blühendem (Maien-)Zweig und einem Ölfläschchen dargestellt – ganz wie eine Hexe mit ihrer Rute und Salbe. Die katholische Hagiographie berichtet, dass heilendes Öl sich von ihrer Grabplatte absondert. Trotz christlicher Übertünchung lebt noch recht viel Heidnisches im Maifest. Zufälligerweise ist sogar der Name der heiligen Walburga die Bezeichnung eines fliegenden weiblichen Wesens, einer Walküre (Walburga von Wal-Bergerin, also Bergerin der Gefallenen).[62]

Der Maibaum, dessen kranzumwundene Stange sofort das Lingam-Yoni in den Sinn bringt, wird von jungen Leuten im Reigen umtanzt. Man badet im verjüngenden Maibad, das mit duftenden Kräuterzusätzen bereitet wird. Maibraut und -bräutigam werden ausgewählt und wie zur himmlischen Hochzeit geschmückt. Wie bei allen indogermanischen Urfesten wird ein Maifeuer angezündet. Frisches Grün, Birkenreiser oder Ebereschenzweige schmücken Häuser, Wagen und Stall. Der berauschende Waldmeisterwein wird getrunken. Stachlige Kreuzdorn- oder Schlehenzweige schützen Stall und Miststock vor Hexerei. Sogar ins neue, säkulare Zeitalter hat sich der Tag des keltischen Sonnengottes Beltine als Tag der Werktätigen hinübergerettet und wird mit Umzügen und blutroten Fahnen begangen.

Im Jahreskreis liegt der 1. August dem 1. Februar genau gegenüber. Der Augusttag war einst das mit Opfern und Höhenfeuern gefeierte Fest des keltischen Zauber-, Poesie- und Kriegsgottes Lugh oder Lugus. Auch dieser Tag (Lammas oder Lugnasad) blieb lange als Hexenfeiertag erhalten. Bei den vorwiegend keltisch-germanischen Helvetiern hat er als Nationalfeiertag, der auch mit großen Höhenfeuern begangen wird, eine neue Heimat gefunden. Der vierte Hexentag im großen Jahreskreislauf ist der schon besprochene Totentag am Ende der Erntezeit (Novemberanfang), wenn der Toten- und Sturmgott seinen Einzug hält.

Diese vier heiligen Zeiten, die ihrerseits die Sonnenwenden und Tagesundnachtgleichen einteilen, sind die acht Speichen des alten Sonnenjahres – es sind zugleich die Speichen des kosmischen Spinnrades, mit denen die Göttinnen das Werden und Vergehen der Dinge ausspinnen. Die Tage, an denen eine Jahreszeit in die andere übergeht, wurden als außergewöhnliche Tage empfunden. Es sind nämlich Grenzen, Übergänge von einem göttlichen Herrschaftsbereich zum anderen. Mit dem alten weisen Gurnemanz können wir sagen: »Du siehst, mein Sohn, zum Raum wird hier die Zeit!« (Richard Wagner, *Parsifal.*)

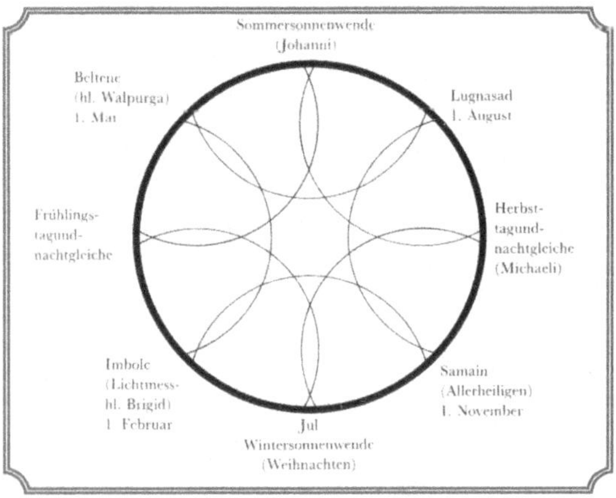

Keltisches Jahresrad

Diese Zeitübergänge sind ebenso Schwellen wie das Ufer zwischen Land und See, der Berg zwischen Himmel und Erde oder die Höhle zwischen Unter- und Oberirdischem. An solchen Orten und zu solchen Zeiten verwischen sich die scharfen Trennlinien zwischen lebendig und tot, sinnlich und übersinnlich, Mensch und Tier, Mensch und Gott. Solche Orte und Zeiten sind wie Risse im Weltgefüge, in die das Übernatürliche hineinstrahlen kann. Es sind geeignete Orte, geeignete Tage zur Ausfahrt, um heilenden, fruchtbaren Segen einzuholen, um Zauber in Bewegung zu setzen, um wahr- und weiszusagen.

Dabei spielen die Pflanzen – sie sind selber Mittler zwischen Himmel und Erde – eine besondere Rolle, vor allem die feinduftenden Kräuter. Wie die Indianer bei ihren Zeremonien den heiligen Ort mit würzigen Beifußzweigen fegen und mit Wacholderzweigen einräuchern, so fegten die Druiden ihre Altäre und Opfersteine mit dem Eisenkraut *(Verbena)*. Die lateinische Bezeichnung »Verbena« stammt – so die britische Kräuterfrau Maude Grieve – aus dem keltischen ferfaen (*fer* = wegtun, *faen* = Stein), was weniger mit dem Wegdoktern von Nieren- oder Gallensteinen zu tun hat, als damit, dass man mit Büscheln dieser Pflanze die Weihestätten zu reinigen pflegte.[63] In Griechenland besteckt man die Ikonen mit duftendem, frischem Basilikumkraut. In Indien reinigt man die Kultstätten mit einer Basilikumart, dem Tulsi *(Ocimum tenuiflorum)* oder mit dem Hundszahngras *(Cynodon dactylon;* hindi *Dharba)*. Auch in der klassischen Antike bereitete man den Gottesdienst mit aromatischen Kräutern vor. Das geht aus der Geschichte von Philemon und Baukis hervor. Damals, als Zeus und Hermes als Bettler verkleidet durch das Land zogen, wurden sie von diesem treuen Paar gastfreundlich empfangen. Der Tisch, auf denen sie Wasser und ihr letztes Brot den Gästen darboten, wurde zuerst säuberlich mit Pfefferminzstängeln reingefegt. Die Götter verschonten ihre Hütte vor der folgenden Sintflut, verwandelten sie sogar in einen prächtigen Tempel, in dem das greise Paar priesterlich diente.

Hexenschmiere

Bewusstseinsverändernde Pflanzendrogen, die den Menschen über die Schwelle hievten, scheinen bei den beschriebenen Festen eine Rolle gespielt zu haben. Nur können wir uns wenige Rückschlüsse erlauben, denn was wir darüber wissen, wurde gefiltert und verteufelt. Was über das verbotene Thema bekannt ist, stammt größtenteils aus der gehässigen Feder der Hexenverfolger, die ihre Phantasie mit den unter »peinlicher« Befragung (Folter) gemachten Aussagen vermischten. Auch neugierige Pfaffen und Apotheker interessierten sich dafür. Was wir von den alten sakral-kultischen

Pflanzenbräuchen noch haben, ist teilweise entartet, verzerrt und durch spätere Zumischung entstellt worden.

In der Renaissance interessierte man sich erneut für diese Dinge: Gelehrte wie Gassendi (1592–1655) oder Giambattista della Porta (1538–1615), dessen »Academia di Secreti« auf Anordnung des Papstes geschlossen wurde, machten kühne Selbstversuche mit Hexensalben und erlebten lebhafte Träume und Luftfahrten dabei.

Della Porta überliefert uns ein typisches Salbenrezept. Es handelt sich um eine Mischung aus Giftpflanzen, die oft den Tod herbeigeführt haben: Also VOR SELBSTVERSUCHEN SEI GEWARNT!

Die *Samen* folgender Pflanzen werden zu einer Paste zerrieben:

4 Teile Lolium temulentum (Taumel-Lolch)
4 Teile Hyoscyamus niger (Bilsenkraut)
4 Teile Conium maculatum (Gefleckter Schierling)
4 Teile Papaver rhoeas (Klatschmohn)
4 Teile Lactuca virosa (Giftlattich)
4 Teile Portulaca (Burzelkraut)
4 Teile Atropa belladonna (Tollkirsche)

Pro Unze (31,1 g) dieser öligen Schmiere wird eine Unze Opium beigemengt. Davon genügt ein Skrupel (1,3 g), in die Kniehöhlen, Armgelenke, Unterarme und Schamgegend eingerieben, um auf eine zweitägige Reise zu gehen. Die Formel scheint mir jedoch recht problematisch, wenn man bedenkt, dass Nachtschattengifte (Atropin, Hyoscyamin) nicht mit Opiaten gemischt werden sollen. In entsprechender Dosierung ist die Wirkung dermaßen beruhigend, dass Atmung und Herzschlag aufhören können. Die Gefährlichkeit des Gefleckten Schierlings kennen wir schon; er wirkt wohl synergistisch mit den anderen Bestandteilen zusammen. Der Taumel-Lolch ist eine der Quecke verwandte Grasart, deren Samen durch die Wirkung eines schmarotzenden Pilzes das Alkaloid Temulin enthält. Der weiße Milchsaft des Giftlattichs enthält zwar schmerzstillende, narkotisiernde Bestandteile, mit denen man Opium streckt, aber aus den Samen gewinnen arme Ägypter Kochöl. Auch bei den Burzelkrautsamen, die an sich eine wurmtreibende Wirkung haben, ist es schwer zu sagen, wie sie mit den anderen Stoffen zusammenwirken. Burzelkraut galt im Mittelalter jedoch als Abwehr gegen böse Geister.

Ein weiteres »Teufelsmus« wird aus folgenden Kräutern, die bei abnehmenden Mond zu pflücken sind, zusammengebraut[64]:

5 Teile Radix Belladonna (Tollkirschwurzel)
8 Teile Aconitum napellus (Blauer Eisenhut)
4 Teile Folia Malvae (Malvenblätter)
10 Teile Hyoscyamus niger (Bilsenkraut)
5 Teile Solanum nigrum (Schwarzer Nachtschatten)
2 Teile Potentilla reptans (Fünffingerkraut)
10 Teile Papaver somniferum (Schlafmohn)
6 Teile Conium macuiatum (Gefleckter Schierling)
6 Teile Helleborus niger (Schwarzer Nieswurz)

Diesen Gewächsen entzieht der Hexer die »Quintessenz«, vermischt sie mit 200 Teilen tierischem Fett, reibt sich damit ein und erlebt dann, wie sich der Astralleib vom grobstofflichen Leib loslöst. Offensichtlich ist diese Salbe äußerst gefährlich. Der blaue Eisenhut ist die giftigste Pflanze Europas. Das einstige Pfeilgift verursacht nach dem Einnehmen unter anderem ein Kribbeln der Haut. Dies lässt vermuten, dass hier die physiologische Grundlage für die Vorstellung zu finden ist, dass einem ein Haarpelz wächst – wie dem Bärenhäuter oder Werwolf. Malvenblätter sind schleimhaltig, und Fünffingerkraut ist adstringierend. Wie sie in der Mischung mit den anderen Drogen zusammenwirken, ist mir unbekannt. Die schwarze Nieswurz, die Christrose, deren eigenartiges Wesen auch dadurch zum Ausdruck kommt, dass sie um die Weihnachtszeit blüht, enthält ein brennend scharf schmeckendes Herzgift, das ähnlich wie Digitalis (Fingerhutgift) die Herzaktivität anregt.

Unerfahrene Laien sollten die Finger von diesen Salben lassen. Volkskundler, die sie erforscht haben (Peuckert, Ferckel), berichten von magischen Flügen, Reigentänzen und Ausschweifungen – genau wie in den älteren Zeugnissen. Sie kamen mit einem Katzenjammer davon. Einige erleben den Katzenjammer ohne den ersehnten Ausflug. Andere dagegen, wie der theosophische Historiker Carl Kiesewetter (1854–1895), überlebten den Selbstversuch nicht. Es handelt sich eben um schwer nachzuvollziehendes Eingeweihtenwissen!

Dazu gehört, dass man die genauen Tages- und Jahreszeiten kennt, in denen die Pflanzen ihre Wirkungen entfalten (ihre biochemische Zusammensetzung ist diesen Umständen entsprechend in dauerndem Wandel). Man muss genau über die individuell zugeschneiderte Dosis verfügen und das synergistische Zusammenwirken der verschiedenen Gifte kennen. Es gehört auch die angemessene leibliche und seelische Vorbereitung dazu: deswegen die Zauberlieder, die Mantras, das Fasten und die Schwitzbäder. Konstellationen und die Tagesregenten werden auch genau bestimmt. Da liest man beispielsweise in dem *Puech aller verpotten kunst, ungelaubens und der zauberey,* verfasst 1455 vom Leibarzt des bayerischen Herzogs Albrecht, Johann Hartlieb[65]:

> *Zu sölichen farn nützen auch man und weib, nemlich die unhulden, ain salb die haissen* ungentum pharelis. *die machen sie uss siben krewtern und prechen yechlichs krawt an ainem tag der dan demselben krawt zugehört, als am suntag prechen u. graben si* solsequium, *am mentag* lunarium, *am erctag* verbenam, *am mittwochen* mercurialem, *am phinztag* barbam jovis, *am freitag* capillos veneris, *daruss machen sie dan salben mit mischung etlichs plutz von vogel auch schmalz von tieren [...] wann sie dan sölln, so bestraichen sie penk oder seule, rechen oder ofengabeln und faren dahin.*

Wir sehen, es ist kein einfaches Unternehmen und nicht mit den »Trips« der gelangweilten Schickeria unseres säkularen Zeitalters zu vergleichen. Es setzt eine uns verlorengegangene Kenntnis der übersinnlichen Welten und ihrer Bewohner voraus – eine Möglichkeit, an die wir kaum mehr glauben oder die wir nur mittels der Psychoanalyse, der Psychologie oder der Gehirnchemie »verstehen«. Für den Uneingeweihten ist eine Mondenwelt mit nach Verkörperung strebenden Wesen, in der Zeugung der Dinge und Imagination stattfindet, eine Welt des glatten Wahnsinns. Seelisch primitive Okkultisten halten diesen brodelnden Sumpf für *die* geistige Welt schlechthin. Es ist aber lediglich eine Seinsebene, die die Rosenkreuzer die »Elementarwelt« nannten, eben jene, auf der die Zauberer der Naturvölker mit Totemtieren verkehren, Äcker, Tiere und Frauen fruchtbar machen und das Wetter (Regentänze!) beeinflussen. Darüber liegen jedoch wie Schneeberge über dem Vorgebirge erhabenere Welten, die nicht mit Rauschdrogen, Tanz oder Trommel zu erklimmen sind, sondern durch lange karmische Vorbereitung, strengen dharmischen Lebenswandel oder die Gnade Gottes. Buddhisten heben sogar warnend den Zeigefinger: Okkulten Phänomenen, die auftreten, wenn man in der Meditation mit diesen Bereichen in Berührung kommt, soll man keine Beachtung schenken – wenigstens soll man sich nicht darin verfangen. Sie lenken nur vom Ziel des Nirvana, der Wahnlosigkeit, ab.

Gehirn und Droge

Biochemiker, Pharmakologen und Psychologen erklären die merkwürdige Wirkung der Hexenpomaden und psychedelischen Kräuter, indem sie auf die darin enthaltenen Alkaloide verweisen. Diese Molekularverbindungen wirken vorzüglich auf das stammesgeschichtlich sehr alte Mittelhirn *(Mesencephalon)*, das

»Riechhirn«, das wir mit Kriechtieren und primitiven Säugern gemein haben. Auch reizen sie das Zwischenhirn *(Diencephalon)*, die Brücke zwischen dem Großhirnmantel und dem Althirn, zwischen Bewusstsein und Unbewusstem, zwischen den automatischen Körperabläufen und den willkürlichen, den bedingten und den unbedingten Reflexen. Mittels der Drogen wird die Funktion des Neuhirns, das zu achtzig Prozent mit Denkfunktionen und zu zwanzig Prozent mit äußeren Sinnesreizen zu tun hat, abgedämpft; die tieferen, älteren Gehirnstrukturen werden dagegen stimuliert. Die *Inhalte* der bunten Visionen und außerleiblichen, parapsychologischen Erlebnisse lassen sich jedoch keinesfalls auf die eingenommenen Alkaloidstoffe zurückführen. Das Erschließen der molekularen Strukturen der Wirkstoffe erklärt die Bewusstseinsinhalte ebenso wenig wie die physikalische Analyse der Schallwellen die Bedeutung eines Schiller-Zitats. Es handelt sich eher um Reizwirkungen, die von den Giften ausgehen, die die tieferliegenden Bewusstseinsinhalte aufrütteln und sie für »Eingebungen« empfänglich machen.[66]

Nicht jeder hat nämlich die gleichen Erlebnisse! Bei dem Laien erzeugen die Zauberkräuter womöglich nur Verwirrung, Erregung oder ein Abregen des vegetativen Nervensystems, Vergiftungsnebenwirkungen (Schweißausbrüche, Übergeben, Herzklopfen, Zittern, Geifern usw.) und schließlich Kopfschmerzen und einen Kater wie nach dem schlimmsten Saufgelage. Bei demjenigen, der Anschluss an die alte schamanische Tradition hat, ist das nicht der Fall. In langen schwierigen Unterweisungen hat er gelernt, diese hervortretenden Zustände richtig zu sortieren und zu nutzen und die unangenehmen Nebenwirkungen zu meistern – ungefähr so wie jemand, der schwimmen gelernt hat, das Ertrinken nicht mehr zu fürchten braucht. Er mag getrost die Brücke zum Unbewussten überqueren. Er kann dabei tiefliegende Inhalte – aus dem Bereich des Jung'schen kollektiven Unbewussten – mittels geeigneter Bilder ins Bewusstsein heben – von unten nach oben sozusagen. Andersherum kann er auch von oben herab aufs Untere wirken: seine automatischen Leibesfunktionen wie Puls, Körpertemperatur, Schmerzempfinden, Drüsentätigkeit oder Verdauung unter bewusste Kontrolle bringen. Das sind alles Vorgänge, die sich unterhalb der normalen Bewusstseinsschwelle, unerreicht von der Aktivität der grauen Zellen im Großhirn, abspielen.

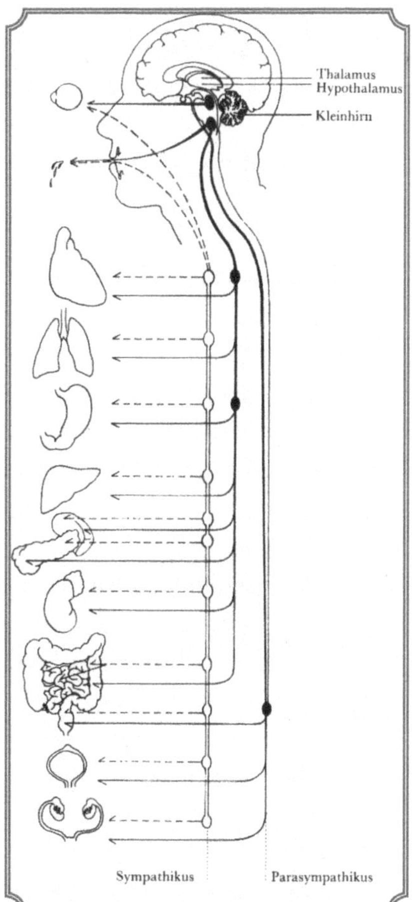

Das Nervensystem

Wie wir schon feststellen konnten, teilt das oberflächliche Alltagsbewusstsein die Welt in Ich und Nicht-Ich, Subjekt und Objekt, lebendig und tot und entwirft einen dreidimensionalen Raum und fortschreitende Zeiteinheiten. In den tieferen Schichten des Bewusstseins lässt sich die Wirklichkeit jedoch als zunehmend gegenstandslos, als Ganzheit, als zeit-räumliche Einheit, als ewig erkennen. Da wird der andere als Selbst wahrgenommen; es entsteht ein Zustand wahrer Sympathie (griech. *sympatheia* = Mitleiden, Mitgefühl) mit allen Wesen und der Intersubjektivität – Gedankenübertragung, Mitempfinden, Verstehen – mit dem Mitmenschen. Bewegt er sich auf dieser Ebene, kann der schamanische Heiler sozusagen in die Haut des Leidenden schlüpfen und ihn mitleidend von innen heraus kurieren, anstatt nur an äußeren Symptomen herumzudoktern. Andererseits ist es möglich, dass der Hexer, Schwarzmagier oder Kobold in ähnlicher Weise seine Opfer infiziert – dass er krankmachend unterhalb der normalen Bewusstseinsschwelle wirkt. Wir stehen hier vor Möglichkeiten, die dem Bürger unserer materialistischen, Ich-orientierten Gesellschaft höchst phantastisch vorkommen, die er leugnet, die ihn aber gleichzeitig erschaudern lassen.

Man sollte sich aber hüten, die jeweiligen anatomischen Gebilde des zentralen Nervensystems, die Orte der Gehirngeographie, die Hirnforscher sorgfältig herausgeschält und benannt haben, als die Erzeuger des Bewusstseins zu verkennen. Das wäre eine ebenso falsche Schlussfolgerung wie, die Alkaloidmoleküle für die Imaginationsbilder verantwortlich zu machen. Die verschiedenen Hirnfelder sind lediglich Organe, mit denen man verschiedene Seinsbereiche wahrnimmt. Ebenso wie das Auge als Organ die makrokosmische Lichtwelt dem Bewusstsein zuspiegelt, vermitteln diese diversen anatomischen Gebilde unterschiedliche Seins- und Daseinsebenen. Was da eigentlich wahrnimmt, ist nicht das Hirn, sondern das Selbst, unser Wesen. Was wahrgenommen wird, ist ebenfalls das Selbst. Um mit den Upanischaden zu reden: »Dies Selbst ist das in allen vorhandene Selbst!«

Große Seher, begabt mit außergewöhnlicher Geisteskraft, besitzen ein erweitertes Bewusstsein, das viele Bereiche erhellt, die dem Durchschnittsmenschen verdunkelt bleiben. Andere Seher, Heiler und Schamanen erwerben sich allmählich solche Fähigkeiten durch strenge Übungen und die hier besprochenen Kräuterdrogen. Oft werden solche Drogen den Neulingen und Anwärtern von alten erfahrenen Schamanen als vorübergehende Hilfsmittel verabreicht. Das war auch der Fall bei dem Ethnologen Carlos Castaneda, den der Yaqui-Schamane Don Juan *humito* (ein Pilzgemisch zum Rauchen) und *yerba del diablo* (Stechapfel) einnehmen ließ, damit er die Welt der engen Ich-Gebundenheit sprengen und in die magische

Wirklichkeit eintreten konnte. Der alte *brujo* (Hexer) dagegen konnte ohne diese Hilfsmittel in die »andere« Wirklichkeit gelangen. Sind einmal die Risse in der Wand der alltäglichen Wirklichkeit gefunden, die Schlupflöcher und verborgenen Pfade aufgespürt, die schreckeinflößenden Hüter der Schwelle – Riesengiftschlangen, feuerspeiende Drachen, Löwen, bissige Hunde oder glotzäugige Dämonen – beschwichtigt, die nötigen Opfer gebracht und die tückischen Fallen des Wahnsinns überwunden, dann steht die Brücke offen.

Im physischen Leib findet diese Bewusstseinsbrücke ihren Abdruck im limbischen System (Zwischenhirn). Hier werden Gefühlsstimmungen, Einbildungen, Wünsche und auch äußere Reize in physikalische Körperreaktionen umgesetzt. Über den Hypothalamus, das Herz des Zwischenhirns, wird das ganze vegetative Nervensystem, das Immunsystem und – über die Hypophyse – die endokrine Drüsenaktivität gesteuert und beherrscht. Hier hat der Heiler traditioneller Gesellschaften einen Schlüssel zur Leib- und Seelen-Funktion, der dem materialistischen Doktor Eisenbart verloren gegangen ist. Die psychotropen Pflanzen, die wir jetzt besprechen werden, können dabei in geeigneter Hand zu echten Heilpflanzen werden.

Nachtschatten-Power

Wenn die Sonne untergeht, verändert sich die Welt: Pflanzen atmen tierähnlicher, Nachtkreaturen erwachen, Baumgeister treten aus Stämmen und Geäst, und viele Elementarwesen sind unterwegs. Die sagenumwobenen Nachtschattenpflanzen haben ihren Namen, weil sie diese Geister und Schatten sichtbar machen können.

Pharmakologen haben stark wirkende psychotropische Tropanalkaloide aus diesen Pflanzen isolieren können. Das in Toll- kirsche, Stechapfel, Bilsenkraut und Alraune vorkommende

Skopolamin dämpft das äußere Bewusstsein und führt zu hypnoseähnlichen, halluzinogenen Zuständen. Mit einem Aufguss aus drei bis vier Stechapfelblättern (*Datura stramonium*, var. *tatula*) – dem sogenannten *toloache* – machen mexikanische Medizinmänner bei Initiationen ihre Lehrlinge für die Geheimlehren empfänglich. Lateinamerikanische Casanovas mischen naiven Gringo-Touristinnen Stechapfelextrakt in die Getränke, damit sie erotischen Suggestionen und Annäherungsversuchen keinen Widerstand leisten. Skopolamin *(Scopolaminum hydrobromicum)* wird inzwischen von der Pharmazeutikaindustrie als Mittel gegen Säuferwahnsinn *(Delirium tremens)*, Seekrankheit, Schwindelzustände, Parkinsonismus und zur Beruhigung wild gewordener Irrsinniger vermarktet. Eine Überdosis Skopolamin wird mit einem Brechmittel und, um das Herz anzuregen, mit starkem Kaffee behandelt.

Atropin, das andere Nachtschattengift, wirkt wie folgt: Die Haut wird knallrot und heiß, aber die Schweißdrüsen vertrocknen; der Mund wird trocken, alles sieht verschwommen aus, das Herz pocht bis zu 150 Schläge pro Minute; im erregten Zustand singt und tanzt man; Tastgefühl und erotisches Empfinden steigern sich bis zu »Halluzinationen«. Typische Symptome dafür, dass die Bremsen des Parasympathikus versagen, sind Pupillenerweiterung – noch heute benutzen Augenärzte Atropintinktur als Mydriatikum –, Pulsbeschleunigung, Peristaltikhemmung, Spasmenlösung, Speichel- und Schweißdrüsenhemmung, Bronchienerweiterung! (Wegen der austrocknenden und bronchienerweiternden Wirkung wird Asthmazigaretten hin und wieder Stechapfelblatt beigemischt.) In welcher Art die Nachtschattendroge sich auswirkt, ob sie einschläfert oder erregt, kommt immer darauf an, in welchem Verhältnis und welcher Konzentration diese beiden Alkaloide vorhanden sind.

Am liebsten verwendeten die mittelalterlichen Hexen die Tollkirsche in ihren Salben. Sie galt als des Teufels Lieblingspflanze, die er jede Nacht sorgsam pflegte, nur an den Nächten der

Hexensabbate nicht, denn dann war der pferdefüßige Junker beim Tanz. Die wissenschaftliche Bezeichnung der Tollkirsche, *Atropa belladonna,* kann uns viel über das Wesen der Pflanze sagen. Atropos ist eine der drei griechischen Schicksalsgöttinnen, der Moiren. Wie die Nornen des Nordens spinnen sie den Schicksalsfaden einer jeglichen Kreatur. Klotho spinnt ihn, Lachesis bestimmt die Länge, und Atropos, die Unerbittliche, zerschneidet den Lebensfaden. Der Artname Belladonna mag davon herrühren, dass man diese Pflanze einst als »Magd des schwarzen Engels« umschrieb, oder davon, dass sich die Damen der Renaissance den Saft in die Augen tropften, um die Pupillen zu erweitern, damit sie anmutig wie unschuldige Mädchen erscheinen konnten. Kleine zusammengezogene Pupillen werden als kalt und ablehnend empfunden – jeder Werbefachmann weiß das –, aber ein Tröpfchen dieses Mydriatikums verwandelt eine Frau, die sonst vielleicht wenig Vorzüge zur Schau tragen kann, in eine *bella donna* (ital.: schöne Frau). Es wird berichtet, dass einer Dame beim Einträpfeln aus Versehen ein Tropfen auf die Zunge fiel, wodurch sie all ihre Hemmungen verlor. Ungeniert ging sie zufällige Besucher an und ließ auch ihren unbewussten lesbischen Gelüsten freien Lauf.

Ebenso sagenumwoben ist eine andere Art der Atropa-Gattung, die Atropa mandragora. Den Arabern ist sie als Satansapfel bekannt, den alten Deutschen als Elfen-Rune oder Elfengeraune – also Alraune. Die frische Wurzel wirkt als Abführmittel und kann in erhöhter Dosis Schwindel, Betäubung und Wahn hervorrufen. Ärzte der Antike benutzten die in Wein getränkte Wurzel als Betäubungsmittel bei Operationen. Ähnlich wie der Ginseng im Fernen Osten gewann die Pflanze mit der anthropomorphen Wurzel den Ruf als Allheilmittel, als Liebes- und Zaubermittel, das böse Geister vertreibt.

In der Bibel steht eine eher schlüpfrige Geschichte von der geilen Rachel, die mit Hilfe der »Liebesäpfel« fruchtbar wird, dem

Jakob einen Sohn gebiert und sich vor ihrer Nebenbuhlerin, der fruchtbaren Lea, nicht mehr schämen muss (1. Mose 30:14-24). Und weil es in der Bibel steht, wurde die Pflanze auch nicht von den Christen verschmäht, sondern zu Wucherpreisen gehandelt. Vielleicht um ihr Geschäft zu schützen oder die Pflanze gar vor Ausrottung zu retten, setzten Wurzelkrämer schreckliche Geschichten in Umlauf: Die Pflanze keime nur unter dem Galgen eines Gehenkten, aus dessen im Todeskrampf vergossenen Samen. Will man das Wurzelmännlein oder -weiblein ausgraben, so gibt es einen Schrei von sich, der tödlich ist für den, der ihn hört. Demzufolge muss man die Magie beherrschen, einen Zauberkreis zeichnen und mit einem Schwert die Wurzel so weit entblößen, dass ein Hund, dessen Schwanz man mit einem Strick an die Wurzel bindet, ihn leicht herausziehen kann. Der arme Köter stirbt natürlich bald darauf. Hat man sie geborgen, wäscht man die Wurzel in Rotwein und kleidet sie in feine Seide. Der Besitz eines dieser »Homunculi«, einer »Marmette« oder »Puppette« beschert Gesundheit und Glück im Spiel und in der Liebe. Sogar Goethe war Besitzer einer dieser magischen Puppen.

Der Schwarze Nachtschatten *(Solanum nigrum)* wird oft mit der Tollkirsche verwechselt, ist aber bei Weitem nicht so giftig. Wie die Kartoffel *(Solanum tuberosum)*, der Bittersüße Nachtschatten *(Solanum dulcamara)* und andere Mitglieder der Solanum-Gattung enthält er das Sapoalkaloid Solanin in den Stängeln, Blättern und unreifen Beeren. Vergiftungssymptome fangen mit Halskratzen an und können bis zur Atemlähmung führen. In der Homöopathie werden diese Pflanzen selbstverständlich gerade bei diesen Krankheitsbildern in entsprechender Dosis angewendet. Schwarze Nachtschattenbeeren werden mit der Reife ungiftig – durch Kochen verflüchtigt sich der Rest des Giftes ganz und gar –, so dass die Indianer die Beeren eifrig als Nahrungsergänzung sammeln und die Türken daraus Marmelade kochen.

Für Luftflüge und Geisterschau ist die Gattung Solanum nicht besonders geeignet. Aber als Heilmittel zur Linderung von Gelenkschmerzen, zum Säubern und Heilen pickeliger, ausschlägiger Haut, gegen Herpes und ähnliche Leiden verdient es seinen Namen (lat. *solamen* = Trost oder *solari* = lindern). Bei diesen Hauterkrankungen sind Umschläge aus erhitzten Kartoffel- oder Bittersüßblättern besonders geeignet.

Die Kartoffel, das Hauptnahrungsmittel der Inkas, ist wohl die berühmteste Persönlichkeit dieser Gattung. Clusius pflanzte sie 1598 aus Neugier in seinen botanischen Garten in Wien. Sir Walter Raleigh war der Erste, der sie in England anpflanzte; er ließ sie aber gleich wieder ausreißen, denn ihm schmeckten die Beeren nicht! Mit dem Tabak, einem anderen giftigen Nachtschattengewächs, hatte er mehr Glück – er wurde durch die Einfuhr des virginischen Tabaks reich! Auf die aufgedunsenen Erdäpfel reagierte das einfache Volk zuerst misstrauisch. Sie verursachten Aussätzigkeit, meinten die burgundischen Bauern. Da die Bibel sie nicht erwähnt, waren sie bei den Puritanern verpönt. Aber im Laufe der Industriellen Revolution wurde die Kartoffel das Nahrungsmittel, mit dem sich die Fabriksklaven und die armen Bauern am Leben hielten. Despoten der Aufklärungszeit befahlen ihren Untertanen, die Kartoffel anzubauen.

In Frankreich wurde das Kartoffelessen durch eine List eingeführt: Der Agronom Antoine Auguste Parmentier ließ die Knolle während der 1780er Pariser Hungersnot anpflanzen und tagsüber von bewaffneten Soldaten bewachen. Wie erwartet, wurden die *pommes de terre* nachts gestohlen, nachdem die Wache abgezogen war, und fanden so ihren Weg auf die französische Speisekarte. Die Kartoffelfäule verursachte in den 1840er Jahren eine bittere Hungersnot in Mitteleuropa und Irland und veranlasste Millionen von Menschen, nach Amerika auszuwandern. Die amerikanische Pflanze holte sich Menschen in den dünn besiedelten Kontinent!

Der Tabak *(Nicotiana tabacum, N. rustica)* ist ebenfalls, wie die Tomate, der rote Pfeffer, die Paprika, die Petunie und die Kartoffel, ein Nachtschattengewächs aus der Neuen Welt. Mit dieser Pflanze befinden wir uns wieder völlig im Bereich der Zauberpflanzen. Bei den indianischen Medizinmännern dient die leicht narkotisierende Pflanze als Geschenk und Opfer an die Geister. Bei der Heilséance wird Tabakqualm geblasen; beim Wurzelgraben wird etwas Tabak in das Loch gestreut. »Die Geister sind süchtig danach; es stimmt sie freundlich«, erklärte mir der Cheyenne-Medizinmann Tallbull. Der Tabak ist eine »Medizin«, eine kraftschwangere Substanz, mit der feindlich gesinnte Kräfte umgestimmt werden können. Das ist auch der Sinn der Friedenspfeife! Auch beim nervösen Raucher unserer Zivilisation ist der Tabakqualm, in den er sich einhüllt, eine Art Abwehrzauber.

Die Friedenspfeife und die Zigarre sind indianische Erfindungen, aber der Gebrauch des Tabaks als bloßes Genuss- und Suchtmittel ist europäisch. Spanische Seeleute brachten die Sitte des Rauchens mit. Apotheker verkauften Tabak als Heilmittel für jedes erdenkliche Leiden. Wie Tee, Zucker, Kaffee, Baumwolle oder Rum verdarb der Tabak nicht auf langen Seefahrten und ließ sich gewinnbringend absetzen. Auf Kosten gepeinigter schwarzer Sklaven entstand eine »Aristokratie« auf den Plantagen Virginias. Für 120 Pfund Tabak konnte sich ein Gentleman-Pflanzer eine gut erzogene *(well-bred)* Lady aus England schicken lassen. Unter den Gründervätern der Vereinigten Staaten waren nicht wenige sklavenhaltende Tabakpflanzer (zum Beispiel Th. Jefferson, P. Henry), die einfach keine Steuern mehr an die Krone zahlen wollten und unter dem idealistischen Vorwand, dass alle Menschen gleich geschaffen seien, die Unabhängigkeit erklärten.

Aber der Tabak traf auch auf harten Widerstand. Der Papst erließ eine Bannbulle, muslimische Sultane ließen Raucher köpfen, und der Bibelübersetzer King James (Jakob I.) schrieb ein

Counterblaste to Tobacco (1604), worin es von dem Kraut hieß: »Abscheulich dem Auge, gehässig der Nase, schädlich dem Hirn, gefährlich der Lunge, dieser furchtbare stygische Rauch des bodenlosen Höllenlochs!«

Auch die Bauern vermuteten irgendwie, dass das stinkende Kraut vom Teufel komme. Die Volkssage erzählt, wie der Teufel eines Nachts Tabak pflanzt und den Bauern am nächsten Tag fragt, ob er die Pflanze kenne. Welcher rechtschaffene Bauer wird schon zugeben, dass er etwas nicht kennt? »Sag mir wie sie heißt«, sagte der Bocksfüßige. »Kennst du ihren Namen, ist das Feld samt den Pflanzen dein, kennst du ihn nicht, bekomme ich deine Seele! In vierzehn Tagen treffen wir uns wieder.« Als der Bauer niedergeschlagen nach Hause kam, fragte ihn seine Frau, was los sei. Als er es ihr erzählte, meinte sie: »Ach, Mann, wenn das alles ist!« Am Abend vor der abgemachten Zeit, sprang sie in ein Teerfass, dann wälzte sie sich im Hühnerstall, bis sie wie ein komischer Federvogel aussah, rannte zum Feld des Teufels und fing an, die Pflänzchen herauszurupfen. Als er das sah, schrie der Teufel: »Scher dich aus meinem Feld, du Vogel. Lass meinen Tabak in Ruhe!« Wegen seiner klugen Frau wurde der Bauer reich, ohne seine Seele dafür hergeben zu müssen. Das Alkaloid Nikotin ist so giftig, dass ein Tropfen genügt, um einen Hund umzubringen. Es reizt die Schleimhäute, macht schwindlig, übel und schwächt die Muskeln. Langjähriger Tabakgenuss gefährdet das Herz, die Lungen und die Blutgefäße (Raucherbein). Tabak lässt sich aber gut als Insektizid in der Landwirtschaft anwenden.

Ein weiteres Nachtschattengewächs, das heute ein Renner in der Naturkost-Szene ist, wollen wir nicht übergehen. Es ist die *Goji*-Beere, zu Deutsch: Gemeiner Bocksdorn oder chinesische Wolfsbeere (*Lycium* spp.). Laub und Wurzeln enthalten Hyoscyamin; die Vergiftungserscheinungen ähneln der Tollkirsche. Lediglich die roten Beeren sind ungiftig: Sie gelten als immunstärkende, vitaminreiche Gesundheitsbombe mit antioxidativen Eigenschaften.

Der Fliegenpilz (Amanita muscaria)

Zusammen mit Marzipanschweinchen, Schornsteinfegern, Hufeisen und vierblättrigem Klee ist der Fliegenpilz ein bekanntes Glückszeichen. In Märchenbuchillustrationen sieht man, wie sich Gnomen und Elfchen gerne unter seiner roten, weißgetüpfelten Kappe aufhalten. Mit Gipsrehen und Gartenzwergen ist er beliebter Rasenschmuck in Vorstadtgärtchen. Aber, allem Schein zum Trotz: So unschuldig ist er nicht! Er ist Buhle der Zauberer und Hexen. Wikinger; Berserker, sibirische Schamanen und nordamerikanische Indianer gingen mittels dieses rotkäppigen Gesellen auf wunderliche Reisen. Der amerikanische Ethnomykologe Gordon Wasson, der sich das Vertrauen mittelamerikanischer Indianer erschlich und dort auf den fast fünfhundert Jahre geheimgehaltenen Kult des Zauberpilzes *(Psilocybin)* stieß, vermutet, dass das Soma der alten arischen Inder, das Ambrosia der vedischen Götter weder der indische Hanf noch die bittere, milchige Seidenpflanze *(Asclepias acida)* war, sondern eben dieser Pilz.[67]

Mit ihm kann man »fliegen« – der Rausch erzeugt ein euphorisches, schwindeliges Gefühl der Schwerelosigkeit. Daher heißt er Fliegenpilz, nicht weil sein Saft angeblich Fliegen tötet! Der Schamane fliegt in eben die Welt, die so niedlich in unschuldigen Kinderbüchern als die Zwergen- und Riesenwelt abgebildet wird. Während der Schamane fliegt, vermag der klinische Psychologe verengte Pupillen, Geifern, Zittern, Zucken und schließlich Stupor festzustellen und dabei zu dem Schluss zu kommen, dass der Parasympathikus des vegetativen Nervensystems in einer Weise erregt wird, die der Wirkung der Atropine aus den Nachtschattengewächsen geradezu entgegengesetzt ist. Fünf bis neun Pilze – es kommt auf die Jahreszeit und die körperlich-seelische Verfassung des Schamanen an – erzeugen innerhalb von ein bis zwei Stunden

Fliegenpilz

einen Rausch mit lebhaftesten Bildern. Eine Baumspalte kann zum Höhleneingang werden, eine Stiege zur unüberwindlichen Felsenklippe. In tiefer Trance erlebt der Weltenwanderer die Fülle der Seelenbilder. Eine Dosis von über zehn Pilzen ist lebensgefährlich.

So begehrt waren die Zauberschwämme bei den nordsibirischen Ureinwohnern, dass sie bereit waren, teure Pelze dafür zu tauschen. Sie kochten die Pilze oder weichten sie fünf bis sechs Tage in Wasser ein. Man trank die Flüssigkeit zusammen mit dem Saft der Heidelbeere *(Vaccinium myrtillus)* und Weidenröschentee *(Epilobium angustifolium)*. Da das Alkaloid Muskarin die Verdauung unversehrt übersteht und im Urin ausgeschieden wird, nachdem es durchs Blut gekreist ist, wurde der Harn aufgefangen und noch einmal getrunken.

Die Hanfpflanze

Hanf ist ein alter Menschenfreund. Der Anbau dieser ursprünglich in Indien beheimateten Faserpflanze, aus der Seile, Segel und Arbeitskleidung gemacht werden, verbreitete sich in der ganzen Welt. Schon auf den Tontafeln der alten Babylonier wird der wahrscheinlich aus dem Industal eingeführte Hanf als schmerzlinderndes Mittel bei Lungenentzündung, Rheuma und Schlaflosigkeit gepriesen. Dreitausend Jahre vor unserer Zeitrechnung erwähnt ihn auch Shen Nung, der Gründer der chinesischen Medizin, und empfiehlt die aromatische Pflanze bei Frauenleiden, Gicht, Rheuma,

Wechselfieber, Beriberi, Verstopfung und Vergesslichkeit. Dioskorides, der griechische Wundarzt im Dienst der Armeen Kaiser Neros, schrieb in seinen Mußestunden zwischen den Feldzügen eines der ersten Kräuterbücher der westlichen Welt. Vom Hanf liest man:

> *[...] er hat Blätter wie eine Esche, einen kräftigen Geruch, lange hohle Stängel, runde Samenkörner, die, wenn man sie isst, die Lust dämpfen [...] aber der grüne Saft ist wirksam bei Ohrenschmerzen.*[68]

Ausgrabungen legen die Vermutung nahe, dass die Germanen den Hanf schon 400 v. Chr. vermutlich zur Faser- und Ölgewinnung anbauten. Bis ins 13. Jahrhundert wurden die fettigen Samen mit im Brei gekocht. Samenbrei als Auflage für die schmerzenden Brüste der Ammen, Hanfsamenmilch bei Blasenentzündung und Wassersucht und erhitzte Blätter bei Gelenkentzündungen waren allgemeine Hausmittel.[69]

In Kanada, Kalifornien und einigen anderen Staaten dürfen inzwischen unheilbare Krebskranke so viel Hanf rauchen, wie sie wollen. Dr. Alphonso E. Calle, ein kolumbianischer Arzt, der die medizinische Wirkung dieser Pflanze in Benares, Indien, erforschte, teilte mir seine Überzeugung mit, dass das eine ganz vernünftige Behandlung sei. Gehen nicht die meisten chronischen Leiden auf psychosomatische Störungen, »Knoten in Leib und Seele«, zurück? Wenn ein Patient sich entspannen kann, ist die Schlacht schon halb gewonnen. Daher verschreibt er Hanfblätter gegen einen ganzen Strauß übler Symptome, Schlaflosigkeit, Gicht, Nervenschmerzen und Rheuma. Dr. Calle hat Cannabis-Tinkturen erfolgreich bei Katarrh, starken Monatsblutungen und Blasenentzündungen, Hanföl bei Entzündungen und – nach Anweisungen des Dioskorides – frischen Hanfsaft, in die Ohren geträufelt, bei Ohrenentzündung angewendet.

Aber bei diesen schlichten medizinischen Anwendungen bleibt es nicht. Das dunkelgrüne Kraut mit den gespreizten Blättern hat auch seine magische Seite. Die Assyrer um 900 v. Chr. benutzten Hanf als Räuchermittel in ihren Göttertempeln. Wer sich einmal versehentlich in ein Kiffhaus in Marokko verirrt hat, wird bezeugen können, welche wunderliche Wirkung das bloße Einatmen des Qualms hat. Von dem wilden Reitervolk der Skythen ist bekannt, dass sie den Rauch unter Decken einatmeten und dabei vor Lust heulten – eine Gepflogenheit, die man bis heute noch bei einigen asiatischen Steppennomaden vorfindet.

Auch in Indien ist der magische Gebrauch dieser Pflanze beheimatet. Hier wird sie als »himmlischer Führer«, »Himmel der Armen« oder »Stiller des Leides« gepriesen. Nackte Babas wie gelehrte Pandits frönen dem »Ganja« (Hanfblütenrispen in Kekse und andere Süßigkeiten gebacken), ehe sie sich der Meditation oder dem Studium der heiligen Schriften hingeben. In den Tea-Shops entlang der engen Straßen kann man *Bhang* (zerschnitzelte Hanfblätter, die in Joghurt zu Kugeln gerollt werden) zu einem Glas *Chai* (in gezuckerter Milch gekochter Tee) nehmen und dann entspannt mit Freunden plaudern oder die bunte Straßenwelt vorbeiziehen lassen.

Die Muslime, denen der Prophet den Alkohol verbot, griffen, nachdem sie in Indien eingefallen waren, freudig zu diesem Kraut und verbanden es mit der Rauchpfeife – die ja ursprünglich aus dem Kulturkreis der amerikanischen Ureinwohner stammt. Einfache Bauern rauchen nun die Blätter aus einfachen Tontrichtern, den Chillums. Wohlhabende muslimische Händler rauchen duftende Harzklumpen (Charas) aus kunstvoll gewirkten Wasserpfeifen. Bhang verhält sich zum Charas wie bei uns das Bier zum Bourbon Whiskey. Mit Lederschürzen laufen die Bauern durch die Felder, schaben dann das daran haftende Harz ab und formen es zu Kuchen.

In Nordafrika trifft man Charas als *Kiff* wieder. In Häusern, zu denen Frauen keinen Zutritt haben, trifft man sich zum Rauchen und Plaudern. Der Wirt macht frischen, heißen, überstark gezuckerten Pfefferminztee, und zur Unterhaltung gibt es Berbermusik und schlanke Buben, die recht sinnliche Bauchtänze vorführen.

Hasan-ibn al-Sabbah, der Alte vom Berg, mutet wie eine frühere Verkörperung des Ayatollah Chomeini an. Der fanatische Schiit aus dem 13. Jahrhundert ließ seine politischen Gegner und die Kollaborateure mit den Kreuzrittern meuchlerisch morden. Es wird gesagt, dass er seinen Anhängern mittels Hanfharz die Freuden des Paradieses, Speisen, Wein und Freudenmädchen *(Huris)* vorgaukelte, ehe die Todesmutigen gezückten Säbels zu ihren blutigen Überfällen ausrückten. Diesem Hasan verdanken wir die beiden Begriffe *Assassine* (Meuchelmörder) und Haschisch.

Die armen Indios Mexikos rauchen die getrockneten Blätter und Blüten und nennen es ehrfurchtsvoll »Maria y Juan« (Maria und Johannes). Daher rührt die Bezeichnung *Marijuana* (auch Marihuana). Ebenso wie die Sombreros, die weißen Pyjamas, Gitarren und kunstvollen Lederverzierungen geht das Marihuanarauchen auf die maurischen Wurzeln Andalusiens zurück. Sie wurden den Söhnen der Tolteken und Azteken aufgepropft. Die revolutionären Bauernheere (1911) unter den Anführern Zapata und Pancho Villa überrannten später die Ländereien wie die Küchenschaben *(Cucarachas)*. Aber ohne Marihuana ging es nicht:

La cucaracha, la cucaracha
Ya no puede caminar
Porque no tiene, porque no tiene
Marihuana que fumar.
(»Die Schabe kann nicht weitermarschieren, weil sie keinen Hanf zu rauchen hat!« – aus einem volkstümlichen Lied der mexikanischen Revolution.)

Im biederen Westen, wo Alkoholika und Christentum herrschen, schenkte man diesem bewusstseinsbeeinflussenden Aspekt der Hanfpflanze wenig Beachtung. Besonders im Zeitalter der großen Überseesegelschiffe brauchte man kräftige, wasserfeste Taue, Segeltuch, Zeltplanen und strapazierfähige Arbeitskleidung. Dazu diente am besten die männliche Hanfpflanze; die harzigere weibliche »Hänfin« dieser zweihäusigen Pflanze wurde in den Feldern ausgemerzt. Um die Nachfrage zu decken, bebaute man in Europa, Asien und den Plantagen Virginias riesige Felder damit.

Die ersten blauen Nietenhosen, die legendären Jeans, nun Uniform der Werktätigen aller Länder, bestanden ursprünglich aus Hanfplane. Sie wurden zuerst von einem jüdischen Händler aus Bayern, Levi-Strauß, entworfen. Er wollte Zeltplanen an die Goldgräber Kaliforniens verkaufen, merkte aber, dass sie feste Arbeitshosen viel nötiger hatten.

Wurde Hanf damals als Rauschmittel in den westlichen Ländern verwendet? Vielleicht! Was soll man von der Tagebucheintragung des virginischen Pflanzers und ersten Präsidenten der Vereinigten Staaten halten, wenn er schreibt, dass die weiblichen Pflanzen leider bestäubt worden sind (die unbestäubten Hänfinnen geben das beste Harz)?[70] Der Emmentaler Bauer Andreas Ellenberger teilte mir mit, dass sich früher nach der Hanfernte – einmal im Jahr – die Männer eine Pfeife mit dem Kraut stopften zum »Champfe«. Und was heißt es, wenn jemand einen »Fimmel« hat? Fimmel (von lat. *femella* = Weibchen) ist die weibliche Hanfpflanze. Warum heißt sie auch »Bösling«?

Als »Rauschgift« wurde Haschisch erst durch avantgardistische Künstler und Dichter der Pariser *belle époche* – Baudelaire, Dumas, Rimbaud, Gautier und andere –, die als Bürgerschrecke auftraten und den *Club des haschischins* gründeten, bekannt und verpönt. In den USA waren es die Schwarzen, Puerto-Ricaner und mexikanischen Saisonarbeiter – also »faule«, »schmutzige«, »geile«, dunkelhäutige und oft kriminell veranlagte »Untermenschen« –, die »Mary Jane«, Pot, Gras, Shit, Weed oder Tea rauchten. Die braven weißen Bürger, die sich eben gerade von der Prohibition – dem totalen Alkoholverbot – erholten, konnten diese Droge, die sich unter Jazz-Musikern und der Boheme verbreitete, auf keinen Fall tolerieren. 1937 wurde der US-Marijuana-Tax-Act in Kraft gesetzt, in dem der Besitz dieser Pflanze mit langjährigen Zuchthausstrafen und Geldbußen belegt wird. Unter diesem Gesetz wurde der LSD-Guru Professor Timothy Leary in den Sechzigern zu dreißig Jahren Zuchthaus und 30.000 Dollar Strafe wegen des Besitzes einer verschwindend kleinen Marihuanamenge verurteilt.

Forscher haben natürlich inzwischen die Wirkstoffe isoliert und benannt: Tetrahydrocannabinol (THC) heißt das Wundermittel, das auf das Althirn einwirkt und dabei Zeit- und Raumempfinden ausdehnt, die Sinne intensiviert und mit anderen Empfindungen verknüpft, so dass man Klänge sieht, Farben hört und Gedanken fühlt. Der Kiffer hat vielleicht rote »Kaninchenaugen«, er kichert vielleicht und ist entspannt, aber mehr wird ein uneingeweihter Außenseiter wohl nicht feststellen können. Auf keinen Fall verwandelt sich der Haschraucher in eine mordende Bestie oder ein sexgeiles Tier. Haschisch ist eher die Droge friedlicher Blumenkinder, Biogärtner, Abrüster, Rohköstler und Natur- und Tierschützer. Es ist weniger süchtig machend als Kaffee und hat weniger Nebenwirkungen als Alkohol. Eine Überdosis kann es nicht geben.

Warum also die Verteuflung dieser Pflanze? Forscher sprechen vom »amotivationalen Syndrom« – zu Deutsch: null Bock auf entfremdete Arbeit, Verlust der Leistungsfähigkeit, Regression zu kindischen, magisch-religiösen Vorstellungs- und Handlungsmustern, Introversion, Apathie gegenüber dem Weltgeschehen. Also Aussteigermentalität! Das ist fatal für die Leistungsgesellschaft! Dieses kindische, magisch-religiöse Denken macht gegen Ideologie immun. Vielleicht ließ der Papst deswegen im Jahre 1484 Cannabis als ein »Hexenkraut, mit dem der Fürst der Dunkelheit aufgerufen wird«, bannen. Vielleicht ließen daher die Kalifen Ägyptens, ehe sich Haschisch vollends einbürgerte, die Raucher mit dem Ausreißen der Zähne bestrafen. Wolfgang Neuss, der Berliner Schamane mit der Pauke, sagte einst zu dem Thema: »Haschisch führt zum gesellschaftlichen Abstieg, aber zum geistigen Aufstieg!«

Ololiuqui

Wollten die Azteken ihre Götter befragen, dann kletterten sie mittels der grünen Schlange *(coatl xoxouqui)*, der Ololiuqui, in die himmlischen Welten. Auch Goethe spricht in einem Märchen von einer grünen Schlange, die als Brücke in die »andere« Welt hinüberführt.[71] Die grüne Schlange der Indianer ist jedoch die Schlingpflanze *Rivea corymbosa*. Es ist eine Windenart, eng verwandt mit den blau oder weiß blühenden Prunkwinden unserer Blumengärten.

Die spanischen Konquistadoren, die schon in der Alten Welt mit der verfluchten Teufelei kaum fertig wurden, verboten das Kauen dieser Windensamen sofort und bestraften es mit dem Tode. In den schwer zugänglichen Bergen und Wäldern Mexikos kauen die indianischen *brujos* immer noch diese *semilla de la Virgen* (Samen der heiligen Jungfrau), um verlorene Gegenstände zu finden und die Gedanken anderer zu erfahren. *Curanderos*, die Heiler, benutzen Ololiuqui, um diejenigen Krankheiten zu heilen, die als Folge von Verhexung nicht anders geheilt werden können.

Dieses von Völkerkundlern neu aufgedeckte indianische Geheimnis wurde schnell von experimentierfreudigen Hippies aufgegriffen. Plötzlich waren um 1965 in den USA die Windensamentütchen in den Samenhandlungen und Supermärkten alle ausverkauft. Die Samen der blau blühenden »Heavenly Blues« und der weiß blühenden »Pearly Gates« (Himmelsbläue und Perlentore!), die ebenso wie die mexikanische Winde verschiedene Alkaloide und LSD enthalten, wurden beim Klang buddhistischer Mantras in Mörsern zerstampft und dann – um den unangenehmen Geschmack zu verdecken – in Kakao oder Milchshakes getrunken. Oder die Samen wurden einfach, wie sie sind, zerkaut. Dreißig der harten, schwarzen, dreieckigen Samen genügen für einen »Trip«. Meditation, heilige Mantras – *OM mani padme hum* – oder erbauende Musik, die das Gemüt zentrieren, gehören mit zur Vorbereitung. Das ist nötig, damit man auf eine gute Wellenlänge kommt und nicht auf einen »Horrortrip« geht. Wie bei Peyote oder dem Psilocybin-Pilz kann es anfänglich Schwindel und Übelkeit geben, aber bald schwebt man in immer höhere Stockwerke des herrlichen Weltengebäudes. Die Sittenhüter wurden bald darauf aufmerksam, dass Windensamen hoch im Kurs standen. Der Staat ließ die Samenpäckchen mit brechreizerzeugenden Mitteln beizen, um weitere Fluchtversuche der Jugend aus dem Wohlstandsparadies zu vereiteln.

Unter den Kräutern, die auf das Bewusstsein einwirken, haben wir uns einige Stars näher beschaut. Aber eigentlich hat jede Pflanze, die man als Speise, Getränk oder Genussmittel zu sich nimmt, eine mehr oder weniger große Wirkung auf den Bewusstseinszustand, besonders, wenn wir die Wirkung nicht bekämpfen, sondern uns ihr hingeben. Warum auch nicht? Ist der Leib und die ganze materielle Welt nicht auch ein zur Festigkeit geronnener Bewusstseinszustand, wie es uns die Buddhisten lehren? Betrachten wir noch zwei weitere einfache Beispiele, das Johanniskraut und den Baldrian.

Johanniskraut und Baldrian

Johanniskraut *(Hypericum perforatum)*, auch Tüpfelhartheu genannt, ist mit dem Schwarztee verwandt. Es schmeckt auch als Tee gut. Paracelsus preist es als Wundkraut und Wurmkraut, aber er verschreibt es auch wegen seiner bewusstseinswandelnden Fähigkeiten. Es vertreibt die »Phantasmen«[72]:

> *Das* phantasma *ist eine Krankheit ohne ein corpus und Substanz; sondern allein im Geist der Contemplation wird ein anderer Geist geboren, von welchem der Mensch regiert wird. So nun derselbige Geist geboren wird, so gibt er dem Menschen andere Gedanken, andere Gebärden, ganz wider die Natur und angeborene Gesinnung. Nun ist gegen diese Krankheit nicht viel Arznei von Gott geordnet, die mir wissend sei, als nur die perforata (Johanniskraut) von corallis (Koralle).*

Um die Wirkung zu verstärken, soll man die Pflanze beim Sonnenaufgang, wenn Mars, Jupiter oder Venus gut aspektiert stehen, der Mond aber schwach ist, sammeln. Teufelsflucht *(fuga daemonum)* hieß das Johanniskraut im Mittelalter. So zornig war der Böse auf diese Pflanze, dass er ihre Blätter mit einer Nadel durchlöcherte (daher lat. *perforatum* = durchlöchert). Hält man ein Blättchen ans Licht, hat man den Eindruck, als seien lauter Nadelstiche darin – es handelt sich aber um winzige Öldrüsen, in denen sich das kostbare Johannisöl befindet.

Dieses edle Kraut wächst empor, blüht goldgelb in der Johanniszeit auf und erstarrt förmlich dabei. Daher sein Name Hartheu. Wer seine Bewusstseinsvorgänge nach dem Trinken dieses Tees genau beobachtet, wird feststellen, dass die Seele Bilder aufsteigen lässt, die, wie die Pflanze, zu fester Form und Fläche erstarren.

Liest man dann Rudolf Steiner, kann man ihm nur zustimmen, wenn er feststellt, dass das Johanniskraut den Astralleib (Seele) anregt, in dessen Bestreben, »die ätherischen Prozesse sich unterzuordnen, das flutende Leben zu dämpfen, ihm Formprozesse aufzudrücken, die das dem Leben übergeordnete Seelische in der *Gestalt* offenbaren«[73]. Einen sinnlich-sittlichen Eindruck macht diese Pflanze auf Steiner. Diese elementarkräftestauende Wirkung kommt auch in dem Spruch zum Ausdruck, den eine geheimnisvolle Stimme vom Himmel herab sagte, als ein fürchterliches Gewitter über das Land tobte[74]:

Ist denn keine alte Frau,
Die kann pflücken Hartenau,
Dass sich das Gewitter stau!

Dem roten Johannisöl als Heilmittel für entzündete Nerven sind wir schon begegnet. Bei all den wunderbaren Eigenschaften dieser Pflanze wundert man sich, dass die innere Anwendung des Johanniskrauts in den USA gesetzlich verboten ist. Es wird auch versucht, die Pflanze, die hellhäutiges Weidevieh lichtempfindlich macht und offiziell als »noxious weed« (schädliches Unkraut) eingestuft wird, mit allen Mitteln auszurotten.

Baldrian *(Valeriana officinalis)* ist ebenfalls ein Mittel, das das Bewusstsein beeinflusst. Ein Kaltwasserauszug der Wurzeln beruhigt so vollständig, dass man meint, man liege auf einem moosigen Waldboden und höre das angenehme Rauschen eines Waldbaches. Das Rauschen wird wohl das Rauschen des eigenen Blutes durch die Adern sein, denn diese Pflanze nimmt uns ganz tief in uns hinein, sie hüllt uns ein und beruhigt unsere Seele. Mondkraut und Elfenkraut wird sie auch genannt, denn es kann vorkommen, dass man vor dem inneren Auge Elfen und Wassernixen lieblich

Reigen im Mondlicht tanzen sieht. Die Waldgöttin, auf einem mit Hopfentrieben geschmückten Hirsch reitend, einen Baldrianzweig als Gerte, mag als Bild der herrlichen Waldesruhe an einem vorbeigleiten.

Wie das Johanniskraut bannt diese Pflanze die bösen Geister. Man hängt Baldrianzweige in den Stall, oder, wenn die Milch verhext ist und nicht buttern will, gibt man einige Tropfen des Saftes in den Eimer. In den Bauernstuben wurde die Pflanze oft als »Unruhe« an den Balken gehängt, wo sich der Strauß beim leisesten Luftzug bewegte. Daran erkannte man, ob Zauberei oder Hexerei im Gang waren. Man beobachtete, wie sich das Gebinde drehte, wenn ein Fremder in die Stube kam. So feinfühlig reagiert die Pflanze auch in uns, wenn sich Unholde im Schlaf nähern wollen.

Wir könnten uns noch lange mit den Pflanzen beschäftigen, die auf grobe oder feine Weise in unser Seelenleben eingreifen, die uns helfen, im Zauberschloss unserer Seele Türen zu öffnen oder zu schließen. Jedes Volk kennt irgendwelche. Aber lassen wir es vorerst genug sein und schauen uns an, wie man mit den Devas der Pflanzenwelt in persönliche Verbindung tritt.

X. Wie man mit den Pflanzen spricht

Jedes neue Blatt, jede sonderbare Blume ist irgendein Geheimnis, was sich hervordrängt und das, weil es sich vor Liebe und Lust nicht bewegen und nicht zu Worten kommen kann, eine stumme, ruhige Pflanze wird. Findet man in der Einsamkeit eine solche Blume, ist es da nicht, als wäre alles umher verklärt und hielten sich die kleinsten befiederten Töne am liebsten in ihrer Nähe auf?

Novalis, Heinrich von Ofterdingen

Unseren äußeren Sinnen erscheinen die Pflanzen als Gegenstände, die sich in Raum und Zeit entfalten. Sie keimen, wachsen, blühen, vermehren sich und sterben. Mit Mikroskop, Reagenzgläsern und Messgeräten bewaffnet, versucht der Wissenschaftler Gestalt, Struktur und Lebenserscheinung dieser Wesen zu enträtseln. Kommt er über die Biochemie und die Zellphysiologie hinaus, wagt er vielleicht vorsichtig, die Pflanze auf folgende Weise zu definieren[75]:

Die Pflanze ist ein Lebewesen, dessen Zellen von einer festen Zellulosemembran umgeben sind, das sich mittels anorganischer Stoffe ernährt und diese an der Oberfläche aufnimmt, das das wichtige Blattgrün aufweist, sich in der Regel nicht von einem Ort zum anderen bewegen kann und keine Sinnesorgane und Nerven besitzt.

Anthroposophische Wissenschaftler schauen da schon weiter, wenn sie von den Pflanzen als dem »Lichtsinnesorgan der Erde« sprechen.[76] Wurzelgräber und Kräuterkundige, die mir in verschiedenen Kulturen begegnet sind, sprechen die Pflanzen als göttliche Wesen an, mit denen man Zwiesprache halten kann, die einem freundlich oder weniger freundlich gesinnt sein können. Was der positivistische Wissenschaftler für die ganze Pflanze hält, ist in Wirklichkeit für denjenigen, dessen innere Sinne erwacht sind, nur die flüchtige, physisch-ätherische Schale eines übersinnlichen Wesens! Diese Betrachtung soll uns aber nicht dazu verleiten, jedes einzelne Blümlein und jeden Grashalm als Gottheit zu betrachten, so dass wir vor lauter Ehrfurcht keinen Happen essen können und keinen Schritt gehen mögen.

Dem ist nicht ganz so. Es verhält sich eher wie mit der Rose Platons: Jede einzelne Rose ist ein Abbild der archetypischen Rose, der Ur-Rose, die, indem sie in das materielle Dasein hinuntersteigt, in Abertausende Einzelexemplare zerschellt. Die Einzelpflanze verhält sich zur Pflanze an sich wie die Einzelbiene zum Stock, die Einzelzelle zum Organismus, der Tropfen zum Meer. So opfert sich die Pflanze in die Erscheinungswelt hinein, und wir dürfen das Opfer, das unser hiesiges Leben ermöglicht, getrost dankbar annehmen.

Wenn der Wurzelkundige mit der Pflanze »spricht«, spricht er also das tiefere Wesen der Erscheinung an. Er wendet sich an das Innere, das Seelenhafte, das sich in dem wandelbaren, flüchtigen Dasein des einzelnen Rosenstocks, der Braunwurz oder der Bibernelle äußert. Es sind also nicht die chemischen Wirkstoffe – Alkaloide, Saponine, Glykoside –, auf die der Kräuterkundige sein Augenmerk richtet, sondern die Pflanzenseele, die *Deva*[77], wie man sie zum Beispiel im Findhorn-Garten nennt.

Der Kräutersammler mag zwar das Vokabular der materialistischen Wissenschaft seinem Wortschatz einverleiben, ebenso wie er astrologische und alchemistische Begriffe hineingenommen hat.

Aber er lässt diese als Eigenschaftsworte adjektivisch gelten. Das Pflanzenwesen hingegen tritt ihm persönlich entgegen und muss angesprochen werden. Er spricht *mit* der Pflanze, nicht wie der Verstandesmensch *über* die Pflanze. Er spricht mit ihr, wenn er sie ausgräbt oder pflückt und wenn er sie beim Kranken zur Anwendung bringt.

In allen traditionellen Kulturen erleben wir, dass das Sammeln von heiligen Handlungen, Mantras, Gebeten und Liedern begleitet ist. Die Indianer sagen der Pflanze immer, warum sie ausgegraben wird, und erinnern sie an ihre Kraft zu helfen. Das war auch bei unseren Vorfahren der Fall. Überliefert aus germanischer Vergangenheit, aus dem angelsächsischen Neunkräutersegen (*Lacnunga*, 11. Jh.), haben wir folgende Sprüche, die den Beifuß und den Wegerich auffordern, heilend zu helfen:

Gedenke du, Beifuß, was du versprachst,
Was du verrichtetest als ruhmvolle Kunde
Una heißest du, älteste der Würze!
Du überwindest Dreie und Dreißige,
Du überwindest Eiter und Anfälle,
Du überwindest Leidkraft, die über Land fährt.

Beim Wegerich sang man im Zauberton:

Und du, Wegebreite, der Würze Mutter,
Nach Osten offen, nach innen mächtig!
Über dich Räder rollen,
Über dich Frauen fahren,
Über dich Bräute sich breiten,
Über dich Stiere stampfen.
Allen widerstandest du und widerstehst du.
So widerstehe Eiter und Anfällen
Und der Leidkraft, die über Land fährt.

Plinius, der römische Gelehrte, der es nicht verschmähte, die Gebräuche des einfachen Volkes niederzuschreiben, berichtet über die Regeln des Kräutersammelns – Regeln, die tief in die indogermanische Urgeschichte zurückverfolgt werden können: Bei Neumond stehe der Sammler vor Sonnenaufgang auf, gehe ungesehen, barfuß, ohne Gürtel, ohne ein Wort zu reden, zu dem Ort, wo die Heilpflanze wächst. Honig oder Honigwein wird dann dem Kraut als Opfer *(libatio)* auf die Erde gegossen und ein Kreis um die Pflanze gezogen, damit die Kräfte nicht entschwinden. Mit der linken Hand zieht man die Wurzel heraus, während man ausspricht, für wen und aus welchem Grund man das tut.

Im christlichen Mittelalter wird weniger die magische Kraft der Pflanze selber beschworen. Vielmehr ruft man sie im Namen des Herrn oder der Heiligen Jungfrau auf, ihre Heilkraft wirken zu lassen. Da heißt es beim wundheilenden Gundermann:

Gundtreben Ger (Gundermann-Schössling)
Ich brich dich in unserer lieben Frawen Ehr
Und in der Ehr unseres lieben Herrn Jesu Christ.

Das Eisenkraut, eine dämonenvertreibende Heilpflanze, die schon den alten Kelten heilig war und als Wundkraut bei Verwundung durch Eisenwaffen benutzt wurde, wurde im alten England mit folgendem Spruch angesprochen:

All hail, thou Holy Herb Vervain
Growing in the Ground
On the Mount of Calvary
There wast thou found
Thou helpest many a grief
And staunchest many a wound.
In the name of Sweet Jesus
I lift thee from the ground.

(All heil, dir, heiliges Eisenkraut,
Im Boden wachsend
Auf dem Berg der Schädelstätte,
Dort fand man dich (zuerst),
Du hilfst bei vielen Leiden
Und stillst manche Wunde.
Im Namen des süßen Jesus
Hebe ich dich vom Erdboden.)

Auch beim eigentlichen Ritual des Heilens wurde das Pflanzenwesen angerufen. Die altindischen Bücher *Rigveda* und *Atharvaveda* überliefern lange Beschwörungen, die während der Heilséance ununterbrochen von den Brahmanen aufgesagt wurden. Dabei werden die Kräuter als »Mütter« und »Göttinnen« angesprochen:

[...] diese Kräuter, der Götter Erstgeborene,
Geboren vor den drei Weltaltern,
Ehren will ich diese, in meiner Seele,
Diese mit den hundertundsieben Tugenden,
in braune Knospen gehüllte.
Hunderte, o Mütter, sind eure Tugenden
Und tausendfalt eure Triebe.
Ihr hundertfach Starken,
Also macht diesen Menschen heil [...] usw.

Rigveda X, 97

Immerfort werden im Zauberton die schier endlosen Lieder, die die Kräfte und Tugenden der Pflanzen preisen, gesungen. So werden sie aus den Himmeln heruntergelockt, bis ihre Wirkung einsetzt. Die Lieder setzen Schwingungen in Gang, so dass die Hilfe fast notwendigerweise kommen muss. Ein Gesang aus dem Atharvaveda spricht die Pflanze auf folgende Art und Weise an:

Ein Wachser bist du, ein Wachser –
ein Zuwachser des gebrochenen Knochens.
Lass ihn zuwachsen, o Arundhati! [...]
Dein Mark vereinige sich mit Mark,
mit dem Gelenk das Gelenk.
Zusammen soll dein abgefallenes Fleisch,
zusammen auch der Knochen wachsen [...]
Füge das Haar mit dem Haar zusammen,
die Haut füge zusammen mit der Haut!
Dein Blut und Knochen sollen wachsen.
Das Zertrennte füge zusammen, o Pflanze! [...] usw.[78]

»Sei's Beinrenkung, sei's Blutrenkung, sei's Gliedrenkung: Bein zu Bein – Blut zu Blut! Glied zu Gliedern, so seien sie fest gefügt«, heißt es in den Merseburger Zaubersprüchen, jenem Überbleibsel germanischer Vergangenheit. Wie alt mögen diese Sprüche, die aus dem Urgrund der indoeuropäischen Urgemeinschaft heraufschimmern, sein?

Aber auch in anderen Kulturkreisen stoßen wir immer wieder auf eine Einstellung, die die Pflanze als Person anspricht, mit der der Kranke in Beziehung gebracht wird. Der Cheyenne bringt der Pflanze seine Gebete, er redet sie als machtvolles, mit Medizinkraft begabtes Wesen an, indem er singt[79]:

Ha na, ich grüße euch mit Tabak
Ha na, ich komme von weit her, aus gutem Grund
Ha na, ich komme um Hilfe
Ha na, ich komme als Kranker
Ha na, ich komme als Armer [...] usw.

In einer typischen afrikanischen Heilséance singt der Pflanzendoktor[80]:

Was wir Ogbo (Blätter der *Parquetina nigrescens* Baill.) *sagen,*
Er hört darauf.
Was wir Ogbo mitteilen, darauf geht er ein.
Was wir dir, [...] (es folgt der Name des Patienten), sagen,
Musst du ebenfalls annehmen.

Fast immer ist es der Fall, dass, wenn die Medizin kräftig sein soll, die Pflanze zu einer ganz bestimmten Tageszeit, Jahreszeit oder Mondphase gesammelt werden muss. Noch Paracelsus gibt uns folgende Anweisung zum Ausgraben der Wurzel der schwarzen Nieswurz, die gegen Podagra, Fall- und Wassersucht verschrieben wird[81]:

Diese Wurzel soll im abnehmenden Mond genommen werden, im Zeichen der Waage, die zu dieser Krankheit am bequemlichsten oder passendsten ist, und im Planeten Venus im Schatten des borealischen Windes, also im Mittag, getrocknet werden.

Auch der große britische Kräuterarzt, Nicholas Culpeper (1616 bis 1654), der den Armen Londons – den Opfern der frühen Industriellen Revolution – eine Klinik eröffnete, beachtete die astrologischen Regeln beim Sammeln und bei der Anwendung strengstens. Beinwell, als Knochenheilmittel, lässt er zum Beispiel im Zeichen des Steinbocks ausgraben, mit Saturn in einem guten Aspekt.

Manchmal werden nicht nur die Heilpflanzen angesprochen, sondern der Gesang wendet sich gegen die Krankheitsdämonen und bösen Geister, die sich in Fleisch und Blut einschleichen wollen. Mit machtvollen Kräutern werden sie vom vedischen Heiler bedroht:

Seit ich in meiner Hand halte die kraftspendenden Kräuter,
Flieht der Lebensgeist (atman) *der Schwindsucht,*
Er flieht, wie einer, dem Yama (Totenkönig)
die Lebenskraft nimmt.
Ihr Kräuter! Kriecht von Glied zu Glied, von Gelenk zu Gelenk.
Spaltet die Schwindsucht von ihm, wie ein mächtiger König
den Ring feindlicher Fürsten sprengt.
Fliehe, Schwindsucht, zusammen mit dem Häher.
Zusammen mit dem blauen Eichelhäher, mit dem Windstoß,
mit dem Sturm, verschwinde!

In dem angelsächsischen Buch der Lachsner (Anglo-Saxon Leechbook) finden wir folgende Anweisung für jemanden, der einem Schuss der dunklen Wasserelfen erlegen ist[82]:

Hat ein Mensch die Wasserelfenkrankheit, werden seine Fingernägel fahl, seine Augen triefend, sein Gesicht nach unten gekehrt. Da gebe man ihm diese Lachsnerei: »Everthroat«, »Cassuck«, den unteren Teil des Farnkrauts, eine Eibenbeere, Lupine, Alant, einen Malvenkopf, Sumpfminze, Dill, Lilie, »Atterlothe« [Natterschreck, wahrscheinlich Wiesenknöterich], Pulegium [Flohkraut], Ampfer, Holunder, Tausendgüldenkraut, Beifuß, Erdbeerblätter und Beinwell: Diese werden mit Bier, dann mit Weihwasser übergossen und darauf folgender Zauberspruch gesungen:

Ich habe umwunden die Wunden
Mit den Besten der heilwirkenden Kränze,
Dass die giftigen Wunden
Weder brennen noch bersten,
Noch weiter kommen,
Noch faulen oder gelben,
Noch klopfen oder pochen,
Nicht böse werden,

Noch tief graben,
Sondern er sich hält
Auf dem Wege der Heilung.
Lass sie nicht mehr schmerzen
Sowenig das Ohr in der Erde [im Grab] schmerzt!

Dann wird wiederholt der Schwarzelfe zugesungen: *»Möge die Erde dich mit all ihrer Macht erdrücken!«*

Die Pflanzengeister sind älter, reiner und erhabener als die Astralgötter, die nun aktiv das Schicksal der Erde lenken. Sie wohnen tiefer verborgen im ewigen Sein. Dem bloßen Dasein sind sie weiter entrückt. In der formlosen, höheren geistigen Welt, heißt es in der indisch-tibetischen Philosophie, wesen die Pflanzendevas. Alte esoterische Traditionen, wie sie im Rosenkreuzerturn zum Vorschein kommen, deuten auf das Himmelszelt: Von den Fixsternen oder darüber hinaus strahlen sie auf die Erde hernieder! Renaissancegelehrte sprachen ehrfurchtsvoll vom »Himmel der Sphärenharmonien« – dem Menschen nur in der tiefsten Versenkung, in der Intuition zugänglich –, wo das Wesen dieser harmonischen Wesen weilt. Die Indianer orten die Heimat der Großmütter der Pflanzen tief in der Erde, unter dem Berg, im bodenlosen See. Schon die Griechen suchten Persephone, die Vegetationsgöttin, jenseits, in der Unterwelt, wo die Toten weilen. Wer soll da hinkommen? Welcher Sterbliche vermag ihnen in die Augen zu schauen?

In der germanischen Geistesschau sind die Pflanzenwesen mit dem ältesten Göttergeschlecht, mit den *Wanen*, die ihr Heim tief, tief im Wald haben, verbunden. Sie leben still im Hintergrund, da nun die Asen, die Götter um Wotan, die Welt beherrschen. Einst, in der Morgendämmerung des neuen Schöpfungstages – in der Zeit, deren sich die Menschen als das Goldene Zeitalter erinnern – herrschten die weisen Wanen in Frieden und Eintracht. Am Ende dieses Zeitalters erschien die Zauberin Gullweig, offenbarte den Asen das Gold der Wanen, dass diese von Gier erfasst wurden, und ein mächtiger Weltenkrieg hob an. Schließlich wurde Frieden zwischen den Göttergeschlechtern gestiftet. Sie mischten ihren Speichel (woraus Met entstand), tauschten Geiseln als Friedenspfand aus, und die Asen traten als neue Zeitenherrscher auf. So kam als Geisel der Fruchtbarkeitsgott Njörd (in Südgermanien erscheint er als Nerthus, die Erdgöttin, die einen von Kühen gezogenen Wagen fährt) nach Asgard. Mit ihm kamen die holde Freya und ihr Bruder Freyr. Wie wir schon wissen, ist Freya Göttin der Fruchtbarkeit, der Liebe, der Heilkunde und Heilkräuter sowie des Spinnens – auch der Poesie, des Gedankenspinnens. Ihr Bruder bringt dem Acker zur rechten Zeit seine Fruchtbarkeit; er verwandelt den Winter wieder in Sommer. Daher ist sein Fest die zwölftägige Julzeit; da bringt er das stillstehende Sonnenrad wieder ins Rollen und ebnet so den vielen Pflanzen ihren Weg in die Erscheinungswelt. Er ist Herr des Lichtelfenheims, dem zu Ehren das Julfeuer brannte und ein Eberkopf verspeist wurde. So deuten die wenigen uns erhaltenen Sagen und Bräuche auf den Ort – kein Ort im geographischen Sinne –, von dem aus die Devas, die PflanzenIchs, ihre weisheitsvolle Wirkung in die Welt der Erscheinungen hinein offenbaren. In dieser Daseinswelt tritt uns das Wirken der Wanen im ruhigen Auf und Ab, im kosmischen Rhythmus des pflanzlichen Werdens und Vergehens entgegen. Mit den Pflanzen – Nahrungspflanzen, Gewürze, Heilpflanzen und Drogen – empfangen wir eine Ausstrahlung aus dem formlosen, höheren Himmel, dem *Arupa Devachan*, der Götterburg der Wanen.

Mit den Wanen, den Leuchtenden (Devas), persönlich zu kommunizieren, ist eine Gnade, die nur den besten und reinsten Seelen vorbehalten ist. Wer sie erfahren will, muss jenseits der astralen Welt, jenseits der Götter Asgards, wandern können. Das heißt, die Leidenschaften und Begierden müssen schweigen, die eigene

Astralität veredelt sein. Abgeklärt, nicht dem Gaukelspiel der bloßen Oberfläche verhaftet, tritt die Seele an die Schwelle des Wanenheims – sie wird »Wan-sinnig«!

Mit Drogen und Nachtschattensalben ist dieses nicht zu erreichen. Jene Mittel führen nur in die Elementarwelt oder die niedere Astralwelt (was ja auch ab und zu mal die Reise wert ist!). Der obere Himmel der Vegetationsgötter ist anders anzugehen.[83] Tiefe Meditation und ein reines Seelenkleid öffnen die Tür zu dem Bereich, wo wahres Heilpflanzenerkennen möglich ist. Unter den wenigen, die den Pfad dorthin fanden, befinden sich wohl viele unbekannte Kräutersepps und bucklige Kräuterweiblein, christliche, buddhistische oder taoistische Mönche, aber auch leuchtende Figuren wie der berühmte Heiler und Kulturstifter Charaka, der vor vielen Jahren hoch im Himalaya wanderte und den Pflanzen zuhörte, die heilige Hildegard von Bingen (1098–1179) und vielleicht auch Paracelsus, trotz seiner stürmischen Wotansnatur. Die heilige Hildegard, eine der weisen Frauen in Nonnengewand, singt entzückt von dem edlen Lebensgrün – der Farbe der Freya –, das die Erde durchströmt:

O edelstes Grün,
Du wurzelst in der Sonne,
Strahlst auf in leuchtender Helle.
In einem Kreislauf, den kein irdisches Sinnen begreift,
Du bist umfangen von den Umarmungen
der Geheimnisse Gottes.
Du schimmerst auf wie Morgenrot!
Du glühst in der Sonne Flammen!

Auch in der Neuzeit gab und gibt es Menschen, die zu den Pflanzenwesen eine besondere Beziehung haben. Da hört man Gerüchte über die Leute von Findhorn, die mit »Pan« und den Pflanzendevas in Berührung gekommen sind. Im hohen Norden Schottlands, wo eisige Winde von der Nordsee her blasen, pflanzten sie einen Garten, in dem der Kohl bis zu 20 kg schwer wurde und der Rittersporn zweieinhalb Meter in die Höhe schoss.[84]

Dann hören wir von dem» Pflanzenzauberer von Menlo Park« – so nannte man Luther Burbank, der in seinem kalifornischen Versuchsgarten Tausende von völlig neuen Pflanzenzüchtungen hervorbrachte: stachellose essbare Kakteen (»Ich habe ihnen gesagt, sie brauchen sich vor niemandem zu fürchten!«), die besonders zum Backen geeignete Burbank-Kartoffel (aus Samen gezogen!), die goldene Pflaume, die Shasta-Margerite und andere neue nützliche Sorten, die die landwirtschaftlichen Forschungseinrichtungen trotz hoher Subventionierung nicht zuwege bringen. Über sein Vorgehen redete er nicht viel. Nach außen hin sahen seine Methoden auch nicht viel anders aus als die anderer Pflanzenzüchter: Kreuzungen und Selektion, also Ausmerzung des Unerwünschten. Aber seinem Freund, dem indischen Swami Paramahansa Yogananda, gestand er: »Ich rede oft mit den Pflanzen, um eine Ausstrahlung der Liebe zu erzeugen.«[85] Diese Ausstrahlung der Liebe war für Burbank keine verträumte, schwülstige Gefühlsduselei, sondern eine real wirkende Kraft, mit der man in den Lauf der Geschehnisse eingreifen kann. Er hatte sich immer für den Spiritismus interessiert – nicht für das primitive Tischrücken, sondern dessen tiefere esoterische Lehren. Ein Kernpunkt der spiritistischen Lehre ist, dass die Gedanken ebenso wirklich sind wie die Dinge (»Thoughts are things!«). Das Denken (und Danken) ist ein »Dingen«: Wenn die Gedankenausstrahlungen an Kraft verlieren, verdichten sie sich zu materiellen Zuständen, sie werden Dinge. Das ist ein geistiges Gesetz, nur merken wir es nicht, weil wir zügellos und ziellos andauernd widersprüchliche Gedanken aussenden. Wer sie aber konzentrieren und mit einer hohen Liebe verbinden kann, der vermag echte Wunder zu vollbringen. Deswegen ist es nicht erstaunlich, dass dieser Pflanzenzauberer auch gleichzeitig telepathische Fähigkeiten hatte: Er konnte Gedanken aussenden und empfangen. Es kam auch vor, dass er jemandem durch Handauflegen die leiblichen Beschwerden nahm.

Dem Philosophen Stanley P. Hall gegenüber äußerte er sich einmal, dass die Menschen zwar stolz auf ihre fünf Sinne seien, Pflanzen hätten jedoch über zwanzig Wahrnehmungsorgane, aber ganz andere als wir: »Mittels der Gedankenübertragung verstehen die Pflanzen. Die meisten intellektuellen Forscher glauben das einfach nicht, deswegen haben sie keinen Erfolg!«[86]

Ganz wie Paracelsus vor ihm, der den Gelehrten vorhält: »Nur was man liebt, erkennt man!«, lehrt Burbank: »Liebe ist das Geheimnis des grünen Daumens!« In einem Zeitungsartikel äußert er sich klar zum Thema, über das er gewöhnlich schweigt:

> *Die stursten Lebewesen auf Erden, am schwierigsten zu überzeugen, wenn sie einmal auf eine Gewohnheit fixiert sind, das sind die Pflanzen [...] Sie dürfen nicht vergessen, dass eine Pflanze ihre Individualität über Epochen hindurch beibehalten hat, dass sie als Individualität ohne größere Veränderungen in den Versteinerungen oft Äonen zurückverfolgt werden kann. Glauben Sie nicht, dass nach diesen ewig währenden Wiederholungen die Pflanze nicht von einem ungeheuren Willen nach Beständigkeit – falls diese Bezeichnung zutreffend ist – besessen ist, von einer unvergleichbaren Hartnäckigkeit?*
> (»The Training of the Human Plant«. Century Magazine, 1906)

Wie alte Leute, meint er, seien die Pflanzen in ihren eingefleischten Gewohnheiten. Es bedürfe viel Geduld und guter Absichten, in ihnen Veränderungen hervorzurufen. Ein Zeitungsreporter, der in diesem »Telepathie-Zeug« eine recht sensationelle Story witterte, ging den Pflanzenzüchter ziemlich plump mit der Frage an:

»Reden sie mit den Pflanzen?« »Unfug«, erwiderte Burbank brüsk, »für wen halten Sie mich denn? So eine Geschichte ist zu albern, um sie in Worte zu fassen. Durch Quatschen kann man bei den Blumen und Pflanzen überhaupt nichts ausrichten. Sie haben ja gar keine Gehirne!« Ja, das Reden mit den Pflanzen ist eben kein Cocktailparty-Gespräch!

Solch seltene Menschen wie Luther Burbank oder der bayerische Biodynamiker Martin Schmidt, der »Roggenschmidt«, der dem Roggenkorn die Bitte darbrachte, sich wieder kräftiger, zum Wohle der Erdensöhne, zu inkarnieren, bringen einem die Sagen vom alten Atlantis in den Sinn. Damals, im Goldenen Zeitalter, als die Geister wesenhaft mit den Menschen verkehrten – ehe der Geist zu Intellekt, die Schöpfung zum toten Werk erstarrte –, da war das reine Menschenwort mächtig und veranlasste Wandel in der wandelfähigen Materie. Diese atlantischen Fähigkeiten schlummern noch in uns. Wir können sie wieder auferwecken.

Innige Freundschaft, Zwiesprache, ein vertrauensvolles Ich-Du-Verhältnis sind der Hintergrund oft spektakulärer Erfolge beim Heilpflanzenfinden oder Gärtnern, nicht lieblose Hypothesen, aufwendige Laborexperimente und schon gar nicht Gen-Manipulation. Wären Letztere wirklich so »richtig«, stünden wir heutzutage nicht vor einer Umweltkrise.

Durch die »Bewunderung« der Pflanzen durch die Pflanzenliebhaber werden oft regelrechte Wunder bewirkt. Manchmal gedeiht eine Freundschaft zwischen Pflanzengattung und Mensch über mehrere Generationen. Wenn ein Heiler ein solches Sonderverhältnis zu einer Pflanze hat, dann kann er diese als regelrechtes Allheilmittel gebrauchen. Das erklärt auch, warum eine Pflanzenart in der Hand eines bestimmten Kräuterarztes Wunder wirkt, während sie bei einem anderen kaum eine Wirkung aufweist. Das Gleiche gilt für den Bauern oder Gärtner. Es kommt vor, dass eine Familie über mehrere Generationen hinweg mit diesem oder jenem

Gemüse, Obst oder mit einer bestimmten Feldfrucht besonderen Erfolg hat.

Unterwegs zu den Pflanzendevas

Das Gerede über Pflanzenseelen und Vegetationsgeister kann den gestandenen Botaniker, der sich der materialistischen Sichtweise verschrieben hat, regelrecht zur Weißglut treiben. »Ja«, wird er dem Wurzelkundigen entgegnen, »selbstverständlich hat jede Pflanzenart ihren eigentümlichen Charakter, produziert jeweils charakteristische Molekularverbindungen, wächst an einem bevorzugten Standort und unterhält symbiotische Beziehungen zu dessen Organismen – aber einen Geist? Wenn Sie etwa die durch Kirlian-Hochfrequenzablichtung sichtbar gemachten Auren meinen, so handelt es sich dabei letztendlich auch nur um objektivierbare physikalische Erscheinungen!«

Der wurzelkundige Pflanzenschamane wird ohne Weiteres zugeben, dass sich der Geist oder die Seele der Pflanze nicht aus dem Zellsaft extrahieren oder mittels hochentwickelter Technik auf Fotopapier bannen lässt. Er hat nämlich keineswegs nur das kurzlebige, flüchtige Pflanzengebilde im Sinn, sondern denkt vielmehr an jenes Geistwesen, welches die Pflanze jenseits von Raum und Zeit überstrahlt und umwebt. Dieses Wesen – das wird er hervorheben – ist dem alltäglichen, uninspirierten Bewusstsein nicht zugänglich. Der wahre Pflanzenkundige muss mit seinem Bewusstsein in jenseitige, sogenannte übersinnliche Bereiche vordringen können. Erst dann wird er der Pflanzengottheit, dem Pflanzenengel, dem Deva oder wie immer man das nennen will, begegnen können.

Die Emotionen (Seele) und die organisierte Intelligenz (Geist) einer Pflanze sind offensichtlich nicht in den Blättern, Stängeln oder in der Wurzel eingeschlossen. Jede Pflanze ist ganz und gar nach außen gerichtet, dem Makrokosmos zugewandt. Die Sonne, die Atmosphäre, der Himmel und die Erde geben dem Pflänzchen die Anregung, die es benötigt, um zu wachsen, zu blühen und Früchte zu tragen: Aufgrund dieser Ausrichtung nach außen bezeichnet der Philosoph Max Scheler die Pflanzen als Ekstatiker (von spätlat. *ecstasis* = „das Außersichsein in religiöser Verzückung"). Wir Menschen dagegen empfinden unser »Ich« und unsere seelischen Regungen als von innen heraus wirkend. Im Gegensatz zu den Pflanzen sind wir Mikrokosmen.

Um also mit den Pflanzen sprechen zu können, müssen wir auf ihre Wellenlänge kommen, das heißt, wir müssen ebenfalls ekstatisch und makrokosmisch werden. Das bedeutet, dass wir die engen Grenzen unseres alltäglichen Bewusstseins überschreiten müssen. Das ist genau das, was der Pflanzenschamane tut. Er muss sich, wie Ernst Jünger sagt, dem vegetativen Pol des Lebenskontinuums nähern. Er muss innerlich so still sein können wie die Pflanze. Er muss – wenigstens in der Zeit, in der er mit der Pflanze kommuniziert – sein Bewusstsein »herausheben«, seinen Körper wie in Trance zurücklassen, so dass der Geist frei schweben kann. Er muss in der Lage sein, jene »andere Seite« bewusst zu erfahren, in der die Zeit so langsam läuft und sich so weit ausdehnt, dass sie an die Ewigkeit grenzt. Dort erst kann er sich der Pflanzengottheit nähern.

Diese Annäherung, dieser Astralflug in transräumliche Dimensionen, der die Begegnung mit den Devas ermöglicht, ist nicht jedermanns Sache, denn er setzt die vorübergehende Auflösung des alltäglichen Ego voraus. Dagegen wehrt sich das Ego mit Todesangst. Nur ruhige, geläuterte und furchtlose Seelen, nur echte Yogis und Schamanen können dieses Wagnis eingehen.

In fast allen Traditionen ist das Jenseits, in dem die Pflanzengeister wohnen, identisch mit jener »übersinnlichen« Region, in die sich die Seelen der Verstorbenen auf ihrem Weg zum Urquell begeben. Die Chinesen und die Afrikaner füttern und verehren ihre Toten, da sie wissen, dass die Fruchtbarkeit der Felder und das Gedeihen der Feldfrüchte davon abhängen. Auch die Alteuropäer speisten die Toten, vor allem in der dunklen Jahreshälfte, aus demselben Grund. Nach indischer Überlieferung lebt *Yama*, der Gott der Toten, in einem Baum und zecht dort mit den anderen Göttern (Devas). Nachdem sich die physisch-elementaren Hüllen in den Flammen des Scheiterhaufens von der Seele getrennt haben, nimmt diese vorübergehend Wohnung in der Vegetation, vor allem in Bäumen. Deshalb hängen die Hinterbliebenen Tonkrüge mit Wasser und Reiskugeln in das Geäst mächtiger Baumriesen und füttern damit die Toten, bis diese schließlich weiter in den Kosmos, hinauf zu den Sternen, wandern. Falls ihr Karma sie wieder auf die Erde hinabzieht, führt ihr Weg sie erneut durch die Vegetation. Mit dem Regen kommen sie herab, werden von den Nahrungspflanzen aufgesogen und gelangen über die Speise in die Körper derjenigen, die ihre Eltern werden sollen.

In schamanischen Stammesgesellschaften benutzen die Verblichenen denselben Weltenbaum, den die Schamanen für ihre Ausflüge in die Anderswelt benutzen, um ins Jenseits zu klettern. Dort begegnen ihnen die Geister der Tiere und Pflanzen. Nach westlicher Überlieferung besteht der Totenweg aus einer Himmelsleiter, deren Sprossen von den Planetensphären vom Mond bis zum Saturn gebildet werden. In der christlichen Engellehre, wie sie von Dionysius Areopagita (5. Jh.) formuliert wurde, leben die Pflanzengeister als Lichtengel (Kyriothetes, Dynameis, Exousai) in der zweiten himmlischen Hierarchie. Ihre »Gedanken« schaffen den ätherischen Raum, in dem sich die Gewächse auf Erden entfalten können. Mittelalterliche Gelehrte lokalisierten die Kyriothetes in der Jupitersphäre, von wo aus sie mit Hilfe des Luftelementes und der Sylphen die Vegetation zum Blühen bringen. Die Dynameis wirken von der Marssphäre aus, um das grüne Blattwerk zu bilden. Dabei bedienen sie sich des Wasserelementes und der Nymphen. Gleichzeitig strahlen die Exousai, deren Sitz die Sonnensphäre ist, bis in den Erdboden hinein, wo sie mit Hilfe der Gnome die Wurzeln schaffen.

Die Hermetiker und Paracelsisten lokalisierten die Ich-Geister der Pflanzen in der zwölfgliedrigen Tierkreisregion und die Seelenorgane in den sieben Planeten; nur die lebendigen Leiber der Pflanzen materialisieren sich auf der Erde. Der Löwenzahn oder die Butterblume, die wir auf der Wiese wachsen sehen, ist also nur ein winziger Bruchteil eines Wesens von wahrhaft kosmischen Dimensionen. Die Pflanzengottheit gleicht einem in den Kosmos ausgeweiteten Menschen.

Der Mensch und die Pflanzengottheit sind verwandt. Auch unser archetypischer Geist kommt von den Sternen; nur leuchten diese Sterne nicht von Himmel auf uns herab, sondern sie leuchten als Urbilder aus unseren inneren Tiefen heraus. Auch uns dienen die Planeten als Organe; nur strahlen sie uns nicht mehr als Wandelsterne von außen zu, sondern sie pulsieren als Herz, Leber, Lunge oder Niere im Innern unseres Leibes. Unsere Organe, diese verinnerlichten Planeten, haben nicht nur physiologische Funktionen. Wie bei den Pflanzendevas sind sie zugleich Zentren seelischer Energie. So glaubten die Hermetiker, dass das Herz als innere Sonne uns Mut und Lebensfreude schenkt. Der innere Mars lässt gelegentlich »die Galle überlaufen«. Ist der Saturn in uns unausgeglichen, können wir spleenig werden (engl. *spleen* = Milz), ebenso wie der Mond uns verträumt oder lunatisch machen kann.

Da jede Pflanzenart mit bestimmten Sternen in Verbindung steht, besteht Paracelsus folgerichtig darauf, dass jeder Kräuterarzt auch Astrologe sein müsse. Noch im 20. Jahrhundert erzählte der Bauernphilosoph Arthur Hermes seinen erstaunten Zuhörern, dass wir uns jedes Mal, wenn wir über eine Wiese gehen, mikrobenähnlich durch die Astralleiber der Pflanzen bewegen. Jede Pflanzenart, so meinte er, stehe mit ihrem eigenen Stern in Verbindung.

In anderen Kulturkreisen stoßen wir auf sehr ähnliche Auffassungen. Auch nach chinesischer Tradition gehört zu jeder Pflanze ein Stern. Der Ginseng, das chinesische Allheilmittel, kommt vom Sternbild Orion auf die Erde herab und manifestiert sich dort als unscheinbares Kräutlein, gelegentlich aber auch als Tiger oder als schöne junge Frau. Der Stechapfel hat seinen Sitz im Nordstern. Auch die Indianer erkannten die Pflanzen als Götter, die vom Himmel gefallen sind. Für die Pawnee zum Beispiel ist der Mais die pflanzliche Verkörperung einer göttlichen Jungfrau, die im Morgenstern zu Hause ist.

Der Geist der Pflanze, der im Allgemeinen in den höheren Sternenregionen lokalisiert ist, wohnt zugleich aber auch tief unter der Erde. (Sowohl das Unterirdische als auch der Himmel gelten seit der Steinzeit als das »Jenseits«.) So meinen die Indianer, die »Urgroßmutter«, die Herrin des grünen Volkes, wohne in einem Lichtreich tief in der Erde, obwohl sie die Pflanzen vom Himmel herabschicke. Die Griechen kannten die schöne Vegetationsgöttin Persephone, die als Gemahlin des schwarzen Pluton und als Göttin der Toten gleichzeitig unter der Erde und auf dem Olymp wohnt. Aus der germanischen Sage ist uns die Pflanzen-, Todes und Schicksalsgöttin Frau Holle bekannt, deren Lichtreich sich unter der Erdoberfläche befindet. Und dennoch ist sie es, die ihre Federbetten ausschüttelt, wenn es daunige Flocken auf uns herabschneit.

Diese Bilokation mag uns recht widersprüchlich erscheinen, aber all diese Bilder, die seit der Steinzeit bekannt sind, weisen auf Seinsebenen hin, die jenseits unserer materialistischen Logik liegen. Weisen die Wurzeln der einfachen Pflanze nicht auch in Richtung der Erdmitte und ihre grünen Triebe zum Himmel? Auch der Schamane oder Yogi, der in der Versenkung oder in Trance die Grenzen des Gewöhnlichen sprengt, wandert dabei gleichzeitig sowohl in die Tiefe als auch in die Höhe. Sein Bewusstsein erweitert sich bis in die inneren Organe und autonomen Körperfunktionen, und spiegelbildlich steigt er im Außen die Himmelsleiter hinauf.

Wir sehen an all diesen Beispielen, dass wesenhafte Pflanzenkunde wahrlich kein Sonntagsspaziergang ist. Es bedarf harter Arbeit, des Mutes und einer besonderen Begabung, die wahrscheinlich schon in früheren Existenzen angelegt wurde. Nur wenige sind in der Lage, diese Bereiche bewusst zu bewandern. In uns allen schlummert die Fähigkeit zur Astralreise und zur Kommunion mit den Devas, aber sobald unsere Seele abhebt und zu schweben beginnt, schlafen wir ein. Im Schlaf wandern wir zwar die Himmelsleiter hinauf – oder anders ausgedrückt, unsere Seele flattert zur Krone des Schamanenbaumes –, derweil unser Leib pflanzenähnlich bewegungslos daliegt, aber unser Bewusstsein hält nicht mit. Diese Bewusstlosigkeit kann man als Gnade verstehen, denn unsere Einbildungen und Imaginationen sind oft derart verworren und unrein, dass die bewusste Reise ein wahrer Horrortrip wäre. Womöglich stürben wir vor lauter Schreck.

Bei den wenigen, die voller Geistesklarheit in die höchsten stellaren Regionen und die tiefsten chthonischen Tiefen vordringen und von dort wieder in ihren Leib zurückkehren, handelt es sich um durchaus geläuterte Seelen. Zu ihnen gehört beispielsweise Charaka, der vedische Weise, den die Inder für eine Verkörperung der Weltenschlange Sesha halten. Er wanderte hoch in den Bergen des Himalaya und hielt Zwiesprache mit den Heilpflanzen. Zu ihnen gehört auch der schlesische Mystiker Jakob Böhme, der sich problemlos in Pflanzen und Bäume hineinversetzen konnte. Er war Schuhmacher, und die monotone Arbeit und das stundenlange Sitzen waren – ähnlich wie das monotone Trommeln der Schamanen oder die Asanas der Yogis – förderlich für seine Tiefenmeditation. Auch der walisische Arzt Edward Bach ist hier zu nennen. Er ließ eine glänzende weltliche Karriere hinter sich, um die Natur zu durchstreifen und mit den Pflanzen zu kommunizieren. Ebenso wie er die Leiden seiner Patienten am eigenen Leib empfand, noch ehe sie seine Praxis betraten, oder wie er spürte, dass Schiffe meilenweit entfernt in Seenot waren, so spürte er auch die Wirkungen, die Blüten auf die menschliche Seele haben.

Oft geht das Erwachen dieser Fähigkeiten mit einem Initiationserlebnis einher, das den Betroffenen in Todesnähe bringt und ihn in eine Sphäre jenseits der Alltäglichkeit katapultiert. Traditionelle Kulturen kannten Techniken – Rituale, Mantras und Zaubersprüche –, die dem Wurzelkundigen die Tore zu den jenseitigen Bereichen öffneten und ihn in die Nähe der Devas brachten. Diese Techniken wirken jedoch nur, wenn sie genau ausgeführt und nicht mit störenden Gedanken und Vorstellungen vermischt werden. Ohne erhöhtes Bewusstsein ist kein Kontakt mit den Devas möglich.

Pflanzengottheiten im Spiegel unserer Seele

»Wie sehen Pflanzendevas aus?«, wird oft neugierig gefragt. »Welche Gestalt, Farbe und Größe haben sie?« Und in der Tat gibt es etliche »Hellseher«, die recht bunte und abenteuerliche Beschreibungen von sich geben oder gar Fotos von niedlich-kitschigen Pflanzengeistern hervorholen. Verständlicherweise rümpfen Wissenschaftler darüber die Nase. Ethnopsychologen sprechen von Projektionen, denn sie sehen, dass der Pflanzengeist der Indianer sich ganz und gar wie ein Indianer gebärdet und der der Bantu ganz und gar wie ein Bantu. Die Übersinnlichen spiegeln also Kultur und soziale Struktur der jeweiligen Gesellschaft wider. Das ist jedoch kein Beweis dafür, dass es Devas nicht gibt. Die Devas, die die Gewächse überstrahlen, haben selbst keine Gestalt. Sie sind »leer«, ohne Form und können daher jede Erscheinung annehmen und in jede Gestalt schlüpfen, um sich dem Menschen zu zeigen. Dazu borgen sie sich die inneren Bilder und Vorstellungen, die wir mit uns herumtragen und die unseren eigenen Mythen, Märchen und Überlieferungen entstammen. Ihre Erscheinung ist also von der jeweiligen kulturellen Tradition sowie von den persönlichen Erfahrungen und Erinnerungen des Sehers abhängig. Die Devas spiegeln sich in unserer Seele. Ist der Seelenspiegel dunkel und verstaubt, dann zeigen sie sich anders, als wenn der Spiegel hell ist und im Licht steht.

Die Tollkirsche etwa erschien den alten Wurzelgräbern als ein zwar verführerischer, aber wunderschöner weiblicher Geist – eine wahre »Belladonna«. In Siebenbürgen galt sie als Glücksbringer und Wunscherfüller. Christliche Priester dagegen sahen die Pflanze förmlich von schwarzen Teufeln mit Fledermausflügeln umflattert. Für Hildegard von Bingen war dieses Nachtschattengewächs »mehr als jede andere Pflanze den Einflüsterungen und Nachstellungen des Teufels ausgesetzt«.

Während der indische Sadhu im Hanf die leichtfüßige Göttin Ganga wahrnimmt, sieht die amerikanische Sektenführerin Elisabeth Claire Prophet in derselben Pflanze eine »parasitäre Entität«, die den Menschen auszuhöhlen versucht und ihm das innere Licht raubt. Nur die zeremonielle Anrufung des Elohim Astrea mit seinem Flammenschwert könne dieser bösen Pflanzengottheit Einhalt gebieten. Dem Anthroposophen zeigt sich die Orchidee als eine »sündig gewordene, wollüstige Lilie«.

Wahre Kräuterkundige, wie Schamanen überhaupt, sind Meister der Märchen, Sagen und Geschichten, in denen die kollektiven Erinnerungen ihres Stammes zum Ausdruck kommen. Aus solchen altüberlieferten Sammlungen von Seelenbildern borgen sich die Devas die Gestalten, in denen sie sich dem Pflanzenkundigen mitteilen.

Ammen der Menschheit

Dass es ohne Pflanzen kein Leben auf der Erde geben kann, ist eine Binsenweisheit. Nur die grüne Pflanze vermag die Sonnenenergie aufzufangen und in Form von Nahrung und Atemluft an andere Lebewesen weiterzugeben. In der fortschreitenden Evolution des Lebens auf der Erde begleiten pflanzliche Organismen schrittweise die tierischen und schaffen ihre Lebensgrundlagen. In den frühesten Erdzeitaltern (Präkambrium bis Devon) sind es die Algen, die mit den Meerestieren koevolutiv Schritt halten. Moos- und farnähnliche Gewächse, welche die Sümpfe und Niederungen besiedeln, bereiten den Weg für die ersten Amphibien und Gliedertiere, die das Meer verlassen. Die Besiedlung trockenerer, vom Meer weit entfernter Gebiete durch die Reptilien wurde erst durch die Nadelhölzer und andere Nacktsamer möglich. Höher entwickelte Insekten, Vögel und Säugetiere tauchten mit den Blütenpflanzen auf.

Auch für die Menschheitsentwicklung waren Pflanzen – man kann sie ruhig Pflanzengötter nennen – bestimmend. Die tropischen Urwälder waren unsere Wiege. Greifende Hände, die später Werkzeuge halten und manipulieren konnten, sind das Vermächtnis eines Lebens in den Bäumen. Dort entwickelten wir auch die Fähigkeit, Farben zu sehen. Die bifokale Tiefenvision, die es uns erlaubt, das Greifen mit dem Sehen zu koordinieren, ist ebenfalls eine Gabe des Waldes. Der Menschenaffe, der diese Fähigkeit nicht besaß, stürzte ab und schied aus der Vererbungslinie aus. Die senkrechte Körperhaltung beim Klettern in den Bäumen war die Vorbereitung auf den aufrechten Gang und die typisch menschliche Interaktionsstellung von Gesicht zu Gesicht (nicht wie bei Vierfüßlern von Schnauze zu Rumpf).

Vor rund 16 Millionen Jahren (im Miozän) schrumpften die Wälder. Unsere hominiden Vorfahren mussten die Welt der Bäume verlassen. Nun wurden die Gräser der Steppen und Savannen ihre Lehrmeister. Werkzeugtragende Frühmenschen zogen aufrecht gehend in kleinen Gruppen als Jäger und Sammler über das Land. Eiweißreiche Grassamen waren ihre Hauptnahrung. Und noch immer gehören die Gräser zu den heiligen Pflanzen. In der Alten wie in der Neuen Welt werden Kultplätze und Altäre mit heiligen Gräsern gefegt – etwa Kusha-Gras in Indien oder Süßgras (Mariengras) bei den Prärieindianern. Nach wie vor sind Gräser, vom Mais in Amerika bis zum Reis in Asien, ein Hauptnahrungsmittel und wurden bis in die Neuzeit als verkörperte Götter verehrt.

Nach der letzten Eiszeit stellten die Menschen Eurasiens als Großwildjäger riesigen Herden von Huftieren nach, aber mit dem Abschmelzen der Gletscher kommen die Baumdevas erneut zum Zuge. Die Tundren werden von Birken, Erlen, Eschen und anderen Bäumen überwachsen, und die großen Mammut-, Büffel- und Rentierherden verlieren ihren Lebensraum. Nur Waldtiere – Rehe, Bären, Wildschweine –, die viel schwieriger zu jagen sind, bleiben übrig. Es werden wieder mehr Pflanzen gesammelt, und es sind vor allem die Frauen, die das tun.

Wo die Sippen ihr Lager aufschlagen, wird die Vegetation niedergetrampelt und der Boden mit Asche, Kot und Urin gedüngt. Für die verschütteten Samen und die »Augen« weggeworfener Knollenschalen ist dies der ideale Nährboden. Die meisten der späteren Kulturpflanzen stammen von solchen stickstoffliebenden Pionierpflanzen ab. Kamen die Wildbeuter Monate später wieder an dieselbe Stelle zurück, fanden sie viele ihrer Lieblingspflanzen dort vor. Es war kein allzu großer Schritt, die primitiven Beete vor Wildfraß zu schützen, unerwünschte oder unbekömmliche Pflanzen zu jäten und den erwünschten gelegentlich etwas Wasser zu geben. Die Pflanzen reagierten auf diese Aufmerksamkeiten, indem sie sich den menschlichen Bedürfnissen anpassten. Allmählich verloren sie ihre Stacheln, Bitterstoffe und Gifte, die Ähren der Gräser wurden weniger brüchig und kamen gleichzeitig zur Reife.

Der Verlust solcher Wildmerkmale hätte in freier Natur das Aussterben bedeutet, aber die Pflanzen hatten sich den Menschen anvertraut. Die Menschen, vor allem die Frauen, arbeiteten nun für sie, pflegten und schützten sie. Es sind die Pflanzen, die bewirken, dass die Menschen nun zunehmend sesshaft werden. Ein Kult der Fruchtbarkeits- und Muttergöttinnen entsteht. Die Felder, die von matrilinearen Sippen blutsverwandter Frauen versorgt werden, werden größer. Immer mehr Pflanzen werden kultiviert. Viele unserer heutigen Kulturpflanzen – Hafer, Roggen, Erbsen, Linsen, Tomaten, Hanf, Mohn, Mangold, Rüben, Buchweizen, Chilipfeffer – haben sich ursprünglich als Unkräuter in die Felder der ersten Pflanzer eingeschlichen. Mit der neolithischen Revolution (so nennen Urgeschichtler diese allmähliche Entwicklung) treten die Kulturpflanzen regelrechte Siegeszüge über die Kontinente an und lassen sich von den Menschen als Götter und Göttinnen verehren. Sogar Tier- und Menschenopfer werden ihnen und der Erdmutter dargebracht.

Dank dieser Pflanzen nimmt die Bevölkerung zu. Die Dörfer werden größer, die Arbeitsteilung komplizierter. Priester berechnen die genauen Zeiten für Aussaat und Ernte und beschwören die Pflanzengeister. Krieger schützen die Ernte vor plündernden Nomaden. Händler verteilen Saatgut und Ernte. Arbeiter bauen Bewässerungssysteme. Die Pflanzengötter werden zu Geburtshelfern der Zivilisation und entpuppen sich schließlich gar als die wahren, heimlichen Herrscher der Menschheit.

Wegen der kleinen Pfefferliane, die in den Dschungeln Südasiens ein Schattendasein fristet, bereisten portugiesische und spanische Seefahrer die Meere. Ohne diese Sucht nach Pfeffer hätte wohl kaum ein Kolumbus Amerika entdeckt. Diese Entdeckung eines Kontinents, der in der Bibel keine Erwähnung fand, brachte das mittelalterliche Weltbild ins Wanken und läutete das neue Zeitalter des Kolonialismus ein. Dem Zuckerrohr ist es zu verdanken, dass die karibischen Inseln heute überwiegend von Schwarzen anstelle der Indios bewohnt sind. Ohne das süße Rohr hätte es vermutlich weder Kalypso und Reggae noch die Kubakrise gegeben. Wie sähe das Automobilzeitalter wohl aus, ohne »den Baum, der weint« (so nennen die Indios den Gummibaum), aus dessen Milchsaft Autoreifen und Gummimatten hergestellt werden? Ohne den Chinarindenbaum, dessen bittere Rinde Malaria in Schach hält, hätte es vermutlich keine europäischen Kolonialreiche gegeben. Ohne den Mais, den die portugiesischen Eroberer nach Afrika und Asien brachten, wäre das rapide Bevölkerungswachstum der letzten Jahrhunderte nicht möglich gewesen. Wie sähe unsere moderne Leistungsgesellschaft ohne Kaffee aus? Weizen als Waffe, die »Grüne Revolution«, Drogengelder für die Rüstung – Beispiele für die weltverändernde Macht der Pflanzen gibt es mehr als genug.

Pflanzendevas bestimmen ganze Zivilisationen und Zeitepochen. Einige verbinden sich mit dem Geschick bestimmter Völker oder Stämme. So galten etwa die Mistel, der Bärlapp und das Eisenkraut als Genien der keltischen Stämme. Die Devas der Weinrebe, des Ölbaumes und des Weizens vereinten ihre Macht, um die Kultur des Mittelmeerraumes hervorzubringen. Urgeschichtler vertreten die Ansicht, dass Menschen in erster Linie wegen des Olivenbaumes in dieser Region sesshaft wurden. Die mediterranen Völker salbten sowohl ihre Könige und ihre Götterbilder als auch ihre Sterbenden mit dem heiligen Öl. Den Rebensaft vergötterten sie als Dionysos und den Weizen als die Große Göttin. In Christus, »dem Gesalbten«, der den Wein und das Weizenbrot als sein Blut und seinen Leib bezeichnete, wird das pflanzliche Triumvirat zu einem alles überstrahlenden Symbol.

Ohne den *Lophophora*-Kaktus *(Peyote)* wäre die Kultur der Huitchol-Indianer nicht zu verstehen. »Unsere Großmutter Peyote«, die auch als magisches Reh erscheinen kann, lenkt die Geschicke des Stammes, der die Sierra Madre Occidental in Mexiko bewohnt.

Lange schon hegen Forscher die Vermutung, dass alle Künste der Zigeuner – Wahrsagen, Geisterbeschwörung, Hellsichtigkeit – auf die Säfte des Stechapfels zurückzuführen sind. Einige sind der Ansicht, dass dieses Nachtschattengewächs sogar erst mit dem aus Nordwestindien stammenden Volk nach Europa gelangt ist. Für die Zigeuner ist der Stechapfel die in eine Pflanze verwandelte Ahnfrau ihres Volkes, die gelegentlich auch in Tiergestalt als Igel erscheint.

Die Kartoffel, die den Hochlandindianern der Anden ursprünglich von dem grausamen Jaguargeist offenbart worden war, kam mit den Spaniern nach Europa. Dort wurde sie vor allem für die Iren zur Schicksalspflanze, die sie als Erste als Monokultur anbauten. Als dann die Kartoffelfäule Mitte des 19. Jahrhunderts die Grüne Insel heimsuchte, verhungerte ein Viertel der irischen Bevölkerung, und ein weiteres Viertel wanderte in andere Länder aus, vor allem nach Amerika. Auch in anderen europäischen Ländern kam es zu Missernten, so dass die Mehrzahl der heutigen US-Amerikaner indirekt durch den Deva der Kartoffel in den menschenleeren Kontinent gelockt wurde.

Pflanzendevas verbinden sich aber nicht nur mit Völkern und Zivilisationen, sie können auch mit einzelnen Menschen Kontakt aufnehmen. Camille Mességué, ein armer französischer Bauer, begann sich für das Schöllkraut zu interessieren, nachdem er beobachtet hatte, wie eine Schwalbenmutter ihren Jungen damit die Augen rieb, woraufhin diese plötzlich sehen konnten. Dieses intensive Interesse wurde vom Deva der Pflanze belohnt. Camille Mességué lernte fast alle Krankheiten mit diesem Kraut zu behandeln, und sein Sohn Maurice wurde als Kräuterkundiger reich und berühmt. Der polnische König Stanislaus Leszcynski, ein aufgeklärter Förderer von Kunst und Wissenschaft, war mit dem Waldmeister befreundet. Er behauptete, dass er sein langes Leben, seine Kraft und Geistesfrische diesem Pflänzchen verdanke. Milarepa, der große tibetische Mystiker, war mit der Brennnessel verbunden.

Auf seiner Pilgerreise zum heiligen Berg Kailash ernährte er sich ausschließlich von dieser Pflanze, bis sich schließlich sogar seine Haut grün färbte.

Im Grunde hat jeder Mensch seine Pflanzendevas, mit denen er verbunden ist. Das können seine Lieblingspflanzen sein, etwa Blumen, die eine besondere Bedeutung für ihn haben, Kräuter, die bei Erkrankungen immer wieder Wunder wirken, oder auch ein Lieblingsgemüse.

Neue Kontakte

Die Zerstörung unserer Umwelt erreicht globale Dimensionen. Wälder sterben oder werden gerodet. Herbizide vernichten die bunte Vielfalt der Wiesen- und Ackerunkräuter. Pestizide töten Vögel und Insekten, die die höchstentwickelten Pflanzengattungen zur Bestäubung und Befruchtung brauchen. Wo bleiben da die Pflanzendevas? Wie verhält es sich mit ihrer göttlichen Macht? Stimmt vielleicht doch, was die Materialisten sagen, dass Devas Hirngespinste sind und wir allein Geist und Intelligenz besitzen?

Wenn wir genauer hinschauen, erkennen wir, dass sich die Pflanzen keineswegs nur passiv anpassen, sondern vielmehr in die Offensive gehen. Die Devas werden zunehmend aktiv. Sie suchen sich feinfühlige Menschen wie Edward Bach, die ihre Botschaften aufnehmen und vermitteln können. Besonders in den sechziger Jahren des letzten Jahrhunderts kam es zu einem neuen Dialog zwischen Menschen und Pflanzendevas. Plötzlich begeisterte man sich für biologisches Gärtnern und wurde bewusst oder unbewusst von den Pflanzendevas inspiriert. Der Garten von Findhorn, angelegt in mageren Sanddünen im unwirtlichen Schottland, wurde zum Paradebeispiel. Dorothy Maclean wandte sich absichtlich meditativ an die Pflanzengeister. Sie wählte die Erbse, eine Pflanze, die sie schon seit ihrer Kindheit liebte, und bekam eine Antwort, die sie erkennen ließ, dass Liebe und Interesse der Schlüssel zur Kommunikation mit den Pflanzendevas sind.

Zur selben Zeit machten Amateurwissenschaftler einige außergewöhnliche Entdeckungen über Pflanzen. Mehr aus Langeweile als aus wissenschaftlichem Interesse befestigte der Kriminologe Cleve Backster die Elektroden seines Lügendetektors an den Blättern seiner Zimmerpflanze und entdeckte dabei den »Backster-Effekt«, nämlich, dass Pflanzen mit Schwankungen ihrer elektrischen Spannung auf menschliche Gedanken reagieren, ja, dass sie eine emotionale Verbindung zu ihren Besitzern haben. Inzwischen rät Backster Urlaubern, Fotos von ihren Zimmerpflanzen mit in den Urlaub zu nehmen und diese jeden Tag liebevoll zu betrachten. Dann würden die Daheimgebliebenen die Trennung viel besser überstehen.

Seit der Mitte dieses Jahrhunderts veranlassen die Pflanzendevas Schamanen und Medizinleute der Naturvölker, immer mehr Geheimnisse um die heiligen Pflanzen zu offenbaren. Es handelt sich vor allem um jene Gewächse, die der Bewusstseinserweiterung dienen und einen Vorstoß in neue geistige Dimensionen ermöglichen. Die geistbewegenden oder entheogenen Pflanzen, wie sie heute genannt werden, sind im Begriff, unsere hochtechnisierte Zivilisation in einem noch nicht erkannten Ausmaß zu verändern und die Parameter unserer Weltsicht zu verschieben.

Potentiell besitzen wir alle die Fähigkeit, mit den Pflanzendevas zu kommunizieren. Wir können diesbezüglich viel von den letzten überlebenden Schamanen der Naturvölker lernen. Vor allem aber ist es unsere Liebe zu den grünen Brüdern und Schwestern, die die Devas veranlasst, sich uns zu nähern. In plötzlichen Eingebungen, Ideen und in Träumen sprechen sie dann zu uns. Das kann geschehen, während wir bewusst vor einer Blume meditieren oder auch während wir einfach auf einer Parkbank ausruhen. Oft senken sie ihre Botschaften in die dunklen Gründe unserer Seele, und erst nach einer Weile keimen und sprießen sie als wohltätige Erkenntnisse ins Licht unseres Bewusstseins. Diese Einsichten können dann mit Hilfe geeigneter Symbole und Imaginationen dingfest gemacht werden. Als die Devas – die Wanen der germanischen Sage – die Welt regierten, herrschte ein goldenes Zeitalter des Friedens und der Freude. Frieden und Freude entsprechen dem Wesen der Devas. Sie haben durchaus die Macht, die Erde wieder zu dem Paradiesgarten zu machen, der sie in Wirklichkeit ist.

Nachwort

Die mystische Chemie der Pflanzengeister

Vielen Menschen fällt es schwer, in Pflanzen das Göttliche zu erkennen. Die heidnischen Zeiten, in denen die Tempel unserer keltisch-germanischen Ahnen noch heilige Haine, die Götter Bäume und die Göttinnen Blüten waren, haben die meisten von uns vergessen. Dieser »übersinnliche Plunder« hat in einer naturwissenschaftlichen Weltsicht keinen Platz. Aber die Wissenschaft *(logos)* von der Natur *(physis)* ist eigentlich eine mystische Religion. Wir können jedes Kräutlein in noch so viele funktionale Teile, in gesetzmäßig festgelegte Moleküle und energetische Prozesse zerlegen. Dem Geheimnis (Mysterium!) des Lebens kommen wir nicht näher. Kein positivistisch-rationalistischer Naturwissenschaftler ist in der Lage zu erklären, was die Lebenskraft *(viriditas)* ist, geschweige denn, woher sie kommt und wozu sie da ist. Solche Fragen wurden früher durch die Mysterienkulte der Demeter und des Dionysos erklärt. Uns fehlen heute diese Einweihungen in die Mysterien von Leben, Tod und Unendlichkeit. Die Naturwissenschaft, die sich an die Stelle der Religion gesetzt hat, hat anscheinend gnadenlos versagt. Dennoch sind für den wahren Chemiker Naturwissenschaft und Mystik kein Widerspruch, sondern einander ergänzende und befruchtende Aspekte einer ganzheitlichen, heilsamen Weitsicht: »Die Naturwissenschaft wird die Mystik befruchten. Je tiefer die naturwissenschaftliche Erkenntnis geht, desto unausweichlicher stößt sie auf das Mysterium. Dabei bleibt die Wissenschaft sicher bei ihren Methoden – sie will ja nichts anderes als die materiellen Teile erforschen. Aber die Sinngebung des Ganzen muss in einer Synthese erfolgen, in einem spirituellen, metaphysischen Rahmen« *(Albert Hofmann).*

Wenn wir uns auf die molekulare Ebene der Pflanze begeben, werden tiefe Mysterien offenbar: Die Desoxyribonukleinsäure oder DNS, die »Spirale des Lebens«, ist die Seele der Pflanzengottheit. Sie regelt alle Vorgänge im Wachstum, bestimmt die innere Struktur und die äußere Gestalt und sorgt für die Vermehrung und Erhaltung der Art. Nach ihrem Plan werden Botschaften in Form von Molekülen, sogenannten Botenstoffen oder Transmittern, kodiert. Diese Botenstoffe sind chemisch analog zu den menschlichen Neurotransmittern, die Informationen von einer Nervenzelle zur nächsten übertragen. So enthüllt uns die Molekularbiologie plötzlich die Verwandtschaft von Pflanze und Mensch. Sie beweist, dass Pflanze und Mensch über ähnliche Botenstoffe verfügen, d. h., sie können in direkte Kommunikation miteinander treten. Wenn wir eine Pflanze zu uns nehmen, können unsere Synapsen (Nervenenden) die Botenstoffe der Pflanze lesen und sie so in unser Bewusstsein einspeisen. Die Pflanze spricht zu uns! Manche Pflanzen können wir besonders gut verstehen, denn sie bilden Botenstoffe aus, die in uns Visionen des Göttlichen erzeugen. Monotheistische, urbane Religionen verteufeln derartige Visionen als dämonische Trugbilder und Illusionen. Unsere herrschende, naturwissenschaftlich orientierte Psychiatrie teilt diese verheerende Sicht. Es liegt an uns, diese Visionen wieder im rechten Licht zu betrachten und die dadurch offenbarten Götter, Elementarwesen und Devas zu respektieren, nämlich als Wesen der universellen Natur, zu der wir genauso gehören, wie jedes Kraut, jeder Stein und jede Galaxie.

Es ist ein großer Verdienst von Wolf-Dieter Storl, die tot geglaubte Materie der Pflanzenwelt wieder mit göttlichem Leben und Licht zu erfüllen und die Erinnerungen an die heidnischen, ebenfalls tot geglaubten Götter und Devas wachzurufen. Denn die Götter und Göttinnen sind nicht tot – sie sind unsterblich (sonst wären es ja keine Götter!). Wir müssen sie nur rufen, uns an sie erinnern und sie verehren. Am besten, indem wir uns mit der Pflanzenwelt verbünden, denn die Pflanzen sind die Botschafter der Götter.

Christian Rätsch

Bibliographie

- Adams, George/Vinkenoog, Simon: The Book of Grass: An Anthology of Indian Hemp. New, York: Grove Press, Inc., 1967.
- Älteste deutsche Dichtung und Prosa. Hrsg. von Heinz Mettke. Leipzig: Verlag, Philipp Reclam jun., 1979.
- Älteste Indische Dichtung und Prosa. Hrsg. von Klaus Mylius. Leipzig: Verlag, Phillip Reclam jun., 1981.
- Basham, A. L.: The Wonder that Was India. Calcutta/Bombay/Delhi: Rupa & Co., 1982.
- Bauer, Wolfgang/Dümotz, Irmtraud Dümotz: »Symbolhafte Persönlichkeiten der Geschichte«, in: Lexikon der Symbole. Wiesbaden: Fourier Verlag, 1980.
- Bockemühl, Jochen: Lebenszusammenhänge. Dornach/Schweiz: Naturwissenschaftliche Sektion, Goetheanum, 1980.
- Bolton, Brett L.: The Secret Power of Plants. London: Abacus Books, 1975.
- Breitl, Richard: Wörterbuch der deutschen Volkskunde. Stuttgart: Alfred Kröner, 1974.
- Castaneda, Carlos: Die Lehren des Don Juan: Ein Yaqui-Weg des Wissens. Frankfurt am Main: Fischer-Taschenbücher, 1973.
- Chamberlain, Mary: Old Wives' Tales. Stroud, Gloucestershire: Tempus, 2006.
- Clarkson, Rosetta E.: The Golden Age of Herbs and Herbals. New York: Dover Publications, Inc., 1972.
- Conway, David: The Magie of Herbs. New York: E. P. Dutton & Co. Inc., 1976.
- Densmore, Frances: How Indians Use Wild Plants for Food, Medicine and Crafts. New York: Dover Publications Inc., 1974.
- Emoto, Masaru: Die Botschaft des Wassers. Burgrain: KOHA-Verlag, 2002.
- Emoto, Masaru/Fliege, Jürgen: Die Heilkraft des Wassers. Burgrain: KOHA-Verlag, 2010.
- Ferckel, S.: »Hexensalbe und ihre Wirkung«, in: Kosmos, Bd. 50. Stuttgart, 1954.
- Findly, Ellison Banks. Plant Lives: Borderline Beings in Indian Traditions. Delhi: Motilal Banarsidass, 2008
- Fintelmann, Volker und Rudolf Fritz Weiß: Lehrbuch der Phytotherapie. Stuttgart: Hippokrates Verlag, 2002
- Fischer, Susanne: Medizin der Erde. »Irisiana« München: Heinrich Hugendubel Verlag, 1984.
- Fritsche, Dr. Herbert: Iatrosophia. Freiburg im Breisgau: Verlag Hermann Bauer, 1962.
- Ganzenmüller, Wilhelm: Das Naturgefühl im Mittelalter. Hildesheim: Verlag Dr. A. H. Gerstenberg, 1974.
- Geheimnisse und Heilkräfte der Pflanzen. Autorenkollektiv. Zürich/Stuttgart/Wien: Verlag DAS BESTE, 1978.
- Geier, Bernward: Biologisches Saatgut aus dem eigenen Garten. Essen: Synthesis Verlag, 1982.
- Golowin, Sergius: Die Weisen Frauen. Basel: Sphinx Verlag, 1982.
- Graves, Robert: The White Goddess. New York: Noonday Press, 1966.
- The Greek Herbal of Dioscorides. Illustrated by a Byzantine A. D. 512. Englished by John Goodzer A. D. 1655. Edited and first Printed A. D. 1933 by Robert T. Gunther. Facsimile reprinted by Hafner Publ. Co., London/New York, 1968.
- Grieve, M.: A Modern Herbal. New York: Dover Publ., 1981.
- Griffen, Edward G.: World Without Cancer. Westlake Village, California: American Media, 1978.
- Griggs, Barbara: Green Pharmacy: A History of Herbal Medicine. New York: The Viking Press, 1981.
- Grimm, Jacob: Deutsche Mythologie. Band II/III. Frankfurt am Main.: Ullstein-Materialien, 1981.

- Grinnell, George Bird: The Cheyenne Indians: Their History and Ways of Life. Vol. II. New Haven, Conn.: Harvard University Press, 1923.
- Grohmann, Gerbert: Die Pflanze als Lichtsinnesorgan der Erde. Studien und Versuche Nr. 4. Stuttgart: Verlag Freies Geistesleben, 1962.
- Grossinger, Richard.: Wege des Heilens. Vom Schamanismus der Steinzeit zur heutigen alternativen Medizin. München: Kösel, 1982.
- Harner, Michael: Hallucinogens and Shamanism. Oxford: Oxford University Press, 1973.
- Harner, Michael: The Way of the Shaman. New York: Bantam Books, 1982.
- Harris, Marvin: Cannibals and Kings. New York: Vintage Books, Random House, 1978.
- Hauschka, Rudolf: Substanzlehre. Frankfurt am Main: Vittorio Klostermann Verlag, 1976.
- Hauser, Albert: Bauernregeln. Zürich/München: Artemis Verlag, 1973.
- Hawken, Paul: The Magic of Findhorn. New York: Bantam Books, 1975.
- Heinsohn, G./Steiger Ol.: »Die Vernichtung der weisen Frauen«, in Mammut, MärzTexte 1 und 2.. Hrsg. von Jörg Schröder. Herbstein: März Verlag, 1984.
- Herbal Pharmacology in the People's Republic of China: A trip report of the American Herbal Pharmacology Delegation. Washington D. C: National Academy of Science, 1975.
- Hoebel, Adamson E.: The Cheyennes. New York: Holt, Rinehart & Winston Inc., 1962.
- Holenstein, Anne-Marie und Jonathan: Hunger: Welternährung zwischen Hoffnung und Skandal. Frankfurt am Main: Fischer-Taschenbücher, 1976.
- Hollerbach, Elisabeth und Karl: Kraut und Unkraut zum Kochen und Heilen. München: Hugendubel, 2000.
- Hovorka, Dr. O. v./Kronfeld, Dr. A.: Vergleichende Volksmedizin. Bd. I. Stuttgart: Verlag Strecker & Schröder, 1908.
- Jaggi, Dr. O. P.: All About Allopathy, Homeopathy, Ayurveda, Unani and Nature Cure. New Delhi: An Orient Paperback, 1976.
- Julius, Frits H.: Das Tier zwischen Mensch und Kosmos. Stuttgart: Verlag Freies Geistesleben, 1970.
- Kappstein, Stefan: Das Buch vom Ginseng. Bern: Janos Morzsinay Verlag, 1980.
- Koepf/Petterson/Schaumann: Biologische Landwirtschaft. Stuttgart: Verlag Eugen Ulmer, 1974.
- Kolisko, Eugen/Kolisko, Lilly: Agriculture of Tomorrow. Stroud/England: Kolisko Archive, 1936.
- Kraft, Ken/Kraft, Pat: Luther Burbank, the Wizard and the Man. New York: Meredith Press, 1967.
- Kramer, Samuel Noah: History Begins at Sumer. Garden City, N. Y.: Doubleday Anchor Books, 1959.
- Kranich, Ernst Michael: Die Formensprache der Pflanze. Stuttgart: Verlag Freies Geistesleben, 1976.
- Kreig, Margret B.: Green Medicine. Chicago/New York/San Francisco: Rand McNally & Co., 1964.
- Krumm-Heller, Arnold: Osmologische Heilkunde. Berlin: Verlag Richard Schikowski, 1955.
- Lee, R. B./DeVore, I. eds.: »What Hunters Do for a Living, or How to Make Out on Scarce Resources«, in: Man the Hunter. Chicago: Aldine, 1968.
- Leechdoms, Wortcunners and Starcraft. (A collection of Documents, for the most part never before printed, illustrating the History of Science in this Country before the Norman Conquest.) Collected and edited by Rev. Oswald Cockayne M. A. Cantab. Vol. II. London: Longman, Green, Longman, Roberts and Green, 1985.
- Lévi-Strauss, Claude: La pensée sauvage. Paris. Librairie Pion, 1962.
- Levy, Charles Kingsley/Primack, Richard B.: A Fieldguide to Poisonous Plants and Mushrooms of North America. Brattleboro, Vermont: The Stephen Greene Press, 1984.
- Lievegoed, Dr. B. C. J.: Planetenwirkungen und Lebensprozesse in Mensch und Erde. (Schriftenreihe: Lebendige Erde.) Darmstadt: Forschungsring für biologisch-dynamische Wirtschaftsweise e. V., 1973.

- Lippert, Franz: »Vom Nutzen der Kräuter im Landbau«.Forschungsring für biologisch dynamische Wirtschaftsweise, Stuttgart, 1953.
- Madejsky, Margret: Lexikon der Frauenkräuter. Baden und München: AT-Verlag, 2008.
- McTaggart, Lynne: Was Ärzte ihnen nicht erzählen. Kewrnen: Sensei Verlag, 2000
- Mendelsohn, Robert S., M. D.: Confessions of a Medical Heretic. New York: Warner Books, 1979.
- Mendelsohn, Robert S., M. D.: Male Practice. Chicago: Contemporary Books Inc., 1982.
- Mességué, Maurice: C'est la nature qui a raison. Paris: Livre de poche. Coedition Robert Laffout – Opera Mundi, 1972.
- Mességué, Maurice: Of Men and Plants. New York: Macmillan Co., 1973.
- Meyer, Clarence: American Folk Medicine. New York: Thomas E. Crowell Co., 1973.
- Moerman, Daniel E., Native American Ethnobotany. Portland, Oregon: Timber Press, 1999
- Morton, Julia F.: »Folk Remedies of the Low Country« (1973), zitiert in: Aikman, Lonelle: Nature's Healing Arts. From Folk Medicine to Modern Drugs. Ed. Washington D.C. National Geographic Society, 1977.
- Müller-Ebeling, Claudia, Christian Rätsch und Wolf-Dieter Storl: Hexenmedizin. Aarau, Schweiz: AT-Verlag, 2011.
- Neuwinger, Hans Dieter: Afrikanische Arzneipflanzen und Jagdgifte. Stuttgart: WVG, 1998
- Nugent, Nancy, und Ed. of Prevention Magazine: Food and Nutrition. Emmaus, Pennsylvania: Rodale Press, 1983.
- Obomsavin, Raymond: The Efficacy and Safety of Traditional Plant Medicines. Ottowa, Ontario: National Aboriginal Health Organization, 2008
- Ostrander, S./Schroeder L.: Psychic Discoveries Behind the Iron Curtain. New York: Bantam Books, 1973.
- Paracelsus Werke. Band I: Medizinische Schriften. Hrsg. von Will-Erich Peukert. Basel/Stuttgart: Schwabe & Co. Verlag, 1965.
- Paracelsus: »Paragranum« (1530). In: Paracelsus Werke. Bd. I. Hrsg. von W.-E. Peuckert. Basel/Stuttgart: Schwabe & Co. Verlag, 1965.
- Parker, Arthur C.: »Secret Medicine Societies of the Seneca«, in: American Anthropologist No. 11., 1909.
- Pelikan, Wilhelm: Heilpflanzenkunde: Der Mensch und die Heilpflanzen. Band II. Goetheanum/Dornach: Philosophisch-Anthroposophischer Verlag, 1977.
- Peukert, W.-E.: Geschichte der Geheimwissenschaft I: »Astrologie«. Stuttgart, 1960.
- Pfeiffer, Ehrenfried: Die Fruchtbarkeit der Erde. Goetheanum/Dornach: Rudolf Geering Verlag, 1977.
- ders.: Weeds and What They Tell. Stroudsburg, Pennsylvania: Biodynamic Farming and Gardening Association Inc., 1960.
- Philosophie und Naturwissenschaften: Wörterbuch. Hoerz/Loether/Wollgast (Hrsg.). Berlin: Dietz Verlag, 1978.
- Rawald, Wolfgang: Pflanze, Umwelt und Natur. Leipzig/Jena: Urania Verlag, 1959.
- Scheffer, Mechthild/Storl, Wolf-Dieter: Die Seelenpflanzen des Edward Bach. Bielefeld: Aurum in Kamphausen Mediengruppe GmbH, 2012.
- Schrödter, Willy: Pflanzen-Geheimnisse. St. Goar: Reichl Verlag, 1977.
- Sharma, Pandit Shiv: Realms of Ayurveda. New Delhi/India: publ. by Gulab Vazirani for Arnold-Heinemann Publ., 1979.
- Shiva, Vandana (ed.): Seed Freedom. New Delhi: Navdanya, 2012.
- Simonis, Werner Christian: Wege zum Heilpflanzenerkennen. Stuttgart: J. Ch. Mellinger Verlag, 1975.
- Simonton, Carl O./Matthews-Simonton Stephanie: Getting Well Again. New York: Bantam Books, 1981.

- Sofowora, Abayomi: Medical Plants and Traditional Medicine in Africa. Chichester/England: John Wiley & Sons, Ltd., 1982.
- Solecki, R.: »Shanidar IV. A. Neandertal Flower Burial in Northern Iraq«, in: Science 190: 880-881. 1975.
- Starfield, Barbara, »Is US Health Really the Best in the World?«, in Journal of the American Medical Association 284, No. 4, July 26, 2000.
- Steiner, Rudolf: Geisteswissenschaftliche Grundlagen zum Gedeihen der Landwirtschaft. Dornach. Rudolf Steiner Verlag, 1975.
- ders.: Mein Lebensgang. Hrsg. von Marie Steiner. Dornach: Goetheanum, 1925.
- ders.: Wahrspruchworte – Richtspruchworte. Dornach, 1935.
- Steiner, Rudolf/Wegmann, Ita: Grundlegendes für eine Erweiterung der Heilkunst nach geisteswissenschaftlichen Erkenntnissen. Dornach: Goetheanum, 1925.
- Storl, Wolf-Dieter: »Afrikanismen im amerikanischen Großstadtghetto«, in: Wiener Ethnohistorische Blätter. Institut für Völkerkunde der Universität Wien, 1971.
- ders.: Shamanism among Americans of European Origin. Inauguraldissertation der philosophisch-historischen Fakultät der Universität Bern. Bern, 1974.
- ders.: »Ideologie und Ökologie biologisch-dynamischer Höfe im Emmental«, in: Beiträge zur Ethnologie der Schweiz. Ethnologica Helvetica IV. Bern, 1980
- ders.: Der Garten als Mikrokosmos. Freiburg i. Br.: Verlag Hermann Bauer, 1982.
- ders. Pflanzendevas. Aarau, Schweiz: AT-Verlag, 2008.
- ders.: Der Kosmos im Garten. Aarau, Schweiz: AT-Verlag, 2011a.
- ders.: Kräuterkunde. Bielefeld: Aurum in Kamphausen Mediengruppe GmbH, 2011b.
- ders.: Borreliose natürlich heilen. Aarau, Schweiz: AT-Verlag, 2012a.
- ders.: Wandernde Pflanzen. Aarau, Schweiz: AT-Verlag, 2012b.
- ders. Der Selbstversorger. München: GU, 2013.
- Strindberg, August: Sylva Sylvarum, 1985 – zitiert aus: Iatrosophia von Dr. Herbert Fritsche.
- Strobel, Hans: Bauernbrauch im Jahreslauf. Leipzig: Köhler & Amelang, 1937.
- Suray, G. W.: Die verborgenen Heilkräfte der Pflanzen. Freiburg i. Br.: Verlag Hermann Bauer, 1978.
- Thun, Maria: Hinweise aus der Konstellationsforschung für Bauern, Gärtner und Kleingärtner. Broschüre. Marburg/L., 1973.
- Uyldert, Mellie: Plantenzielen. Amsterdam: De Driehoek, 1979.
- Van Wyk, Ben-Erik/Van Oudtshoorn, Bosch/Gericke, Nigel: Merdicxal Plants of South Afrika. Pretoria: Briza Publications, 2000
- Vogel, Virgil J.: American Indian Medicine. Norman/Okla: University Oklahoma Press, 1970.
- Weil, Andrew: The Natural Mind. Boston: Houghton Miffliln Co., 1972.
- Weiß, Rudolf Fritz, Lehrbuch der Phytotherapie. Stuttgart: Hippokrates Verlag, 1991.
- Wheeler, Sir Mortimer: Rome Beyond the Imperial Frontier. London: Pelican Books, 1955.
- Wilkins, W. J.: Hindu Mythology. Calcutta/Bombay/Delhi: Rupa & Co., 1982.
- Witthoft, John: »Typology and Acculturation«. Bureau of American Ethnology, Bull. 180. No. 9, 1961.
- Wolff-Windegg, Phillip: Die Gekrönten. Stuttgart: Ernst Klett Verlag, 1981
- Wood, Matthew, Weisheit der Pflanzen. Aarau: AT-Verlag, 2012
- Yogananda, Paramahansa: Autobiography of a Yogi. Los Angeles, California: Self-Realisation Fellowship Publ., 1969.
- Zimmer, Heinrich R.: Hindu Medicine. Baltimore/Md.: The John Hopkins Press, 1948.

Anmerkungen

Erster Teil

Von weisen Frauen und Wurzelkundigen

Wurzelkunde

1 Verwandt sind Bezeichnungen wie got. wairthan = werfen; lit. verpti = spinnen, drehen; lat. vertere, verti, versum, versus = drehen, winden; sanskr. vartati = drehen und varjati = winden. Sogar Wurst gehört in diese Begriffszusammenhänge, denn sie wird aus Gedärm gedreht.

2 Die Könige der Franken und die englischen Könige heilten die Skrofeln und Fallsucht ihrer Untertanen an bestimmten Tagen durch Handauflegen. Den Habsburgern schrieb man die Fähigkeit zu, Gelbsucht, Skrofeln und Kröpfe zu heilen. Shakespeare lässt Macbeth über Eduard den Bekenner Folgendes sagen: »Ein wundertätig Werk vom guten König hab ich oft, seit ich in England bin, vollbringen sehen. Wie er zum Himmel fleht, weiß er am besten; seltsam Heimgesuchte voll Schwulst und Aussatz, kläglich anzuschauen, an denen alle Kunst verzweifelt, heilt er ...« Siehe Wolff-Windegg, Philip: Die Gekrönten. Stuttgart: Ernst Klett Verlag, 1981. Seite 205 f.

3 Storl, Wolf-Dieter: »Ideologie und Ökologie biologisch-dynamischer Höfe im Emmental«, in: Beiträge zur Ethnologie der Schweiz. Ethnologica Helvetica IV. Bern, 1980. Seite 119 f.

4 Wheeler, Sir Mortimer: Rome Beyond the Imperial Frontier. London. Pelican Books. 1955. Seite 108. Schon 200 v. Chr. bestand in der Metropole Alexandria eine einflussreiche indische Handelskolonie. Wer kann sagen, was für einen Einfluss diese auf die Entwicklung der Gnosis, des späteren neuplatonischen Gedankengutes und auf die Medizin gehabt haben mag? Vielleicht hat man hier auch den Ausgangspunkt für die Klostergemeinschaften der Essener zu suchen, die mit ihren Bade- und Taufritualen und ihrer einfachen Lebensweise recht indisch erscheinen.

5 Kramer, Samuel Noah: History Begins at Sumer. Garden City, N. Y.: Doubleday Anchor Books, 1959. Seite 60.

6 Ostrander, S./Schröder, L.: Psychic Discoveries Behind the Iron Curtain. New York: Bantam Books, 1973. Seite 357 f.

7 Storl, Wolf-Dieter: Der Kosmos im Garten. Aarau, Schweiz: AT-Verlag, 2011. Seite 172.

8 Thun, Maria: Hinweise aus der Konstellationsforschung für Bauern, Gärtner und Kleingärtner. Broschüre. Marburg, 1973.
Beim Vorbeigang des Mondes an den Sternbildregionen der Erdzeichen (Stier, Jungfrau, Steinbock) entstehen günstige Einflüsse im Wurzelbereich der Pflanzen; in den Wasserzeichen (Krebs, Skorpion, Fische) entstehen Wirkungen im Blattbereich, bei den Luftzeichen (Zwillinge, Waage, Wassermann) in der Blütenentfaltung und in den Feuerzeichen (Löwe, Schütze, Widder) in der Frucht/Samenregion. Wenn sich der Mond im Löwen befinde, schreibt Maria Thun, seien Unkrautsamen besonders keimfreudig, weniger dagegen im Steinbock. Unkrautsamen können zu Asche verbrannt und zu bestimmten Zeiten auf die Felder gestreut werden: Wenn der Mond im Schützen ist, kann man Quecke und Melde veraschen; schwarzer Nachtschatten wird im Skorpion verascht, Knöterich im Wassermann, Vogelwicke in den Fischen, Klette und Ackertaubnessel im Widder, Ackerschachtelhalm und Distel in der Jungfrau (siehe Seite 25). Untersuchungen der Universität Gießen scheinen diese recht unorthodoxen Angaben nach wissenschaftlich haltbaren Kriterien ermittelt zu haben.

9 Chamberlain, Mary: Old Wives' Tales. Stroud, Gloucestershire: Tempus, 2006. Seite 37.

10 Ganzenmüller, Wilhelm: Das Naturgefühl im Mittelalter. Hildesheim: Verlag Dr. A. H. Gerstenberg, 1974. Seite 265.

11 Clarkson, Rosetta E.: The Golden Age of Herbs and Herbals. New York: Dover Publications Inc., 1972. Seite 11.

12 Auf einem Spaziergang mit ihrer Kindsmagd zeigte die vierjährige Hildegard auf eine trächtige Kuh und rief begeistert: »Schau, was für ein schönes Kälbchen!« und beschrieb anschließend Farbe und Muster seines Fells in allen Einzelheiten. Es versetzte die Erwachsenen nicht wenig in Erstaunen, als einige Tage darauf ein Kälbchen zur Welt kam, das genau aussah, wie sie es beschrieben hatte.

13 Herodot: Historia. Buch II: „Das Land Ägypten und seine Geschichte", 5. Jh. v. Chr., zitiert in: Calder, Ritchie: Medicine and Man. New York: Mentor Books, 1958. Seite 56

14 Es fährt Peter auf einem Pferdchen, Christus auf einem Eselchen.
»Peter, fahre!« »Herr, ich kann nicht.«
»Warum?« »Meinem Pferdchen brach ein Fuß.«
»Peter, erzähle eine Geschichte!« »Herr, ich kann nicht.«
»Peter, sage mir nach: Haut zu Haut, Blut zum Blute, Ader zur Ader, Haar zum Haar, Knochen zum Knochen, Mark zum Marke und alles, was in dem Gliede enthalten ist! Dazu verhelfe mir Gott, der Vater ...«
Spruch von der Niederdonau, zitiert aus: Älteste deutsche Dichtung und Prosa. Hrsg. von Heinz Mettke. Leipzig: Verlag Philipp Reclam jun., 1979. Seite 288.

15 Genaueres zum Thema Hexen, indigene Heilkunde, schamanische Tradition lässt sich nachlesen in: Müller-Ebeling, Claudia/Rätsch, Christian/Storl, Wolf-Dieter: Hexenmedizin. Aarau: AT-Verlag, 2011.

16 Paracelsus: »Paragranum« (1530), in: Paracelsus: Werke. Bd. I. Hrsg. von W. E. Peuckert. Basel/Stuttgart: Schwabe & Co. Verlag, 1965. Seite 495.

17 op. cit.: »Herbarius«. Seite 245.

18 Nachdem man realisierte, dass die traditionellen Heilpflanzen diese Seuche aus Amerika nicht heilen konnten, hieß es, „gegen diese Krankheit sei kein Kraut gewachsen". Das Vertrauen in die Kräuterheilkunde war tief erschüttert. Tatsächlich aber hatten die karibischen Indianer eine wirksame Therapie zum Ausheilen der Syphilis entwickelt. Sie bestand aus Überhitzungstherapie (Hypertermie) im täglichen Schwitzbad, verbunden mit besonderer Diät und dem Trinken großer Mengen einer Abkochung des Harzes des Guaiak- oder Pockenholzbaums (Guajacum officinalis). Nicolaus Poll, Leibarzt des Kaisers Karls V., berichtet 1517, dass rund dreitausend spanische Syphilitiker auf diese Weise kuriert wurden. Das Harz wird auf besondere, aufwendige Art und Weise gewonnen, das Holz, welches die Fugger einführten, enthielt jedoch kein Harz. Paracelsus, der die Unwirksamkeit erkannt hatte, setzte dagegen auf die giftige „Sarazenische Salbe", bestehend vor allem aus Quecksilber. Das war die Geburtsstunde der chemischen Therapie. Ausführlicheres zu diesem Thema kann nachgelesen werden in: Storl, Wolf-Dieter: Borreliose natürlich heilen. Aarau: AT-Verlag, 2012. Seiten 168 ff und 213 ff.

19 Das 1649 erschienene und aus Mitleid mit den Armen, die sich keine ärztliche Betreuung leisten konnten, geschriebene Werk trägt den langen Titel: The English Physician or an Astrological Discourse of the Vulgar Herbs of this Nation being a Compleat Method of Physick whereby a Man may preserve his Body in health; or cure himself being sick, for three pence charge, with such things onely as grow in England, they being most fit for English Bodies.

20 Paracelsus: »Herbarius«, in: Paracelsus: Werke. Bd. I. Hrsg. von W. E. Peukert. Basel/Stuttgart: Schwabe & Co. Verlag, 1965. Seite 247.

21 Storl, Wolf-Dieter: »Afrikanismen im amerikanischen Großstadtghetto«, in: Wiener Ethnohistorische Blätter. Institut für Völkerkunde der Universität Wien. 1971.

22 Meyer, Clarence: American Folk Medicine. New York: Thomas Y. Crowell Co., 1973. Seite 3.

23 Griggs, Barbara: Green Pharmacy: A History of Herbal Medicine. New York: The Viking Press, 1981. Seite 179 f.

24 »Auch heutige Lebenskraftauffassungen sind nicht lediglich Ausdruck veralteter Theorien über das Leben, sondern Ausdruck reaktionärer Klasseninteressen.« So weit der marxistische Standpunkt. Siehe: Philosophie und Naturwissenschaften: Wörterbuch. Hrsg. von Hörz/Löther/Wollgast. Berlin: Dietz Verlag, 1978. Seite 512.

25 Goethe in einem Brief an Johann Peter Eckermann, 19.2.1829.

26 Cohn, Meridith: »Alternatives to Animal Testing«, in: Baltimore Sun, Aug. 26, 2011.
Siehe en.wikipedeia.org/wiki/Animal_testing

27 Nugent, Nancy, und Ed. of Prevention Magazine: Food and Nutrition. Emmaus, Pennsylvania: Rodale Press, 1983. Seiten 2-4.

28 http://www.mckinsey.com/insights/health_systems_and_services/accountin_for_the_cost_of_us_health_care

29 http://www.spiegel.de/wirtschaft/soziales/gesundheitsausgaben-in-deutschland-steigen-auf-300-milliarden-a-892469.html

30 McTaggert, Lynne: Was Ärzte Ihnen nicht erzählen. Kernen: Sensei Verlag, 2000. Seite 27

31 Starfield, Barbara: »Is US Health Really the Best in the World?«, in: Journal of the American Medical Association 248/4. July 26, 2000.

32 Kreig, Margret B.: Green Medicine. Chicago/New York/San Francisco: Rand McNally & Co., 1964.

33 Harner, Michael: The Way of the Shaman. New York: Bantam Books, 1982. Seite 174

34 Legal Status of Traditional Medicine and Complementary/Alternative Medicine: A Worldwide Review. Genf: WHO, 2001, zitiert in: Obomsawin, Raymond: The Efficacy and Safety of Traditional Plant Medicines. Ottawa, Ontario: National Aboriginal Health Organization, 2008. Seite 7.

35 Fintelmann, Volker/Weiß, Rudolf Fritz: Lehrbuch der Phytotherapie. Stuttgart: Hippokrates Verlag, 2002. Seite 19.
Trotz der sachlichen Aufklärungsarbeit von Prof. Weiß geht die Angstpropaganda weiter: Am 17. Juli 2013 berichtete die Tageszeitung TAZ in dem Artikel »Der Tod im Kamillentee« von einer Untersuchung des Bundesinstituts für Risikobewertung (BfR) von Teekräutern. Analysiert wurden Fencheltee, Pfefferminztee, Brennnesseltee, Melissentee und Kräuterteemischungen. In einigen wurden unerwartet hohe Gehalte von sekundären Pflanzenstoffen, wie PAs, gefunden. Das BfR fordert »Teechargen vor der Vermarktung ausreichend zu kontrollieren«. In Deutschland wurden 2012 knapp 19 000 Tonnen Kräutertee – 27 Liter pro Kopf – getrunken.

Medizinische Modelle: Der Westen, China, Indien

36 Storl, Wolf-Dieter: Kräuterkunde. Bielefeld: Aurum, J. Kamphausen Mediengruppe, 2011. Seite 19.

37 Pfeiffer, Ehrenfried: Weeds and what they Tell. Stroudsburg, Pennsylvania: Bio-Dynamic Farming and Gardening Association, Inc., 1960. Seite 88.

38 Zur Borreliose-Therapie mit Karde siehe: Wood, Matthew: Die Weisheit der Pflanzen. Aarau: AT-Verlag, 2012. Seite 300 ff., und Storl, Wolf-Dieter: Borreliose natürlich heilen. Aarau: AT-Verlag, 2012.

39 Die Eurythmie Rudolf Steiners, deren Bestreben es ist, die »ätherischen Kräfte« in Fluss zu bringen, wird diesen Tai-Ch'i-Bewegungen wohl am ähnlichsten sein, wenn man im Abendland nach Parallelen sucht.

40 Kappstein, Stefan: Das Buch vom Ginseng. Bern: Janos Morzsinay Verlag, 1980.

41 Auch bei den Indianern ist so etwas wie Moxabustion bekannt. »Punk« ist ein AlgonkinWort für verrottetes, morsches Holz, das man auf die Haut eines Kranken, der starke Dauerschmerzen leidet, legt und dort langsam schwelend verbrennt. »Punk« ist ins Englische als Synonym für »Halbstarker« eingegangen. Siehe: Vogel, Virgil J.: American Indian Medicine. Norman, Oklahoma: University of Oklahoma Press, 1970. Seite 182.

42 Es ist durchaus nicht ungewöhnlich, dass die real existierenden unterschiedlichen Eigenschaften der Pflanzen analog zu den uns vertrauten (soziologischen) Strukturen klassifiziert werden. Die Menschenwelt findet sich in der Pflanzenwelt wieder. Meine Indianerfreunde kennen Männer- und Frauenpflanzen und haben Achtung vor den Häuptlingspflanzen. Paracelsus schreibt von »Edlen« und »Gemeinen« unter den Kräutern. Sogar der moderne Botaniker kennt männliche und weibliche Pflanzen, dazu Familien und Sippen. Analogiedenken dieser Art macht das sogenannte »wilde Denken« aus. In diesem Sinn hat der Strukturalist Claude Lèvi-Strauss recht. Seiner Ansicht nach konstruiert jede menschliche Gesellschaft eine kohärente Sicht der Welt, indem sie ein sprachlich strukturiertes Gitter zwischen sich und der empirischen Wirklichkeit aufbaut. Siehe: Lèvi-Strauss, Claude: La Pensée sauvage. Paris: Librairie Pion, 1962.

43 Herbal Pharmacology in the People's Republic of China: A trip report of the American Herbal Pharmacology Delegation. Washington DC: National Academy of Science, 1975.

44 Das heilkundige Zwillingspaar ist indoeuropäisches Gemeingut. In der christlichen Legende werden die heilkundigen griechischen Dioskuren in die heiligen Zwillingsbrüder Kosmas und Damian aus Ägea in Kilikien umgewandelt. Unentgeltlich heilen sie als Ärzte die armen Kranken und werden im Laufe des Mittelalters zu den Schutzpatronen der Ärzte und Apotheker.

45 Sharma, Pandit Shiv.: Realms of Ayurveda. New Dehli, India. Published by Gulab Vazirani for Arnold-Heinemann Publ., 1979.

46 Zimmer, Heinrich R.: Hindu Medicine. Baltimore: The John Hopkins Press, 1948. Seite 134.

47 Zu Lebzeiten des Paracelsus entfaltete sich eine späte Blüte am alten Baum des Ayurveda: Nagarjuna entwickelte die rasa shastra. Diese eher alchemistische Methode verwendete, ebenso wie die paracelsischen Präparate, Metalle, Mineralien und Gifte, besonders Quecksilber und Schwefel in spagyrischer Zubereitung. Als die Portugiesen die gefürchtete firanga roga (die »Ausländerseuche« oder Syphilis) einschleppten, behandelte der Arzt Bhavamishra, ganz wie Paracelsus in Deutschland, mit Quecksilberpräparaten.

48 Bolton, Brett L.: The Secret Power of Plants. London: Abacus Books, 1975. »Do Plants Respond to Prayer», Seite 20.

49 Biologisch-dynamische Landwirte folgen ähnlicher Intuition, wenn sie im Frühling die Stämme der Obstbäume mit Kuhmist, Lehm, Kalk und Kräuterpräparaten beschmieren.

50 Findly, Ellison Banks: Plant Lives: Borderline Beings in Indian Traditions. Delhi: Motilal Banarsidass, 2008. Seite 21ff.

51 Jaggi, Dr. O. P.: All About Allopathy, Homeopathy, Ayurveda, Unani and Nature Cure. New Delhi: An Orient Paperback, 1976. Seite 70.

Medizinische Modelle: Primitive Medizin und Schamanismus

52 Parker, Arthur C.: »Secret Medicine Societies of the Seneca«, in: American Anthropologist. No. 11, 1909.

53 Ein großangelegtes Projekt (MK-ULTRA) des US-Geheimdienstes untersuchte in den 50er Jahren die Wirkung von Pflanzendrogen und LSD als mögliche Bio-Waffen oder zur Gehirnwäsche.

54 Storl, Wolf-Dieter: Shamanism among Americans of European Origin. Inauguraldissertation der philosophisch-historischen Fakultät der Universität Bern. Bern, 1974.

55 Simonton, Carl O./Matthews-Simonton, Stephanie: Getting Well Again. New York: Bantam Books, 1981.

56 Noch heute reagiert die Zirbeldrüse indirekt auf wechselnde Lichtverhältnisse und steuert auf diese Weise die »biologische Uhr«, den Schlaf-Wach Rhythmus, den Melatonin-Stoffwechsel, sowie die geschlechtlichen Biorhythmen. Einige Wissenschaftler vermuten, dass die zunehmende sexuelle Frühreife mit zunehmender künstlicher Nachtbeleuchtung zu tun hat, was für dieses archaische Wahrnehmungsorgan einem anhaltenden Vollmond gleichkommt. Eine weitere Ursache für die zunehmend frühe Sexualreife scheint mit der Fluoridierung des Wassers zusammenzuhängen. Fluoride konzentrieren sich in der Epiphyse und hemmen die Melatonin-Produktion. Siehe: http://www.fluoridealert.org/issues/health/pineal-gland/

57 Storl, Wolf-Dieter: op. cit. 1974. Seite 21-22.

58 Meyer, Clarence: American Folk Medicine. New York: Thomas Y. Crowell Co, 1973.

59 Das ausführlichste Werk über Indianische Heilpflanzen ist Native American Ethnobotany von Daniel E. Moerman (Portland, Oregon: Timber Press, 1999).

60 Witthoft, John: Typology and Acculturation. Bureau of American Ethnology Bull. 180, No. 9, 1961. Seite 73.

61 Storl, Wolf-Dieter: op. cit. 1974. Seite 148-149.

62 Siehe Storl, Wolf-Dieter: Wandernde Pflanzen. Aarau und München: AT-Verlag, 2012. Seite 165 ff.

63 Densmore, Frances: How Indians Use Wild Plants for Food, Medicine and Crafts. New York: Dover Publications Inc., 1974.

64 Sofowora, Abayomi: Medical Plants and Traditional Medicine in Africa. Chinchester, England: John Wiley & Sons, Ltd, 1982. Seite 26.

65 Grossinger, Richard: Wege des Heilens. München: Kösel, 1982. Seite 132.

66 Morton, Julia F.: »Folk Remedies of the Low Country« (1973), zitiert in: Aikman, Lonelle: Nature's Healing Arts. From Folk Medicine to Modern Drugs. Ed. Washington D.C. National Geographic Society, 1977. Seite 44.

Medizinische Modelle: Alternativmethoden

67 Apothekersprache: 1 Gran = 0.06 Gramm (»Gewicht eines Weizenkorns«)

68 Storl, Wolf-Dieter: »Präparate, Tinkturen und Elixiere«, in: Ders.: Der Kosmos im Garten. Aarau, Schweiz: AT-Verlag, 2011a. Seite 279 ff.

69 Steiner, Rudolf/Wegmann, Ita: Grundlegendes für eine Erweiterung der Heilkunst nach geisteswissenschaftlichen Erkenntnissen. Dornach: Goetheanum, 1925.

70 Es gibt gegenwärtig 413.000 Ärzte und Ärztinnen in der Bundesrepublik Deutschland. Damit hat sich die Gesamtzahl der Mediziner seit 1993 verdoppelt. Siehe:http://www.aerzteblatt.de/archiv/60044/Entwicklung-der-Arztzahlen-Zahl-der-angestellten-Aerzte-im-ambulanten-Bereich-steigt

Imagination der europäischen Kräuterkunde

71 Die manichäische Einteilung, oben = gut, unten = böse, ist nicht universal, sondern entstammt dem westlichen Kulturkreis. Den schamanischen Kulturen, auch den indigenen Germanen, war das fremd. Es wohnten lediglich verschiedene Wesen (Zwerge, Alben, Riesen, Götter usw.) mit jeweils bestimmten Eigenschaften und Kräften unten im neunfachen Wurzelbereich des Weltenbaums und oberhalb in den neun Hauptästen.

72 Lievegoed, Dr. B. C. J.: Planetenwirkungen und Lebensprozesse in Mensch und Erde (Schriftenreihe: Lebendige Erde). Darmstadt: Forschungsring für biologisch-dynamische Wirtschaftsweise e. V., 1979.

73 Der Schornstein oder Rauchfang galt bei den Kelten, Germanen und Slawen als der Eingang der Geister in das Haus. In Analogie wurde der Körper des Menschen als das Haus der Seele gesehen, wobei die Feuerstelle oder der Herd die Mitte ausmacht, in der die Gottheiten ihren Sitz nehmen.

74 Sannyasi (oder Samnjasin) sind der völligen Einkehr in Gott geweihte hinduistische Mönche. Auf Leichenverbrennungsplätzen erfahren sie ihre Einweihung. Mit den »Sannjasis« des Bhagwan Shree Rajneesh (Osho) haben sie nur den Namen gemein.

75 Kranich, Ernst Michael: Die Formensprache der Pflanze. Stuttgart: Verlag Freies Geistesleben, 1976.
76 Steiner, Rudolf: Geisteswissenschaftliche Grundlagen zum Gedeihen der Landwirtschaft. Dornach/Schweiz: Rudolf Steiner Verlag, 1975. Zweiter Vortrag.
77 Julius, Frits H.: Das Tier zwischen Mensch und Kosmos. Stuttgart: Verlag Freies Geistesleben, 1970. Seite 303.
78 Thun, Maria: Hinweise aus der Konstellationsforschung. Marburg/Lahn: Maria Thun, 1973.
79 Storl, Wolf-Dieter: op. cit. 2011a. Seite 184 f.
80 Uyldert, Mellie: Plantenzielen. Amsterdam: De Drieboek, 1979.
81 Mességué, Maurice: Of Men and Plants. New York: Macmillan Company, 1973. Seite 9.
82 Surya, G. W.: Die verborgenen Heilkräfte der Pflanzen. Freiburg im Breisgau: Verlag Hermann Bauer, 1978. Seite 99 f.

Die Pflanze als kosmischer Mensch

83 Simonis, Werner Christian: Wege zum Heilpflanzenerkennen. Stuttgart: J. Ch. Mellinger Verlag, 1975.
84 Kolisko, Eugen/Kolisko Lilly: Agriculture of Tomorrow. Stroud, England: Kolisko Archive, 1936.
85 Bockemühl, Jochen: Lebenszusammenhänge. Dornach, Schweiz: Goetheanum, Naturwissenschaftliche Sektion, 1980. Seite 58 f.
86 Emoto, Masaru/Fliege, Jürgen: Die Heilkraft des Wassers. Burgrain: KOHA-Verlag, 2010. Seite 62.
87 Emoto, Masaru: Die Botschaft des Wassers. Burgrain: KOHA-Verlag, 2002. Seite 125.

Zweiter Teil

Alles Heilen rührt von Pflanzen her

Wie man kräuterkundig wird

1 Goldsiegel (engl. Golden seal), auch kanadische Gelbwurzel genannt, ist, wie das Hirtentäschelkraut, stark blutgerinnungsfördernd und wurde von Indianern und Siedlern bei Darmstörungen, Katarrh und Entzündungen der Schleimhäute, der Scheide, der Gebärmutter und des Harnleiters gebraucht.

2 Für detaillierte Angaben und Hintergründe zu Kräutersammelritualen siehe Storl, Wolf-Dieter: Pflanzendevas. Aarau, 2008. Seite 168 ff.

3 Storl, Wolf-Dieter: Der Kosmos im Garten. Aarau, Schweiz: AT-Verlag, 2011a. Seite 166 ff.

4 Fischer, Susanne: Medizin der Erde. »Irisiana« München: Heinrich Hugendubel Verlag, 1984. Seite 93.

5 Paracelsus: Werke. Band I: Medizinische Schriften. Hrsg. von W. E. Peukert. Basel/Stuttgart: Schwabe & Co. Verlag, 1965. Seite 250.

6 Die frühen Alchemisten kannten nur den Sulphur und Mercurius als animus und spiritus. Sal (Salz) wurde erst später hinzugefügt. Paracelsus, wahrscheinlich unter Einfluss der indischen Tridosha-Lehre, stellte definitiv die Elemente der Dreiheit Sulphur/Merkur/Salz als die schöpferischen Prinzipien auf, die in allen physikalischen Vorgängen vorhanden sind. Sulphur wird als die nach außen hin explodierende, zentrifugale Kraft verstanden; Salz ist die entgegengesetzte implodierende, konzentrierende, verhärtende Kraft; Merkur ist die vermittelnde, ausgleichende Kraft. Diese Vorstellung übernimmt Rudolf Steiner – sie erscheint theogonisch als Luzifer (Sulphur), Christus (Merkur) und Ahriman (Sal). Er überträgt diese Grundprinzipien auf die menschliche Dreigliederung: Stoffwechsel-/Gliedmaßen-System, rhythmisches System und Nerven-/Sinnensystem.

7 Ähnliches gilt auch in der Land- und Forstwirtschaft. Würmer, Falter und Borkenkäfer werden erst schädlich, wenn der Pflanzenbestand sowieso durch Dürre, Humusarmut, Versäuerung oder Luftverschmutzung geschwächt ist.

Von den Lebensmitteln zu den Giften

8 Auch Südfrüchte brauchte man nicht zu kaufen, denn das antiskorbutische Vitamin C befindet sich in Sauerkraut, Löffelkraut, Sanddornsaft, Essigbaumbeeren, Vogelbeeren und anderen einheimischen Quellen. Zudem kann man leicht in der Küche die Samen von Luzerne, Weizen, Rettich, Senf, Linsen, Sonnenblumen und anderen in Gläsern keimen lassen – man spült sie zweimal täglich – und erhält auf diese Weise eine vitaminreiche Beigabe zu jeder Mahlzeit. Für den Anbau von Gemüsen, die man den ganzen Winter über aufbewahren kann (Kohlarten, Mangold, Porree, Endivien, Pastinaken, Möhren, Wurzelpetersilie, Gierlin (Sium sisarum), Rüben, Rettich, Rote Beete, Schwarzwurzel, Bocksbartwurzel, Klettenwurzel, Selleriewurzel, Topinambur usw.) siehe Storl, Wolf-Dieter: op. cit. 2011a, „Gartenprodukte als Nahrungsmittel“. Seite 316-330.

9 Alte Apothekergewichte:

Gran (gr)	Skrupel	Drachmen	Unzen	Pfund (lb)	Gramm (g)
1	0,05	0,0167	0,0021	0,00017	0,0648
20	1	0,333	0,042	0,0035	1,296
60	3	1	0,125	0,0104	3,888
480	24	8	1	0,0833	31,103
5760	288	96	12	1	373,242

(1 granum = 1 Tropfen, 1 Skrupel = 20 Tropfen, 1 Drachmen = 1 Teelöffel, 32 Drachmen = 1 Tasse)

10 Kreig, Margaret B.: Green Medicine. New York: Rand McNally & Co., 1964.
11 Griffin, Edward G.: World Without Cancer. Wesdake Village, California: American Media., 1978.
12 Der Verdacht auf Lebermissbildungen wurde von den Interessen der Pharmaindustrie geschürt. Inzwischen zeigen teratologische Versuche an Kaninchen, dass sogar nach Applikation der Waldmeister-Wirkstoffe in 10facher und 100facher therapeutischer Dosis die Missbildungsrate gegenüber der Kontrollgruppe nicht erhöht war. Nach Prof. Dr. med. Rudolf Fritz Weiß, dem Doyen der Phytotherapie, können wir also hinsichtlich der Anwendung cumarinhaltiger Pflanzen, wie etwa Steinklee und Waldmeister, ganz beruhigt sein. Siehe: Weiß, R. F.: Lehrbuch der Phytotherapie. 1991. Seite 253.

Medizin aus dem Garten

13 Man lege eine Handvoll Knoblauchzehen in einem halben Liter Wein ein und lasse das Ganze zwei Wochen ziehen. Davon nehme man einen Esslöffel täglich vor dem Frühstück.
14 Mességué, Maurice: C'est la nature qui a raison. Paris: Livre de poche. Coedition Robert Laffont – Opera Mundi, 1972. Seite 82.
15 Mességué, Maurice: op. cit. 1972. Seite 98.
16 Ein wertvolles Buch zum Thema, mit Ratschlägen zum Sammeln, Verarbeiten und Kochen der »Unkräuter«, ist Kraut und Unkraut zum Kochen und Heilen von Elisabeth und Karl Hollerbach. München: Hugendubel, 2000. Siehe ebenfalls: Storl, W.-D.: Der Selbstversorger. München: GU., 2013.
17 Storl, Wolf-Dieter: »Ideologie und Ökologie biologisch-dynamischer Höfe im Emmental«, in: Ethnologica Helvetica IV. Beiträge zur Ethnologie der Schweiz. Redaktionskommission der Schweizerischen Ethnologischen Gesellschaft: Bern, 1980. Seite 134.
18 In der planetarischen Kochkunst werden – ähnlich wie es die Chinesen machen –, zwei Drittel der Gemüse gedämpft. Das Gemüsewasser wird mit Wildkräutern und Käse gewürzt und als appetitanregende Suppe serviert. Ein Drittel wird – ebenfalls ganz ostasiatisch – schnell in der Pfanne in Öl gedünstet (ein Sonnenprozess!). Eine Handvoll Gemüse wird außerdem noch als Rohkost verspeist.
Man könnte bei dem ganzen phantastischen Aufwand die Augenbrauen hochziehen und schmunzeln. Ich habe jedoch die therapeutischen Möglichkeiten selbst beobachten können. Familien, die an chronischen Verstopfungen, Kopfschmerzen, Magenverstimmung und anderen Beschwerden litten, wurden nach Einführung dieser Kochmethode innerhalb weniger Wochen beschwerdefrei. Wenn man die planetarische Küche mit orientalischen und makrobiotischen Kochweisen, die ebenfalls ein Hauptgewicht auf Getreidenahrung legen, ver gleicht, erscheint sie gar nicht so absonderlich.

Kräuter zum Würzen und zur Gesundheitspflege

19 Paracelsus Werke, op. cit. 1965. Seite 244.
20 Übermäßiger Salzkonsum verursacht hohen Blutdruck, Verstopfung und reizt die Harngefäße. Nur bei Schwerarbeitern und Berufssportlern ist salzreiche Kost vertretbar. Das Inselvolk der Japaner hat eine angeborene Toleranz für hohe Salzmengen – das spiegelt sich in der relativ salzigen Kost der Makrobiotik Oshawas wider. Dagegen haben Japaner, wie andere Ostasiaten, Schwierigkeiten beim Verdauen der Rohmilch. Es fehlt ihnen, aus erbbiologischen Gründen, das Verdauungsenzym Laktase. Dies nur nebenbei als Beispiel, dass sich Ernährungssysteme aus anderen Kulturkreisen nicht ohne Weiteres übertragen lassen.
21 Krumm-Heller, Arnold: Osmologische Heilkunst. Berlin: Verlag Richard Schikowski, 1955. S. 68.
22 Es muss wohl der »Kulturschock« gewesen sein, als ich kurz nach der Rückkehr aus Indien nach Amerika vom Rad fiel und mir einen komplizierten Schulterbruch zuzog. Ich sollte operiert werden. Eine Rechnung von 1500 Dollar stand in Aussicht. Gerade als die Schwester mit der Narkosespritze kam, fasste ich den Entschluss, auf den chirurgischen Eingriff zu verzichten und mich meiner Intuition anzuvertrauen. Durch geschickte Verbände, tägliche heiße Bäder mit Zusatz von Schafgarben-, Braunellen-, Odermennig- und Baldriantee und Wickel aus zerstampften Beinwellwurzeln schwanden die gelblich-grünblauen Flecke und die Schwellungen, und die Heilung der Knochen erfolgte binnen kürzester Zeit.

Der Kräutergarten

23 Zur ausführlicheren Behandlung dieses Themas, siehe: Storl, Wolf-Dieter: op. cit. 2011a, Kap. »Kosmische Einflüsse«, Seite 159.

24 Nach Rudolf Steiner unterstützen die Kieselsubstanzen die qualitätsfördernde Wirkung der obersonnigen Planeten. Siehe: Steiner, Rudolf: Geisteswissenschaftliche Grundlagen zum Gedeihen der Landwirtschaft. Dornach/Schweiz: R. Steiner Verlag, 1975.

25 Pfeiffer, Ehrenfried: Die Fruchtbarkeit der Erde. Goetheanum, Dornach/Schweiz: Rudolf Geering Verlag, 1977. Seite 181 f. Siehe ebenfalls: Koepf/Petterson/Schaumann: Biologische Landwirtschaft. Stuttgart: Verlag Eugen Ulmer, 1974. Seite 168 f.

26 Lippert, Franz: Vom Nutzen der Kräuter im Landbau. Stuttgart: Forschungsring für biologisch dynamische Wirtschaftsweise, 1953.

27 Fritsche, Dr. Herbert: Iatrosophia. Freiburg im Breisgau: Verlag Hermann Bauer, 1962. Seite 7.

28 Genaue Angaben dazu findet der Leser in meinem Buch über „aggressive" Neophyten. Siehe, Storl, Wolf-Dieter, Wandernde Pflanzen. Aarau: AT-Verlag, 2012b

29 Ein ausgezeichnetes Buch, das sich mit Auswahl, Behandlung, Pflege, Voranzucht und Aussaat befasst, ist: Geier, Bernward: Biologisches Saatgut aus dem eigenen Garten. Essen: Synthesis Verlag, 1982. Zum Thema „eigene Saatzucht" siehe auch: Seed Freedom: A Global Citizens Report. Vandana Shiva et al, editors. New Delhi: Navdanya, 2012.

Der Garten der Hekate

30 Altindisch Bhaga, slawisch Bogu, Bezeichnung für Gott schlechthin.

31 Schon in den 1970er Jahren zogen sich 5 Prozent derjenigen, die die ärztliche Sprechstunde besuchten, und 20 Prozent derjenigen, die einen längeren Krankenhausaufenthalt erlebten, iatrogene, also von der Arznei selbst verursachte Beschwerden zu. In den USA wurde einer von sieben Wochentagen im Krankenhaus damit vertan, die negativen Auswirkungen der ärztlichen Maßnahmen zu behandeln. Eine Studie des U.S. Armed Forces Institute of Pathology (1975) schätzte die Zahl der Todesfälle durch falsche Medikation auf über 20.000 pro Jahr. (Siehe: Mendelsohn, Robert S. M. D.: Confessions of a Medical Heretic. New York: Warner Books, 1979.) Inzwischen hat sich die Situation eher verschlechtert. So wurden 1990 insgesamt 659.000 Amerikaner, die 60 Jahre und älter waren, ins Krankenhaus eingeliefert, weil sie auf ein Medikament negativ reagierten. (McTaggeart, L.: Was Ärzte Ihnen nicht erzählen. Kernen: Sensei, 2000. Seite 219.)

32 Oxalsäure und Kaliumhydrogenoxalat, das sich ebenfalls in den Blättern befindet, sind in manchen Metall- und Bodenreinigungsmitteln enthalten.

33 Strindberg, August: »Sylva Sylvarum«, 1895, zitiert aus: Fritsche, Dr. Herbert: Iatrosophia. Freiburg i. Br.: Verlag Hermann Bauer, 1962. Seite 43-44.

34 Levy, Charles Kingsley/Primack, Richard B.: A Fieldguide to Poisonous Plants and Mushrooms of North America. Brattleboro, Vermont: The Stephen Greene Press, 1984. Seite 1.

35 http://www.freitag.de/autoren/der-freitag/risiken-und-todesfalle-eingeschlossen

36 Für das Jahr 2010 berichtet das Bundesinstitut für Risikobewertung (BfR) von 15 Vergiftungsfällen durch Pflanzen – Pilze eingerechnet.

37 Spruch von Rudolf Seiner aus einem Vortrag über Mysteriengestaltung, Dornach, 1924, abgedruckt in: Steiner, Rudolf: Wahrspruchworte – Richtspruchworte. Dornach. 1935.

38 Der pflügende Bauer lernt die geheimen Wünsche seines Ackers kennen, indem er die Stickstoffausdünstung der Scholle einatmet. Siehe: Steiner, Rudof: op. cit. 1975, Dritter Vortrag.

39 Hauschka, Rudolf: Substanzlehre. Frankfurt am Main: Vittorio Kostermann Verlag, 1976. S. 105.

Die Weisheit der Frauen

40 Harris, Marvin: Cannibals and Kings. New York: Vintage Books, Random House, 1978.

41 Grimm, Jacob: Deutsche Mythologie. Band III. Frankfurt/Berlin/Wien: Ullstein-Materialien, 1981. Seite 462. m. »Aberglaube zu Bielefeld«.

42 Auch im deutschen Sprachraum gab es diesen Schafgarbenbrauch. Da sagte die junge Frau:
Die erste Schafgarbe finde ich hier, im Namen Christi pflück ich sie mir
und wie Jesus Maria mit Liebe bedacht, mög' mein Herzallerliebster erscheinen im Traum heute Nacht.

43 Siehe: Golowin, Sergius: Die weisen Frauen. Basel: Sphinx Verlag, 1982. Seite 209, »Künste der Hebammen und Baderinnen« (Lebenskraft im Frühlingsbad, Jugend und Schönheit aus Tau, Kräutern, Milch).

44 Golowin, Sergius: op. cit. 1982. Seite 209.

45 Geheimnisse und Heilkräfte der Pflanzen. Autorenkollektiv. Zürich/Stuttgart/Wien: Verlag DAS BESTE, 1978. Seite 416.

46 Fischer, Susanne: op. cit. 1984. Seite 31.
47 Vogel, Virgil J.: American Indian Medicine. Norman, Oklahoma: University of Oklahoma Press, 1982. Seite 231.
48 Hoebel, Adamson E.: The Cheyennes. New York: Holt, Rinehart and Winston Inc., 1962. S. 84.
49 Die Tragik einer Kindesaussetzung habe ich im kinderliebenden Indien bei einer Großfamilie von Wasserbüffelhütern miterlebt. Ein mit verkrüppelten Beinen geborenes Mädchen wurde absichtlich so weit vernachlässigt, dass es bald starb. Das Wehklagen der Frauen und der Kummer waren nicht weniger echt. Schweigend trug der Vater das in ein weißes Tuch gewickelte Kind zum Fluss. Ein Onkel trug einen Stein, um das Bündel zu versenken. Mutter Ganges würde es in ihrem Strom aufnehmen und einer besseren neuen Geburt zuführen.
50 Heinsohn, G./Steiner O.: »Die Vernichtung der weisen Frauen«. In: Mammut, März, Texte 1 und 2, hrsg. Jörg Schröder. Herbstein: März Verlag, 1984.
51 Mendelsohn, Robert. M.D.: Male Practice. Chicago: Contemporary Books Inc., 1982. S. 33, 122.
52 Nürnberger Neujahrsverse aus dem 15. Jahrhundert drücken das Gleiche aus:

»Grün ist ain fröhlichs klait
Mit weiß gewert bedeut keusch
Plau bedeut stet
Wann graw bedeut hoher eren
Die dich nit wolthut preisen.«

Rot ist ain zaichen prinnender lieb
Und züchtige lieb an alles geteusch
Schwarz bedeut verporgen
Und wilt nach gelber farbe streben

Breitl, Richard: Wörterbuch der deutschen Volkskunde. Stuttgart: Alfred Kröner Verlag, 1974. S. 197.
53 Strobel, Hans: Bauernbrauch im Jahreslauf. Leipzig: Koehler & Amelang, 1937. Seite 173.
54 Mehr zu der Karde, die keine Distel sondern ein Skabiosengewächs ist, finden Sie in meinem Buch: Borreliose natürlich heilen. Aarau: AT-Verlag, 2012.

Bewusstseinswandelnde Kräuter und gesellschaftliche Sanktionen

55 Gordon Wassen, Carl Ruck, Jonathan Ott und andere Wissenschaftler schlugen 1979, im Journal of Psychedelic Drugs, vor, den Begriff Entheogene (griech. Entheos = »Gott darin«) für jene bewusstseinsverändernden Pflanzen und Substanzen zu verwenden, die Zustände schamanischer und ekstatischer Obsessionen bewirken.
56 Ein Forschungsteam aus Harvard ermittelte, dass bei den Buschmännern ein Mann durchschnittlich an sechs Wochentagen zweieinhalb Stunden täglich mit Jagen verbringt, eine Frau drei Stunden mit dem Sammeln von Nahrungspflanzen. Damit lässt sich die ganze Familie, einschließlich der Alten und der Kinder, mit einer hochwertigen Nahrung von 2100 kcal. pro Tag ernähren. Siehe: Lee, R. B.: »What Hunters do for a Living, or How to Make out on Scarce Resources«, in: Lee, R. B./De Vore, I. eds.: Man the Hunter. Chicago: Aldine, 1968. Seite 30-48.
Man vergesse dabei nicht, dass die Buschmänner (San, Kung) in der unwirtlich trockenen Kalahari-Wüste leben. Hunger ist bei traditionellen Stämmen wie diesen so gut wie unbekannt. Sie leben in vollem Einklang mit ihrer natürlichen Umwelt. Die Hungerkatastrophe in der sogenannten Dritten Welt hat politische und wirtschaftliche Ursachen. Ein wichtiger Faktor ist die entfremdete Plantagenwirtschaft, in der über den eigenen Bedarf hinaus für den Weltmarkt zu höchst ungünstigen Austauschbedingungen erzeugt wird, in der traditionelle Regeln, die die Umwelt schonten, missachtet werden, in der man mittels kapital- und technologie-intensiver Methoden erzwingen will, profitablen Monokulturen, die den ökologischen Bedingungen nicht gerecht werden, den Vorzug vor traditionellen Anbaumethoden zu geben usw.

Das dritte Auge und der magische Flug

57 Peuckert, W.-E.: Geschichte der Geheimwissenschaft I, »Astrologie«. Stuttgart. 1960.
58 Ferckel, S.: »Hexensalbe und ihre Wirkung«, in: Kosmos, Bd. 50. Stuttgart, 1954. S. 414 ff.
59 Castaneda, C.: Die Lehren des Don Juan: Ein Yaqui-Weg des Wissens. Frankfurt am Main: Fischer-Taschenbuch, 1973.
60 Harner, Michael: Hallucinogens and Shamanism. Oxford: Oxford University Press, 1973.
61 Hauser, Albert: Bauernregeln. Zürich/München: Artemis Verlag, 1973.
62 Bauer, Wolfgang/Dümotz, Irmtraud: »Symbolhafte Persönlichkeiten der Geschichte«, in: Lexikon der Symbole. Wiesbaden: Fourier Verlag, 1980.
63 Grieve, M. A Modern Herbal Vol. II.: New York: Dover, 1981. Seite 831
64 Schrödter, Willy: Pflanzengeheimnisse. Kleinjörl bei Flensburg: G. E. Schroeder Verlag, 1981. S.118.
65 Grimm, J.: op. cit., Anhang. 1981. Seite 427.
66 Weil, Andrew: The Natural Mind. Boston: Roughton Mifflin Co., 1972. Seite 167.
67 Die Identität der Somapflanze ist und bleibt ein Geheimnis. Aufgrund der persischen Benennung der Seidenpflanze haoma (skr. soma) nahm Roxburgh, ein britischer Botaniker, an, dass

er die Somapflanze gefunden habe (Wilkens, W. J.: Hindu Mythology. Calcutta/Bombay/Delhi: Rupa & Co., 1982. Seite 69-72.). Der Indologe Basham lässt dies keineswegs gelten. Die Seidenpflanze ist bitter und hat nicht die geringste berauschende Wirkung. Basham vermutet, Soma sei wahrscheinlich Bhang, ein aus der Hanfpflanze gebrautes Getränk (Basham, A. L.: The Wonder that was India. Calcutta/Bombay/Delhi: Rupa & Co., 1982. Seite 237-238.)

68 Greek Herbal of Dioscorides. Illustrated by a Byzantine A. D. 512. Englished by John Goodyer A. D. 1655. Edited and first Printed A. D. 1933 by Robert T. Gunther. Facsimilie reprinted by Hafner Publ. Co., London/New York, 1968.

69 Hovorka, Dr. O. v./Kronfeld, Dr. A.: Vergleichende Volksmedizin. Bd. I. Stuttgart: Verlag Strecker & Schröder, 1908. Seiten 195-196.

70 Adams, George/Vinkenoog, Simon: The Book of Grass: An Anthology of Indian Hemp. New York: Grove Press Inc., 1967. Seite 34.

71 Gemeint ist »Das Märchen von der grünen Schlange und der weißen Lilie«, das 1795 in der von Friedrich Schiller herausgegebenen Zeitschrift »Die Horen« als letzter Beitrag zu Goethes Novellenzyklus Unterhaltungen deutscher Ausgewanderten erschienen ist.

72 Paracelsus Werke, op. cit. 1965. »Von den natürlichen Dingen«, Seite 312.

73 Pelikan, Wilhelm: Heilpflanzenkunde: Der Mensch und die Heilpflanzen. Band II. Goetheanum/Dornach: Philosophisch-Anthroposophischer Verlag, 1977. Seite 40-41

74 Fischer, S.: op. cit. 1984. Seite 122.

Wie man mit den Pflanzen spricht

75 Rawald, Wolfgang: Pflanze, Umwelt und Natur. Leipzig/Jena: Urania Verlag, Seite 11.

76 Grohmann, Gerbert: Die Pflanze als Lichtsinnesorgan der Erde. Studien und Versuche Nr. 4. Stuttgart: Verlag Freies Geistesleben, 1962.

77 Deva von sanskr. div = leuchten, scheinen; verwandt mit lat. divinitas = Divinität, göttlich; divinatio = Sehergabe. Devas sind Engelwesen, Bewohner der höheren Welten.

78 Älteste Indische Dichtung und Prosa. Hrsg. von Klaus Mylius. Leipzig: Verlag Philipp Reclam jun., 1981. Seite 84.

79 Persönliche Mitteilung von Chief Tallbull, Lame Deer, Northern Cheyenne Indian Reservation, Montana.

80 Sofowar, Abayomi: Medicinal Plants and Traditional Medicine in Africa. Chichester: John Wiley & Sons ltd., 1982. Seite 4.

81 Paracelsus Werke, op. cit. 1965. »Herbarius«, Seite 250.

82 Leechdoms, Wortcunners and Starcraft. (A collection of Documents, for the most part never before printed, illustrating the History of Science in this Country before the Norman Conquest.) Collected and edited by Rev. Oswald Cockayne M. A Cantab. Vol. II. London: Longman, Green, Longman, Roberts & Green, 1865. Seite 351.

83 Die Leuchtenden des Oberen Himmels sind Spender des Lebens sowie Herren der Toten; sie erzeugen Fruchtbarkeit, sind aber gleichzeitig geschlechtslos und keusch. Ihre »Anweisungen« werden von den Elementarwesen in der Elementarwelt, von Zwergen, Sylphen, Elfen, Undinen, Feuergeistern und Riesen in die Tat umgesetzt. In der physischen Welt erleben wir das fertige Werk.

84 Hawken, Paul: The Magic of Findhorn. New York: Bantam Books, 1975.

85 Yogananda, Paramahansa: Autobiography of a Yogi. Los Angeles, California: Self Realization Fellowship Publ., 1969. Seite 360.

86 Kraft, Ken/Kraft, Pat: Luther Burbank, the Wizard and the Man. New York: Meredith Press., 1967. Seite 131.

Eine faszinierende Reise zu magischen Heilkräutern, Naturgottheiten und Zauberpflanzen.